Niko Tinbergen

Das Tier in seiner Welt

Band 1
Freilandstudien

R. Piper & Co. Verlag
München Zürich

Aus dem Englischen von Amélie Koehler

ISBN 3-492-02232-4

Die Originalausgabe erschien unter dem Titel
›The Animal in its World‹

Gesamtherstellung Clausen & Bosse, Leck/Schleswig
Umschlag Christoph Albrecht
Printed in Germany

Niko Tinbergen
Das Tier in seiner Welt

Band 1
Freilandstudien

Band 2
Laborversuche

Ein windstiller früher Morgen – gut geeignet zum Spurenlesen (siehe Kapitel 9: »Von den Vorratskammern des Rotfuchses«). Rechts der Autor.
Photo: Lawrence C. Shaffer, Zoologisches Institut der Universität Oxford.

Inhalt

E. A. T. gewidmet
zum Dank für ihre Anteilnahme,
ihren Zuspruch und ihre Geduld

Vorwort

von Sir Peter Medawar, FRS

Niko TINBERGEN ist einer der großen Meister der Ethologie, und die hier wiedergegebenen Arbeiten gehören zu den bedeutendsten Veröffentlichungen seines Fachgebietes; den angehenden Verhaltensforscher führen sie an die Quellen des heutigen Wissens, und dem Historiker geben sie Einblick in die Forschungsgeschichte einer der einflußreichsten Bewegungen der modernen Naturwissenschaft.

Wer etwa glaubt, der Ethologe sei nur ein Zuschauer, der auf sich wirken läßt, was die Natur ihm bietet, ist schlecht beraten. Gewiß muß jede Untersuchung des Verhaltens damit beginnen, daß man den normalen Ablauf beobachtet und beschreibt. Das erfordert Geduld und höchste Aufmerksamkeit, bis scheinbar unzusammenhängende Ereignisse sich nach und nach in wohlgeordnete, folgerichtig ineinandergreifende Geschehensketten gliedern. Solche Verhaltenskomplexe sind keineswegs immer ohne weiteres erkennbar. Der Beobachter muß vielmehr, zugleich einfühlsam und kritisch, ständig alles, was er sieht, zueinander in Beziehung setzen und abwägen, welche Begebnisse aussagekräftig sind und welche nicht. Wie in anderen Wissenschaftszweigen ist dies ein schöpferischer Prozeß, bei dem zunächst die Einbildungskraft die Führung übernimmt. Ein zweites aufschlußreiches Verfahren ist der Vergleich ähnlicher Verhaltensmuster bei verschiedenen, jedoch miteinander verwandten Arten, der den Nachweis von Homologien ermöglicht. Der Begriff der Homologie ist auch in anderen Bereichen nicht leicht zu erklären. In der Ethologie kann man ihn wohl durch folgenden Hinweis anschaulich machen: Säugen und mütterliche Betreuung sind bei Menschen und Affen augenscheinlich homolog. Das ganze Bündel der hierzu gehörigen Handlungen war bei der Entstehung des *Homo sapiens* zweifellos nicht auf einmal da, sondern in seinen Grundformen haben es beide von den gemeinsamen Vorfahren ererbt.

Als TINBERGENS Forscherlaufbahn begann, war »experimentell« ein Zauberwort wie heute »molekular«. Alles mußte experimentell sein: Embryologie, Pathologie, Physiologie und möglichst auch Verhaltenskunde. Heutzutage trägt jeder, der auf molekularer Ebene forscht, statt sich mit irgendwelchen abgestandenen und ganz alltäglichen Problemen abzugeben, stolz seinen Kopf ein wenig höher als andere, und manchem schien es, daß Ethologie, die vorwiegend auf Beobachtung aufbaut, von vorneherein unfähig sei, sich in der starken Strömung moderner Biologie zu behaupten. Die Vorstellung, daß dem Experiment eine ganz hervorragende Bedeutung zukomme, wurde von BACON[1] übernommen, der entschieden dafür eintrat. Es fügt sich jedoch, daß einige von TINBERGENs frühesten Veröffentlichungen experimentelle Untersuchungen sind[2]. Die Fähigkeit, uneingeschränkte Beobachtung und planmäßige Versuche wohlabgewogen miteinander zu verbinden, ist eine wesentliche Grundlage für den Erfolg seiner Arbeit.

Schon bald war die Verhaltensforschung als ein kräftiger Sproß der modernen Biologie anerkannt, und in den Zoologischen Instituten wurde sie zum Gegenstand lebhafter Diskussionen. Viele hoffnungsvolle junge Naturwissenschaftler setzten es sich zum Ziel, bei TINBERGEN in Oxford zu studieren. Ich sage in Oxford, obwohl er vorher schon als Professor der Zoologie in Leiden lehrte; denn es war einer der vielen vortrefflichen Einfälle A. C. HARDYS, TINBERGEN zum Übersiedeln nach Oxford zu bewegen, wo er günstige Arbeitsbedingungen und eine aufgeschlossene akademische Gesinnung finden sollte. Mit einigen Zauberkünsten (wie wir bald wieder werden zaubern müssen) wurde eine Stelle geschaffen, und TINBERGEN nahm sie an. Auch die Universität Harvard versuchte, ihn für sich zu gewinnen, doch hat er die Wahl nicht bereut. Nur eines fehlte in Oxford, ein Strand. Mit Hilfe eines Geländewagens wurde jedoch auch dieses Problem gelöst, und bald war Oxford der Mittelpunkt zahlreicher Silbermöwen-Beobachtungsstationen, die, in allen Richtungen etwa gleichweit entfernt, rundum am Meeresstrande tätig wurden.

Es erfüllt mich mit Stolz, daß es mir, als einmal die Mittel für Verhaltensforschung nur spärlich flossen, gelang, die Nuffield Foundation auf TINBERGENs Arbeitskreis aufmerksam zu machen, die ihn daraufhin zehn Jahre lang mit beträchtlichen Summen unterstützte, gefolgt vom Natural Environment Research Council. Ich war erlöst, als die Foundation meinen Rat annahm und nicht den eines hochbedeutenden Neurophysiologen, der, ebenfalls befragt, geurteilt hatte: »Ethologie? Na, das ist doch bloß Vögel beobachten, oder?«

1 MEDAWAR, P. B.: The art of the soluble. Methuen und Co., London 1967, sowie Induction and intuition in scientific thought, Philadelphia und London 1969.

2 TINBERGEN, N.: Tierbeobachtungen zwischen Arktis und Afrika. 3. Aufl., Verlag Paul Parey, Berlin 1967, sowie Instinktlehre, 5. Aufl., Verlag Paul Parey, Berlin 1972.

Das Kapitel über Autismus im zweiten Band zeigt, wie sich ethologische Methoden auch auf menschliches Verhalten anwenden lassen. Man überdenke z. B. den Nachweis autistischer Züge im normalen Verhaltensrepertoire gesunder Kinder und die hieraus abgeleitete Folgerung, daß Autismus durch Überreizung hervorgerufen werden kann, vielleicht durch übertriebene Fürsorglichkeit, und nicht, wie manche unreife Psychologen anzunehmen beliebten, durch zu wenig Beachtung. Das Bild von TINBERGENs Persönlichkeit, wie sie sich in dieser Arbeit zu erkennen gibt, mit seiner Begeisterung und Liebenswürdigkeit, Bescheidenheit und Schärfe der Beobachtung ist völlig authentisch.

Seine Kindheit verlebte er im glücklich-fröhlichen Familienkreise, und seine Neigung zum Naturforscher zeigte sich früh. Dennoch hieß es in einem seiner Schulzeugnisse – ein geradezu bedrohliches Zeichen mangelnder Vorraussicht –, sein Fleiß lasse zu wünschen übrig und befähige ihn nicht für das Studium der Naturgeschichte. Während des Krieges verbrachte er lange Zeit im Gefangenenlager, wo er leider, nicht zum erstenmal, die Erfahrung machte, daß wilde Tiere weniger zu fürchten sind als böswillige Menschen.

TINBERGEN selber hat kaum versucht, Verhaltenshomologien zwischen Menschen und Tieren aufzuweisen, wie etwa sein Schüler Desmond MORRIS in dem Buch »Der nackte Affe« (Droemer Knaur 1968). »Was soll das ganze Gerede um diesen nackten Affen?«, so hört man wohl fragen. Es könnte manch einem die Augen öffnen, der noch nicht einsehen will, daß auch das menschliche Verhalten seine Stammesgeschichte hat. Es trat nicht plötzlich in seiner heutigen Form zutage, sondern es muß sich ebenso wie der Körper aus einfacheren Vorstufen entwickelt haben. Über die körperliche Herkunft sagte DARWIN (obwohl er uns gehobene Fähigkeiten freundlich zugestand): »Des Menschen Körpergestalt trägt den unauslöschlichen Stempel seines niederen Ursprungs.« Zweifellos gilt dasselbe für das Verhalten. Wie bei vielen sogenannten Verhaltenswissenschaften wird es schwierig, wenn es um handgreifliche Beweise geht. Es braucht nur irgendein übellauniger Kritiker zu solchen Ausführungen zu sagen: »Ich glaube das einfach nicht«, so bleibt dem Angegriffenen nichts übrig, als darauf hinzuweisen, daß eine stammesgeschichtliche Ableitung die sinnvollste und überzeugendste Erklärung ist. Es gibt kein unanfechtbares Gegenmittel für Zweifler, wie in anderen bewährten, hieb- und stichfesten Wissenschaften.

TINBERGEN hat eine große Anzahl hervorragender Schüler ausgebildet, auf die er sehr stolz ist und denen er weiterhin freundschaftlich verbunden blieb, obwohl in der Ethologie mancherlei gegensätzliche Meinungen leidenschaftlich verfochten werden. Mit ihnen und mit seiner eigenen Arbeit verwirklichte er seinen zuerst während des Krieges im Lager ausgesprochenen Vorsatz: der englisch sprechenden Welt die Ethologie nahezubringen. In Wirklichkeit betraf das England; denn in Amerika befaßte man sich schon lange mit dem Verhalten von Tieren, wenn auch auf völlig andere Weise – »wissenschaftlicher«, in einem Sinne, der mir verkehrt herum aufgezäumt scheint; mehr Apparate und mehr Messungen, jedoch viel weniger Beziehung zu dem natürlichen Verhalten oder überhaupt zur Natur.

TINBERGEN sagt von sich selbst zuweilen, er sei eher ein mißglückter Künstler als ein Wissenschaftler (obwohl sich die beiden Bezeichnungen nicht unbedingt widersprechen). Tatsächlich ist er aber ein Wissenschaftler ersten Ranges, dessen strenge Forschungsmaßstäbe dazu beigetragen haben, die Ethologie zwischen den Klippen des einfallsreichen Geschichtenerzählens und der gedankenlosen Anhäufung unzusammenhängender Daten sicher hindurchzusteuern.

Einleitung

Auf Zureden von Freunden habe ich mich entschlossen, einige meiner früheren Arbeiten, an denen zum Teil meine Schüler mitgewirkt haben, in Buchform neu herauszubringen. Sie stammen aus den Jahren 1932–1972, als unsere junge Wissenschaft, die Verhaltensforschung, kräftig heranwuchs. Ich teile die Ansicht meiner Freunde, daß eine solche Sammlung dem wachsenden Bedarf an unverfälschtem Lesestoff für Fachkollegen, Schüler und Studenten entgegenkommt, denen Darstellungen aus zweiter und dritter Hand nicht genügen. Auch sind diese Arbeiten teils in deutscher, teils in englischer Sprache erschienen und in Fachzeitschriften nicht jedem zugänglich, so daß ich mich entgegen meiner ursprünglichen Abneigung zu diesem Nachdruck entschlossen habe. Doch nicht nur deshalb: Was mir zuzeiten wie ein zielloses Wandern in unserem Arbeitsbereich erschien, läßt nun im Rückblick eine klare Linie erkennen. Sie hat, wie ich glaube, nicht nur historischen Wert, sondern sie kann heute noch als Leitlinie dienen und wird auch in Zukunft weiterführen. Außerdem glaube ich, daß es nützlich ist, junge Biologen mit einer Arbeitsweise bekannt zu machen, die in den Wissenschaften vom Leben insbesondere über das Verhalten der Tiere und des Menschen Aufschlüsse verspricht.

Zwei Grundlagen dieses Ansatzes scheinen mir besonders wichtig: Zu allererst sollten wir dabei bleiben, zu beobachten und zu beschreiben, ehe wir mit Versuchen beginnen; und wir sollten zweitens, wie bei allen Lebensvorgängen, bei der Verhaltensbeobachtung die Fragen stellen: »Was nützt es dem Tier, daß es so handelt? Verhilft es ihm zu einem Erfolg?« und wenn ja, »auf welche Weise?«, sowie die andere Frage: »Wie kommt es dazu?«

Was das Beobachten angeht, so kann ich nur sagen, daß es sich in unserem Fach auszahlt, die Vielfalt der Erscheinungen zu sehen und sich darüber Gedanken zu machen, bevor man anfängt, sowohl zu analysieren wie auch zu verallgemeinern. Für manche ergibt sich dieses Schauen und Nachsinnen von selbst; andere müssen erst ihre Ungeduld bezähmen. Wer experimentiert und allgemeine Schlüsse zieht, belächelt gern die reine Beobachtung und Beschreibung als »unwissenschaftlich«. Der Beobachter seinerseits hält den anderen für engstirnig und voreilig. Wie in vielen anderen Wissenschaften hat sich auch in der Verhaltensforschung das Schwergewicht vom Zusehen und Deuten mehr auf die Untersuchung einzelner spezieller Vorgänge verschoben, die, wie man annimmt, als repräsentativ für allgemeinere Fragen gelten können. Meiner Ansicht nach steuert die Ethologie jetzt etwas zu sehr vom Beobachten weg in diese Richtung, und es wäre an der Zeit, daß eine Gegenbewegung einsetzt, die einen besseren Ausgleich zwischen beidem gewährt. Wenn ich diese Auswahl von Beiträgen hier betrachte, in denen mancherlei recht verschiedene Tatsachen und Fragen angeführt sind, dann bin ich kühn genug, zu hoffen, daß daraus hervorgeht, wie ertragreich das Ineinanderfügen von Beobachtungen und Versuchen sein kann. Mancher Leser wird hier die Keime mühevoller, zeitgemäßer Untersuchungen anderer Forscher entdecken.

Natürlich heißt Beobachten nicht bloßes Aufnehmen dessen, was draußen geschieht. Je nachdem, worauf die Aufmerksamkeit sich richtet, werden die Wahrnehmungen ausgewählt, und diese Auswahl ist von innen her begründet. POPPER hat mehrfach darauf hingewiesen. Er verabscheut das Wort »induktiv« und betont, wie abwegig es ist, zu glauben, der Beobachter sei ein gänzlich unbeschriebenes Blatt. Beobachter und Experimentator können sich, wie mir scheint, sehr wohl auf gemeinsamem Boden treffen; denn wir alle gehen von Erwartungen aus, von vorgefaßten Meinungen oder gar Hypothesen und werden nachdenklich, wenn sich herausstellt, daß das, was sich tatsächlich abspielt, mit unserer Erwartung nicht übereinstimmt. Der Widerspruch versetzt uns in Erstaunen, und diese Verwunderung treibt uns an.

Damit kommen wir zur nächsten Frage: »Was leitet den Biologen und damit den Ethologen, wenn er beobachtet; was schwebt ihm vor?« Ich will versuchen, es ganz einfach auszudrücken. Der scheinbare Widerspruch zwischen dem, was man uns aufgrund unserer Kenntnis der unbelebten Welt zu erwarten gelehrt hat, und dem lebendigen Geschehen zieht uns an. Was ein Tier »tun sollte« und was es wirklich tut, das ist ein staunenswerter Gegensatz. Wie ein Stein, den man im Luftraum losläßt, zu Boden fällt, so müßte auch ein Vogel fallen; aber er fliegt weg. Ein Tier widersetzt sich, es entflieht seiner Umwelt oder macht sie sich zunutze, anstatt sich einfach ihren Einflüssen hinzugeben. Es strebt nicht nach immer größerer Stabilität und Wahrscheinlichkeit, sondern es überlebt, pflanzt sich fort, wächst und entfaltet sich. Da wir aber nicht glauben, daß es damit den Gesetzen der Physik zuwiderhandelt, verlassen wir uns darauf, daß wir bei näherer Betrachtung einen Spezialfall vor uns sehen.

Diese Unstimmigkeit zwischen der physikalisch begründeten Erwartung und dem, was wir sehen, führt die Lebenskunde in eine neue Dimension, nämlich zu der Frage: »Wozu, zu welchem Zweck geschieht das?« Vorausgesetzt, daß er den Ausdruck »Zweck« in dem beschränkten Sinne »der Arterhaltung dienlich« gebraucht, ist der Biologe berechtigt, diese Frage zu stellen, während ein Physiker, wenn er es tut, damit die Grenzen seines Faches überschreitet. Es wäre Metaphysik zu fragen: »Wozu nützt das Planetensystem, ein Atom oder der Gezeitenstrom des Meeres?«

Die Frage nach dem Überlebenswert dessen, was ein Tier tut, und ihre Bedeutung anschaulich zu machen, ist ebenfalls ein Anliegen dieses Buches. In allen Arbeiten geht es darum, wie sich ein Tier erfolgreich durchsetzt. Von Anfang an erwuchsen aus den Beobachtungen stets zwei Fragen und nicht, wie in der Physik, nur eine; ständig heißt es im Wechsel: »Wozu ist das gut?« und »Wie wird es gemacht?« Deshalb untersucht man entweder die Wirkungen des beobachteten Verhaltens und überlegt sich, wie sie zum Erfolg beitragen könnten, oder man forscht nach möglicherweise zerstörenden oder hinderlichen Einflüssen der Umwelt und versucht herauszufinden, wie die Lebewesen sich gegen solchen Druck behaupten.

Dieser zweifache Prozeß, über den ich mir selbst erst ganz allmählich klargeworden bin, hilft, die Arbeitskraft gezielt und sparsam einzusetzen. Die Berücksichtigung der Umwelteinflüsse führt zum Erkennen echter biologischer Probleme und bewahrt einen davor, Verhaltensmechanismen allein um ihrer selbst willen »ins Leere« zu untersuchen. Und aus der Frage: »Wozu nützt es?« kommt das Erkunden der äußeren Bedingungen, mit denen sich das Tier auseinandersetzen muß. Dieser Nachdruck soll zugleich ein Aufruf sein, auch weiterhin solche Zusammenhänge zu untersuchen: das Verhalten, wie wir es vorfinden, und seine Bedeutung für den Erfolg.

Das Ergebnis ist hauptsächlich ein immer besseres Verständnis der engen oder richtiger vielleicht ausreichend engen Wechselwirkungen zwischen Anforderung und Leistung; und mit der Einsicht wächst auch die Achtung für das, was die natürliche Auslese zustande bringt. Daß die natürliche Selektion stammesgeschichtliche Veränderungen bewirkt, ist nicht zu bezweifeln. Wenn man ihr nachspüren will und sucht, was sie tatsächlich hervorgebracht hat, ist es die beste Methode, nach scheinbaren Widersprüchen zu fahnden und zu prüfen, ob es wirklich Widersprüche sind oder ob man einen Sinn darin findet. Wie erhellend dies ist, muß der Leser selbst abwägen. Ich bin (wie aus den Kapiteln 16, 17 und 18 hervorgeht) der Meinung, daß der Vorteil dieser Arbeitsweise deutlich wird, sobald man sie auf den Menschen anwendet und auf sein besonderes Kennzeichen: den Verlust der Angepaßtheit als Folge der kulturellen Entwicklung. Um unser eigenes, fürchterlich durcheinandergerütteltes Dasein in Ordnung zu bringen, scheint es mir unerläßlich, sich über Anpassung durch genetische Evolution und das Unangepaßtsein in einer kulturell veränderten Umwelt von Grund auf klarzuwerden. Hierfür müssen wir die ursprüngliche Einpassung in unsere eigene ökologische Nische soweit wie irgend möglich in allen Einzelheiten kennenlernen – mit allgemeinen Feststellungen ist es nicht getan.

Ob wir jemals einen Ausweg aus unserer Notlage finden werden und ob es möglich sein wird, darzutun, daß auf allen Stufen, von Tiergesellschaften bis zu den Molekülen, die Lebensvorgänge mit den Gesetzen der Physik in Einklang stehen, das kann niemand wissen, obwohl vielleicht im molekularen Bereich die Zusammenarbeit zwischen Physikern und Biologen sich anbahnt. Was jedoch immer klarer hervortritt, ist etwas sehr Schönes: Es ist unsäglich befriedigend, zu erkennen, daß selbst die unwahrscheinlichsten Dinge, die ein Tier tut, den Forderungen entsprechen, die seine natürliche Umwelt ihm stellt; denn die Umwelt gab und gibt der Evolution ihre Richtung.

Mein Dank gilt Frau P. Searle für vielerlei Hilfe als Sekretärin, Frau Dr. M. Dawkins für ihren Beistand, der sich von der kritischen Durchsicht und sprachlichen Überarbeitung des ganzen Textes bis zu mühsamer Herausgeberarbeit erstreckte, und Fräulein C. Court für das Umzeichnen mehrerer Abbildungen.

Daß mein Freund Peter Medawar, dem nicht nur ich, sondern alle englischen Ethologen soviel Unterstützung verdanken, diesem Buch ein Vorwort schrieb, bedeutet mir mehr, als ich sagen kann.

Teil I Beobachten und Deuten

Einführung

In ihrer Frühzeit waren Ethogramme das Rückgrat der Verhaltensforschung. Pioniere wie HEINROTH, HUXLEY und VERWEY und natürlich Konrad LORENZ hatten uns den Weg gewiesen, und auf ihren Spuren erging ich mich gewissermaßen in den verschiedensten Lebensräumen, oft von Schülern und Mitarbeitern begleitet, um das Verhalten dieser oder jener Art zu untersuchen. So erschien in den 30iger Jahren eine Anzahl mehr oder weniger monographischer Studien: von kurzen Aufsätzen in holländischen Zeitschriften, die vor allem von Vögeln, Fischen und Insekten, nämlich Stichlingen, Molchen, Bitterlingen, Wasserkäfern, Eulen, Möwen und Seeschwalben handelten, über Veröffentlichungen in internationalen Fachorganen, worin ausführlich von Baumfalken, Odinshühnchen und Schneeammern berichtet wird, bis später zu einem Buch über die Silbermöwe.

Ursprünglich hatte ich vor, eine dieser Arbeiten hier an den Anfang zu stellen, gab aber schließlich diesen Plan wieder auf, weil mir dafür keine mehr so recht geeignet schien. Alle sind sie zu lang, gemischt aus erzählender Darstellung und allerlei Gedanken über Probleme, zu denen es heute bereits einschlägige Untersuchungen gibt. Das Wesentliche ihres Inhalts habe ich außerdem schon in meinen früheren Büchern zusammengefaßt. Aber erwähnen möchte ich sie, weil ich als Lehrer das Empfinden habe, ich sollte den Jüngeren meine Erfahrung weitergeben, daß für jeden angehenden Ethologen solche Zeiten des Erkundens und unvoreingenommenen Beobachtens äußerst wertvoll sind. Sie bleiben es auch weiterhin, während der ganzen Laufbahn als Forscher – besonders dann, wenn die Gefahr droht, daß sich das Gesichtsfeld zu sehr einengt, daß man den Zusammenhang mit dem natürlichen Geschehen verliert.

Einmal weil diese Arbeiten selber noch im Erkundigungsstadium stecken, zum andern wegen ihres Umfangs enthalt der erste Teil nur eine Studie, die 1959 erschien. Abgesehen davon, daß wir seither mehr wissen, soll sie als Beispiel für Untersuchungen stehen, die sich hauptsächlich auf Beobachtung stützen, und auch für eine Methode, derer ich mich bis dahin noch kaum bediente: den Artenvergleich.

Genauer gesagt, war es eben dies, was all den früheren Arbeiten fehlte, nämlich das Bemühen, mit Hilfe der vergleichenden Methode Übereinstimmungen und Unterschiede als Folge auseinanderführender und angleichender Anpassung zu deuten. Insofern hatte ich WHITMAN, HEINROTH, HUXLEY, VERWEY und LORENZ nur ungenügend nachgestrebt.

Doch Konrad LORENZ bohrte unaufhörlich und erreichte es, mich umzustimmen; endgültig überzeugt wurde ich durch seine vergleichenden Bewegungsstudien an Entenvögeln. Da ich die Silbermöwe schon recht gut kannte, lag es nahe, sich die Möwen vorzunehmen. Um sie in ihrer natürlichen Umgebung zu sehen, mußte ich dorthin reisen, wo die verschiedenen Arten lebten. Einer allein konnte ein so anspruchsvolles Programm nicht bewältigen, und so haben meine Schüler viele Tatsachen zusammengetragen, die hier mit ausgewertet sind. Da mich die biologische Bedeutung des Verhaltens besonders fesselte, galten die Untersuchungen hauptsächlich der Frage nach der ökologischen Aufsplitterung der Arten, und anfangs richtete sich unsere Aufmerksamkeit besonders auf die auffälligsten Beschäftigungen der Möwen, das Ausdrucksverhalten. Wenn aber in einer Arbeitsgemeinschaft der Führende es nicht allzusehr darauf anlegt, seine Schüler in eine bestimmte Richtung zu lenken, dann lernt er schließlich von ihnen mindestens ebensoviel wie sie von ihm. So war es auch hier. Das eindrucksvollste Beispiel dafür ist wohl die klassische Untersuchung von Esther CULLEN an der Dreizehenmöwe.

Aus meiner Zusammenfassung unserer Fortschritte geht nicht deutlich genug hervor, wieviel diese Studie der vergleichenden Anatomie verdankt; andernfalls hätte sich wieder einmal gezeigt, daß Ethologie zu einem großen Teil auf der Möglichkeit aufbaut, altbewährte biologische Methoden auf Verhaltensweisen anstatt auf Körpermerkmale anzuwenden. Doch wem vergleichende Anatomie geläufig ist, der wird auch hier den gemeinsamen Leitfaden erkennen und wissen, daß wir im Grunde gar nichts wirklich Neues tun.

Diese Überlegung, daß wir letzten Endes nur die schon bewährten Methoden auf eine Gruppe von Lebensvorgängen, die wir Verhalten nennen, übertragen, scheint mir zugleich eine weitere Rechtfertigung für den Entschluß zu sein, die alten Arbeiten neu aufzulegen. Ich bin überzeugt, daß eine weitere Übertragung unserer Arbeitsmethode auf menschliches Verhalten und menschliche Gesellschaftslehre sich ebenso fruchtbar erweisen wird wie jene; denn in diesen Gebieten (was bei dem viel größeren Komplikationsgrad begreiflich scheint) ist man noch viel weiter davon entfernt, biologisch zu denken, als in der Ethologie.

(Aus dem Zoologischen Institut der Universität Oxford, England)

1 Vergleichende Verhaltensbeobachtungen an Möwen (Laridae)

(1959)[1]

I. Einleitung

Frühere Untersuchungen von HEINROTH (27) und LORENZ (45) an Entenvögeln veranlaßten uns, Mitglieder der Arbeitsgruppe für Verhaltensforschung in Oxford, im Jahre 1950 mit vergleichenden Beobachtungen an Möwen zu beginnen. Einige Erfahrungen lagen schon vor: von STRONG (73), PORTIELJE (69), GOETHE (24) und TINBERGEN (78,81) über Silbermöwen sowie von KIRKMAN (38) über Lachmöwen. Wir nahmen uns vor, das Verhalten möglichst vieler Arten so vollständig wie nur möglich zu beschreiben und zu untersuchen, wodurch bestimmte Ausdrucksweisen hervorgerufen werden, wozu sie dienen und woher sie kommen, um nach Möglichkeit daraus abzuleiten, wie sie entstanden sind und wie sie sich im Verlauf der Artbildung auseinanderentwickelt haben. Den Rahmen so weit zu stecken, schien uns nötig; denn es hatte sich immer deutlicher gezeigt, daß eine gründliche Kenntnis ganzer Verhaltensabläufe und etwas Einblick in Ursachen und Wirkungen der Ausdrucksweisen am besten helfen können, ihren stammesgeschichtlichen Ursprung und ihre Entwicklung zu verstehen.

In dieser Arbeit sind die bisher gewonnenen Ergebnisse zusammengefaßt. Es werden Fragen zur Funktion, Motivation und Phylogenie von Verhaltensweisen, auch Untersuchungsmethoden besprochen. Dabei handelt es sich hauptsächlich um folgende Arten:

1. Die Silbermöwe, *Larus argentatus* (die oben genannten Autoren; MOYNIHAN 61), und deren nächste Verwandte, die Heringsmöwe, *L. fuscus* (PALUDAN 64; J. M. und E. CULLEN unveröff.), Beringsmöwe, *L. glau-*

[1] Die vollständigen Quellennachweise der Aufsätze sind auf S. 371 nachzulesen.

cescens (VEITCH und BOOTH 91; eigene Beob.), und Westmöwe, *L. occidentalis.*

2. Die Sturmmöwe, *L. canus* (WEIDMANN 93), und die ihr nahestehende Delawarenmöwe, *L. delawarensis* (MOYNIHAN 61 a,b,c).
3. Die Lachmöwe, *L.* (subgenus *Hydrocoloeus*) *ridibundus* (MOYNIHAN 59; TINBERGEN und MOYNIHAN 88), und andere dunkelgesichtige, sogenannte Maskenmöwen: Bonapartemöwe, *L. philadelphia* (MOYNIHAN 61, a,b,c), Franklinsmöwe, *L. pipixcan* (MOYNIHAN 61 a,b,c), Aztekenmöwe, *L. atricilla* (MOYNIHAN 61 a,b,c), Hartlaubsmöwe, *L. novaehollandiae hartlaubi* (TINBERGEN und BROEKHUYSEN 87), und Zwergmöwe, *L. minutus* (MOYNIHAN 59).
4. Die Dreizehenmöwe, *Rissa tridactyla* (E. CULLEN 18 und unveröff.; PALUDAN 65).
5. Die Elfenbeinmöwe, *Pagophila eburnea* (BATESON und PLOWRIGHT, unveröff.).

Wir arbeiteten fast ausschließlich im Freiland, doch sind einige Zoobeobachtungen mitverwertet.

Gefilmt wurde das Ausdrucksverhalten von Silber- und Heringsmöwe (N. T.), Beringsmöwe (N. HANCOCK, BROADVIEW, Ill.), Westmöwe (Dr. R. BOOLOOTIAN, Los Angeles), Lachmöwe (N.T.), Hartlaubsmöwe (Dr. G. J. BROEKHUYSEN, Cape Town), Dreizehenmöwe (N.T.) und Elfenbeinmöwe (C. PLOWRIGHT, Cambridge). Kopien aller dieser Filme und eines weiteren über die Große Raubmöwe, *Catharacta* (= *Stercorarius*) *skua* (G. PARIS, Gouda, Holland) sind im Institut für Zoologie und vgl. Anatomie in Oxford hinterlegt. Dieses Material wurde uns immer wertvoller, je weiter wir kamen. Die hier gezeigten Abbildungen sind größtenteils nach diesen Filmen oder Standbildern gezeichnet.

Jede der genannten Arten hat ihr eigenes kompliziertes Verhaltensrepertoire, und es ist sehr viel mühsamer, Bewegungsweisen eindeutig zu erfassen als Körperstrukturen. Deshalb kostet schon das Sehen und Beschreiben ungeheuer viel Zeit; selbst bei wohlbekannten Arten finden wir immer noch Neues. Außerdem sind funktionelle und kausale Analysen mit erheblichen Schwierigkeiten verbunden und Antworten auf stammesgeschichtliche Fragen naturgemäß nur indirekt zu erhalten. Deshalb ist unsere Arbeit noch längst nicht abgeschlossen. Dieser Zwischenbericht scheint mir dennoch gerechtfertigt, und zwar aus zwei Gründen. Erstens dürften manche unserer wenn auch noch vorläufigen Schlußfolgerungen von grundsätzlicher Bedeutung sein, so daß es erwünscht wäre, sie auch an anderen Tieren zu prüfen. Zweitens bin ich überzeugt, daß unsere Fragestellungen, Methoden und Deutungen noch immer unscharf sind. Soviel auch Lorenz (43,45), Hinde (32), Baerends (5), Andrew (1,2), Marler (49,50), Moynihan (60), Morris (56,57) und andere zur Klärung unserer theoretischen Vorstellungen beigesteuert haben und soviel wesentliche Tatsachen gefunden wurden, wissen wir doch immer noch nicht genau, was wir eigentlich tun; denn nur allzu oft folgen wir mehr unserem biologischen Spürsinn als einem folgerichtig durchdachten Plan. Das ist kaum verwunderlich, da es ja nicht nur um Ursachen des Verhaltens geht und streng naturwissenschaftliche Methoden hier schwer anwendbar sind, sondern außerdem Fragen nach Ursache, Bedeutung und Stammesgeschichte so eng ineinandergreifen, daß sie nur allzu leicht zu Zirkelschlüssen verleiten. Es schien mir darum wichtig, als Grundlage für künftige Untersuchungen auch manches Begriffliche zu klären und neu zu formulieren.

Ich habe mich bemüht, sowohl für Fachgenossen wie auch für Zoologen, Ornithologen und Psychologen zu schreiben, die sich mit unseren Aufgaben beschäftigen möchten, und deshalb eine möglichst allgemein verständliche Form der Darstellung gewählt.

Mein Dank gilt dem Cumberland County Council, dem Farne Islands Committee, dem National Trust, der Nature Conservancy, Sir William Pennington Ramsden und dem Earl of Verulam für die Erlaubnis, in mehreren Möwenkolonien zu arbeiten, die ihrem Schutz und ihrer Aufsicht unterstellt sind; der Ford Foundation, der National Science Foundation, der Nature Conservancy und der Nuffield Foundation für finanzielle Unterstützung; Herrn Professor Sir Alister Hardy FRS für mancherlei Ermunterung und Unterstützung; P. Bateson, Dr. E. Cullen, Dr. J. M. Cullen, G. Manley, Dr. M. Moynihan, Dr. A. C. Perdeck, C. Plowright, Dr. R. Weidmann und Dr. U. Weidmann für die Erlaubnis, ihre noch unveröffentlichten Ergebnisse mit zu verwerten; Dr. A. Cain, Dr. E. Cullen, Dr. J. M. Cullen und Dr. R. A. Hinde für die kritische Durchsicht des Manuskriptes.

II. Grundlagen taxonomischer und stammesgeschichtlicher Untersuchungen des Verhaltens

Wir beabsichtigten zweierlei: (1) Übereinstimmungen und Unterschiede zu beschreiben, so daß wir ein natürliches System aufstellen und frühere Klassifizierungen daran überprüfen konnten, und (2) zu ergründen, wie und warum diese Übereinstimmungen und Unterschiede phylogenetisch entstanden sein mögen.

Im Verlauf unserer Untersuchungen stellte sich allmählich heraus, daß wir vieles ungenau, großenteils rein gefühlsmäßig beurteilt hatten und keineswegs nach so strengen Maßstäben, wie sie die Systematiker (CAIN und HARRISON 15) fordern. Teils aus diesem Grunde, teils auch weil Verhaltensbeobachtungen in mancher Hinsicht schwieriger sind als morphologische Untersuchungen, schien es uns nötig, unsere eigene Arbeitsweise noch einmal kritisch zu durchleuchten. Es ergaben sich daraus einige grundlegende Erwägungen, die ich hier vorwegnehmen möchte. Mancher Leser zieht es vielleicht vor, sich erst einmal mit den Tatsachen vertraut zu machen.

Beim Vergleich von Verhaltensweisen oder Körperstrukturen werden Ähnlichkeiten und Unterschiede artspezifischer Merkmale beschrieben, d. h. solche Eigenschaften, die entweder bei sämtlichen Artgenossen oder bei allen Männchen, allen Weibchen oder bestimmten Altersgruppen einer Art[1] übereinstimmen und die abweichen von den entsprechenden Merkmalen anderer Arten oder höherer Einheiten. Dabei ist es nützlich zu wissen, in welchem Maße diese Merkmalsunterschiede phaenotypisch bzw., wenn überhaupt, genotypisch bedingt sind, besonders bei Verhaltensstudien; denn gerade die Entwicklung des Verhaltens kann in vielerlei Weise von Umwelteinflüssen abhängig sein.

Im einzelnen wissen wir darüber noch verhältnismäßig wenig. Doch ohne hier auf die Ontogenie näher einzugehen, können wir sagen, daß Erbkoordinationen (LORENZ 44) sich nahezu unveränderlich entwickeln. Ausnahmen gibt es bei der Gesangsausbildung mancher Vögel (THORPE 75). Einige Beschreibungen der Verhaltensentwicklung unter unnatürlichen Bedingungen zeigen jedoch, daß gerade solche Bewegungsmuster, wie wir sie hier untersuchen, weitgehend umweltstabil sind (GOETHE 25, HEINROTH 28, LORENZ 44, SAUER 71). Andererseits werden bereitliegende Reaktionen vielfach erst durch Erfahrung mit den auslösenden Reizen verknüpft. So wies BERGMAN (10) nach, daß von Rotschenkeln ausgebrütete Steinwälzer die Alarmrufe von Altvögeln ihrer eigenen Art nicht befolgten, aber schon bald die ihrer Pflegeeltern. Umgekehrt beachteten Rotschenkel, die unter Steinwälzern ausgeschlüpft waren, anfangs nur

1 Da wir diese Untersuchungen in nur einer oder wenigen Kolonien durchführten, ist es denkbar, daß unsere Befunde nicht in allen Einzelheiten auch für andere Populationen gelten.

arteigene Rufe; erst viel später lernten sie, sich nach denen ihrer Pflegeeltern zu richten. Auf Reize, die das Betteln auslösen, antworten unerfahrene junge Lachmöwen (R. und U. WEIDMANN 94) und Silbermöwen (GOETHE 26) ebenso wie die von ihren Eltern gepflegten; sie sind jedoch imstande, später umzulernen. Daß aber junge Dreizehenmöwen still im Nest sitzen bleiben, während Lachmöwen bald umherzulaufen beginnen, ist ein umweltunabhängiger, sicher angeborener Unterschied (E. CULLEN 18).

Auch bei den hier verglichenen Ausdrucksweisen ist diese Forderung mit hinlänglicher Sicherheit erfüllt. Dennoch wären weitere genaue Untersuchungen der Verhaltensontogenese dringend erwünscht.

Das umfangreiche Bewegungsinventar der Möwen machte es möglich, die Liste systematisch verwendbarer Merkmale beträchtlich zu erweitern und, da alle bisher untersuchten Arten sich in vielen Verhaltenszügen sehr ähnlich sind, ihre nahe Verwandtschaft zu bestätigen.

Stammesgeschichtliche Beziehungen deuteten wir, kurz gesagt, auf genau dieselbe Weise, wie man feststellt, daß Wale und Fledermäuse beide Säugetiere und somit näher miteinander verwandt sind als Wale mit Fischen und Fledermäuse mit Vögeln. Nach rein taxonomischen Gesichtspunkten ergibt sich dies aus der Tatsache, daß Wale und Fledermäuse wesentlich mehr Merkmale mit anderen Säugetieren gemeinsam haben als mit Fischen oder Vögeln. Bei phylogenetischen Erwägungen kommt es außerdem darauf an, wie man die einzelnen Merkmale »bewertet«. Untersuchungen ihrer biologischen Bedeutung lassen erkennen, welchen Anpassungswert (a) einzelne oder wenige unterschiedliche Eigenschaften bei sonst sehr ähnlichen Arten haben, und stützen dadurch die Annahme, daß diese aus einer gemeinsamen Wurzel hervorgegangenen Arten sich erst in neuerer Zeit verschiedenen ökologischen Bedingungen angepaßt haben. Findet man aber (b) bei sonst sehr verschiedenen Formen einige wenige Übereinstimmungen, so bestärkt das die Vermutung, daß es sich hierbei um Konvergenzen handelt. Da die Möwen eine monophyletische Gruppe sind, haben wir es hier hauptsächlich mit ökologischer Aufsplitterung zu tun, werden aber gelegentlich auch konvergente Eigenschaften finden, die sie mit weit entfernten Verwandtschaftsgruppen teilen, ähnlich wie Wale und Fische ihre Torpedoform.

Beim Abwägen der Merkmale aufgrund funktioneller Untersuchungen gehen wir folgendermaßen vor: Immer wenn eine Art wegen zahlreicher Übereinstimmungen mit anderen Arten nahe mit ihnen verwandt zu sein scheint, wenn Unterschiede durch Verschiedenheiten der Lebensweise zu erklären und deshalb als Neuerwerbungen anzusehen sind, können diese sozusagen »abgeschält« werden, so daß ein »Kern« von Merkmalen freigelegt wird, die entweder ebenfalls zu denen der anderen Arten passen oder aus (noch) unbekannten Gründen davon abweichen. Falls hierbei die Ähnlichkeit noch deutlicher hervortritt als bei der Betrachtung der gesamten Merkmalskomplexe, ist nahe Verwandtschaft noch wahrscheinlicher gemacht als zuvor. Ergeben sich aber größere Unterschiede, so wird die gemeinsame Herkunft der untersuchten Arten zweifelhaft. Darüber hinaus kann man aus solchen funktionellen Analysen Schlüsse ziehen, welcher Selektionsdruck diese oder jene Anpassung bewirkt haben muß. Die Dreizehenmöwe z. B. hat sich darauf spezialisiert, am Felsen zu brüten, und viele ihrer Besonderheiten sind dadurch zu erklären (E. Cullen 18). Auch die Galapagosfinken haben in Anpassung an die verschiedensten Ernährungsformen ganz erstaunliche Unterschiede entwickelt (Lack 40). Wenn man aber von all den Eigenheiten absieht, die Dreizehenmöwen als Felsbrüter erworben haben, bleibt eine im Grunde »ganz normale« Möwe übrig. Dieses Verfahren hilft gleichzeitig die speziellen Anpassungen besser zu verstehen.

Zunächst werden die Verhaltensweisen beschrieben, und dabei ist es wichtig, genau zu überlegen, wie man sie benennt. Wir fanden bei jeder Art eine Reihe von Ausdrucksbewegungen, die zwar von Fall zu Fall ein wenig abgewandelt, aber fast immer eindeutig erkennbar waren; denn jede dieser Bewegungsweisen, oder besser die Variationsbreite ihrer möglichen Abwandlungen, ist innerhalb der Art streng festgelegt. Gleichzeitig sind sie aber den entsprechenden Verhaltensweisen anderer Arten ebenso überraschend ähnlich, wie das von Formmerkmalen bekannt ist.

Da man anfangs nur den sichtbaren Ablauf der Bewegungen beschreibt, sollten auch die Namen keinerlei Aussagen über denkbare Ursachen oder Funktionen enthalten. Sonst könnten voreilige Deutungen zu wiederholten Namensänderungen Anlaß geben und Verwirrung stiften. Dagegen dürfen ähnliche Verhaltensweisen verschiedener Arten durchaus denselben Namen tragen, vorausgesetzt daß es sich nicht um Konvergenzen oder zufällige Ähnlichkeiten handelt, sondern um gemeinsame Abstammung oder vielleicht Parallelentwicklung bei mehreren Arten. Strenggenommen, da wir ja gleiche Herkunft höchstens vermuten können, sollte man anfangs jede Bewegung jeder einzelnen Art gesondert benennen und erst bei genauerer Kenntnis der Zusammenhänge zur Vereinfachung einheitliche

Bezeichnungen suchen. Bei sehr geringen artlichen Unterschieden, etwa bei der Schrägstellung oder beim Wegsehen, ist das nicht schwer. Was aber nicht mit Sicherheit übereinstimmt, etwa der Katzenruf der Silbermöwe und das Sich-Neigen-und-Stöhnen der Dreizehenmöwe, sollte man lieber trennen, um späterer Deutung nicht vorzugreifen.

Man muß sich also klarmachen, nach welchen Gesichtspunkten man vorgeht. Konvergenzen oder zufällige Übereinstimmungen sind dann praktisch ausgeschlossen, wenn die Verhaltensweisen (1) verschiedener Arten sich weitgehend gleichen, zumal wenn es hochkomplizierte und deshalb »unwahrscheinliche« Bewegungsmuster sind; (2) wenn sie innerhalb einer Verwandtschaftsgruppe zusammenhängend weit verbreitet, (3) außerdem gleichartig motiviert sind, (4) ähnliche Aufgaben erfüllen und (5) aus derselben Wurzel stammen. Dieses letztere ist besonders wichtig, da die meisten, wenn nicht alle Ausdrucksweisen heute als »abgeleitete« Bewegungen aufgefaßt werden (Lorenz 43, Daanje 21, Tinbergen 79).

Die Durchführung dieses Vorhabens birgt dennoch manche Schwierigkeiten. Die Ähnlichkeit, die definitionsgemäß nicht Gleichheit bedeutet, kann nämlich verschieden groß sein. Für die Aufrechtstellungen der Silber- und der Lachmöwe ist zweifellos ein gemeinsamer Name am Platze, während dies für das Wegsehen bei Lachmöwen und Dreizehenmöwen nicht unbedingt sicher ist.

Wenn die formale Übereinstimmung zweifelhaft ist, es aber Hinweise gibt auf sehr ähnliche Ursachen und Funktionen, wie etwa bei der Senkrechtstellung der Zwergmöwe und der Vorwärtsstellung der Lachmöwe, die beide in der Begrüßungszeremonie an zweiter Stelle stehen, dann sollte man dieser Unsicherheit, solange es nötig ist, durch verschiedene Namen Rechnung tragen. Umgekehrt sehen zwar die Vorwärtsstellung der Lachmöwe und das Vorstoßen der Dreizehenmöwe ähnlich aus, aber sie werden unter verschiedenen Umständen gebraucht und müssen deshalb verschiedene Anlässe und Bedeutungen haben. Darum sind sie nur vorläufig so genannt und spätere Änderungen möglicherweise erforderlich. Die Frage nach der Herkunft kann z. B. für die Aufrechtstellung sicher und für das Stößeln schon ziemlich genau beantwortet werden. Wo aber die Haltung beim Katzenruf herkommt, das ist uns immer noch unklar.

Eine weitere Erschwerung bedeutet es, ebenso wie in der vergleichenden Anatomie, wenn eine Bewegung bei manchen Arten mit anderen Verhaltensanteilen verschmolzen ist, bei anderen jedoch nicht. So sind bei Silbermöwen in der Schrägstellung-mit-Jauchzen drei Dinge zusammengekommen: Während die Schrägstellung selbst der vieler anderer Möwen sehr ähnlich ist, geht ihr eine Verneigung voraus, die weder bei der Dreizehenmöwe noch bei der Lachmöwe vorkommt. Außerdem gehört ein Zurückwerfen des Kopfes dazu, das diesen beiden Arten ebenfalls fehlt; bei der Sturmmöwe dagegen ist gerade diese Bewegung noch stärker ausgeprägt als bei der Silbermöwe (Abb. 4). Oder: das Neigen-und-Stöhnen der Dreizehenmöwe erinnert teilweise stark an die Katzenrufstellungen anderer Arten. Aber das Hinabbeugen scheint nur bei ihr hinzugekommen zu sein (Abb. 8). Bei der Elfenbeinmöwe schließlich geht dem Jauchzen eine Stellung voraus, die stark an das Vorwärts der Lachmöwe erinnert (Abb. 4).

Das ist einer der Gründe, weshalb man solche Bewegungsweisen nur in groben Umrissen benennen kann, ganz ähnlich wie beim Vergleich von Schädeln verschiedener Wirbeltierarten, und hier wie dort muß man sich in gleicher Weise behelfen.

Abweichungen von der Grundform ähnlicher Bewegungsweisen können auch durch Ritualisierung (Kap. VI und VII) zustande kommen. So hält die Dreizehenmöwe beim Stößeln im Gegensatz zu andern Arten den Schnabel weit offen (Abb. 7), zweifellos deshalb, weil die Mundhöhle leuchtend orangerot gefärbt ist und dadurch dieses Signal noch auffälliger wird. Im gleichen Sinne ist wohl auch das Ausbreiten der Flügel zu deuten, wenn die Große Raubmöwe sich schrägstellt und jauchzt; denn dadurch werden die auffälligen weißen Flecken auf ihren Flügeln sichtbar. Ohne auf die Frage einzugehen, was sich zuerst verändert hat, die Bewegung oder die Struktur, nehme ich an, daß hier ein funktioneller Zusammenhang besteht.

Manche Schwierigkeiten, mit denen stammesgeschichtliche Ableitungen behaftet sind, können wir nicht vermeiden, da es unmittelbare Belege aus der Vergangenheit bei Verhaltensweisen nicht gibt. Deshalb muß unsere Beweisführung »probabilistisch« bleiben – ein Ausdruck, den Thieme (74) für entsprechende Folgerungen in der vergleichenden Sprachforschung geprägt hat. Indem wir aber die Vorgänge immer genauer beschreiben, immer mehr Arten und Merkmale in unseren Vergleich mit einbeziehen, die biologische Bedeutung zu verstehen suchen und ständig auf der Lauer liegen, ob auch nirgends Widersprüche auftreten, können wir die Zusammenhänge dennoch mit hoher Wahrscheinlichkeit richtig durchschauen. Wo wir von falschen Voraussetzungen ausgehen, müssen Unstimmigkeiten zutage kommen. Wenn aber Zweifel und Widersprüche durch zugleich umfassendere und vertiefte Untersuchungen aufgeklärt werden, spricht das für die Richtigkeit unserer Annahmen. Trotzdem können sich manche der heutigen Arten soweit auseinanderentwickelt haben, daß es nicht möglich ist, ihren Werdegang in allen Einzelheiten rückwärts zu verfolgen.

III. Beschreibung feindlicher und paarbildender Verhaltensweisen

Ehe ich in diesem Kapitel die wichtigsten Ausdrucksbewegungen vorführe, die allen oder wenigstens den meisten der bisher untersuchten Arten zu eigen sind, muß ich, um die Terminologie zu begründen, einige Ergebnisse vorweg erwähnen. (1) Trotz beträchtlicher innerartlicher und sogar individueller Variabilität sind die einzelnen Verhaltensweisen streng gegeneinander abgegrenzt. Obwohl die Schrägstellung, Vorwärtsstellung und das Stößeln recht verschieden aussehen können (vgl. Kap. V), ist

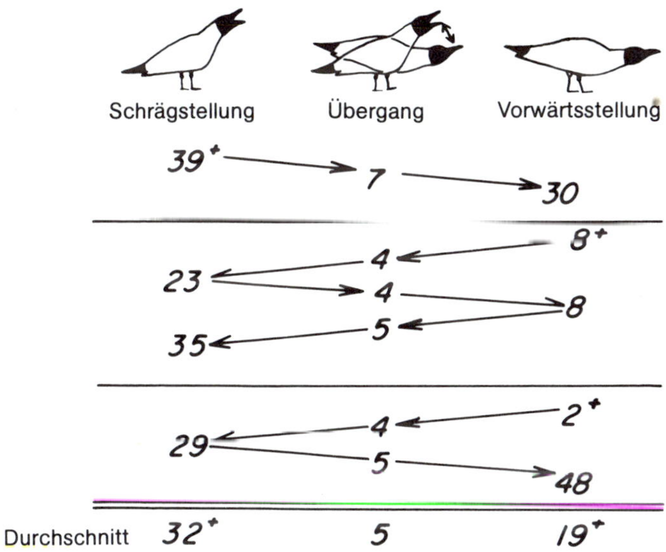

Abb. 1. Anzahl der Einzelbilder aus drei Filmen von Schrägstellung, Vorwärtsstellung und ihren Übergängen. Lachmöwe. 24 Bilder/sec.

man fast nie im Zweifel, was der Vogel gerade tut. Abb. 1 soll das verdeutlichen: In drei Filmaufnahmen von einer Lachmöwe, die als Antwort auf fliegende Vögel zuerst die Schräg- und dann die Vorwärtsstellung einnahm, zählten wir die Einzelbilder aus, die zu jeder dieser beiden Stellungen und zu der Übergangsbewegung gehörten. Diese war vergleichsweise außerordentlich kurz, nämlich im Durchschnitt von 6 Übergängen ungefähr $^1/_5$ einer Sekunde, wobei der Kopf des Vogels immerhin eine Strecke von mindestens 10 cm durchmaß. (2) Jede dieser Bewegungsweisen ist arteigentümlich, d. h. alle Tiere gleichen Alters und Geschlechtes führen ihre Gebärden nach demselben Muster aus. (3) Verhältnismäßig einheitlich sind auch die Unterschiede von Art zu Art etwa bei der Schrägstellung, die Dreizehenmöwen immer unverwechselbar anders ausführen als Silbermöwen. (4) Dennoch ist die Ähnlichkeit gleicher Ausdrucksbewegungen bei verschiedenen Arten unverkennbar.

Die folgende Aufzählung einiger Bewegungsweisen umfaßt die Grundformen, nicht die artspezifischen Handlungsfolgen, die wir später besprechen.

1. In der *Aufrechtstellung* (Upright, Abb. 2) ist der Hals mehr oder weniger senkrecht hochgereckt. Der Schnabel zeigt geradeaus oder ein wenig auf- oder abwärts. Der Flügelbug kann etwas angehoben oder wie in Ruhehaltung im Gefieder verborgen sein. Diese Gebärde kommt bei Grenzstreitigkeiten und bei der Paarbildung vor. Während eines Angriffs oder danach können die Flügel auch hoch erhoben und ganz ausgebreitet sein. Der Vogel bleibt stumm. Er steht entweder still, oder er geht auf einen anderen zu, dem er aber auch die Seite oder gar den Rücken zuwenden kann.

Wir unterscheiden die »aggressive« (Abb. 2a), die »eingeschüchterte« (Abb. 2b)[1] und die »ängstliche« Aufrechtstellung (Abb. 2c); alle übrigen Ausführungen liegen zwischen diesen dreien. Allerdings zeigt bei Lachmöwen während der Paarbildungsfolge der Schnabel noch stärker abwärts als in aggressiver Aufrechtstellung (Abb. 15). Soweit wir wissen, kommt diese Haltung bei allen außer der Dreizehenmöwe vor, die nur über die ängstliche Aufrechtstellung verfügt.

1 Tinbergen (81) und Moynihan (59) fassen diese beiden (b und c) als ängstliche Aufrechtstellung zusammen.

Abb. 2. Die Aufrechtstellung. a) aggressive, b) eingeschüchterte, c) ängstliche Aufrechtstellung der Silbermöwe, d) aggressive, e) ängstliche Aufrechtstellung der Hartlaubsmöwe, f) aggressive Aufrechtstellung der Sturmmöwe, g) aggressive Aufrechtstellung der Lachmöwe (d und e nach *Tinbergen* und *Broekhuysen* 87, f nach *Weidmann* 93).

2. *Schrägstellung-mit-Jauchzen* (Oblique-cum-Long-Call, Abb. 3). Der Hals ist schräg nach vorn aufwärts gestreckt, jedoch bei Arten und Einzeltieren sehr verschieden hoch. Der Flügelbug wird meistens angehoben. In dieser Haltung ruft der Vogel laut und lang gedehnt aus weit offenem

Abb. 3. Die Schrägstellung. a) Silbermöwe, b) Zwergmöwe, c) Lachmöwe in aggressiver Schrägstellung, d) Dreizehenmöwe, e) Hartlaubsmöwe, f) Lachmöwe in eingeschüchterter Schrägstellung (b nach *Moynihan* 59, e nach *Tinbergen* und *Broekhuysen* 87).

Schnabel, bei den meisten Arten mehrere Male nacheinander. Sie kommt bei feindlichen Begegnungen und in der Paarbildung vor, und zwar bei sämtlichen Arten, doch ist jeder von ihnen eine besondere Klangfarbe eigentümlich: melodisch bei Silber-, West-, Polar- und Beringsmöwe, heiser

Abb. 4. Schrägstellung-mit-Jauchzen (die Folgen sind von links nach rechts zu lesen). a) Sturmmöwe, b) Silbermöwe, c) Westmöwe, d) Elfenbeinmöwe (a nach *Weidmann* 93, d nach *Bateson* und *Plowright*, unveröff.).

bei Herings-, Mantel- und Eismöwe, krähend bei Lach- und Hartlaubsmöwe. Bei der Sturmmöwe klingt es besonders hell. Die Dreizehenmöwe verdankt diesem Ruf ihren englischen Namen »Kittiwake«, und so fort.

Beim vollständigen Ablauf streckt die Silbermöwe den Kopf zuerst schräg vor, nur wenig nach oben, und äußert einen meist heiseren Laut. Danach schlägt sie den Kopf tief nach unten, wobei sie ein oder zwei hohe, aber gedämpfte Töne hören läßt, und dann erst beginnt, mit einem Hochwerfen des Kopfes, eine Reihe von lauten Rufen; bei jedem einzelnen sinkt der Kopf ein wenig ab, so daß der Vogel zuletzt wieder beinahe waagrecht steht. Bei West- und Beringsmöwe fehlt das Hochwerfen des Kopfes (Abb. 4c), bei der Sturmmöwe dagegen ist es besonders stark ausgeprägt (Abb. 4a). Die Delawarenmöwe schleudert mehrmals, bei jedem einzelnen Ruf, den Kopf hoch, und die Aztekenmöwe zeigt dieses mehrfache Hochwerfen erst nach der dritten Phase des Jauchzens. Obwohl es bei diesen beiden Arten dem Kopfwippen anderer Möwen recht ähnlich sieht, soll hier offenbleiben, ob zwischen diesen beiden Bewegungsweisen ein Zusammenhang besteht. Bei der Elfenbeinmöwe geht der Schrägstellung, die an Lachmöwen erinnert, regelmäßig eine der Vorwärtsstellung sehr ähnliche Haltung voraus (Abb. 4d).

Manchmal, bei schwacher Stimmung, kommt es nur zu einem einzelnen Jauchzer, der nicht wiederholt und in einer Haltung zwischen schräg und aufwärts hervorgebracht wird.

3. *Herabstoßen-und-Aufsteigen* (Swoop-and-Soar). Die Lachmöwe und ihre Verwandten verfolgen öfters andere Vögel in der Luft und stoßen auf sie herab. Dazu jauchzen sie oder äußern den Angriffsruf (vgl. 5). Meistens gleiten sie dann über den anderen Vogel hin und steigen danach mit durchgestreckten V-förmig erhobenen Schwingen steil in die Höhe, bis sie fast überkippen. Die Flugspiele der Zwergmöwe (L. Tinbergen 76, Moynihan 59) sowie der großen Arten sind wohl ursprünglich dasselbe, in der Silbermöwenverwandtschaft nur schwach und bei der Zwergmöwe stärker ritualisiert.

4. In der *Vorwärtsstellung* (Forward, Abb. 5) steht der Körper ungefähr waagrecht, und der Hals ist mehr oder weniger weit ausgestreckt. Der Schnabel zeigt, leicht geöffnet oder geschlossen, geradeaus oder ein wenig nach oben. Die zusammengelegten Flügel sind oft angehoben. Manchmal bleibt der Vogel stumm, doch häufiger hört man einen gedämpften Jauch-

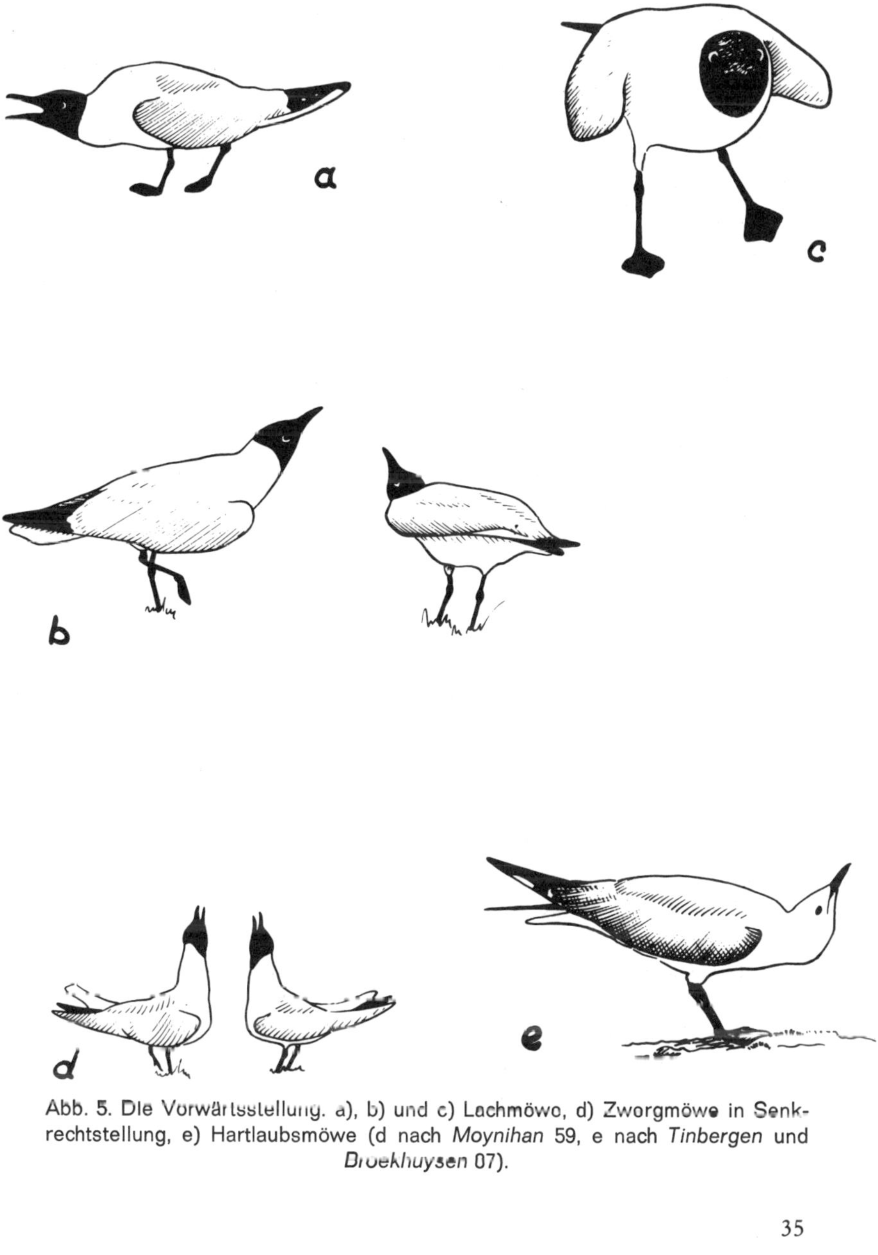

Abb. 5. Die Vorwärtsstellung. a), b) und c) Lachmöwe, d) Zwergmöwe in Senkrechtstellung, e) Hartlaubsmöwe (d nach *Moynihan* 59, e nach *Tinbergen* und *Broekhuysen* 07).

zer. Den anderen sieht er dabei an, oder er steht parallel oder schräg zu ihm, zuweilen sogar von ihm abgewandt. Die Vorwärtsstellung tritt bei Feindseligkeiten und in der Paarbildungsfolge auf, besonders häufig bei den dunkelgesichtigen Möwen. Sie ist vermutlich von der Schrägstellung abzuleiten, mit der sie oft durch Übergänge verbunden ist. Die Zwergmöwe (MOYNIHAN 59) hebt Kopf und Hals dabei senkrecht hoch (Abb. 5d), was an die Kopfhochstellung von Seeschwalben erinnert (J. M. CULLEN unveröff.; hier Abb. 16). Trotzdem scheint die Senkrechtstellung der Zwergmöwe wegen des unterdrückten Jauchzens eher mit der Vorwärtsstellung verwandt zu sein; denn die Seeschwalben sind dabei stumm. Auch Stimmungslage und Bedeutung entsprechen besser dem Vorwärts.

5. Als *Vorstoßen* (Jabbing, Abb. 6) bezeichnen wir eine aus einer Reihe rascher Stoßbewegungen in Richtung auf einen Artgenossen, gewöhnlich mit offenem Schnabel. Es kommt vor, daß der Vogel den anderen wirklich hackt, aber meistens hält er im letzten Augenblick inne. Das Hinterkopf- und Nackengefieder sind oft gesträubt. Kein Laut ist zu hören. Beim Vorstoßen faßt man den anderen unbedingt ins Auge. Es kommt häufig bei Dreizehenmöwen und gelegentlich bei anderen Arten vor.

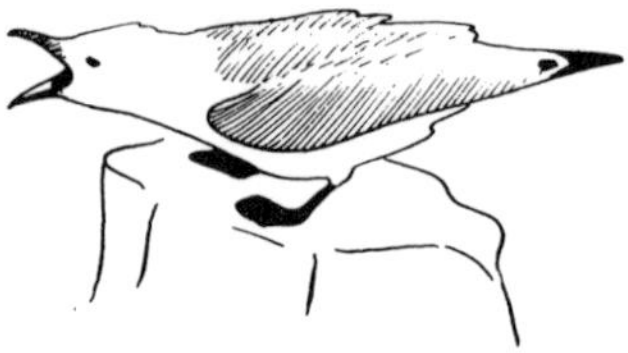

Abb. 6. Das Vorstoßen der Dreizehenmöwe.

Das »Gackern« mancher Möwen (MOYNIHAN 59) und der Brandseeschwalbe (van den ASSEM 4) scheint dasselbe zu sein wie der Angriffsruf der Lachmöwe, den wir hier nicht besprechen. Anfänglich, sogar noch 1958 brachte ich ihn mit der Vorwärtsstellung in Beziehung, stimme aber jetzt MOYNIHAN (59) zu, der diese beiden trennt, und zwar aus folgenden Gründen: Beim Vorwärts wird, wenn auch nur andeutungsweise, gejauchzt. Das Vorstoßen ist zweifellos ein Versuch zu hacken, keine ritualisierte Gebärde, und außerdem wird dabei das Gefieder teilweise gesträubt.

6. Beim *Stößeln* (Choking, Abb. 7) duckt sich der Vogel und beugt sich nach vorn. Meistens senkt er das Zungenbein, biegt S-förmig den Hals und zeigt mit dem Schnabel nach unten. In dieser Haltung pickt er rasch gegen den Boden, jedoch meist, ohne ihn zu berühren. Die Flügel sind gewöhnlich etwas gelüftet oder sogar ausgebreitet und für einige Sekunden unbeweglich hoch erhoben. Ein gedämpfter rhythmischer Laut ertönt,

Abb. 7. Das Stößeln. a) Silbermöwe, b) Sturmmöwe, c) und d) Lachmöwe, e) Dreizehenmöwe (b nach *Weidmann* 93).

nicht immer im Takt mit dem Picken. Die Brust »arbeitet« schwer, besonders bei den großen Arten, und oft ist das Bauchgefieder an den Seiten gesträubt. Der Vogel steht seinem Partner gegenüber, von ihm abgewandt oder schräg zu ihm. Das Stößeln scheint bei den meisten oder sogar bei allen Möwen verbreitet zu sein, aber der fernerstehenden Großen Raubmöwe (Perdeck 67) und deren Verwandten zu fehlen, desgleichen den Seeschwalben mit Ausnahme der »Noddies« (J. M. Cullen 20), die über eine ganz ähnliche Ausdrucksbewegung verfügen. Abb. 7 läßt einige der inner- und zwischenartlichen Unterschiede erkennen. Das Stößeln tritt sowohl bei feindlichen Auseinandersetzungen als auch in der Paarbildung und beim Nestzeigen auf.

7. Das *Aufwärtsstößeln* (Upward Choking) ist anscheinend eine Besonderheit der Dreizehenmöwe. Es geht am Ende der Paarbildungs- und Begrüßungszeremonie allmählich aus dem üblichen Stößeln hervor. Der Schnabel weist dann immer weiter nach oben und schließt sich (Abb. 15).

8. Der *Katzenruf* (Mew Call, Abb. 8) ist ein langgezogenes Miauen, das sich klagend anhört, ganz anders als das Jauchzen. Der Vogel steht dabei meistens nach vorn geneigt und ruft aus weit offenem oder (bei der Lach-

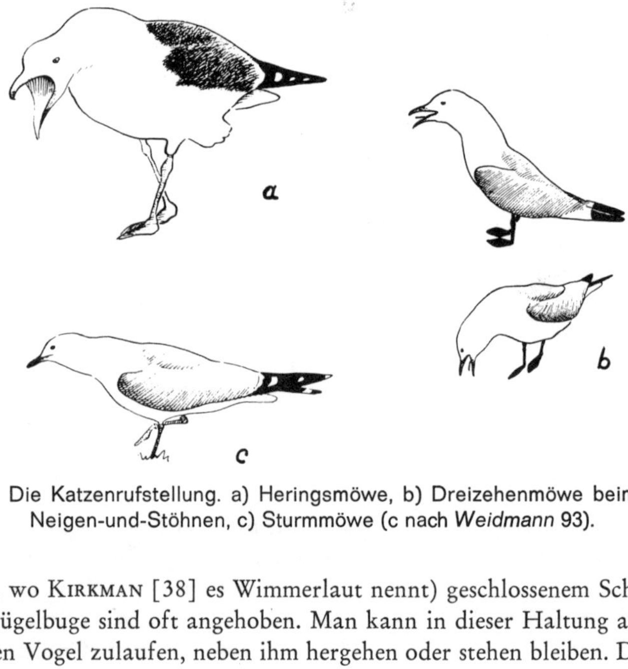

Abb. 8. Die Katzenrufstellung. a) Heringsmöwe, b) Dreizehenmöwe beim Sich-Neigen-und-Stöhnen, c) Sturmmöwe (c nach *Weidmann* 93).

möwe, wo Kirkman [38] es Wimmerlaut nennt) geschlossenem Schnabel. Die Flügelbuge sind oft angehoben. Man kann in dieser Haltung auf den anderen Vogel zulaufen, neben ihm hergehen oder stehen bleiben. Die Silbermöwe und ihre näheren Verwandten machen dabei einen charakteristischen Knickhals (Abb. 8a), ähnlich wie die Dreizehenmöwe beim Neigen-und-Stöhnen (Abb. 8b), das offenbar teilweise der Katzenrufstellung entspricht. Diesen Ruf hört man bei Feindseligkeiten und während der

Paarbildung, als einen Teil der Nestzeige-Zeremonie, beim Brüten und während der Aufzucht der Jungen.

9. *In-den-Boden-Hacken* (Pecking-into-the-Ground, Abb. 9). Alle Vertreter der Silbermöwengruppe, Dreizehenmöwen und, weniger heftig, die Maskenmöwen hacken bei Grenzstreitigkeiten gegen den Boden, wobei die Flügel angehoben oder sogar ausgebreitet werden. Letzteres gilt für die Silbermöwenartigen, die danach Nistmaterial aufheben oder ausreißen, das sie dann fallenlassen oder wie beim Bauen über die Schulter werfen.

Abb. 9. Das Grasrupfen, Heringsmöwe

Deshalb nannte ich diese Bewegung »Grasrupfen« und deutete sie als Nestbauverhalten im Übersprung. Auch die Delawaren- und einige Maskenmöwen sollen nach dem Abwärtspicken Genist aufnehmen. Bei Lachmöwenmännchen, die auf den Boden picken, wenn ein Weibchen zu ihnen kommt, schließt sich daran häufig Schnabelwischen an.

10. *Sich-Putzen* (Preening). In manchen Zeremonien, z. B. bei der Paarbildung der Lachmöwe, treten regelmäßig bestimmte Putzbewegungen auf. Da fährt der Schnabel gewissermaßen mit Betonung rasch unter den Flügel oder in den Schulterfittich. In der Silbermöwengruppe ist das seltener zu sehen, und der Dreizehenmöwe scheint es zu fehlen. Wir haben wohl

nicht genügend darauf geachtet; jedenfalls ist es zweifelhaft, ob dieser Bewegung Signalbedeutung zukommt.

11. Die *Buckelstellung* = Demutstellung (Hunched = Submissive Posture, Abb. 10) ähnelt dem Vorwärts, doch ist bei stärkster Ausprägung der Rükken rund und der Hals ganz eingezogen. Die Flügel liegen fest am Körper, und die Möwe bleibt entweder stumm, oder man hört einen hohen, weichen, langgezogenen Ton, besonders wenn es ein Jungvogel ist. Diese

Abb. 10. Die Buckelstellung. a) Junge Silbermöwe, b) Lachmöwe, c) Dreizehenmöwe, links das Weibchen.

Gebärde, die bei allen Arten vorkommt, zeigen besonders häufig die Weibchen in der Nähe ihrer Männchen, manchmal mit Kopfwippen verbunden, oder Jungvögel vor älteren Möwen.

12. Beim *Kopfwippen* (Head Tossing, Abb. 11) fährt der Schnabel einmal oder mehrmals in die Höhe, so daß manchmal die Spitze für Augenblicke senkrecht nach oben weist. Er kann leicht geöffnet (Silbermöwengruppe) oder weit offen (Lachmöwengruppe) oder, bei der Dreizehenmöwe, geschlossen sein. Die Pause zwischen wiederholten Wippbewegungen ist bei dieser Art kurz, bei den vorgenannten Gruppen länger. Zu jedem Hochwippen ertönt ein leiser Ruf, der bei Silbermöwenartigen melodisch, bei Lachmöwenartigen hoch und schrill und bei Dreizehenmöwen sehr hoch,

beinahe quiekend klingt. Dabei nimmt der Vogel normalerweise die Bukkelstellung ein, das Weibchen zu Anfang der Paarbildung jedoch manchmal auch die ängstliche Aufrechtstellung. Das Kopfwippen beider Partner leitet die Paarung ein oder, wenn es ein älteres Küken oder ein balzendes Weibchen ist, das sein Männchen anbettelt, eine Fütterung.

Abb. 11. Das Kopfwippen, Silbermöwe. Dargestellt sind die höchste und die tiefste Haltung des auf- und niederwippenden Kopfes.

13. Das *Wegsehen* (Facing Away = Head Flagging, Abb. 12) bei feindlichen Begegnungen ist besonders auffällig bei der Dreizehenmöwe und bei Lachmöwenartigen, die es als festen Bestandteil in die Paarbildungsfolge eingereiht haben. In der Silbermöwengruppe (wo ich es übersah, bis E. und J. M. Cullen mich darauf aufmerksam machten) kommt es bei derselben Gelegenheit oft genug vor, allerdings nicht so regelmäßig und nicht in so ausgeprägter Form wie dort. Der Kopf wird mit einem Ruck vom Partner abgewendet, und zwar bei Lach- und Silbermöwenartigen in der Waagerechten, während die Dreizehenmöwe ihn zugleich etwas senkt. Bei Zwergmöwen hat Moynihan (59) ein unauffälliges Kopfwenden gesehen. Doch ist nicht sicher, ob es sich hierbei um dieselbe Bewegung handelt. Meistens stehen sie dabei aufrecht (entweder wie Silbermöwenverwandte in ängstlicher oder wie Lachmöwenartige in aggressiver Aufrechtstellung) oder in einer beliebigen anderen Haltung.

14. Der *Alarmruf* (Alarm Call), ein kurzes Staccato, ist Antwort auf den Anblick eines Raubfeindes, ausnahmsweise auch im Kampf mit Artgenossen eine Äußerung des Unterlegenen, wenn er tüchtig Prügel bezogen hat. Bei der Lachmöwe ist es ein Einzellaut, bei dem nur manchmal eine Nei-

Abb. 12. Das Wegsehen. a) Dreizehenmöwe (der unterste Vogel ist ein Eindringling im Nest des jauchzenden Paares), b) Heringsmöwenpaar, links das Weibchen, c) Dreizehenmöwe (unten; Vorstoßen beim oberen Vogel), d) Sturmmöwe (links; aggressive Aufrechtstellung beim rechten Vogel), e) Nestling der Dreizehenmöwe, f) Hartlaubsmöwenpaar, links das Weibchen, g) Lachmöwenpaar, vorne das Weibchen (d nach *Weidmann* 93, e nach *E. Cullen* 18, f nach *Tinbergen* und *Broekhuysen* 87).

gung zu rhythmischer Wiederholung angedeutet ist, bei Silbermöwenartigen jedoch normalerweise eine Reihe von drei bis sechs Lauten. Dreizehenmöwen rufen nur bei sehr starker Störung Alarm, auch rhythmisch, doch weniger stakkatiert. Den Alarmruf der Zwergmöwe beschreibt MOYNIHAN als ein außerordentlich scharfes »track«, das mehrfach wiederholt werden kann.

IV. Die Bedeutung der Ausdrucksbewegungen

Wenn ein Tier Nahrung aufnimmt, wenn es vor seinen Feinden flieht oder wenn zwei sich paaren, versteht man unmittelbar, warum und wozu das nützlich ist. Ohne Nahrungsaufnahme kann es nicht leben; deren Bedeutung ist offenkundig, selbst wenn es im einzelnen noch vieles zu erforschen gibt. Auch bei der Feindabwehr sind viele feinere Zusammenhänge noch unklar. Da man aber weiß, was geschieht, wenn ein Räuber zupackt, ist es für das Beutetier zweifellos zweckmäßig zu flüchten, und ohne Paarung würde es keine Nachkommen geben. Als Ursachen der Futteraufnahme kennen wir Hunger und von der Nahrung ausgehende Reize. Flucht wird durch Feindreize ausgelöst, Paarung durch solche, die der Partner sendet, vorausgesetzt daß der hierfür erforderliche Hormonzustand erreicht ist.

Im Vergleich dazu ist Ausdrucksverhalten viel schwerer zu deuten. Da wissen wir meistens im Anfang weder, warum es so ist, noch, wozu es dient; denn es ist veränderlich, daher nicht leicht zu beschreiben, und seine Wirkung – nämlich über die Sinnesorgane anderer Individuen – ist oft nicht ohne weiteres bemerkbar. Auch über das Zusammenwirken innerer und äußerer Faktoren wissen wir trotz mancher Fortschritte in den vergangenen 20 Jahren immer noch recht wenig.

Vor allem LORENZ (43) und andere haben zeigen können, daß solche Schaustellungen als Auslöser oder Signale wirken, daß sie also eine besondere Gruppe von Erfolgsorganen bilden, die dazu dienen, die Beziehungen von Tier zu Tier zu regeln. Über die bisherigen Beobachtungen und Versuchsergebnisse habe ich kürzlich zusammenfassend berichtet (TINBERGEN 82). Doch immer noch sind dies erste Schritte zu tiefergehendem Verständnis.

Wir stellten die Frage nach der biologischen Bedeutung in der doppelten Absicht, die soziale Organisation der Brutgemeinschaften wie auch die

Evolution der Verhaltensweisen bei verwandten, jedoch ökologisch verschieden spezialisierten Arten besser zu verstehen.

Methoden

Zweifellos sind die meisten Ausdrucksbewegungen der Möwen tatsächlich Auslöser, obwohl es dafür kaum experimentelle Beweise gibt. Zwar haben wir mehrmals mit Attrappenversuchen begonnen, die aber in technischen Schwierigkeiten steckenblieben. Unbefiederte Attrappen sind äußerst furchterregend, und befiederte werden gewöhnlich so heftig angegriffen, daß sie nach wenigen Darbietungen ganz zerfleddert und unbrauchbar sind. Da unser Hauptinteresse anderen Fragen galt, haben wir diese Versuche darum nicht fortgeführt.

Statt dessen machten wir uns ungeplante, sich von selbst ergebende Gelegenheiten zunutze und konnten aus solchen Naturversuchen mancherlei Schlüsse ziehen. Man erfährt zwar auf diese Weise im allgemeinen nichts darüber, welche Bestandteile besonders wirksam sind, z. B. die Laute, Bewegungen, Haltungen oder Farben, wohl aber über die Wirkung des Ganzen. Man muß nur sehr sorgfältig hinsehen, vorsichtig deuten und natürliche Kontrollen zu Hilfe nehmen. Trotz alledem können die hier dargelegten Folgerungen noch nicht als endgültig gelten.

Da die ausführliche Besprechung jeder einzelnen Gebärde zu weit führen würde, sollen wenige Beispiele für die Art unseres Vorgehens genügen:

(1) 10. 3. 1957 Ravenglass. 2 Lachmöwen bei der Futtersuche an einer Kiesbank, offensichtlich ein Paar. Sie suchen jeder für sich, das Männchen auf der einen, das Weibchen auf der anderen Seite, so daß sie meistens durch den ungefähr 1 m hohen Damm getrennt sind. Binnen 70 Minuten geht das Männchen 16mal in Schrägstellung-mit-Jauchzen, während das Weibchen außer Sicht ist, jedesmal als Antwort auf andere Vögel, die sich ihm nähern. In 13 von diesen 16 Fällen eilt sie zu ihm, sobald er ruft (die restlichen dreimal kam sie nicht, weil sie selber gerade in einen Streit verwickelt war). – Diese Beobachtungen und dazu die Tatsache, daß sie nicht reagierte, wenn er nicht rief, lassen darauf schließen, daß solches Verhalten das Weibchen veranlaßt, zum Männchen hinzugehen. Dazu genügte hier allein der Ruf, denn seine Haltung konnte sie nicht sehen. Wie beides auf andere Männchen wirkt, das geht aus diesem Beispiel natürlich nicht hervor.

(2) 28. 4. 1955 Innere Farne-Insel (E. Cullen). Ein Dreizehenmöwenmännchen (Nr. 20) »singt«, d. h. es stößelt auf seinem Felsvorsprung; ein Weibchen kommt dazu. Sie vollführen die Begegnungszeremonie (Kap. V); das Weibchen, das seitlich neben dem Männchen steht, zeigt Kopfwippen. Etwa eine Minute nach ihrer Ankunft hackt er nach ihr. Sie sieht weg und senkt ihren Schnabel. Sogleich hört er damit auf und betrachtet sie nur. Nach einiger Zeit hebt sie den Kopf, und während sie ihm allmählich ihr Gesicht zuwendet, packt er sie an der Wange, wobei er es offenbar auf ihren Schnabel abgesehen hat, der nun wieder für ihn sichtbar wird. Daraufhin fliegt sie ab.

Während vier Brutzeiten begab sich dergleichen viele Male. Die Protokolle lassen eindeutig erkennen, daß Wegsehen den Angriff des Männchens hemmt oder ihn wenigstens abschwächt. Daß umgekehrt das Wegsehen einen Angriff herausgefordert hätte, kam niemals vor.

(3) 14. 4. 1958 Ravenglass. Ein Lachmöwenmännchen wandert in seinem Revier umher und sammelt Halme, die es zum Nestplatz trägt. Dabei läuft es mehrmals auf eine Gruppe von fünf Möwen zu, die gerade außerhalb seines Revieres auf einem kahlen Sandfleck stehen und sich putzen. Es ist ganz in sein Halmesuchen vertieft. Nachdem es fürs erste genug gebaut hat, bleibt es in der Nähe des Nestes stehen und putzt sich. Plötzlich geht es in aggressive Aufrechtstellung und marschiert auf die fünf anderen los. Als es auf etwa 3 Meter herangekommen ist, beginnen sie sich in ängstlicher Aufrechtstellung zu entfernen. Nachdem sie gut dreieinhalb Meter gegangen sind, verfolgt sie der Revierbesitzer nicht weiter.

Genau dasselbe kann man immer wieder erleben. Solange er anderes tut, darf der Revierbesitzer ruhig näher kommen; die Fremden kümmern sich nicht darum. Wenn er sich aber aggressiv aufrichtet, weichen sie ihm aus.

Genauere Einzelheiten enthalten Monographien der verschiedenen Arten (z. B. Manley 48); wir wollen hier nur einige allgemeinere Züge besprechen. Alle hier genannten Ausdrucksbewegungen werden benutzt, wenn feindliche Stimmung im Spiele ist (Scott und Frederikson 70), was auch für die Paarbildung zutrifft. Man kann sie je nach ihrer Bedeutung in zwei Gruppen einteilen: solche, die dazu dienen, Abstand zu halten oder zu vergrößern, und andere, die den Abstand verringern.

Zur ersten Gruppe gehören die aggressive Aufrechtstellung, Schrägstellung-mit-Jauchzen, Vorwärts, Vorstoßen, Katzenruf, Stößeln und In-den-Boden-Hacken. Sie sorgen je nach den Gegebenheiten auf zweierlei Weise dafür, daß Brutpaare innerhalb der Kolonie weit genug voneinander entfernt sind. Ein Revierbesitzer an seinem Ort kann durch solche »Drohgebärden« andere einschüchtern, so daß sie fortgehen oder wenigstens nicht näher kommen. Genau dieselben Stellungen zeigt aber manchmal auch der Außenstehende, und dann bewirken sie das Gegenteil, indem sie den Revierinhaber zum Angriff reizen (TINBERGEN 81). Auch sein Angriff führt dazu, daß Zudringliche fernbleiben oder flüchten, also letzten Endes zu demselben Ergebnis, daß man Abstand hält. Es sind daran jeweils zwei Verhaltenssysteme beteiligt, in jedem einzelnen Vogel, besonders aber bei den Männchen: Die Bereitschaft, jeden anzugreifen, der sich ins eigene Revier hineinwagt, und die Bereitschaft, ihm auszuweichen, wenn man ihn außerhalb der Grenzen trifft (LACK 41; TINBERGEN 85). Beide werden durch die feindlichen Ausdrucksweisen des Gegners wachgerufen, und wer von ihnen der Stärkere ist, das hängt davon ab, ob er sich inner- oder außerhalb seines Revieres befindet.

Alle Möwen verfügen über mehrere Drohgebärden, und natürlich fragt man sich, warum das so ist. Anscheinend gibt es zwei Gründe. LORENZ (44, 45), MARLER (50) und andere haben darauf hingewiesen, daß Ausdrucksbewegungen eindeutig sein müssen, damit es innerhalb der Art möglichst nicht zu Mißverständnissen und falschen Antworten kommt. Das erklärt zwar, weshalb eine Geste, die den Abstand vergrößern, und eine andere, die ihn verringern hilft, verschieden sind, aber noch nicht, warum es von beiden Sorten mehrere gibt, wenn nicht auch diese noch Verschiedenes bedeuten; denn nur dann ist zu fordern, daß sie unverwechselbar sind. Vermutlich hat sich jede dieser Gebärden in Anpassung an eine von mehreren häufig auftretenden Situationen entwickelt, und das erklärt zugleich, weshalb es innerhalb jeder Art nur wenige feindliche Stellungen gibt – wobei allerdings auch diese Beschränkung ihrerseits wieder Fragen aufwirft. Wenn es (1) tatsächlich eine begrenzte Anzahl häufig vorkommender Situationen gibt, mit denen man fertigwerden muß, und wenn (2) jede Ausdrucksbewegung sich als eindeutiges Mittel zu diesem Zwecke entwickelt hat, dann wäre es biologisch sinnvoll, ihrer mehr als eine, andererseits aber auch nicht mehr als einige wenige zu besitzen, die dann aber unverwechselbar sein müssen.

Obwohl zum völligen Verständnis noch vieles fehlt, glaube ich doch, daß man die Ausdrucksbewegungen in überwiegend »offensive« und im Vergleich dazu mehr »defensive« unterteilen muß. Aus der Aufrechtstellung und dem Grasrupfen der Silbermöwe z. B. schließen andere Möwen:

»Er ist bereit anzugreifen«, während das Vorwärts der Lachmöwe und besonders das Stößeln aller Arten besagen: »Greift ihn nicht an, sonst schlägt er zurück.« Anders ausgedrückt, das eine scheucht Eindringlinge fort, das andere hält sie schon vorher davon ab, die Grenzen zu überschreiten.

Es scheint außerdem jeweils die eine von zwei Gebärden wirksamer zu sein als die andere. Grasrupfen schüchtert fremde Möwen stärker ein als die aggressive Aufrechtstellung, und Stößeln wirkt stärker als Vorwärts. Diese Intensitätsstufen sind möglicherweise dadurch begründet, daß es ja auch zwei Sorten von Eindringlingen gibt: solche, die gelegentlich einmal irgendwo landen, ohne Anspruch auf das Revier zu erheben, und andere, die eben danach suchen oder schon Fuß gefaßt haben und ihre eigenen Grenzen erweitern möchten. Der Gelegenheitsbesucher macht sich beim leisesten Warnzeichen davon. Wer aber ein Revier erobern möchte, der bleibt hartnäckig da, bis man ihm deutlich die Meinung sagt. Beide sind gewöhnlich gut zu unterscheiden und kaum durch Zwischenstufen verbunden.

Ferner haben fast alle Arten einen sehr lauten Ruf, das weithin hörbare Jauchzen, das wahrscheinlich Artgenossen schon von ferne davon abhält, überhaupt zu landen. Für die Dreizehenmöwe gilt dies allerdings nicht; denn sie benutzt das Stößeln, nicht das Jauchzen als Fernsignal.

Demnach muß es wohl vorteilhaft sein, wenn man auf fünferlei Weise drohen kann: schon von weitem durch »Gesang« (s. unten), aggressiv oder defensiv gegen zufällig oder fast schon Eingedrungene sowie aggressiv oder defensiv gegen vorsätzlich oder fast schon Eingedrungene. Aber das deckt noch nicht alles. Die Dreizehenmöwe paßt, wie gesagt, nicht ganz in dieses Schema. Der Katzenruf läßt sich noch nicht überzeugend einordnen, und obendrein bedeutet jede dieser Gebärden nicht bei jeder Möwenart genau dasselbe. Wir müssen also die Zusammenhänge noch zielbewußter und planvoller ergründen.

Bisher ging es immer nur um feindliche Begegnungen zwischen Männchen. Manche Gesten beeindrucken aber auch Weibchen, allerdings zum Teil in ganz anderer Weise, wie etwa die Schrägstellung mit Jauchzen, die bei den meisten Arten nicht nur Männchen fernhält, sondern zugleich unverpaarte Weibchen anlockt. Sie erfüllt dieselbe Doppelfunktion wie bei Singvögeln der Gesang. Auch der Katzenruf wirkt bei vielen Arten anziehend auf Weibchen, besonders gegen Ende der Paarbildungszeit, wenn die Vögel sich um einen Nestplatz bemühen. Das Stößeln, der »Gesang«

der Dreizehenmöwe, dient in seiner freundlichen Form bei vielen, wenn nicht allen übrigen Arten dazu, das Weibchen zum Nest oder zum künftigen Nestplatz zu rufen.

In der Deutung, daß Ausdrucksweisen der Gruppe 1 das Abstandhalten fördern, wurde ich durch zwei Erlebnisse bestärkt. Beide Male versagte diese für den reibungslosen Ablauf des Lebens in der Kolonie so wichtige Maßnahme, eben weil die Verständigung fehlte.

(1) In der Silbermöwenkolonie auf der friesischen Insel Terschelling gab es oft junge Möwen, die Nestlinge stahlen. Sie nahmen sich einen hudernden Altvogel aufs Korn und rückten ganz allmählich näher auf ihn zu, so daß sie, selbst wenn sich das Männchen bei seinem Weibchen im Revier aufhielt, nicht von ihm vertrieben, ja überhaupt nicht angegriffen wurden. Er marschierte dann zwar dem Dieb in aggressiver Aufrechtstellung entgegen, aber der streckte nur ein bißchen seinen Hals, ging ein oder zwei Schritte zur Seite, nahm aber keine Drohhaltung ein und schickte sich weder zur Flucht noch zum Angriff – was, nebenbei gesagt, erkennen läßt, daß Flucht- und Angriffsbereitschaft erst ansteigen, wenn die Vögel in Fortpflanzungsstimmung kommen. Diese Jugendlichen zeigten keinerlei Fortpflanzungsverhalten, sondern betrachteten die Kolonie als einen Futterplatz, und ihrer völligen Antwortlosigkeit gegenüber schien der Revierbesitzer einfach machtlos. Alle paar Augenblicke trippelte der Fremdling ein paar Schrittchen näher zum Nest, bis er schließlich ganz unbehelligt kaum einen Viertelmeter davor stand. Dann wartete er, bis ein Küken sichtbar wurde, schnappte es blitzschnell und flog mit seiner Beute im Schnabel davon. Die nun endlich zur Tat erwachten Eltern verfolgten den Dieb vergebens.

(2) In mehreren Lachmöwenkolonien beobachteten G. Manley und ich etliche Männchen, die sich mit anderen als ihren eigenen Weibchen zu paaren versuchten. Diese Männchen schienen überhaupt nichts anderes im Sinn zu haben. Auch sie durchquerten fast unbehelligt fremde Reviere, gaben keinerlei Zeichen von Angriffs- oder Fluchtbereitschaft, streckten höchstens ein wenig den Hals, was aber ganz so aussah, wie es jedes Männchen vor der Paarung tut. Ab und zu flogen sie hoch und versuchten, von oben auf einem Weibchen zu landen. Allerdings kamen sie oft nicht zum Ziel, weil das Weibchen sie angriff. Aber nur dann wichen sie aus, und die meisten versuchten es trotzdem minutenlang immer wieder. Selbst wenn der rechtmäßige Partner zugegen war, begnügte er sich, wie der Revierbesitzer im ersten Beispiel, mit leichtem Drohen, griff aber niemals an.

Abb. 13. Drei Phasen der Begegnungszeremonie der Lachmöwe. Oben: jauchzendes Männchen, unten: Vorwärts mit Schnabelhoch, beide Partner parallel nebeneinander, links das Männchen, Seite 50: Wegsehen, rechts das Männchen.

Beides hat sich öfters zugetragen, und immer verlief alles so vollkommen anders, als wenn der Eigentümer seinen Anspruch geltend machte, daß man gerade daraus den Wert der Drohgesten als wichtigste Mittel der räumlichen Trennung ableiten kann. Sooft sie fehlen, ganz gleich warum, versagt diese Maßnahme mit höchst bedrohlichen Folgen.

Als Gruppe 2 habe ich Verhaltensweisen zusammengefaßt, die Annäherung bewirken, und zwar auf zweierlei Weise: Die Buckelstellung, das Wegsehen und wahrscheinlich das Aufwärtsstößeln scheinen die Neigungen, anzugreifen oder zu fliehen, unmittelbar zu hemmen, während Drohstellungen eine dieser beiden Neigungen bestärken und dadurch die andere unterdrücken. So hat Esther Cullen immer wieder die schon erwähnte Beobachtung gemacht, daß eine angriffsbereite Dreizehenmöwe sich beruhigt, wenn die andere wegsieht. Wir sprechen deshalb von »Beschwichtigungsgebärden« (Tinbergen und Moynihan 88). Kopfwippen dagegen löst je nach der Stimmung des Partners entweder Balzfüttern oder die Begattung aus und damit, anders als die vorigen, einen Zustand, der jegliche Feindseligkeiten verhindert.

Es gibt im Sozialverband mancherlei Gelegenheiten, bei denen Distanzverringerung, also Annäherung notwendig ist, und immer dann sieht man Gebärden aus dieser zweiten Gruppe. In der Silbermöwenverwandtschaft und bei den Maskenmöwen tritt z. B. das Wegsehen während der Paarbildung auf, und zwar am Ende der Begegnungszeremonie (Abb. 13). Da anfangs noch ziemlich viel Angriffsbereitschaft dabei ist (vgl. Kap. V), macht erst dieses Friedenszeichen die weitere Annäherung und das Zusammenwirken der beiden Partner möglich. Bei Dreizehenmöwen tritt das Wegsehen außerdem in Kämpfen auf, besonders häufig bei Vögeln, die sich auf einem schon besetzten Nest niederzulassen versuchen. Sie haben dann ihrerseits nicht das Bestreben anzugreifen, sondern nur, sich auf das Nest zu kuscheln, was die Besitzer nicht dulden wollen. Wenn der Fremde aber jetzt wegsieht, können sie sich nur wenig oder gar nicht wehren. Ihr unterdrückter Angriffstrieb entlädt sich entweder in wildem Jauchzen oder in Ausfällen gegeneinander; doch gewöhnlich klingen die feindlichen Äußerungen bald ab. In Lachmöwenkämpfen sieht der Unterlegene weg und scheint dadurch den Angriff abzuschwächen. Überraschenderweise kann es aber auch der Angreifer tun, womit er wahrscheinlich erreicht, daß sich der Rückzug oder der Gegenangriff seines Widersachers verzögert. Es ließ sich niemals eindeutig erkennen und macht auch bei der Stimmungsanalyse Schwierigkeiten (Kap. V). Zuletzt ist noch das Wegsehen der Dreizehenmöwenküken zu erwähnen, die sich damit vor einem Angriff ihrer Nestgeschwister oder fremder Altvögel schützen. Der Überlebenswert ist hierbei offenkundig, da es Kämpfe, die auf den schmalen Felsensimsen leicht gefährlich werden könnten, verhindert. Aus allen Beispielen geht übereinstimmend hervor, daß Wegsehen es den Vögeln ermöglicht, näher zusammenzusein, als es sonst tragbar wäre.

Die Buckelstellung scheint etwas anderes zu bewirken. 1953 äußerte ich die Vermutung, daß junge Silbermöwen dadurch die Angriffsbereitschaft ihrer Eltern dämpfen. Da aber R. WEIDMANN (92) bei Lachmöweneltern kaum etwas davon bemerkte, eher die Neigung, den Jungen auszuweichen, vor allem wenn sie zudringlich betteln, habe ich mich überzeugt, daß auch bei Silbermöwen Ausweichen häufiger ist als Angriff. Demnach dürfte die Buckelstellung hauptsächlich dazu dienen, die Meidetendenz zu verringern; diese ist nicht mit Angst gleichzusetzen (was natürlich als Kürzel steht für die Bereitschaft zum Rückzug).

Es ist gut denkbar, daß auch hier dasselbe Ziel der Annäherung auf verschiedenen Wegen erreicht wird. Die Buckelstellung verhindert eher das Ausweichen als den Angriff, umgekehrt hemmt das Wegsehen eher den Angriff als den Rückzug. Im folgenden Kapitel wollen wir besprechen, warum trennende und Annäherung fördernde Ausdrucksweisen sowohl im Kampf wie bei der Paarbildung eingesetzt werden.

Alles, was hier über die Bedeutung der Ausdrucksbewegungen gesagt wurde, ist, wie ich noch einmal betonen möchte, ein erster Versuch und stark vereinfacht. Manches habe ich ganz übergangen und z. B. nicht erwähnt, daß bei vielen Arten die Jungen mit dem Katzenruf zum Füttern herangelockt werden, weil es mir hier vor allem auf feindliches Verhalten und Paarbildung ankam. Auch habe ich nur beiläufig darauf hingewiesen, daß dieselbe Gebärde bei verschiedenen Arten Verschiedenes bedeuten kann (vgl. Kap. VII), und von all den Abwandlungen, die sie manchmal sogar bei demselben Vogel erfährt, soll im nächsten Kapitel ausführlich die Rede sein. Immerhin sieht es so aus, als ob die Möwen wenigstens manche dieser Abwandlungen verstehen, d. h. sinngemäß darauf antworten könnten. Mögliche Veränderungen der Funktion während der individuellen Entwicklung blieben ebenfalls unerwähnt; denn leider wissen wir darüber längst nicht genug.

V. Die Ursachen

Frühere Untersuchungen hatten ergeben, daß Ausdrucksbewegungen durch doppelte oder mehrfache Motivation zustande kommen (Andrew 3, Hinde 30, 32, Lorenz 47, Marler 49, Morris 56, Tinbergen 80, 81, 83), im Gegensatz zu vielen anderen Verhaltensweisen wie Nahrungsaufnahme, Nestbau oder Paarung, von denen man annehmen kann, daß ihnen eine einheitliche Stimmung zugrunde liegt. Es ist sehr wichtig und zugleich ein erster Schritt zu ihrer ursächlichen Analyse, diese verschiedenen, an der Entstehung der Ausdrucksbewegungen beteiligten Stimmungen zu erkennen. Daß es, hauptsächlich aus terminologischen Gründen, darüber Mißverständnisse gegeben hat, veranlaßte einige der obengenannten Autoren, die hier angeschnittenen Fragen genauer zu formulieren, den theoretischen Hintergrund auszuleuchten sowie geeignete Untersuchungsmethoden zu erarbeiten und darzustellen. Wir stehen mit solchen Motivationsanalysen noch ganz am Anfang und haben auch die Schaustellungen der Möwen noch längst nicht restlos verstanden. Immerhin beginnen sich manche Zusammenhänge zu klären. Einige dieser Gedankengänge sowie die Arbeitsweise und Ergebnisse, die dazu führten, wollen wir im folgenden besprechen.

Die Begriffe, um die es hier geht, heißen Stimmung und Bereitschaft. Ich verwende beide lediglich als Kurzform für die Beschreibung des Zustandes, in dem sich ein Tier befindet, soweit man das an seinen Bewegungen ablesen kann. Dieser Zustand ist natürlich durch ineinandergreifende Innen- und Außenfaktoren gegeben, die man gewöhnlich als erstes zu erkennen versucht. Für unsere jetzige Untersuchung müssen wir jedoch zuvor noch die gesamte Stimmung in ihre zwei oder drei in sich einheitlichen Bestandteile zerlegen, so daß wir als erste Stufe einen gleichen Komplikationsgrad erreichen wie etwa bei der Nahrungssuche. Die Grundeinheiten, die wir hier behandeln, sind Angriff, Flucht und Geschlechtsverhalten im weitesten Sinne, d. h. schon von der Paarbildung an. Gewiß kann man auch bei jedem dieser Teilsysteme wieder nach dessen Ursachen fragen, doch wollen wir uns hier in erster Linie mit der Frage befassen, was geschieht, wenn sie gleichzeitig aktiviert sind. Um das Gefüge der Bedingungen, die einen Vogel veranlassen, anzugreifen, zu fliehen oder sich zu paaren, darstellen zu können, brauchen wir einen Begriff, der etwa dasselbe sagt wie Stimmung, aber nur für die jeweiligen Untereinheiten gilt. Da das Wort Trieb in verschiedener Weise verwendet worden und deshalb mehrdeutig ist, bevorzuge ich Bereitschaft (HINDE 32, TINBERGEN 84), wie gesagt, als Kurzbeschreibung eines Zustandes, der aus den sichtbaren Bewegungen erschlossen wird. Die Gesamtstimmung des Tieres ergibt sich jeweils aus dem Zusammenspiel der zwei oder drei beteiligten Bereitschaften. Von welchen Innen- und Außenfaktoren diese ihrerseits abhängig sind, lassen wir jetzt außer acht.

Darüber hinaus hoffe ich zeigen zu können, daß sich die Frage nach dem Zustandekommen der Ausdrucksbewegungen auf das allgemeinere Problem zurückführen läßt, welche Ursachen irgendeinem beliebigen einheitlichen Verhaltenssystem zugrunde liegen, und schon allein das scheint mir wichtig. Außerdem, glaube ich, wird diese Untersuchung uns die Augen dafür öffnen, daß doppelte und mehrfache Motivation eine weit verbreitete Erscheinung, einfache dagegen außerordentlich selten ist. Diese Tatsache ist zwar Humanpsychologen geläufig, in der Verhaltensforschung an Tieren jedoch bisher viel weniger beachtet worden.

Methoden

Wenn wir im Freiland prüfen, welche Stimmung vorliegt, benutzen wir dreierlei Anhaltspunkte, die recht verschieden und weitgehend voneinander unabhängig sind.

(1) Manchmal sind die einzelnen Bestandteile gut zu erkennen, z. B. bei

der Aufrechtstellung. Das Anheben der Handgelenke, Halsstrecken und Senken des Schnabels stammen von Intentionsbewegungen zweier verschiedener Angriffsweisen ab, dem Schlagen mit dem gefalteten Flügel und dem Hacken von oben. Fluchtanteile sind das Anhalten, mehr oder weniger weit vom Gegner entfernt, anstatt in Reichweite zu laufen, glatt anliegendes Gefieder, Kopfhoch und ein nach oben statt schräg vorwärts gestreckter Hals. Manchmal ändert der Vogel im Anhalten oder auch beim Weiterlaufen seine Richtung und steht oder läuft dann mehr oder weniger parallel zum Gegner; ausnahmsweise wendet er sich sogar ganz von ihm ab.

Das Verhältnis der einzelnen Anteile kann wechseln; mal überwiegen die Zeichen des Angriffs, mal solche der Flucht, so daß man ganze Übergangsreihen von aggressiver (Abb. 2a) zu verschüchterter Aufrechtstellung (Abb. 2b) herstellen kann. Wenn zur Fluchtbereitschaft die Neigung, friedlich am Ort, etwa beim Futter oder beim Gelege, zu bleiben, hinzukommt, ergibt sich daraus die ängstliche Aufrechtstellung, die keine Zeichen des Angriffs enthält (Abb. 2c).

Nicht immer ist die Zugehörigkeit einzelner Merkmale ohne weiteres zu erkennen. Das Hochstrecken des Halses sieht man z. B. auch als Intentionsbewegung eines Männchens unmittelbar vor der Paarung. Ob die Bewegung nun aggressiv oder sexuell motoviert ist, läßt sich nur dann entscheiden, wenn man andere damit verbundene Elemente sowie die weiter unten besprochenen Folgenanalysen zu Hilfe nimmt.

Das Anheben der Flügelbuge ist dagegen offensichtlich ein Ausdruck der Bereitschaft zu kämpfen, nicht etwa fortzufliegen. Ein Vogel, der einfach wegfliegen will, zur Flucht, zur Nahrungssuche oder zur Ablösung seines Partners am Nest, erhebt die Flügel erst im allerletzten Augenblick. Irreführend kann es allerdings sein, wenn eine Möwe zuerst mit erhobenen Handgelenken auf ihren Gegner losging, dann aber doch ängstlich wurde und floh, ohne die Flügel wieder anzulegen, wahrscheinlich einfach deshalb, weil es sie zuviel Zeit kosten würde, sie erst noch in den Taschen zu verbergen. Die Deutung, daß Heben der Handgelenke Angriffsbereitschaft anzeigt, wird durch zwei Vergleiche noch gestützt. Es ist dieses nämlich (a) ein Bestandteil vieler Stellungen, in denen ein aggressives Element zu erwarten ist, wie im feindlichen Stößeln, in der Schrägstellung, im Vorstoßen, Vorwärts und Katzenruf sowie im Neigen-und-Stöhnen der Dreizehenmöwe. Andererseits (b) hebt nach PERDECK (67) die Große Raubmöwe in aggressiver Aufrechtstellung den Flügelbug nicht an, und sie schlägt auch beim Kämpfen nicht mit den Flügeln. Daß sie aber bei der Schrägstellung-mit-Jauchzen ihre Schwingen hebt (und spreizt), macht es erst recht überzeugend.

Weitere Bestandteile mehrerer Ausdrucksbewegungen sind das Senken des Kopfes, das in der Schräg- und Aufrechtstellung, beim Stößeln, Katzenruf, Neigen-und-Stöhnen Angriffslust erkennen läßt, und umgekehrt das Anheben des Kopfes bei steigender Angst oder sinkender Angriffsbereitschaft in Aufrecht-, Vorwärts- und Schrägstellung, vielleicht auch im Aufwärtsstößeln[1].

Eine formale Analyse des Ausdrucksverhaltens nach diesem Muster setzt natürlich die genaue Kenntnis aller Bewegungsweisen der betreffenden Art voraus. Es ist vielleicht nicht überflüssig, zu betonen, daß es wirklich auf letzte Genauigkeit ankommt. Filme können dabei sehr viel helfen; manche Entscheidungen wären ohne sie sogar unmöglich.

Mit derselben Methode hat man auch bei anderen Tieren Bewegungen analysiert, die aus Bestandteilen zweier verschiedener Funktionssysteme zusammengesetzt sind (Andrew 3, Hinde 30, Marler 50, Morris 58).

(2) Beim zweiten Verfahren, den sogenannten Folgenanalysen, wird registriert, was das Tier unmittelbar vor und nach der untersuchten Verhaltensweise tut. Es beruht auf der Erfahrung, daß ein Tier nicht plötzlich von einer Stimmung in eine andere überspringt, solange sich in seiner Umgebung nichts ändert. Es wird z. B., während es Nahrung sucht, nicht Hals über Kopf die Flucht ergreifen, wenn nicht überraschend Gefahr droht (abgesehen von extremen Übersprung- oder Leerlaufhandlungen, die sehr selten sind). Normalerweise fängt eine Tätigkeit wie Essen oder Sich-Putzen allmählich an, häufig mit einigen Intentionsbewegungen, die nach und nach vollständiger werden. Sie hält dann eine Zeitlang an und hört danach wiederum allmählich auf (vgl. z. B. van Iersel und Bol 37).

1 Kopfsenken muß nicht unbedingt ein Zeichen von Angriffsbereitschaft sein. Nach sorgfältiger Beschreibung wird man wahrscheinlich sogar mehrere Formen unterscheiden müssen. (1) Beim Wegsehen der Dreizehenmöwe ist es vermutlich durch die Stellung der Vögel zueinander bedingt. Wenn einer höher steht, muß der andere nach unten blicken. (2) Wenn ein Männchen seinem Weibchen den Nestplatz zeigt, blickt es in die Nestmulde hinab, was häufig in freundliches Stößeln übergeht. Hier kann durchaus das künftige Gelege »gemeint«, das Kopfsenken also vom Brut- und Pflegeverhalten abgeleitet sein (vgl. Kap. VI). (3) Das »Herabstarren« bei Möwen ist weit verbreitet. Manchmal picken sie anschließend nach ihren Füßen, z. B. Lachmöwen, die auf Brennesseln getreten, und viele andere, wenn sie sich an den scharfen Rändern von Seepocken verletzt haben. Außerdem kommt es in leichten Konfliktsituationen vor, bei denen etwas Angst beteiligt ist (Goethe 26).

Wenn also in gleichbleibender Umgebung ein bestimmtes Ausdrucksverhalten immer wieder in Sekundenschnelle mit anderen Bewegungen abwechselt, können wir daraus schließen, daß beides ungefähr dieselbe Stimmungslage widerspiegelt. Auf Drohgebärden angewendet, heißt das: Wir lesen die ihnen zugrundeliegende Stimmung daraus ab, daß sie am häufigsten mit Angriff oder Flucht abwechseln oder mit den entsprechenden Intentionen, jedoch nicht mit anderen Bewegungen (es sei denn, gar nicht selten, mit anderen Ausdrucksweisen).

Der Durchführung stellen sich oft recht beträchtliche Schwierigkeiten entgegen, hauptsächlich weil die Außenbedingungen selten so konstant sind, wie es nötig ist, selbst wenn nur bestimmte Reize als Störungen in Frage kommen. Die Ausdrucksbewegungen wirken ja als Signale. Folglich kann Vogel A vom Drohen zu offenem Angriff übergehen, weil Vogel B ihn durch seine Antwort dazu herausgefordert hat, und umgekehrt gibt Vogel B durch seine Reaktion dem Vogel A das Zeichen zum Angriff. Man kann sich aber helfen, indem man nur die Fälle verwertet, in denen das Verhalten des einen mehr oder weniger gleich blieb, was oft genug vorkommt, z. B. wenn B noch mit etwas anderem lebhaft beschäftigt ist, etwa mit Sammeln von Nistmaterial oder Paarungsversuchen. Dann machen ihm die Signale von A nicht allzuviel Eindruck, und insofern bleibt sich B im wesentlichen gleich. Noch besser sind Attrappen, die sowohl das Ausdrucksverhalten wie auch Angriff oder Flucht auslösen; nur dann ist man sicher, daß die entscheidenden Umweltreize unverändert bleiben. Aber selbst hierbei darf es keine nennenswerten Störungen durch Unbeteiligte geben.

Eine weitere Erschwerung ergibt sich aus der Tatsache, daß Angriffe »umgelenkt« werden können (Bastock, Morris und Moynihan 8). Vogel A beantwortet das Verhalten von B mit einer Drohgebärde, durch die sich B aber offensichtlich nicht einschüchtern läßt. Deshalb »traut« A sich nicht, ihn wirklich anzugreifen, sondern wendet sich statt dessen gegen einen Dritten. Solche umorientierten Handlungen sind zwar an sich aufschlußreich, doch darf man sie in der Folgenanalyse nicht wie einen direkten Angriff bewerten.

Diese Methode, die sich (im Gegensatz zur ersten) besonders gut zur Untersuchung von Übersprungbewegungen eignet, hat Moynihan (59) schon benutzt, und seither wird sie von mehreren Forschern planmäßig angewendet. Wir fangen jetzt an, Beobachtungen natürlicher Begebenheiten mit Attrappenversuchen zu vergleichen, und da die Ergebnisse recht gut zusammenpassen, zeigt sich hier ein Ausweg aus manchen der genannten Schwierigkeiten. Attrappen sind deshalb vorzuziehen, weil hierdurch die zwangsläufig subjektive Beurteilung entfällt, ob die Außenbedingungen zur Zeit der Beobachtung mehr oder weniger unverändert sind oder nicht, und gerade an diesem Punkt gehen die Fähigkeiten sonst guter Beobachter weit auseinander.

Den Zählungen sind im wesentlichen drei Dinge zu entnehmen: Man sieht meist schon nach wenigen Proben, welche Bereitschaften vorhanden sind und welche nicht. Bei Drohgebärden sind vollständige oder nur angedeutete Angriffs- oder Fluchtbewegungen viel häufiger als jede andere, ganz besonders bei allen, die der Distanzvergrößerung dienen, so daß die Zuordnung gesichert ist. Zweitens läßt die relative Häufigkeit der Bewegungen erkennen, in welchem Verhältnis etwa Angriffs- und Fluchtbereitschaft zusammenwirken. Man zählt auf zweierlei Weise. Zur ersten, verhältnismäßig groben, aber doch hinlänglichen Übersicht kann man in einem Streit zwischen ungleichen Partnern genau verfolgen, was der Überlegene und was der Unterlegene tut. Schon daraus ergibt sich, daß z. B. das Stößeln der Dreizehenmöwe überwiegend defensiv, ihr Neigen-und-Stöhnen dagegen mehr aggressiv motiviert ist. Drittens sollte man versuchen, jedesmal wenn die betreffende Geste auftritt, das Verhältnis von Angriffen und Fluchtreaktionen zahlenmäßig zu erfassen. Manchmal sind sie häufige Begleiterscheinungen, manchmal fehlen sie gänzlich. Auch die Anzahl der Fälle, in denen das Drohen nicht zu Kampfhandlungen oder wenigstens den entsprechenden Intentionsbewegungen führt, ist ein Maß für den jeweiligen Erregungsgrad. Mit anderen Worten, die Zahlenverhältnisse geben einen Hinweis sowohl auf die absolute wie auf die relative Intensität der beteiligten Bereitschaften.

Ich muß zugeben, daß diese Methoden sich auf dem Papier besser ausnehmen als in der Praxis. Denn gerade solche Verhaltensweisen, die ein sehr genaues Gleichgewicht der beiden widerstreitenden Tendenzen erfordern, wechseln meist nicht allzuoft mit »reinen« Bewegungen ab, sondern ehe das Gleichgewicht so weit gestört ist, tritt ein anderes Konfliktverhalten auf. So geht das Stößeln bei Grenzstreitigkeiten von Silbermöwen viel häufiger in Grasrupfen oder aggressive Aufrechtstellung über als in offenen Angriff. Die Stimmungsanalyse beruht deshalb teilweise auf der zeitlichen Verknüpfung mit diesen anderen Gebärden, die man durch Auszählen der Bewegungsfolgen aufschlüsseln kann, und auf der dritten Methode, die Moynihan (59) bei der Lachmöwe erprobt, E. Cullen bei der Dreizehenmöwe erfolgreich angewendet und MANLEY (48) noch weiter ausgebaut hat.

(3) Hierbei werden die Außenbedingungen, die reine Flucht und reinen Angriff bewirken, mit denen verglichen, die Drohgebärden auslösen. Bei Arten, die gleich den Möwen Reviere gründen, veranlaßt ein Eindringling den Revierinhaber zu echtem Angriff (daß er sogar in so günstiger Lage ein wenig durch Angst gehemmt sein kann, lassen wir hier beiseite). Wenn aber der Besitzer demselben Fremden in dessen Revier begegnet, flieht er. Bezeichnenderweise kommen die meisten Drohgebärden im Grenzgebiet zwischen zwei Nachbarrevieren vor, wo beides sich ungefähr die Waage hält. Dieses dritte Verfahren setzt natürlich die Kenntnis der Bedingungen voraus, unter denen das reine Verhalten auftritt. Man muß also gewissermaßen, um die Lage zu »messen«, zuerst den Maßstab an Flucht und Angriff selber eichen.

Da die drei Ansätze weitgehend voneinander unabhängig sind, kommt es sehr darauf an, ob die Anwendung von mehr als einer dieser Methoden zu gleichen Ergebnissen führt. In der aggressiven Aufrechtstellung z. B. sieht man Bestandteile von Flucht- und Angriffsverhalten vereint. Wie die Folgenanalyse ergibt, wechselt sie viel öfter mit diesen beiden ab als mit irgendeiner anderen Verhaltensweise, und am häufigsten zeigen sie zwei Nachbarn nahe ihrer gemeinsamen Grenze. Manche Ausdrucksweisen wie Grasrupfen und Stößeln enthalten Elemente des Nestbaus oder, bei einigen Arten, auch anderer nicht-feindlicher Bewegungen (vgl. Kap. VI). Wie aber die Methoden 2 und 3 ergeben haben, sind auch sie oft das Ergebnis eines Konfliktes zwischen Angriff und Flucht.

Anfangs haben wir diese drei Verfahren unbewußt angewandt (TINBERGEN 81) und sie erst allmählich durch viel Versuch und Irrtum so genau erkannt, daß wir sie als brauchbare Methoden darstellen können. Deshalb kann ich vorerst auch nur recht allgemeine Schlußfolgerungen ziehen.

Die feindlichen Gebärden

Die Aufrecht-, Schräg- und Vorwärtsstellung, Stößeln und In-den-Boden-Hacken entspringen offensichtlich alle einem Flucht-Angriffs-Konflikt. Der Katzenruf ist schwieriger zu deuten, jedoch gewiß enger mit Angriff und Flucht verknüpft, als ich 1953 annahm. Vor allem in der Silbermöwengruppe und bei den Dreizehenmöwen tritt er in Streitigkeiten regelmäßig auf. Sonderbarerweise hört man ihn aber auch vor einer Balzfütterung und vor dem Füttern der Jungen (in der Silbermöwen- und Lachmöwengruppe, jedoch nicht bei Dreizehenmöwen), ja bei fast allem, was am Nest geschieht, wenn Weibchen oder Junge zugegen sind. Urteilt man nach »Gesängen«, die meistens feindlich getönt und doch anziehend für Weibchen sind, so besagt die Tatsache, daß der Katzenruf Weibchen und Junge anlocken kann, nicht viel über seine Motivation. Es ist denkbar, daß diese verwickelter ist als bei anderen feindlichen Äußerungen. Das führt zu einem allgemeineren Problem und könnte sehr wohl damit zusammenhängen, daß diese Bewegungen, indem sie Signalbedeutung erhielten, ritualisiert wurden und sich verselbständigten (Kap. VII). Immerhin ist die Beziehung zu Flucht und Angriff selbst in derart eigenständigen Gebärden immer noch nachweisbar. Ihre Form läßt nicht nur erkennen, woher sie stammen, sondern auch, wenigstens teilweise, welche Stimmung ihnen zugrunde liegt.

Moynihan (59) hat bereits darauf hingewiesen, daß zumindest bei der Lachmöwe zwischen den fünf zuerst genannten Stellungen große Unterschiede bestehen. Das gilt gewiß auch für andere Arten. Die Aufrechtstellung z. B. tritt schon bei einem recht geringen Erregungsgrad der beiden entgegengesetzten Bereitschaften auf. Wenn mit dem Vorrücken der Brutzeit das Kämpfen seltener wird, verschwindet sie als letzte, ebenso bei der Begegnungszeremonie erst dann, wenn die feindliche Spannung zwischen den künftigen Partnern nachläßt. Und wenn im Laufe des Morgens die Feindseligkeiten sich legen, sieht man von allen Ausdrucksgebärden die Aufrechtstellung am längsten.

Stößeln dagegen entspringt einem hochgradigen Konflikt. Es tritt gewöhnlich in langen heftigen Grenzkämpfen auf, nicht selten im Wechsel mit offenem Angriff und Flucht. Dasselbe gilt für das Grasrupfen der Silbermöwenverwandtschaft. Beim Stößeln spielt überdies der Anblick des Nestes oder des künftigen Nestplatzes eine wichtige Rolle. Deshalb ist es bei Lachmöwen und Silbermöwenartigen selbst in heftigen Kämpfen sehr selten, solange sie außerhalb der Brutkolonie am gemeinsamen Futterplatz balzen. Sobald sie jedoch die Kolonie besiedelt haben, stößeln sie viel häufiger (vgl. Kap. VI).

Manche Ausdrucksweisen sind stärker »angriffsbetont« als andere, etwa das In-den-Boden-Hacken oder Grasrupfen der Silbermöwe, das häufiger mit offenem Kampf verbunden ist als Stößeln. Beides verrät starke Spannungen. Doch während der Überlegene Gras rupft, wird der Unterlegene eher stößeln. Bei Dreizehenmöwen tritt an die Stelle des In-den-

Boden-Hackens das Neigen-und-Stöhnen.

Ohne auf Einzelheiten einzugehen, möchte ich doch darauf hinweisen, daß die Wirkungen der verschiedenen Ausdrucksbewegungen den zugehörigen Stimmungen durchaus entsprechen. Wie schon in Kap. III erwähnt, gibt der Vogel durch Stößeln Bescheid, daß man von ihm nichts zu fürchten hat, solange er unbehelligt bleibt, daß er sich aber verteidigen wird, falls man ihm zu nahe kommt. Ähnlich verkünden die aggressive Aufrechtstellung und das Grasrupfen des Silbermöwenmännchens: Er ist bereit anzugreifen und wird es wahrscheinlich auch tun. In beiden Fällen ist diese Äußerung ein genaues Abbild der inneren Stimmung. Die grasrupfende Silbermöwe meint es wirklich ernst. Sie ist »geladen«, wenn auch durch Angst gehemmt, und falls sie tatsächlich angreift, wird sie heftiger kämpfen als nach Aufrechtdrohen. Auch das versteht der Gegner. Es haben sich also beide Teile der Aufgabe des Abstandhaltens gut angepaßt. Der eine Vogel sendet auffällige, unzweifelhafte Signale, der andere, der Empfänger, besitzt die dazu passenden »rezeptorischen Korrelate«, die gewährleisten, daß die Mitteilung richtig »ankommt«. Das ist grundsätzlich nichts Neues. Was mir aber doch neu und wesentlich scheint, ist die außerordentliche Feinheit, mit der diese Beziehungen aufeinander abgestimmt sind; und dabei haben wir sie hier wahrscheinlich noch gar nicht ausgeschöpft. Denn, wie ich in Kap. II schon angedeutet habe, kann ein und dieselbe Gebärde verschieden ausgeführt werden. So sind beim Aufrechtdrohen der Silbermöwe die Flügelbuge einmal stark angehoben, ein andermal kaum. Der Hals kann dick oder dünn, mehr nach vorn oder mehr hochgestreckt sein, je nach dem absoluten und relativen Erregungsgrad der beteiligten Bereitschaften. Ein geplusterter oder ein weit vorgestreckter Hals läßt auf verhältnismäßig viel Angriffslust schließen. Ebenso ist bei einer Lachmöwe in Schrägstellung das Verhältnis von Angriffs- und Fluchtbereitschaft an der mehr oder weniger senkrechten Haltung von Kopf und Hals unmittelbar abzulesen (Abb. 3c und f). Mit der Stimmungsanalyse dieser feineren Abwandlungen hat sich G. Manley befaßt, und gewiß haben auch sie ihre funktionelle Bedeutung.

Die Beschwichtigungsgebärden

Buckelstellung, Kopfwippen und Wegsehen entstehen im Gegensatz zu den Drohgebärden nicht hauptsächlich aus Angriffsbereitschaft. Wegsehen und Buckelstellung sind anscheinend recht ähnlich motiviert; vieles weist auf Ängstlichkeit hin, besonders beim Wegsehen, doch flüchtet der Vogel meistens nicht, sondern bleibt am Ort. Offenbar steht er im Zwiespalt zwischen Ausweichen und Annäherung oder wenigstens Bleiben. Beim Wegsehen ist es genau untersucht. Lachmöwen zeigen es regelmäßig als einen Teil ihrer Paarbildungszeremonie, wobei es die Anziehung durch einen künftigen, oft schon ganz bestimmten Partner ist, die sie zum Bleiben veranlaßt. Es kommt freilich auch bei feindlichen Begegnungen vor, mit Angriffslust als Gegengewicht zur Fluchtbereitschaft. Setzt sich aber eine Dreizehenmöwe auf ein fremdes Nest, so will sie nur dort sitzen und verteidigt sich höchstens, wenn sie angegriffen wird, falls nicht schon ihr Wegsehen genügt, um den rechtmäßigen Eigentümer zu beschwichtigen. Junge Dreizehenmöwen sehen weg, wenn Altvögel oder Nestgeschwister sie bedrohen, sie selber aber nicht im geringsten zum Kämpfen aufgelegt sind. Bei Sturmmöwen (U. WEIDMANN 93) kann sogar das Abwenden des Kopfes allmählich in eine Drehung des ganzen Körpers übergehen, wonach der Vogel wegläuft oder abfliegt. Ich halte deshalb das Wegsehen für eine Intentionsbewegung zur Flucht. Dazu kommt es nur gewöhnlich nicht, weil der Vogel gerade dort bleiben möchte, wo er ist, und zwar aus irgendeinem Grunde, ohne daß hierfür eine besondere vorherrschende Stimmung eingeplant ist.

Dieser Unterschied zu einer Geste wie der aggressiven Aufrechtstellung oder zum Anheben der Flügelbuge als einem Bestandteil mehrerer Drohgebärden ist bemerkenswert. Hier ist eindeutig Aggression die treibende Kraft, zu bleiben oder sich zu nähern, nicht irgendein beliebiger Anlaß. Ähnliche Voraussetzungen wie für das Wegsehen findet man dagegen beim Kinnheben vieler Enten. Bei Eiderenten sah ich es in Konflikten zwischen Flucht auf der einen Seite und entweder Nahrungssuche oder Brutpflege oder Anziehung durch den Partner auf der anderen, also wiederum einer Neigung, zu bleiben oder hinzukommen, unabhängig von der allgemeinen Stimmungslage.

Mit der Buckelstellung verhält es sich anscheinend ähnlich, nur sind hier die Beobachtungen spärlicher. Statt den Kopf abzuwenden, zieht der Vogel dabei den Hals ein, wobei die Schnabelspitze gewöhnlich auf den anderen gerichtet bleibt.

Das Kopfwippen kommt bei allen Möwen in zwei verschiedenen Lagen vor. Weibchen und ältere Jungvögel betteln damit ihr Männchen oder ihre Eltern um Futter an, und wenn der Angebettelte daraufhin etwas auswürgt, was meistens der Fall ist, schließt sich Nahrungsaufnahme an. Es dient aber außerdem als Paarungsvorspiel beider Partner und muß dann geschlechtlich motiviert sein. Wahrscheinlich widerstreitet hier die Paarungsbereitschaft mit Angst. Es fehlt auch nicht an Hinweisen auf Angriffsneigung. Wenn aber, wie es bei Lachmöwen häufig vorkommt, ein Männchen so sehr in Paarungsstimmung ist, daß es ein fremdes Weibchen zu erobern versucht, deutet nichts auf Flucht- oder Kampfbereitschaft, und das Kopfwippen fällt dann meistens vollkommen aus.

Bei nordamerikanischen Arten, der Aztekenmöwe und der Delawarenmöwe, tritt in Kampfsituationen etwas sehr Ähnliches wie das Kopfwippen auf, oft in Verbindung mit der Schrägstellung-mit-Jauchzen. Nach MOYNIHANS Beschreibung (61b) und mündlicher Bestätigung gleicht diese Bewegung aber auch dem Zurückwerfen des Kopfes, das zum Jauchzen der Sturm- und Silbermöwen gehört. Zurückwerfen und Wippen sind offenbar verwandt, und wenn das so ist, dann kann die zugrunde liegende Stimmung beträchtlich wechseln.

Die Paarbildungszeremonien

Die Paarbildung nimmt, soweit bekannt, bei allen Möwen ungefähr denselben Verlauf. Sie kann innerhalb der Kolonie stattfinden oder sogar weit davon entfernt, beides bei denselben Arten. Dreizehenmöwen treffen sich gewöhnlich im Revier, das bei ihnen kaum größer ist als der schmale Felsvorsprung, der später das Nest trägt. Bei anderen Arten sucht man sich meistens zuerst einen Partner und dann gemeinsam das Revier, obwohl spät ankommende Männchen es manchmal auch umgekehrt machen. Üblicherweise bleibt das Paar während der Brutzeit beisammen – ob auch im Winter, ist weitgehend unklar. Bei Silbermöwen kommt beides vor, daß sie sich trennen oder daß sie zusammenbleiben (DROST 22, TINBERGEN 81, 86). Jedenfalls brüten sie im nächsten Jahr möglichst wieder mit demselben Partner. Ausnahmen gibt es am häufigsten dadurch, daß einer von beiden verunglückt.

Zunächst sucht das Männchen sich vorübergehend, bei Dreizehenmöwen endgültig ein Revier. Selbst in den »Klubs« der Silbermöwen bevorzugen die Männchen einen bestimmten Teil des Geländes. Von diesen Paarbildungsrevieren aus halten sie Ausschau nach Artgenossen – Männchen und Weibchen –, die vorüberfliegen, und präsentieren sich ihnen in Schrägstellung-mit-Jauchzen, die Dreizehenmöwe durch Stößeln. Während andere Männchen die »singenden« Revierinhaber gewöhnlich meiden, fühlen Weibchen sich angezogen und landen in der Nähe. Darauf vollführen sie eine Reihe gegenseitiger Ausdrucksbewegungen, bis eines von beiden wegfliegt. Männchen kreisen mit Angriffsrufen in der Luft und bekämpfen andere, doch kehren sie bald auf ihren Posten zurück. Weibchen lassen sich beim nächsten singenden Männchen nieder, oder sie kehren – später in der Balzzeit – zu demselben zurück. Die großen Arten gehen bei solchen Gelegenheiten meistens zu Fuß, anstatt zu fliegen.

Vier Formen der Paarbildungszeremonien sind in Abb. 14 und 15 wiedergegeben. Bei der Silbermöwe sieht sie ein wenig anders aus als in meinem Buch (81, 86), denn inzwischen hat sich herausgestellt, daß ich damals die ersten Anfänge übersehen hatte. Gemeinsam mit J. M. und E. Cullen stellte ich nachträglich fest, daß die von Moynihan (61c) an nordamerikanischen Silbermöwen beobachtete Folge, wie er vermutete, auch bei europäischen Silbermöwen und bei Heringsmöwen üblich ist. Später nähern sich die Weibchen ihren Männchen dann oft in Buckelstellung, wie ich es damals beschrieben habe.

Ein Blick auf diese Abbildungen zeigt sogleich, daß die Paarbildungsgesten denen kämpfender Männchen außerordentlich ähnlich, wenn nicht gleich sind, womit die Möwen eine Theorie über die Balz mancher Vögel und Fische bestätigen, die mehrere Autoren entwickelt haben (Andrew 3, Baerends et al. 6, Hinde 29, 30, 31, 32, van Iersel und Tinbergen unveröff., Marler 50, Morris 54, 56, 58, Moynihan 59, 60, Tinbergen 80, 81, 83). Sie besagt, daß Balzverhalten aus einem Konflikt zwischen geschlechtlicher Anziehung und feindlichem Auseinanderweichen hervorgeht. Hierbei kann »geschlechtlich« schon die Bereitschaft zur Paarung bedeuten oder zunächst nur das Bestreben, beieinander zu sein. Wie immer, wenn sich zwei Artgenossen nahekommen, sind Angriffs- und Fluchtbereitschaft aktiviert (Tinbergen 80, 83) und miteinander in Widerstreit, selbst wenn jeder von beiden als möglicher Partner anziehend wirkt. Bei Arten mit »gegenseitiger« Balz (Huxley 35) antwortet das Weibchen nach dem Landen mit Bewegungen, die denen des Männchens entsprechen, so auch die Möwen, bei denen aber immer das Weibchen etwas mehr Angst verrät als das Männchen.

Silber-, Lach- und Dreizehenmöwen beginnen die Zeremonie nach dem Landen mit ein oder zwei Drohgesten (Katzenruf und Stößeln bei der Silbermöwe, Jauchzen und Stößeln bei der Dreizehenmöwe), denen eine Beschwichtigungsgebärde folgt. In auffälligem Gegensatz zu feindlichen

Abb. 14. Begegnungszeremonie der Silbermöwe, von oben nach unten: Schrägstellung des Männchens, Katzenruf, Stößeln, Wegsehen.

Abb. 15. Begegnungszeremonien der Lachmöwe (links), Zwergmöwe (Mitte, nach *Moynihan* 59) und Dreizehenmöwe (rechts).

Begegnungen, bei denen man dem Widersacher meist ins Auge sieht, stehen oder laufen Vögel, die sich verpaaren wollen, oft parallel zueinander. Besonders eindrucksvoll ist das bei Silbermöwen, die miauend nebeneinander herlaufen (Abb. 14), oder Lachmöwen, die nebeneinander stehend vorwärts drohen (Abb. 15). Jauchzende Dreizehenmöwen richten die Schnäbel nicht gegeneinander, sondern hinter den Kopf des anderen, ganz ähnlich wie viele Gänsearten, die beim Triumphgeschrei (Heinroth 27) ebenfalls eine häufig als Drohung verwendete Vorwärtsstellung einnehmen, aber so, daß der Schnabel nicht auf den anderen hinweist. Finken verhalten sich nach Hinde (32) ganz ähnlich.

Das Triumphgeschrei der Gänse und die Begegnungszeremonie der Möwen sind anscheinend analoge Verhaltensweisen. Bei Möwenpaaren entspricht diese wenigstens anfangs der Paarbildungszeremonie. Während der Brutzeit geht sie allmählich verloren. Aber bei Lach- und bei Dreizehenmöwen tritt sie manchmal noch fast vollständig auf, wenn die Jungen bereits ausgeschlüpft sind.

Auch bei Kampfhandlungen stehen die Gegner manchmal nebeneinander, nämlich aus Angst. Ob das auch bei der Paarbildung der Grund ist, bleibt offen.

Die Lachmöwe beschwichtigt durch Wegsehen, normalerweise in Aufrechtstellung, wobei das Männchen mehr Angriffslust, das Weibchen, mit einem dünnen Hals und weniger gesenktem Schnabel, mehr Furcht erkennen läßt. Silbermöwen und ihre Verwandten zeigen das Wegsehen ebenfalls häufig, jedoch nicht mit einem so scharfen Ruck und meistens in ängstlicher Aufrechtstellung. Später tun sie es auch gebuckelt und in anderen Haltungen, und der ganze Ablauf ist überhaupt nicht so streng festgelegt wie bei der Lachmöwe. Deren ungewöhnlich tief gehaltener Schnabel ist wahrscheinlich nicht nur Ausdruck der Angriffsbereitschaft, sondern eine zusammen mit der braunen Maske entwickelte ritualisierte Gebärde; denn die Maske wird dabei ganz versteckt, selbst ihr oberer Rand ist unsichtbar, weil zusätzlich das weiße Nackengefieder gesträubt ist (Abb. 15 unten, linker Vogel).

Die Dreizehenmöwe besitzt als einzige das Aufwärtsstößeln. Ob es beschwichtigend wirkt und welche Stimmung es auslöst, ist nicht ganz hinlänglich untersucht, doch zweifle ich kaum, daß es das Wegsehen vertritt. Die Zwergmöwe hat zwar denselben Gesang wie andere Arten, das Jauchzen, richtet sich aber dabei senkrecht auf, was anscheinend dem Vorwärts entspricht, und schwenkt dann ihren Kopf vom Partner weg. Wir wissen nicht viel über die zugehörige Motivation, doch erinnert das Kopfschwenken stark an eine Bewegung mancher Seeschwalbenarten bei Gelegenheiten, wo man eine Beschwichtigungsgebärde erwarten sollte (J. M. Cullen unveröff.).

Obwohl sich die verschiedenen Arten in Einzelheiten beträchtlich unterscheiden (vgl. Kap. VII) und ein wenig auch die Individuen einer Art, was zum Teil von Schwankungen der drei beteiligten Bereitschaften abhängt, folgen sie alle im wesentlichen demselben Muster: Der Gesang des Männchens, der unverpaarte Weibchen anlockt, gleicht einer der üblichen Drohgebärden. Dann landet das Weibchen, und nach einer oder mehreren weiteren Gesten, die wiederum Drohgebärden sehr ähnlich sind, bildet ein Zeichen der Beschwichtigung den Abschluß. Zu beachten ist, daß in der Paarbildungszeremonie diese drei oder vier Schaustellungen in bestimmter Weise aufeinander folgen, daß sie also zu einem Ausdrucksverhalten höherer Ordnung zusammengeschlossen sind.

Am Ende dieses Kapitels über die zu den Ausdrucksbewegungen gehörigen Stimmungen möchte ich noch einmal darauf hinweisen, daß unsere Schlußfolgerungen keineswegs endgültig sind. Wir brauchten lange Zeit, um alle Fragen klar zu erkennen und zuverlässige, aber auch gut anwendbare Untersuchungsmethoden zu entwickeln. Wir arbeiteten im Freiland. Das Experimentieren war hier unerwartet schwierig, und selbst beim Zählen gab es Hindernisse. Man muß es ja dort tun, wo zahlreiche Vögel beisammen sind, um möglichst viele Begegnungen zu erfassen. Aber gerade dort und deshalb werden sie natürlich häufig durch Unbeteiligte gestört. Andererseits ergeben sich draußen mancherlei Situationen, die unter säuberlich überwachten Laborbedingungen niemals eintreten würden. Besonders zu Beginn der Arbeit sind aber wechselnde Umstände sehr wichtig, um Gesetzmäßigkeiten herauszusehen, Hypothesen zu bilden und Widersprüche aufzuspüren; sie sind die »Kontrollen« zu den »Naturversuchen«.

Immerhin haben wir soweit Einblick in die Zusammenhänge gewonnen, daß wir nun anfangen können, ihn durch Laborversuche zu vertiefen. Dabei ist es anscheinend methodisch günstiger, die einzelnen Bereitschaften nicht unbeeinflußt abzuschätzen, sondern sie zu lenken und Konflikte zwischen ihnen zu erzeugen, um so die Folgerungen zu erhärten, die wir in der hier beschriebenen Weise gezogen haben. Dieses Verfahren hat B. Tugendhat neuerdings in unserem Institut an verschiedenen Verhaltensweisen des Stichlings erprobt. Ihre Arbeiten werden helfen, die klaffende Lücke zwischen interpretierender Freilandbeobachtung und den Laboruntersuchungen amerikanischer Psychologen (vgl. z. B. MILLER 52) auszufüllen. Künftig sollte man diese beiden und möglichst noch mehr Arbeitsmethoden miteinander verbinden.

VI. Die Herkunft der Ausdrucksbewegungen

Beschreibung und Motivationsanalyse des Ausdrucksverhaltens haben schon einige Hinweise auf dessen stammesgeschichtliche Herkunft gegeben. Insgesamt bestätigen unsere Beobachtungen die Ansicht mehrerer Autoren, daß Ausdrucksbewegungen »abgeleitete« Bewegungen sind (HUXLEY 36, LORENZ 43, TINBERGEN 79, HINDE und TINBERGEN 34). Bei manchen ist der Ursprung leicht ersichtlich, bei anderen keineswegs, und solange wir nicht alle eindeutig ableiten können, müssen wir diese Frage in jedem Einzelfall neu stellen und prüfen.

Nur aufgrund ihrer Ähnlichkeit mit den Ausgangsbewegungen und ohne Artenvergleich durchschaubar sind bei der Silbermöwe die aggressive Aufrechtstellung, die aus Bestandteilen des Flucht- und des Angriffsverhaltens zusammengesetzt ist, das In-den-Boden-Hacken als umorientierter Angriff und das Grasrupfen, an dem eine Nestbaubewegung, das »Verlegen«, beteiligt ist.

In anderen Fällen kommt man durch bloße Betrachtung nicht so weit, höchstens zu einem unbestimmten Verdacht. Der Vergleich vieler nahe verwandter Arten läßt dann erkennen, daß diese Bewegungen ritualisiert worden sind. Ich verstehe darunter adaptive stammesgeschichtliche Umwandlungen, die den Signalwert von Bewegungen erhöhen. Ritualisierungen im Verhalten der Möwen besprechen wir im nächsten Kapitel. Ich schicke zunächst einige allgemeine Bemerkungen voraus.

Der Begriff der Ritualisation stützt sich auf zwei Tatsachengruppen. Vergleicht man eine bestimmte Ausdrucksbewegung bei einer Anzahl nahe verwandter Arten, so kann man diese nach immer größerer Ähnlichkeit der abgeleiteten mit der vermuteten ursprünglichen Bewegung in einer Reihe ordnen. Kraniche z. B. verwenden in der Balz eine Putzbewegung, die bei manchen Arten mehr, bei anderen weniger von echtem Putzen abweicht, beim Mandschurenkranich aber so stark verändert ist, daß man sie nur im Vergleich mit in dieser Hinsicht ursprünglicheren Arten überhaupt als solche erkennen kann (LORENZ 43). Aus Vergleichen ergab sich auch die Ableitung des Hetzens weiblicher Enten aus einer Intentionsbewegung zum Hacken nach einem Artgenossen und Kinnheben, das Angst ausdrückt und oft der Beschwichtigung dient (LORENZ 45). Ein drittes Beispiel sind Flügelputzbewegungen balzender Enten, woraus beim Mandarinerpel ein rasches Hinweisen auf den Flügelspiegel geworden ist, so daß auch hier nur die Gegenüberstellung mit weniger stilisierten Formen über die Herkunft dieser Geste Auskunft gibt.

Dieses allein wäre noch nicht überzeugend, wenn man nicht nachweisen könnte, daß ganz allgemein die schwieriger deutbaren Bewegungen besser als andere ihre Aufgabe erfüllen, starke, auffällige, unmißverständliche Reize zu senden. Das kann man sowohl aus ihrem Anblick wie aus ihren Wirkungen schließen und aus der Art der Reize, auf die Tiere gut anzusprechen pflegen. Wie LORENZ (43) schon vor Jahren sagte, verkörpern Auslöser gewissermaßen in betonter, ja oft übertriebener Form die wesentlichsten Züge von Schlüsselreizen.

Die Entwicklung und Differenzierung von Ausdrucksbewegungen ist demnach als sekundäre Anpassung der abgeleiteten Bewegungen an eine neue Funktion zu verstehen. Im Grunde ist es nichts anderes, als wenn das erste Schreitfußpaar des Hummers und ähnlicher Krebse, ursprünglich ein Fortbewegungsorgan, sich der neuen Aufgabe anpaßt, Beute zu fangen und zu zerkleinern.

Soweit wir wissen, entspringen abgeleitete Bewegungen hauptsächlich zwei Quellen, nämlich (1) unmittelbar der gegenwärtigen Situation, z. B. Kampfbewegungen beim Eindringen eines Feindes in das Revier. Doch werden sie nur unvollständig ausgeführt (Intentionsbewegungen) oder auf ein anderes Objekt gerichtet (umorientierte Bewegungen). Man nennt sie autochthon. Oder sie gehören (2) zu ganz anderen Verhaltensmustern als denen, die gerade am Platze sind. Sie wirken überraschend und nicht zu den Gegebenheiten passend, weshalb sie alle, ohne Rücksicht auf den genauen ursächlichen Zusammenhang, Übersprungbewegungen heißen.

Zuerst möchte ich einige Bestandteile erwähnen, die in mehr als einer Gebärde zu finden sind, und dann zu den vollständigen Ausdrucksbewegungen übergehen, die in derselben Reihenfolge abgehandelt werden wie in den vorigen Kapiteln.

Elemente von Ausdrucksbewegungen

Wir unterscheiden feste Bestandteile und Richtungskomponenten.

Feste Bestandteile. Mindestens in der Schräg-, Aufrecht- und Vorwärtsstellung hängt der Grad der Aufrichtung von Kopf und Hals davon ab, in welchem Verhältnis die beiden Bereitschaften jeweils aktiviert sind. Bei einem sehr kämpferischen Vogel zeigt der Schnabel tief nach unten, bei einem sehr ängstlichen weniger oder sogar nach oben. Der Einstellbereich ist von Art zu Art verschieden. Hartlaubsmöwen z. B. heben den Schnabel höher als Lachmöwen, und eine verschüchterte Lachmöwe kann ihn in ängstlicher Aufrechtstellung stärker anheben, als Silber- und Dreizehenmöwen es gewöhnlich tun.

Entsprechendes gilt für die Haltung der Flügelbuge in Schräg-, Vorwärts-, Aufrecht- und Katzenrufstellung sowie beim Stößeln. Im allgemeinen werden die Handgelenke um so mehr angehoben, je stärker der Konflikt ist. Bei den Dreizehenmöwen gehört zu allen feindlichen Gebärden das Öffnen des Schnabels.

Richtungskomponenten. Bei vielen Drohgebärden wird die Ausrichtung in der Senkrechten von den jeweiligen Umständen beeinflußt, z. B. richten sich Lach- und Dreizehenmöwen in der Schrägstellung höher auf, wenn der Angesprochene über sie hinfliegt, als wenn er auf gleicher Ebene mit ihnen steht. Dreizehenmöwen neigen sich sogar weit abwärts, falls der Gegner auf einem Felsvorsprung unterhalb ihres eigenen steht. Bei der Schrägstellung ist demnach die Orientierung in der Senkrechten sowohl durch das Widerspiel von Flucht und Angriff wie auch durch richtende Außenreize gegeben.

Wechselnde Einstellung in der Waagerechten ist ebenfalls möglich. Wenn der Vogel überwiegend aggressiv ist, weist der Schnabel oder die Körperlängsachse zum Gegner hin. Wenn er aber ängstlich ist oder aus anderen Gründen von ihm fortstrebt, wendet er Schnabel, Kopf und Hals oder sogar den ganzen Körper zur Seite. Bei der Aufrechtstellung der Silbermöwe ist das sehr gut zu sehen. Je mehr die Kampfbereitschaft nachläßt, um so mehr weicht der Vogel dem anderen aus, so daß er in einer Spirale zu ihm hin oder sogar im Kreis um ihn herum geht. Am Wegsehen ist bei der Lachmöwe nur der Kopf, bei Sturmmöwen manchmal auch der ganze Körper beteiligt. U. WEIDMANN (93) sah alle Übergänge zwischen diesen beiden Möglichkeiten. Lachmöwen in der Vorwärtsstellung, besonders während der Paarbildungszeremonie, stehen oft parallel ausgerichtet (Abb. 13 und 15). Auch beim Stößeln hockt man sehr häufig nebeneinander, und Lachmöwenmännchen drehen sich dabei sogar öfters ganz um, so daß beide Partner in entgegengesetzte Richtungen blicken.

Eine zunehmende Meidetendenz prägt sich sehr deutlich in der Kopfhaltung aus, entweder durch Drehung in der Waagerechten (Wegsehen) oder Halseinziehen, wobei der Schnabel auf den anderen hinzeigt (Buckelstellung), oder Schnabelheben in Schräg-, Vorwärts- und Aufrechtstellung und beim Aufwärtsstößeln. Schließlich kann der Kopf gedreht und zugleich gesenkt werden, so daß der Schnabel abwärts und seitlich vom Gegner weg gerichtet ist (Wegsehen und Schnabelverstecken der Dreizehenmöwe). Jedenfalls ergibt sich immer genau das Gegenteil einer Intentionsbewegung zum Hacken.

Diese Bestandteile können in reiner, unveränderter Form oder schon für sich ritualisiert in die Ausdrucksbewegungen eingebaut sein. Z. B. ist das Wegsehen der Dreizehenmöwe immer schön gleichmäßig ausgerichtet. Bei Lachmöwen in der Paarbildung ist die Bewegung soweit festgelegt, daß sie in der Senkrechten gar nicht, jedoch in der Waagerechten fast vollkommen orientiert ausgeführt wird. Eine gerichtete Abwärtsbewegung des Kopfes kommt daher niemals vor. Vermutlich ist die Kopfunten-Phase im Jauchzen der Silbermöwe aus einer Angriffsbewegung entstanden. In ihrer jetzigen Form scheint sie von wechselnden Graden der Kampfbereitschaft kaum abhängig, sondern eher ein fester Bestandteil dieser Bewegungsfolge zu sein.

Die vollständigen Ausdrucksbewegungen

Die Aufrechtstellung. Schon ihre Form läßt den Ursprung so deutlich erkennen wie keine andere Ausdrucksbewegung. Sie muß sich aus Intentionen zum Angriff entwickelt haben, die durch Fluchtbereitschaft gehemmt sind, nämlich Halsstrecken und Schnabelsenken als Vorbereitung zum Hacken von oben und Anheben der Flügelbuge als Vorbereitung zum Schlag. Die Gebärde ist wenig, wenn überhaupt, ritualisiert.

Diese Deutung wird durch zwei Vergleiche gestützt. (1) Der Dreizehenmöwe fehlt die aggressive Aufrechtstellung, aber auch das Hacken. (2) Die Große Raubmöwe hebt in dieser Stellung niemals die Handgelenke, aber sie kämpft auch nicht mit Flügelschlägen (PERDECK 67,68). Da außerdem bei anderen Möwen das Flügellüften eine eindeutige Folge aggressiver Stimmung ist, scheint die Herkunft dieses Bestandteils der Aufrechtstellung gesichert.

Die *Schrägstellung* sieht bei jeder Art anders aus und unterscheidet sich jeweils sehr deutlich von allen übrigen artgemäßen Ausdrucksweisen. MOYNIHAN (59) vermutete, daß sie sich aus einer gehemmten vorwärts gerichteten Angriffsbewegung entwickelt hat. Wie die Motivationsanalyse ergibt, sind Angriffs- und Fluchtbereitschaft tatsächlich beteiligt. Dafür spricht: die Orientierung (denn der Schnabel zeigt wenigstens in der Waagerechten auf den Gegner), das häufige Anheben der Flügelbuge und das Stehenbleiben. Nimmt der Vogel die Schrägstellung doch einmal im Vorwärtsschreiten oder im Fliegen ein, dann geht es selten ohne Kampf ab. Aus denselben Bestandteilen zusammengesetzt ist aber auch das Vorstoßen der Dreizehenmöwe, und entsprechende Verhaltensmuster gibt es bei anderen Arten. Bei der Schrägstellung kommen jedoch das Strecken des Halses und der weit offene Schnabel hinzu, beides wahrscheinlich infolge des lauten langgezogenen Jauchzens. Demnach ist diese Stellung eine feindliche Annäherung, die durch Angst gebremst, mit Rufen verknüpft und dadurch abgewandelt wurde.

Die Schrägstellung ist, wie schon gesagt (Kap. III), bei vielen Arten in Wirklichkeit eine Folge mehrerer Bewegungen. Anfangs zeigt, allerdings nicht bei allen Arten, der Kopf schräg aufwärts, dann wird er gesenkt, besonders deutlich in der Silbermöwengruppe, danach hochgeworfen (einmal bei Silbermöwen und, noch stärker betont, bei Sturmmöwen, mehrmals bei Delawarenmöwen), und schließlich, während des Rufens, sinkt er langsam wieder schräg vorwärts ab. Da bei den meisten Möwen Kopfsenken Überwiegen der Angriffsbereitschaft, Kopfheben aber Fluchtneigung anzeigt, könnten die einzelnen Abschnitte mehrphasiger Schrägstellungen auf leichte Stimmungsschwankungen während des ganzen Ablaufes zurückzuführen sein. Durch Ritualisation kam es zu mimischer Übertreibung der einzelnen Bestandteile und zur artgemäßen Differenzierung, was vermutlich mit der Gesangsfunktion dieser Gebärden zusammenhängt (vgl. Kap. VII).

Besonders bemerkenswert ist das Zurückwerfen des Kopfes, das bei manchen Arten dem Kopfwippen sehr ähnlich ist. Bei Franklinsmöwen sieht es so aus, als kämen beide aus derselben Wurzel. Bei Silbermöwen hätten sie sich dann weiter auseinanderentwickelt, als Paarungseinleitung und als Gesang.

Die Vorwärtsstellung. Bis 1957 glaubte ich, das Vorwärts der Lachmöwe und ihrer Verwandten sei dem Vorstoßen der Dreizehenmöwe homolog als eine schwach ritualisierte vorwärts gerichtete Intentionsbewegung zum Hacken. MOYNIHAN (61b) wies jedoch darauf hin, daß es mehr einer tiefen Schrägstellung gleicht; denn es ist mit gedämpftem Jauchzen verbunden. Bei Franklins- und Aztekenmöwen geht die vollständige Schrägstellung-mit-Jauchzen allmählich in eine dem Vorwärts ganz ähnliche Haltung über, und das Kopfgefieder ist nicht gesträubt wie beim Vorstoßen und Gackern von Delawaren- und Franklinsmöwe. Demnach stammt die Vorwärtsstellung wirklich eher von der tiefen Schrägstellung ab. Dagegen ist die Senkrechtstellung der Zwergmöwe dem Vorwärts wahrscheinlich homolog, obwohl es ihm auf den ersten Blick gar nicht so sehr ähnlich sieht. Es unterscheidet sich aber nicht allzusehr von der tiefen Schrägstellung, der Vorläuferin des Vorwärts. Von der Aufrechtstellung mit erhobenem Schnabel, der sie in manchen Zügen gleicht, unterscheidet sie sich durch den ganz senkrecht hochgereckten Hals und das dazugehörige gedämpfte Jauchzen, das ebenso wie die Begleitumstände besser zur Vorwärtsstellung der Lachmöwe paßt. Außerdem gibt es die Aufrechtstellung mit erhobenem Schnabel bei der Zwergmöwe auch, und zwar in außerordentlich ähnlicher Form wie bei den anderen Arten.

Stößeln. Über die Herkunft dieser Gebärde gingen die Meinungen auseinander. Während PORTIELJE (69) bei der Silbermöwe und KIRKMAN (38) bei der Lachmöwe die Ähnlichkeit mit dem Futterauswürgen betonten, erinnerte mich (81) diese Bewegung mehr an das Ablegen von Nistmaterial. Das Stößeln ergibt sich aus einem Konflikt zwischen Angriffsbereitschaft und Angst, hat aber mit Kämpfen nichts zu tun, und Nestbauverhalten schien fehl am Platze. Deshalb hielt ich es für eine Übersprungbewegung. Inzwischen hat aber MANLEY (mündl. Mitt.) bei Lachmöwen gesehen, daß dort tatsächlich manchmal, besonders wenn ein Männchen in Gegenwart des Weibchens beim Nest stößelt, das Auswerfen von Futter dazugehört. Er möchte es darum vom Wurgen ableiten.

Vergleiche mit anderen Arten führen zu folgender Deutung: Bei allen, die wir bisher untersuchten, beginnt die Gebärde mit Niederbeugen und Schnabelsenken. Immer wird sie, wie in Kap. V beschrieben, am Nestplatz ausgeführt, und das anfängliche Niederbeugen ist bei Möwen viel weiter verbreitet als das vollständige Stößeln. Weder Raubmöwen (PERDECK 67) noch Seeschwalben (TINBERGEN 77, BAGGERMAN et. al. 7, BERGMAN 10, J. M. CULLEN unveröff.) noch die Mehrzahl der Watvögel (O.v. FRISCH unveröff.) zeigen irgendeine vergleichbare rhythmische Bewegung. Aber sehr viele, wenn nicht alle stehen über das Nest gebeugt oder scharren bei Gelegenheiten, wenn Möwenpaare stößeln (allerdings nicht bei Grenzstreitigkeiten). Bei der Dreizehenmöwe gleicht es weitgehend dem Ablegen von Nistmaterial, während bei anderen Arten die rhythmische Wiederholung dieser Bewegung viel stärker betont ist. Lachmöwen würgen häufig daran anschließend Futter aus und wechseln ab zwischen rhythmischen Stößelrufen und Wimmern oder Miauen.

Bei allen Arten, wo es vorkommt, außer der Dreizehenmöwe, dauert das rhythmische Auf-Ab des Kopfes beim Stößeln viel länger als je beim Nisten oder beim Würgen. Die ausgedehnte Wiederholung ist offenbar durch Ritualisierung zustande gekommen; denn Rhythmik hilft in vielen Fällen, abgeleitete Bewegungen zu möglichst auffälligen Signalen zu machen (MORRIS 57). Offenbar ist also das Stößeln aus zwei Bewegungen zusammengesetzt. Die erste, weit verbreitete ist das sich Niederbeugen am Nestplatz, so wie alle diese Vögel es tun, wenn sie im Begriff sind, sich auf die Eier zu setzen oder sie zu wenden. Sie gehört darum höchstwahrscheinlich zum Brutverhalten und tritt, wie alle Brutbewegungen (BEER unveröff.), lange vor der Eiablage auf. Dafür spricht auch die Tatsache, daß Stößeln durch die Nähe des Nestes oder der Nestmulde begünstigt wird.

Hat der Vogel diese Haltung erst einmal eingenommen, so wird er in dem Konflikt, den die Gegenwart eines Weibchens oder eines Widersachers hervorruft, am ehesten eine Bewegung machen, die mühelos aus dieser Ausgangsstellung hervorgeht. Denn mehrere Untersuchungen haben ergeben, daß Bewegungen durch die Lage, in der ein Tier sich unmittelbar vorher befand, begünstigt werden (J. M. CULLEN unveröff., LIND 42) – wobei zunächst offenbleibt, ob hierfür Außenreize, Muskelsinn oder »zentralnervöse Kommandos« verantwortlich sind. Sowohl beim Ablegen von Nistmaterial wie auch beim Würgen ist der Kopf gesenkt, so daß beide Bewegungsweisen gleich gut aus der Ausgangsstellung hervorgehen können. Doch welche ist es nun?

Die langen Ab-Auf-Folgen nestbauender Dreizehenmöwen sind sicherlich durch die Klebrigkeit des Materials bedingt, die aller anderen Möwenarten beim Stößeln jedoch durch Ritualisierung. Die Übereinstimmung beider Bewegungsweisen bei der Dreizehenmöwe ist deshalb wohl auf zwei Wegen jeweils unter einem anderen Selektionsdruck zustande gekommen, so daß man hieraus nicht auf die Herkunft des Stößelns schließen kann.

Nach J. M. Cullen (20) machen die Noddiseeschwalben (*Anous stolidus* und *A. tenuirostris*) etwas Ähnliches. Gerade diese beiden Arten sind, soweit bekannt, die einzigen Seeschwalben, die Nester bauen, das Material dazu herbeitragen und Futter auswürgen, was für die Ableitung von einer dieser beiden Bewegungen spricht, ohne zu verraten, von welcher.

Die Große Raubmöwe stößelt nicht (Perdeck 67). Sie bringt auch kein Nistmaterial, sondern begnügt sich mit Scharren und Verlegen, aber sie füttert Weibchen und Junge mit Ausgewürgtem. Hiernach sollte man das Nisten, nicht das Würgen für den Ursprung halten.

Jedenfalls dürfte das Stößeln von einer dieser beiden Verhaltensweisen abzuleiten sein oder sogar von beiden; denn beide werden gleichermaßen durch die gebückte Ausgangshaltung begünstigt. Es ist vielleicht überhaupt grundsätzlich falsch zu sagen, es sei aus der einen oder der anderen entstanden, denn es kann durchaus die Ab-Auf-Bewegung sein, die beiden zukommt. Dieser schon vorgegebene Rhythmus wäre dann nur durch Ritualisierung weiter ausgebaut worden.

Diese Ansicht würde bedeuten, daß sich das Stößeln aus Begebenheiten am Nest entwickelt habe (Manley 48). Man sieht es aber auch häufig als Drohgebärde in Grenzstreitigkeiten. Die Möwen stößeln dann, wie es zu unseren Vorstellungen paßt, fast ausschließlich im eigenen Revier und nicht oder viel seltener außerhalb in allgemein zugänglichem Gelände, aber doch immerhin viele Meter weit vom Nest entfernt. Hier könnte das anfängliche Senken von Kopf und Hals als der übliche Ausdruck der Angriffsbereitschaft gedeutet und ebensogut wie das Niederbeugen im Nest zur Ausgangsstellung werden. Es ist demnach anzunehmen, daß sich das feindliche Stößeln auf dem Umweg über das freundliche Stößeln entwickelt hat.

Bei einigen Arten findet man zwischen beiden Formen aufschlußreiche Unterschiede. Feindlich stößelnde Lachmöwen breiten oft die Flügel aus, nämlich dann, wenn sie unmittelbar vorher einen Ausfall gegen den Feind unternommen haben. Das gibt es bei der freundlichen Form fast nie, sondern wahrscheinlich überhaupt nur bei in jeder Hinsicht ungewöhnlich aggressiven Männchen. Außerdem kommt es bei feindlichem Stößeln in der Regel nicht zum Würgen. Aztekenmöwen sträuben dann das Gefieder, bei freundlichem nicht (Noble und Wurm 63), wofür vermutlich die Begleitumstände und Stimmungen verantwortlich sind; denn in freundliches Stößeln spielt wohl Paarungsbereitschaft mit hinein, die beim feindlichen fehlt.

Aufwärtsstößeln. Die Begegnungszeremonie der Dreizehenmöwe endet mit dem Aufwärtsstößeln. Daß die Selektion hier die Entwicklung einer Beschwichtigungsgebärde gefördert hat, die sich von den vorhergehenden aggressiven Gesten deutlich unterscheidet, ist verständlich. Unklar bleibt, woher die Kopfhaltung kommt. Das Bestreben, sich vom anderen zu entfernen, oder, weil das bedrohlich wirkt, wenigstens nicht den Schnabel auf ihn zu richten, äußert sich, wie schon gesagt, indem der Vogel seinen Schnabel nach oben, tief nach unten oder zur Seite wendet oder den Hals einzieht. Diese Stimmung paßt zum Abschluß der Begegnungszeremonie und könnte dazu geführt haben, daß beim Stößeln der Schnabel mehr und mehr angehoben wurde. Gleichzeitig wird er geschlossen, und auch daraus kann man entnehmen, daß jetzt die Angriffsbereitschaft abklingt, die sich bei Dreizehenmöwen stets durch das Öffnen des Schnabels kundtut.

Andererseits wäre auch an eine Schluckbewegung zu denken und diese Deutung dann im Einklang mit der Vorstellung, daß Stößeln vom Würgen abzuleiten sei. Da aber normalerweise beim Schlucken der Kopf nicht angehoben wird, dürfte die Tendenz nach oben ebenso wie bei mehreren anderen Ausdrucksbewegungen ein Nachlassen feindlicher Stimmung anzeigen.

Beim *Katzenruf* ist die Herkunft sowohl der Haltung wie der Laute unbekannt.

In-den-Boden-Hacken. Aus der so offenkundigen Ähnlichkeit mit dem Sammeln von Nistmaterial schloß ich 1953, das Grasrupfen der Silbermöwe sei eben diese Bewegung im Übersprung, wies jedoch darauf hin, daß es mit Angriffszeichen einhergeht: Die Möwe hackt so heftig wie im Kampf, viel ungestümer als je beim Sammeln von Genist, und wenn sie eine festverwurzelte Pflanze erwischt, zerrt sie daran ebenso herum wie an einem Gegner, den sie beim Schnabel, Schwanz oder Flügel zu fassen kriegt. Ich sagte, die Übersprungbewegung sei von echten Angriffsbewegungen überlagert. A. Kortlandt machte mich darauf aufmerksam, daß man diese Aussage genausogut, wenn nicht besser umkehren könne: Die

Angriffsbewegungen seien von Übersprungverhalten überlagert. Tatsächlich scheinen spätere Beobachtungen an anderen Möwen KORTLANDTS Vorschlag zu bestätigen. Kräftiges In-den-Boden-Hacken kommt bei vielen Arten im Feind- und Paarungsverhalten vor, im letzteren zusammen mit anderen Zeichen der Angriffsbereitschaft. Selbst in der Silbermöwengruppe beginnt das Grasrupfen gewöhnlich mit einem heftigen Schnabelhieb. Lachmöwen dagegen machen sich nach solch einem Hieb höchstens ausnahmsweise mit Nistmaterial zu schaffen, statt dessen wischen sie ziemlich regelmäßig den Schnabel, so wie sie ihn säubern, wenn er beim Hochwürgen oder Stochern im Schlamm schmutzig geworden ist.

Das legt eine ähnliche Deutung nahe wie beim Stößeln. Auch das Grasrupfen ist eine zusammengesetzte Bewegung. Sie beginnt mit dem sehr vielen Arten gemeinsamen Hacken, dem sich eine Übersprungbewegung anschließt. Diese ist von Art zu Art verschieden, jedoch immer durch dieselbe Ausgangsstellung begünstigt, die eindeutig zum Kampfverhalten gehört. Es ist aber eine »umorientierte« Bewegung (BASTOCK, MORRIS und MOYNIHAN 8, MOYNIHAN 58); denn statt des Kampf- oder Balzpartners hackt der Vogel den Boden. Das klingt vielleicht zunächst sonderbar. Man denke aber, daß sich bei anderen Gelegenheiten der umorientierte Angriff gegen einen beliebigen, bis dahin friedlich geduldeten Vogel richten kann, nur weil ein Dritter den Zorn der Möwe erregt, den sie aber nicht loswerden kann, und daß wir selber in heller Wut, aber zugleich durch Angst oder gesellschaftliche Rücksichten gehemmt, uns ganz ähnlich benehmen; wir schlagen mit der Faust auf den Tisch oder versetzen dem nächstbesten Stuhl einen Stoß. Wenn man von der Verschiedenheit der Kampfbewegungen bei Mensch und Möwe absieht, dann scheint mir die tiefere Ursache des Verhaltens: sinnlose Wut, die sich nicht austoben kann, in beiden Fällen genau dieselbe zu sein. Das In-den-Boden-Hacken gibt uns ein Beispiel für eine autochthone, aber vollständige und umorientierte Bewegung, der eine zweite folgt, die zwar einem anderen Funktionskreis wie Nestbau oder Füttern angehört, aber mühelos aus der gegebenen Stellung hervorgeht.

Warum diese zweite Bewegung bei der Lachmöwe Schnabelwischen, bei der Silbermöwe Verlegen ist, das kann ich nicht erklären. Allerdings ist die Parallele zum Stößeln doch vielleicht kein Zufall, denn Nestbaubewegungen sind aus bisher unbekannten Gründen bei Silbermöwenartigen leichter verfügbar als bei Lachmöwen, denen statt dessen das Würgen oder das häufig darauffolgende Schnabelwischen näherliegt.

Dreizehenmöwen zeigen das In-den-Boden-Hacken meistens im Nest und machen sich oft daran anschließend mit Baumaterial zu schaffen. Wenn einmal eine ganz oben auf dem Felsen zu hacken anfängt, kann es geschehen, daß sie sogar zum Nest hinfliegt und dort Genist aufnimmt.

Die Buckelstellung. Auffällig sind hierbei der eingezogene Hals und das Hinzeigen des Schnabels auf den anderen Vogel. Wahrscheinlich ist das Halseinziehen eine Intentionsbewegung dazu, sich selbst oder zumindest das verletzliche Gesicht in Sicherheit zu bringen.

Das *Kopfwippen*, womit sowohl Jungvögel wie Weibchen um Futter betteln, dürfte ursprünglich ein kindliches Verhaltensmuster sein, das im späteren Leben wieder auftaucht. Das gibt es auch bei erwachsenen Menschen (vgl. z. B. PRECHTL 70), und deshalb nehme ich an, daß das Kopfwippen des Möwenweibchens auf kindliches Betteln zurückgeht. Die Bewegungsrichtung nach oben mag durch Ängstlichkeit oder durch die Hinwendung zum Schnabel des Männchens bzw. des Altvogels als Futterquelle bedingt sein.

Das Männchen seinerseits füttert das Weibchen auf genau dieselbe Weise wie die Jungen, wiederum ein Beispiel für die Vorwegnahme einer Bewegungsweise, und zwar hier noch über einen viel längeren Zeitraum als beim Niederbeugen zu Beginn des Stößelns. Zwischen Balz und Kinderpflege, während des Brütens, hört das Füttern fast vollkommen auf. Allerdings fehlen in dieser Zeit auch die auslösenden Reize. Betteln und Füttern sind natürlich bei sehr vielen Vögeln und auch bei anderen Tieren weitverbreitete Balzhandlungen (MEISENHEIMER 51, LACK 39), doch sind sie bei Vögeln längst nicht so allgemein wie das Füttern der Jungen, so daß man dieses für die ursprünglichere Bewegung halten muß. Nach der zuvor gegebenen Definition der Übersprungbewegungen sind beide, das Kopfwippen des Weibchens und das Balzfüttern, hier einzuordnen. Daß solche irrelevanten Bewegungen auftreten, kann freilich verschiedene Gründe haben, die von Fall zu Fall geprüft werden müssen. Aber die Unterscheidung zwischen umorientierten und Intentionsbewegungen einerseits und Übersprungbewegungen auf der anderen Seite scheint brauchbar und nützlich. Dabei sind anscheinend sehr viele Übersprungbewegungen abhängig davon, daß vorher eine Intentionsbewegung auftritt, die ihnen gewissermaßen den Weg bahnt.

Wegsehen. Wie schon gesagt, drückt das Wegsehen einen Widerstreit aus zwischen Sich-Fürchten und Bleibenwollen, wobei es für das Bleibenwollen verschiedene allgemeinere Gründe geben kann als nur Angriffsbereitschaft. WEIDMANNS (93) Beobachtungen an Sturmmöwen, bei denen man alle Übergänge zwischen bloßem Wegsehen und Abwandern oder Fortfliegen findet, stützen die Ableitung dieser Geste aus einer Intentionsbewegung zur Flucht.

Zum Abschluß möchte ich noch einmal betonen, daß selbstverständlich, da historische Daten fehlen, die Herkunft der Ausdrucksbewegungen nur indirekt erschlossen werden kann. Zusammen mit vielen anderen Beweisstücken gewinnen jedoch manche Hypothesen größere Wahrscheinlichkeit als andere, wenn man prüft, wie gut sie zu den bekannten Tatsachen passen. Man muß diese Untersuchungen auf noch mehr Arten ausdehnen, Motivations- und Funktionsanalysen erweitern und vertiefen, um zu sehen, ob auch im Vergleich mit noch größerem Tatsachenmaterial keine Widersprüche auftreten. Sprachforscher befinden sich in einer ganz ähnlichen Lage, wenn sie die gemeinsamen Wurzeln verwandter Sprachen aufzuspüren versuchen. Sie ziehen ihre Schlußfolgerungen im wesentlichen ebenso wie vergleichende Ethologen (THIEME 74).

VII. Einige stammesgeschichtliche Erwägungen

Zwischenartliche Übereinstimmungen

Immer wieder haben wir gefunden, daß bei allen Möwenarten das allgemeine Verhalten, die Ordnung des Zusammenlebens in der Brutkolonie und die einzelnen Ausdrucksbewegungen sehr ähnlich sind. Die genaue Kenntnis ihrer Verhaltensweisen erhöht die Zahl der taxonomisch brauchbaren Merkmale beträchtlich. Alles spricht dafür, die Möwen als eng miteinander verwandt zusammenzufassen und sie gegen andere Verwandtschaftsgruppen abzugrenzen. Phylogenetisch betrachtet, bestärken die Ähnlichkeiten allgemeiner Verhaltensmuster, die Übereinstimmungen in Form, Ursachen, Funktion und Ableitung der Ausdrucksbewegungen, die innerhalb der Gruppe weit und vielfach kontinuierlich verbreitet sind, die Auffassung der Möwen als einer monophyletischen Gruppe.

Schon aufgrund morphologischer Merkmale findet man Untergruppen, die auch im Verhalten besonders einheitlich sind: die Großmöwen und, scharf davon abgesetzt, die Maskenmöwen und die Dreizehenmöwe. Unter den Großmöwen steht die Sturmmöwe (und die Delawarenmöwe) abseits von der Silbermöwengruppe. Unter den Maskenmöwen gehören die europäische und die übrigen Lachmöwen, Hartlaubs-, wahrscheinlich auch Franklins- und Bonapartemöwe eng zusammen, mit deutlichem Abstand von anderen schwarzköpfigen Arten. Im einzelnen gehe ich hier auf die Systematik nicht ein; eine Übersicht gibt MOYNIHAN (61d).

Wenn die Möwen eine monophyletische Gruppe sind, müssen sich die Ausdrucksbewegungen jeweils aus einer gemeinsamen Wurzel entwickelt haben, also im Sinne von CAIN und HARRISON (15) »dasselbe« sein[1]. Sie sind entweder aus einer Verhaltensweise hervorgegangen, die ein gemeinsamer Ahn schon besaß, oder sie haben sich nach der Aufspaltung der Ausgangsart parallel entwickelt.

Je weiter und je lückenloser verbreitet, je ähnlicher in der Form gleiche Ausdrucksbewegungen innerhalb der Gruppe sind, desto wahrscheinlicher entspringen sie derselben Quelle. So sind alle Schrägstellungen zweifellos gleicher Herkunft, auch alle Formen des Vorstoßens, Wegsehens und Stößelns. Dasselbe gilt ziemlich sicher für die Aufrechtstellung, weniger für den Katzenruf mit der zugehörigen Haltung. Beim Vorwärts der Lachmöwe und der Senkrechtstellung der Zwergmöwe ist der gemeinsame Ursprung noch recht fraglich.

Konvergenzen, worauf funktionelle Untersuchungen und diskontinuierliche Verbreitung von Merkmalen Hinweise geben müßten, haben wir bisher nicht gefunden. Es könnte aber durchaus sein, daß z. B. die Fischmöwe (*L. ichthyaëtus*) entweder eine Silbermöwe ist, die sich eine Maske zugelegt hat, oder eine Maskenmöwe im Format der großen Arten, und im einen wie im anderen Falle sollte man konvergente Verhaltenszüge erwarten.

Inner- und zwischenartliche Unterschiede

Unsere funktionellen Analysen geben uns die Möglichkeit, den Anpassungswert arteigentümlicher Unterschiede (Kap. III) abzuschätzen. Es folgt daraus, daß die natürliche Auslese in vier Richtungen auf die Entwicklung der Ausdrucksbewegungen eingewirkt haben muß; denn wir

1 Ich vermeide absichtlich das Wort homolog, obwohl dieses natürlich oft gleichsinnig gebraucht wird.

finden (1) innerartliche Unterschiede, abhängig von dem für jede einzelne Ausdrucksbewegung wirksamen Selektionsdruck, (2) innerartliche Unterschiede durch Auslese auf Unverwechselbarkeit dieser Bewegungen, (3) zwischenartliche Unterschiede, die unmittelbar begünstigt wurden, und (4) zwischenartliche Unterschiede, die sich im Zusammenhang mit Differenzierungen anderer Leistungssysteme herausgebildet haben.

(1) Es besteht Grund zu der Annahme (vgl. Kap. IV), daß bei der Entwicklung von Signalen Auffälligkeit an sich vorteilhaft ist. Da jede der Gebärden dieses Ziel mit anderen Mitteln erreicht, führt das Auffälligerwerden zwangsläufig auch zu größerer Verschiedenheit, ohne daß auf Unverwechselbarkeit innerhalb der Art eigens ausgelesen wird. So ergab sich die Schrägstellung-mit-Jauchzen unmittelbar aus der Notwendigkeit, sich durch einen lauten, weithin hörbaren Ruf bemerkbar machen zu können, was »nebenbei« zu größerer Verschiedenheit von anderen Rufen führte. Das anhaltende rhythmische Ab-Auf beim Stößeln hat diese Bewegung höchst auffällig und zugleich von anderen deutlich verschieden gemacht. Die Vorwärtsstellung ist wahrscheinlich mit der Entstehung der dunklen Maske so ausgeprägt und häufig geworden. Die Dreizehenmöwe reißt bei allen Drohgesten den Schnabel weit auf, so daß ihre orangerote Mundhöhle sichtbar wird. Die Große Raubmöwe breitet in Schrägstellung die Flügel aus und stellt so deren weiße Flecken zur Schau. (Bei dieser Aufzählung soll nichts darüber ausgesagt werden, was sich zuerst verändert hat, die Bewegung oder die Farbe. Allerdings kann jede Möwe die Flügel lüften, den Schnabel öffnen oder sich schrägstellen, während die erwähnten Farben durchaus nicht allgemein üblich sind, und insofern ist natürlich die ursprüngliche Bewegung älter als die Färbung.) Alarmrufe zeichnen sich aus durch Stakkato und rhythmische Wiederholung.

Alle diese Bewegungsweisen haben sich in Richtung besserer Signalwirkung entwickelt, jede für sich und jede in anderer Weise. Ihre Verschiedenheit voneinander ist darum lediglich ein Nebenergebnis der Auslese auf immer größere Auffälligkeit.

(2) In anderen Fällen ist anzunehmen, daß die Selektion gewisse Unterschiede zwischen den Ausdrucksbewegungen einer Art begünstigt hat, so daß sie unverwechselbar wurden. Diese Notwendigkeit ist leicht einzusehen, wenn zweierlei Gebärden genau Entgegengesetztes bewirken sollen, z. B. Abstandhalten oder Näherkommen. Dreizehenmöwen öffnen bei allen drohenden Gebärden den Schnabel und halten ihn bei allen freundlichen geschlossen, selbst dann, wenn andere Arten bei derselben Geste, et

wa beim Kopfwippen, den Schnabel öffnen. Wenn also zu jeder feindlichen Äußerung das Zeigen der roten Mundhöhle dazugehört, folgt daraus zwingend, daß man sie bei jedem Freundschaftszeichen verstecken muß. Noch deutlicher ist dieser Gegensatz bei den Begegnungszeremonien (Abb. 14 und 15). Immer sieht die Beschwichtigungsgebärde am Ende der Folge ganz anders aus als alles, was vorherging.

Ganz allgemein dürften eindeutige, unverwechselbare Signale innerhalb der Art vorteilhaft sein, und ein Mittel, diese Eindeutigkeit zu erreichen, ist offenbar die Festlegung einer »typischen Intensität« (Morris 57), wodurch Übergangsformen weitgehend ausgeschaltet werden.

(3) Zwischenartliche Unterschiede dürften als solche begünstigt sein oder indirekt zustandekommen. Eine direkte Auslese ist bei allen Verhaltensweisen der Paarbildung zu erwarten; denn je verschiedener sie sind, desto sicherer werden und bleiben die Arten voneinander getrennt. Jedenfalls gibt es Hinweise darauf, wenn auch die Verhältnisse noch längst nicht so klarliegen wie bei Froschlurchen (Blair 12, 13) und Heuschrekken (Perdeck 66), deren artgemäße Gesänge sich sehr auffällig unterscheiden. Daß Möwen es in dieser Hinsicht nicht so weit gebracht haben, ist gewiß darauf zurückzuführen, daß einige ihrer Schaustellungen schon durch indirekte Auslese hinlänglich verschieden geworden sind (s. unten). Dennoch unterliegen manche Abweichungen wahrscheinlich einer Selektion unmittelbar auf zwischenartliche Unterschiede. Das Jauchzen z. B. wird von fast jeder Art auf eigene Weise ausgeführt, selbst innerhalb der Silbermöwengruppe etwa bei Berings-, West- und Silbermöwe, während alle übrigen Ausdrucksbewegungen dieser drei Arten gleich sind.

Gewiß trägt aber noch eine ganze Reihe anderer Faktoren zur sexuellen Isolierung der Möwenarten bei wie die Zeichnungen der Flügelspitzen (die innerhalb jedes Verbreitungsgebietes arteigentümlich zu sein scheinen), Lebensraum, Körpergröße und die Farbe der Oberseite. Hier gibt es noch manches zu tun. Schon die Auswahl eines Brutgebietes, das den jeweiligen Ansprüchen genügt, wirkt im allgemeinen artentrennend. Bei Möwen (und Seeschwalben) hat aber eine Ansammlung weißer Vögel eine solche Anziehungskraft, daß diese Regel öfters durchbrochen wird, indem einzelne Möwen die Brutkolonie einer anderen Art besuchen. Ich selber sah eine Silbermöwe, die zwischen Polarmöwen drohte und balzte, und eine Graukopfmöwe (*L. cirrhocephalus*), die sich in einer Kolonie von Hartlaubsmöwen um ein dort ansässiges Weibchen bemühte. Europäische Silber- und Heringsmöwen brüten oft gemeinsam am selben Ort, wobei sich sogar gelegentlich Mischpaare bilden, und Dreizehenmöwenpaare hat man vereinzelt schon zwischen Lachmöwen brütend gefunden.

(4) Einige, vielleicht sogar viele Verschiedenheiten der Ausdrucksbewegungen scheinen sich aus Abwandlungen anderer Verhaltensmuster zu ergeben. Das beste Beispiel hierfür gibt die Dreizehenmöwe, deren Besonderheiten E. CULLEN (18) großenteils als Anpassungen an das Brüten in Felswänden erklären konnte. Ihre Ergebnisse sind in der folgenden Liste (S. 84) zusammengefaßt.

Diese Liste läßt fünf Verhaltenseigentümlichkeiten erkennen. Erstens ist die Dreizehenmöwe die einzige, die Stößeln als Gesang verwendet, obwohl ihr die Schrägstellung nicht etwa fehlt; was E. CULLEN darauf zurückführt, daß bei dieser Art das Revier nur ein schmaler Felsvorsprung ist. Bei der Dreizehenmöwe spielt sich deshalb die gesamte Paarbildungszeremonie dort ab, wo das Nest ist oder sein wird. Alle Möwen stößeln, wie schon gesagt, bevorzugt in der Nähe des Nestes, und das mag ursprünglich das Auftreten gerade dieser Drohgebärde beim Anflug eines anderen Vogels begünstigt haben. Wie diese durch äußere Bedingungen hervorgerufene Verhaltensänderung zu einem angeborenen, umweltunabhängigen Merkmal geworden ist, bleibt allerdings eine offene Frage.

Die Reihenfolge: Stößeln, Jauchzen und wiederum Stößeln, scheint nun ihrerseits dazu geführt zu haben, daß am Ende der Begrüßungszeremonie das Aufwärtsstößeln als eine der Dreizehenmöwe eigentümliche Beschwichtigungsgebärde entwickelt wurde. Sie mußte für Artgenossen eindeutig erkennbar sein und wurde dadurch von den entsprechenden Gebärden aller Artfremden grundverschieden. (Bei den Großmöwen schließt sich dem Stößeln das Wegsehen an, vielleicht deshalb, weil sie nicht so regelmäßig stößeln wie Dreizehenmöwen und weil sie sich nicht unbedingt nahe bei ihrem Nestplatz treffen.)

Zweitens fehlt die aggressive Aufrechtstellung, da schon die ursprüngliche Bewegung, das Hacken von oben, bei Dreizehenmöwen nicht vorkommt. Statt dessen hackt sie geradeaus, ohne einen Versuch, mit dem Schnabel über den Gegner zu gelangen, und bemüht sich hauptsächlich, ihn durch Zerren am Gefieder von der Felskante zu werfen.

Drittens ist der Alarmruf wie alle Feindabwehrreaktionen viel schwerer auslösbar als bei anderen Arten.

Viertens fehlt die Pumpbewegung beim Betteln, mit der andere junge Möwen ihre Eltern auf sich aufmerksam machen. Die Dreizehenmöwen brauchen sie nicht, da die Altvögel ja ohnehin gleich am Nest landen.

Brutplatz: schmale Vorsprünge an sehr steilen Felsen = Schutz vor Raubfeinden	A. Abschwächung anderer Mittel zur Verteidigung 1. Zahmheit 2. Alarmrufe sind selten 3. Raubfeinde werden nicht angegriffen 4. Küken sind nicht getarnt 5. Entleerung auf den Nestrand 6. Eischalen werden nicht fortgetragen B. Schutz vor Absturz vom Felsen 1. Starke Krallen und Fußmuskulatur 2. Das Weibchen liegt während der Paarung 3. Tiefe Nestmulde 4. Zwei Eier 5. Unbeweglichkeit der Küken 6. Küken blicken gegen die Wand 7. Wegsehen der Küken, schwarzes Nackenband C. Kämpfen 1. Keine Aufrechtstellung 2. Besondere Kampfmethode (»Zwirbeln«) D. Paarbildung 1. Stößeln als Gesang 2. (Aufwärtsstößeln) E. Nestbau 1. Sammeln und Feststampfen von Schlamm 2. Stehlen von Nistmaterial 3. Bewachen des leeren Nestes F. Nesthygiene 1. Unvollständiges Auswürgen G. Eltern-Kinder-Verhalten 1. Kein Fütterruf der Eltern 2. Kein Bettel-Pumpen der Küken 3. Eltern kennen Küken nicht persönlich

Fünftens verhindert das Wegsehen junger Dreizehenmöwen den Streit zwischen Nestgeschwistern um Futter, und das wieder haben andere Möwen nicht nötig, weil sie mit ihrem Bissen einfach davonlaufen können.

Aus all diesem folgt, daß viele Ausdrucksbewegungen sich auf immer bessere Signalwirkung hin, zu immer größerer Auffälligkeit entwickelt haben, daß sie aber ihre steigende Differenzierung außerdem drei weiteren Auslesevorgängen verdanken: der Selektion auf Eindeutigkeit für Artgenossen, der Selektion auf Eindeutigkeit für Artfremde und, indirekt, der Umwandlung anderer Verhaltensweisen, seien es Ausdrucksbewegungen oder nicht, die ebenfalls zu immer stärkerer Verschiedenheit der Zeichengebung geführt hat.

Da wir nun wissen, welche Verschiedenheiten durch Sonderanpassungen entstanden sind, können wir von den Folgen ökologischer Aufsplitterung im einzelnen absehen und den »Kern« des Artverhaltens, stammesgeschichtlich ältere Bewegungsweisen, ins Auge fassen. Dieses Grundinventar sollte, wie in Kap. II schon ausgeführt, von Art zu Art ähnlicher sein als die Gesamtheit der Merkmale, wenn es auf einen allen gemeinsamen Vorfahren zurückgeht. Das ist bei den Möwen tatsächlich der Fall. Wenn man vom Stößeln der Dreizehenmöwe ihre besondere Note, das Öffnen des Schnabels, abzieht, wird es dem Stößeln anderer Arten nur um so mehr, nicht etwa weniger ähnlich. Das Kopfwippen führen alle Möwen ziemlich gleichförmig aus. Hat man nur erst erkannt, daß der scharfe Ruck und die genaue Ausrichtung beim Wegsehen der Lachmöwe dazu dienen, die braune Maske ausdrücklich nicht zu zeigen (was sie in Vorwärtsstellung ebenso ausdrücklich tut), und daß bei Dreizehenmöwen das Wegsehen der Küken mit der besonderen Nistweise zusammenhängt, so sieht auch diese Geste innerhalb der ganzen Verwandtschaft viel einheitlicher aus als vorher, ehe wir die Funktionen im einzelnen verstanden hatten. Das »Abschälen« offensichtlich adaptiver Unterschiede bestärkt uns also in der Überzeugung, die wir schon aus der Beschreibung der artgemäßen Merkmale gewonnen hatten, daß alle Möwen aus derselben Wurzel stammen und daß die Gebärden, die wir gleich benannten, auch tatsächlich dasselbe sind.

Konvergenzen mit anderen Vogelarten

Die eben angestellten Überlegungen sind wichtig für die Verwendung von Verhaltensmerkmalen in der Systematik. Nach Lorenz (43, 45) sind Ausdrucksbewegungen dazu oft besser geeignet als andere Verhaltensweisen, und deren große Ähnlichkeit innerhalb der Möwenfamilie scheint im gleichen Sinne zu sprechen. Unsere Übersicht über die treibenden Kräfte, die stammesgeschichtliche Umwandlungen bewirken, mahnt jedoch, dieses nicht zu überschätzen. Ja, man könnte sogar aus den verhältnismäßig geringen Unterschieden etwa bei Nahrungsaufnahme und Nestbau schließen, daß diese Bewegungen eher konservativer sind als Ausdrucksgebärden. Alles in allem sind diese wohl nicht mehr und nicht weniger dauerhaft als andere Verhaltensweisen.

Wenn man nach der biologischen Bedeutung zwischenartlicher Unterschiede in den Ausdrucksbewegungen forscht, stößt man zuweilen auf gleichartige Anpassungen nur entfernt miteinander verwandter Arten, und dann heißt es achtgeben, ob man es nicht mit Konvergenzen zu tun hat. So konnte MARLER (49) zeigen, daß die überraschende Ähnlichkeit der Alarmrufe verschiedener kleiner Singvogelarten zu erklären ist durch Anpassung an dieselbe Aufgabe, gut hörbar, jedoch für die häufigsten Feinde dieser Vögel schwer lokalisierbar zu sein. Auf etwas andere Weise möchte ich deutlich machen, daß ähnliche Ausdrucksbewegungen durchaus nicht immer gleicher Abstammung sein müssen, im Gegensatz etwa zu gleichlautenden Worten wie father, Vater, vader, padre, père – um ein Beispiel von LORENZ (46) zu verwenden. Angriffshemmende, beschwichtigende Gebärden mancher weit entfernter Arten stimmen auffallend überein. Vögel, die mit dem Schnabel kämpfen, was sicher eine sehr alte und vielfach beibehaltene Methode ist, haben ihre Drohgebärden oft aus Intentionsbewegungen dazu entwickelt. Der Schnabel ist dann auf den Gegner gerichtet, und es ergibt sich bei sehr vielen Arten so etwas wie die Vorwärtsstellung. Andererseits wird, wie schon gesagt, beim Beschwichtigen und defensiven Drohen alles vermieden, was man als Vorbereitung zum Angriff deuten könnte. Nun gibt es aber nur vier Möglichkeiten, seinen Schnabel zu verbergen: (1) durch Kopfwenden in der Waagerechten wie beim Wegsehen der Lachmöwe oder (2) durch Hochheben wie in ängstlicher Schräg- und Aufrechtstellung, beim Aufwärtsstößeln der Dreizehenmöwe oder bei Zwergmöwen in der Senkrechtstellung; (3) kann man den Schnabel senken, bis die Spitze nach hinten zeigt, was häufig beim Wegsehen der Dreizehenmöwe vorkommt, und (4) ihn so wie in der Buckelstellung möglichst weit zurückziehen, wobei er allerdings noch auf den Gegner zeigt.

Die sonderbaren Übereinstimmungen kommen also, wie ich vermute, dadurch zustande, daß die Vögel nur so begrenzte Möglichkeiten haben, ihre Friedfertigkeit zu beweisen. Hochstrecken des Schnabels findet man bei den einander ganz fernstehenden Seeschwalben, Tölpeln und Kohlmeisen (Abb. 16). Mit gesenktem Hals nach unten oder nach hinten blicken außer der Dreizehenmöwe auch Bleßhühner und Dohlen. Wegsehen gibt es bei Kranichen (HEINROTH 28, LORENZ 13) und bei manchen Enten (LORENZ 45). Sicherlich kommen solche Bewegungen noch bei vielen weiteren Arten vor (vgl. auch MOYNIHAN 60), als defensives Drohen oder als Beschwichtigung, was beides wohl kaum scharf zu trennen ist. Auch müssen Konvergenzen oder ähnliche Verhaltensweisen verschiedenen Ursprungs

Abb. 16. Verschiedene Kopfhochstellungen. a) Hartlaubsmöwe in ängstlicher Aufrechtstellung, b) Kaptölpel, zwei Männchen in ungleichem Kampf, c) Kohlmeise, d) Eilseeschwalbe (a und d nach *Tinbergen* und *Broekhuysen* 87, c nach *Hinde* 29).

durchaus nicht selten sein. Wir fangen nur wahrscheinlich gerade erst an, ihren Wert zu begreifen und danach Ausschau zu halten. Es wäre gewiß aussichtsreich, vergleichende funktionelle Untersuchungen an nicht nahverwandten Arten durchzuführen. Bei Menschensprachen ist die Wahrscheinlichkeit, daß Konvergenzen auftreten, vermutlich deshalb geringer, weil man so unvergleichlich viel mehr Worte als einfache Gebärden »erfinden« kann.

Stammesgeschichtliche Veränderungen in der Verhaltens-»Maschinerie«

Nachdem ich die stammesgeschichtlichen Umwandlungen im Hinblick auf ihren Überlebenswert geordnet und besprochen habe, will ich jetzt versuchen, sie nach den Veränderungen der zugrunde liegenden Mechanismen zu ordnen, wiederum anhand der beobachteten inner- und zwischenartlichen Unterschiede der Ausdrucksbewegungen, die als abgeleitete Bewegungen auf ursprünglichere Verhaltensmuster zurückzuführen sind. Allerdings wissen wir über diese Vorgänge noch so wenig, daß wir uns mit der Feststellung begnügen müssen, was da geschehen sein könnte (aber nicht sein muß). Es scheint mir wichtig, die Verschiedenheit dieser Art der Betrachtung von der vorigen besonders hervorzuheben.

(1) Die Ansprechbarkeit vieler Bewegungen und komplizierter Verhaltensmuster durch Außenreize muß sich beträchtlich verändert haben. Für die Auswahl des Lebensraumes gilt das ganz sicher. Jede Art sucht sich eigene Plätze ganz bestimmter Beschaffenheit zur Nahrungssuche, zum Schlafen und zum Brüten. Außerdem reagiert jedes Tier auf Artgenossen und bestimmte Stoffe wie Genist oder Futter stets artgemäß und abweichend von anderen Arten. Die kritische Distanz, deren Unterschreitung Revierverteidigung auslöst, ist bei Dreizehenmöwen viel kürzer als bei Silbermöwen, und im Winter ist sie bei allen nur abhängig von ihrer Körpergröße.

Da Möwen auch manches lernen können, ist es freilich nicht immer bewiesen, daß Unterschiede angeboren sind; doch gibt es Hinweise darauf (Kap. II.). Es wäre aber sehr lohnend, die Wirkungen einer nicht artgemäßen Umwelt zu untersuchen, indem man in großem Umfange Eier zwischen verschiedenen Arten austauscht.

(2) Rein quantitative Änderungen der Ansprechbarkeit, Verschiebungen der Reizschwelle für die Auslösung einer Bewegung oder Bewegungsfolge haben in beiden Richtungen stattgefunden. Alarmgeschrei, Angriffe auf Räuber oder Flucht vor ihnen bedürfen bei Dreizehenmöwen, sofern sie nicht gänzlich fehlen, allerstärkster Reize, jedenfalls während des Aufenthaltes am Brutplatz. Kleine Arten entschließen sich viel leichter zu fliegen als große. Junge Dreizehenmöwen sind stark gehemmt, das Nest zu verlassen und, wenn auch schwächer, sich zu flügeln. Es sind sogar manche Bewegungsweisen ganz oder beinahe ausgefallen, oder es sind neue hinzugekommen. So hat die Dreizehenmöwe das Hacken von oben und damit die aggressive Aufrechtstellung verloren, aber das Trampeln als

Nestbauverhalten neu erworben (E. CULLEN 18). Bei Großen Raubmöwen kommt es in Schrägstellung sehr leicht zum Anheben und Ausbreiten der Flügel. Es fehlt ihnen aber das Schlagen mit den Flügeln im Kampf und folglich auch das Anheben der Flügelbuge in Drohstellungen.

(3) Das Ausmaß, die Amplitude mancher Bewegungen oder Teilbewegungen ist oft durch Ritualisierung erweitert, etwa im überbetonten Kopfzurückwerfen der Sturmmöwe beim Jauchzen oder wenn die Dreizehenmöwe in Drohgebärden, besonders beim Stößeln, den Schnabel weit aufreißt. Die Lachmöwe übertreibt sowohl das Anheben der Flügelbuge wie auch das Sich-Herabbeugen beim Stößeln, so daß sie dabei nahezu kopfsteht. Änderungen der Auslösbarkeit und des Ausmaßes haben vielfach die »Übertreibung und Vereinfachung« abgeleiteter ritualisierter Bewegungen herbeigeführt.

(4) Rhythmische Wiederholungen wurden eingeführt oder gesteigert beim Jauchzen, Stößeln und beim Alarmruf. Sie können mit Amplitudenänderungen eng zusammenhängen.

(5) Auf einer höheren Integrationsstufe werden häufig einfachere Bewegungsweisen zu einem bestimmten Muster zusammengeschlossen, entweder gleichzeitig oder nacheinander. Die Lachmöwe hat Aufrechtstellung und Wegsehen, die beide auch bei dieser Art noch voneinander unabhängig auftreten können, zu einer Gebärde am Ende der Begegnungszeremonie vereint. Bei der Elfenbeinmöwe schließen sich der Vorwärts- und der Schrägstellung ähnliche Haltungen stets aneinander an. Mehrere Arten haben das Kopfwippen mit der Schrägstellung verknüpft. Doch während die Aztekenmöwe erst nach dem vollständigen Jauchzen kopfwippt, wirft die Delawarenmöwe nach jedem einzelnen Jauchzer den Kopf hoch. Das In-den-Boden-Hacken ist bei Silbermöwenartigen mit Grasrupfen und Verlegen, bei Lachmöwen mit Schnabelwischen verschmolzen. Das Neigen-und-Stöhnen der Dreizehenmöwe scheint aus einer Verbindung der Katzenrufstellung mit Abwärtsbeugen hervorgegangen zu sein, wie auch das Jauchzen der Silbermöwe einen solchen Anteil enthält, der ebenso hinzugefügt sein kann oder sich aus ersten Andeutungen nach und nach zu der heutigen tiefen Verbeugung entwickelt hat.

Auf einer noch höheren Stufe haben sich viele Bewegungen zu einer vorbestimmten Folge aneinander gereiht, wofür die verschiedenen Paarbildungszeremonien Beispiele geben.

(6) Änderungen der zugrunde liegenden Stimmung sind ebenfalls häufig und gewiß immer dann beteiligt, wenn sich eine typische Intensität (MOR-

ris 57) herausgebildet hat, d. h. wenn der Stimmungsbereich, in dem diese oder jene Ausdrucksbewegung gezeigt wird, erweitert worden ist. Das gilt offensichtlich für Vorwärts- und Schrägstellung sowie für das Wegsehen und dürfte häufig die Ursache der Verschiedenheit von Ausdrucksbewegungen derselben Art sein, da Übergangsstellungen selten sind und meistens sehr rasch durchlaufen werden. Es ist denkbar, daß viele Paarbildungsgesten, die ursprünglich aus einem Gemisch von Paarungs-, Angriffs- und Fluchtbereitschaft hervorgegangen sind, mit der Zeit fester ins Geschlechtsverhalten eingebaut worden sind und die feindlichen Tendenzen wenigstens teilweise verloren haben, selbst dann, wenn man sie äußerlich noch gut erkennt. Auch ein Weibchen, das sich in Buckelstellung einem Männchen nähert, ist überwiegend paarungsbereit, wenig oder gar nicht angriffslustig und wohl auch nicht ängstlich. Nach Tinbergen und Broekhuysen (87) ist das Verhältnis von Angriffs- und Fluchtbereitschaft bei den Vorwärtsstellungen von Lach- und Hartlaubsmöwe etwas verschieden.

(7) Schließlich kann auch das Tempo sich ändern. Lachmöwen führen das Wegsehen viel rascher aus als andere Arten. Dreizehenmöwen wippen eiliger mit dem Kopf als Maskenmöwen und Silbermöwenverwandte. Umgekehrt kann äußerste Verlangsamung im »Einfrieren« enden, z. B. beim Aufsteigen von Lach- und Dreizehenmöwe, beim Flügelbreiten der Großen Raubmöwe während der Schrägstellung und bei der Senkrechtstellung der Zwergmöwe.

Insgesamt stimmen diese Möglichkeiten der Umwandlung so, wie ich sie vorläufig darzustellen versuchte, gut überein mit Befunden bei anderen Tieren (Blest 14, Crane 17, Daanje 21, Hinde 32, Lorenz 45, Morris 57, 58), doch unterscheiden sie sich auch in manchen Zügen: Während bei Hühnervögeln das Gefiedersträuben eine wichtige Rolle spielt, machen Möwen hiervon fast keinen Gebrauch. Auch bunte Farben gibt es kaum; man denke nur zum Vergleich an Watvögel, Hühnervögel und Enten. Dies hängt vielleicht damit zusammen, daß die weiße Unterseite sie vor ihren Feinden vortrefflich schützt (Craik 16, Tinbergen 81). Außerdem brauchen sie sich beim Brüten nicht zu verbergen (im Gegensatz zu Eiern und Jungen, die Tarnfarben tragen), und beides zusammen mag Grund genug gewesen sein, keinen Farbdimorphismus auszubilden. Da bunte Abzeichen fehlen, entstanden auch keine so hoch ritualisierten Bewegungsweisen wie bei anderen Vögeln, die manchmal unter geradezu grotesken

Verrenkungen ihre Farbenpracht zur Schau stellen. Während die kleineren Möwen zuweilen Flugspiele machen, gibt es das bei den großen kaum. Drohgebärden und Begegnungszeremonien sind jedoch sehr ausgeprägt und werden oft wiederholt, vielleicht weil eine feste Paarbindung erwünscht ist, vielleicht auch wegen der scharfen Konkurrenz am Brutplatz. Die Körpergröße und das Brüten in Kolonien, die beide einen gewissen Feindschutz gewähren, dürften für die Entwicklung der Ausdrucksbewegungen günstige Voraussetzungen gewesen sein.

VIII. Zusammenfassung

In dieser Arbeit werden Ausdrucksbewegungen verschiedener Möwenarten (Laridae), insbesondere der Silbermöwengruppe, der Maskenmöwen und der Dreizehenmöwe beschrieben sowie ihre Ursachen und Bedeutung, stammesgeschichtliche Herkunft und Weiterentwicklung als Signale besprochen.

Kap. II umreißt Aufgaben und Arbeitsmethoden der vergleichenden Verhaltensforschung, in Kap. III sind die häufigsten Ausdrucksbewegungen und Bewegungsfolgen dargestellt. Sie stimmen trotz vieler artgemäßer Unterschiede innerhalb der Familie weitgehend überein. Die Verhaltensähnlichkeit stützt die Auffassung von den Möwen als einer monophyletischen Gruppe.

Kap. IV erläutert die Signalwirkung der Ausdrucksbewegungen, die in abstandvergrößernde und abstandverringernde unterteilt sind. Es wird begründet, warum es mehr als eine, aber nicht mehr als etwa sechs distanzvergrößernde Gebärden gibt, von denen anscheinend jede auf einen bestimmten Typ von Störenfrieden gemünzt ist. Denn wer vorsätzlich in ein fremdes Revier eindringt, bedarf anderer Zurechtweisung als einer, der nur zufällig einmal die Grenze überschreitet, und in beiden Fällen begegnet man dem, der bereits eingedrungen ist, anders als einem, der es wahrscheinlich tun wird. Außerdem gibt es einen besonders lauten Ruf als Bekanntmachung in doppeltem Sinne: abschreckend für Rivalen und anziehend für Weibchen.

Die distanzverringernden oder beschwichtigenden Gebärden werden zum Teil bei Streitigkeiten eingesetzt, häufiger jedoch als feste Bestandteile der Paarbildungs- oder Begegnungszeremonie.

Es wird darauf hingewiesen, wie notwendig planmäßige, sehr genaue

Untersuchungen der Funktion von Ausdrucksbewegungen sind und wie man sie durchführen kann.

Kap. V behandelt Ziele und Durchführung von Stimmungsanalysen und betont den Wert von »Naturversuchen«. Drei voneinander unabhängige Methoden führen zu demselben Ergebnis, daß Drohgebärden Konfliktverhalten sind, d. h. durch gleichzeitige Erregung von Flucht- und Angriffsbereitschaft hervorgerufen werden. Es wird untersucht, wie ein Mehr oder Weniger der jeweils beteiligten Bereitschaften zu erkennen ist. Stimmungsgehalt und Mitteilungswert stimmen sehr genau überein.

Beschwichtigungsgebärden verraten stets eine gewisse Ängstlichkeit, der eine Neigung, am Ort zu bleiben, entgegensteht, sei es Angriffsbereitschaft oder, häufiger, Anziehung durch den Geschlechtspartner, einen Futterspender oder den Nestplatz. Auch Stimmungsanalysen der Ausdrucksbewegungen in allen ihren feineren Ausprägungen sind dringend erwünscht.

Die Paarbildungszeremonien verschiedener Arten stimmen in ihrer Motivation viel genauer überein als in der äußeren Form. Die Konflikttheorie des Balzverhaltens wird besprochen.

Die Ausdrucksbewegungen sind verschiedener Herkunft (Kap. VI). Einige haben sich zweifellos aus vorbereitenden oder Intentionsbewegungen zu Verhaltensweisen entwickelt, die sich unmittelbar aus der Situation ergeben (autochthone Bewegungen); manche von ihnen wurden auf unbelebte Gegenstände umorientiert. Andere stammen aus Verhaltensmustern, die jeweils gerade nicht am Platze sind (Übersprungbewegungen). Möglichkeiten ihrer Entstehung werden besprochen. Häufig sind die Gebärden aus zwei Teilen zusammengesetzt, wobei der erste situationsgemäß ist und zu einer Ausgangshaltung führt, die den Ablauf der nachfolgenden Übersprungbewegung erleichtert.

Kap. VII behandelt Ursachen evolutiver Veränderungen und deren biologische Bedeutung. Ein erster Ordnungsversuch läßt darauf schließen, daß die Selektion in vier Richtungen auf die Entwicklung der Ausdrucksbewegungen eingewirkt hat: auf (1) verbesserte Signalwirkung (Auffälligkeit), (2) innerartliche und (3) zwischenartliche Unverwechselbarkeit sowie (4) als Nebenergebnis selektiver Veränderungen anderer Verhaltensmuster. Bei manchen Möwen dürfte diese letzte Möglichkeit am meisten zur Artentrennung beigetragen haben.

Es wird versucht, die Veränderungen der dem sichtbaren Verhalten wahrscheinlich zugrundeliegenden Mechanismen zu erfassen.

Im Anschluß an die Besprechung des systematischen Wertes von Verhaltensmerkmalen sowie adaptiver und nicht-adaptiver Unterschiede wird LORENZ' Ansicht, Ausdrucksbewegungen seien phylogenetisch dauerhafter als andere Verhaltensweisen, zur Diskussion gestellt, und es wird auf Konvergenzen hingewiesen.

Literatur

1 ANDREW, R. J. (1956): Some remarks on behaviour in conflict situations, with special references to *Emberiza* spec. Brit. J. Anim. Behav. 4, 41–5.

2 – (1956): Intention movements of flight in certain passerines, and their use in systematics. Behaviour 10, 179–204.

3 – (1957): The aggressive and courtship behaviour of certain Emberizinae. Behaviour 10, 255–308.

4 ASSEM, J. VAN DEN (1954): Waarnemingen over het gedrag van de Grote Stern. De Lev. Nat. 57, 1–9.

5 BAERENDS, G. P. (1950): Specialisations in organs and movements with a releasing function. Symp. Soc. Exp. Biol. 4, 337–60.

6 –, R. BROUWER und H. TJ. WATERBOLK (1955): Ethological studies on *Lebistes reticulatus* (Peters): 1. An analysis of the male courtship pattern. Behaviour 8, 249–334.

7 BAGGERMAN, B., G. P. BAERENDS, H. S. HEIKENS und J. H. MOOK (1956): Observations on the behaviour of the Black Tern, *Chlidonias n. niger* (L.), in the breeding area. Ardea 44, 1–71.

8 BASTOCK, M., D. MORRIS und M. MOYNIHAN (1953): Some comments on conflict and thwarting in animals. Behaviour 6, 66–84.

9 BEER, C.: Incubation and nest building behaviour of black-headed gulls: I. Incubation behaviour in the incubation period. Behaviour 18, 62–106.

10 BERGMAN, G. (1946): Der Steinwälzer, *Arenaria i. interpres* (L.), in seiner Beziehung zur Umwelt. Acta Zool. Fenn. 47, 1–151.

11 – (1953): Verhalten und Biologie der Raubseeschwalbe (*Hydroprogne tschegrava*). Acta Zool. Fenn. 77, 1–46.

12 BLAIR, W. F. (1955): Mating call and stage of speciation in the *Microhyla olivacea–M. carolinensis* complex. Evolution 9, 469–80.

13 – (1956): »Call difference« as an isolating mechanism in south-western toads (Genus *Bufo*). Texas Jour. Sci. 8, 87–106.

14 BLEST, A. D. (1959): The concept of »ritualisation«, in: Modern Problems of the Behaviour of Man and animals, ed. W. H. THORPE und O. L. ZANGWILL, Cambridge.

15 CAIN, A. J., und G. A. HARRISON (1958): An analysis of the taxonomist's judgement of affinity. Proc. Zool. Soc. London 131, 85–98.

16 CRAIK, K. J. W. (1944): White plumage of sea-birds. Nature 153, 288.

17 CRANE, J. (1957): Basic patterns of display in Fiddler Crabs (Ocypodidae, Genus *Uca*). Zoologica N. Y. 42, 69–82.

18 CULLEN, E. (1957): Adaptations in the Kittiwake to cliff-nesting. Ibis 99, 275–302.

19 CULLEN, J. M.: (Unveröffentlichte Arbeit über das Verhalten der Krähenscharbe).

20 – und N. P. ASHMOLE (1963). The Black Noddy (*Anous tenuirostris*) on Ascension Island: Pt 2, Behaviour. Ibis 103b, 423–46.

21 DAANJE, A. (1950): On locomotory movements in birds and the intention movements derived from them. Behaviour 3, 48–99.

22 DROST, R. (1955): Neue Beiträge zur Soziologie der Silbermöwe, *Larus a. argentatus*. Acta XI Congr. Intern. Ornithol. 564–9.

23 Frisch, O. von: (Unveröffentlichte Arbeit über das Verhalten von Stelzvögeln).
24 Goethe, F. (1937): Beobachtungen und Untersuchungen zur Biologie der Silbermöwe auf der Vogelinsel Memmertsand. J. Orn. 85, 1–119.
25 – (1955): Beobachtungen bei der Aufzucht junger Silbermöwen. Z. Tierpsychol. 13, 402–33.
26 – (1957): Das Herabstarren, eine Übersprungbewegung bei den Lariden. Behaviour 11, 310–17.
27 Heinroth, O. (1911): Beiträge zur Biologie, namentlich Ethologie und Psychologie der Anatiden. Verh. 5. Intern. Ornithol. Kongr. Berlin 1910, 589–702.
28 – und M. Heinroth (1928): Die Vögel Mitteleuropas, Berlin.
29 Hinde, R. A. (1952): The behaviour of the Great Tit (*Parus major*) and some other related species. Behaviour Suppl. 2, 1–201.
30 – (1953): The conflict between drives in the courtship and copulation of the Chaffinch. Behaviour 5, 1–31.
31 – (1954): The courtship and copulation of the Greenfinch. Behaviour 7, 207–32.
32 – (1955): A comparative study of the courtship of certain finches. Ibis 97, 706–45; 98, 1–23.
33 – (1956): Ethological models and the concept of »drive«. Brit. Jour. Philos. Sci. 6, 321–31.
34 – und N. Tinbergen (1958): The comparative study of species-specific behaviour, in: Behaviour and Evolution, New Haven, 251–68.
35 Huxley, J. S. (1914): The courtship habits of the Great Crested Grebe (*Podiceps cristatus*); with an addition to the theory of sexual selection. Proc. Zool. Soc. London 1914, 491–562.
36 – (1923): Courtship activities in the Red-throated Diver (*Colymbus stellatus* Pontopp.); together with a discussion of the evolution of courtship in birds. J. Linn. Soc. 35, 253–92.
37 Jersel, J. J. A., und A. Bol (1958): Preening of two Tern species. A study on displacement activities. Behaviour 13, 1–88.
38 Kirkman, F. B. (1937): Bird Behaviour, London und Edinburgh.
39 Lack, D. (1940): Courtship feeding in birds. Auk 57, 169–79.
40 – (1947): Darwin's Finches. Cambridge.
41 – (1954): The Natural Regulation of Animal Numbers. Oxford.
42 Lind, H. (1959): The activation of an instinct caused by a »transitional action«. Behaviour 14, 123–35.
43 Lorenz, K. (1935): Der Kumpan in der Umwelt des Vogels. J. Orn. 83, 137–213, 289–413.
44 – (1939): Vergleichende Verhaltensforschung. Verh. der deutschen Zool. Gesellsch. 1939, 69–102.
45 – (1941): Vergleichende Bewegungsstudien an Anatinen. J. Orn. 89, (Festschr. Heinroth), 194–294.
46 – (1953): Psychologie und Stammesgeschichte, in: G. Heberer: Die Evolution der Organismen. Stuttgart, 131–72.
47 – (1955): Morphology and behaviour patterns in closely allied species. First Conf. Group Proc. Macy Found., 168–220.
48 Manley, G. (1960): The Agonistic Behaviour of the Black-headed gull. D. Phil. Thesis, Oxford.
49 Marler, P. (1955): The characteristics of some animal calls. Nature 176, 6.
50 – (1956): The behaviour of the Chaffinch. Behaviour Suppl. 5, 1–184.
51 Meisenheimer, J. (1921): Geschlecht und Geschlechter im Tierreich. Jena.
52 Miller, N. E. (1944): Experimental studies of conflict, in: J. Mc v. Hunt: Personality and the Behavior Disorders. New York.

53 – und E. J. MURRAY (1952): Displacement and conflict: learnable drive as a basis for the steeper gradient of avoidance than of approach. J. exp. Psychol. 43, 227–31.
54 MORRIS, D. (1954): The reproductive behaviour of the River Bullhead (*Cottus gobio* L.) with special reference to the fanning activity. Behaviour 7, 1–32.
55 – (1956): The function and causation of courtship ceremonies, in: GRASSÉ: L'Instinct. Paris, 261–87.
56 – (1956): The feather postures of birds and the problem of the origin of social signals. Behaviour 9, 75–113.
57 – (1957): »Typical intensity« and its relationship to the problem of ritualisation. Behaviour 11, 1–12.
58 – (1958): The comparative ethology of Grassfinches (Erythrurae) and Mannakins (Amadinae), Proc. Zool. Soc. London 131, 389–439.
59 MOYNIHAN, M. (1955): Some aspects of reproductive behaviour in the Black-headed Gull (*Larus r. ridibundus* L.) and related species, Behaviour Suppl. 4, 1–201.
60 – (1955): Some remarks on the original sources of displays. Auk 72, 240–6.
61 – a (1956): Notes on the behaviour of some North American gulls I. Behaviour 10, 126–78; b (1958): II. Behaviour 12, 95–182; c (1958): III. Behaviour 13, 113–39.
– d (1959): A revision of the family Laridae. Amer. Mus. Novit., no. 1928, 1–24.
62 – und M. F. HALL (1954): Hostile, sexual and other social behaviour patterns of the Spice Finch (*Lonchura punctulata*) in captivity. Behaviour 7, 33–76.
63 NOBLE, G. K., und M. WURM (1943): The social behavior of the Laughing Gull. Ann. N. Y. Acad. Sci. 45, 179–220.
64 PALUDAN, K. (1951): Contributions to the breeding biology of *Larus argentatus* and *Larus fuscus*. Vidensk. Medd. Dansk. Naturh. Foren. 114, 1–128.
65 – (1955): Some behaviour patterns of *Rissa tridactyla*. Vidensk. Medd. Dansk. Naturh. Foren. 117, 1–21.
66 PERDECK, A. C. (1957): The isolating value of specific song patterns in two sibling species of grasshoppers. Behaviour 12, 1–75.
67 – (1958): Jaarverslag van het Vogeltrekstation over 1957. Limosa 31, 93–106.
68 – (1960): Observations on the Reproductive behaviour of the Great Skua or Bonxie, *Stercorarius skua skua* Bruun, in Shetland. Ardea 48, 111–36.
69 PORTIELJE, A. F. J. (1928): Zur Ethologie bzw. Psychologie der Silbermöwe, *Larus a. argentatus* Pont. Ardea 17, 122–49.
70 PRECHTL, H. (1950): Zur Entstehung von Wackeltics. Österr. Zs. Kinderheilk. und Kinderfürs. 4, 362–4
71 SAUER, F. (1954): Die Entwicklung der Lautäußerungen vom Ei ab schalldicht gehaltener Dorngrasmücken (*Sylvia c. communis* Lath.) im Vergleich mit später isolierten und mit wildlebenden Artgenossen. Z. Tierpsychol. 11, 10–93.
72 SCOTT, J. P., und E. FREDERICSON (1951): The causes of fighting in mice and rats. Physiol. Zool. 24, 273–309.
73 STRONG, R. M. (1941): On the habits and behaviour of the Herring Gull, *Larus argentatus* Pont. Auk 31, 22–50, 178–200.
74 THIEME, P. (1958): The Indo-European language. Sci. Amer. 109, 63–78.
75 THORPE, W. H. (1958): The learning of song patterns by birds, with special reference to the song of the Chaffinch *Fringilla coelebs*. Ibis 100, 535–71.
76 TINBERGEN, L. (1937): Feldbeobachtungen an Zwergmöwen, *Larus minutus* Pall. Limosa 10, 12–21.
77 TINBERGEN, N. (1931): Zur Paarungsbiologie der Flußseeschwalbe (*Sterna h. hirundo* L.). Ardea 20, 1–17.
78 – (1936): Zur Soziologie der Silbermöwe, *Larus a. argentatus* Pont. Beitr. Fortpfl. Biol. Vögel 12, 89–96.
79 – (1952): »Derived« activities; their causation, biological significance, origin and

emancipation during evolution. Quart. Rev. Biol. 27, 1–32.
80 – (1952): A note on the origin and evolution of threat displays. Ibis 94, 160–1.
81 – (1953a): The Herring Gull's World. London.
82 – (1953b): Social Behaviour in Animals. London. (Tiere untereinander. 3. Aufl. Berlin 1975)
83 – (1954): The origin and evolution of courtship and threat display, in: Evolution as a Process. London, 233–51.
84 – (1955): Psychology and Ethology as supplementary parts of a science of behaviour. First Conf. Group Proc. Macy Found., 75–167.
85 – (1957): The functions of territory. Bird Study 4, 14–27.
86 – (1958): Die Welt der Silbermöwe. Berlin.
87 – und G. J. Broekhuysen (1954): On the threat and courtship behaviour of Hartlaub's Gull (*Hydrocoloeus novae-hollandiae hartlaubi* [Bruch]). Ostrich 25, 50–61.
88 – und M. Moynihan (1952): Head Flagging in the Black-headed Gull; its function and origin. Brit. Birds 45, 19–22.
89 Tugendhat, B. (1960): The normal feeding behaviour of the three-spined stickleback (*Gasterosteus aculeatus*). Behaviour 15, 284–318.
90 – (1960): The disturbed feeding behaviour of the three-spined stickleback: I. Electric shock is administered to the food area. Behaviour 16, 159–87.
91 Veitch, E. J., und E. S. Booth (1954): Behaviour and life history of the Glaucous-winged Gull. Walla Walla Coll. Publ. Biol. Sci. 12, 1–39.
92 Weidmann, R.: (Unveröffentlichte Arbeit über das Verhalten der Lachmöwe).
93 Weidmann, U. (1955): Some reproductive activities of the Common Gull, *Larus canus* L. Ardea 43, 85–132.
94 – und R. Weidmann (1958): An analysis of the stimulus situation releasing food begging in the black-headed gull. Anim. Behav. 6, 114.

Teil II Freilandversuche

Einführung

Alle Arbeiten des zweiten Teiles enthalten auch Beschreibendes, doch ihr gemeinsamer Nenner ist der Freilandversuch. In früheren Jahren ging es dabei vorwiegend um verhältnismäßig einfache Fragen nach Ursachen des Verhaltens, besonders nach den Außenreizen, die es auslösen oder richten. Später untersuchten wir zudem die Auswirkungen des Verhaltens und ihren Einfluß auf den Erfolg; denn ich war mittlerweile zu der Überzeugung gekommen, daß dessen arterhaltender Wert, wenn man sich nicht mit Mutmaßungen über mögliche Zusammenhänge begnügen will, ebenso im Experiment geprüft werden muß wie Ursache und Wirkung bei kausaler Fragestellung.

Die ersten drei Aufsätze handeln von den Reaktionen des Bienenwolfs, *Philanthus*, auf äußere Reize, vor allem beim Heimfinden zum Nest. Der Einfall war nicht sonderlich originell. Die Schilderungen der Franzosen Henri FABRE und Charles FERTON, des Amerikaners Phillip RAU und des großen holländischen Naturforschers Jac. P. THIJSSE hatten mein Interesse für Grabwespen geweckt. Den Arbeiten Karl v. FRISCHs entnahm ich, wieviel man mit einfachen Versuchen unter natürlichen Bedingungen erreichen kann, und bei den ersten Schritten hielt ich mich an die Versuche von Mathilde HERTZ über das Sehvermögen der Bienen – auch heute noch ein Musterbeispiel einfallsreichen Experimentierens. Die Hauptergebnisse der beiden ersten Arbeiten habe ich schon in einem früheren Buch wiedergegeben. Die dritte enthält jedoch manche Befunde, deren Bedeutung wir heute klarer sehen als damals. Das wesentlichste scheint mir die Tatsache zu sein, daß selbst beim PAWLOWschen Konditionieren, einem sehr einfachen Lernvorgang, eine Auswahl getroffen wird; das Tier selbst entscheidet, was es sich einprägt und was nicht. Ferner wird ein Versuch dargestellt, der die lebenswichtige Bedeutung des Orientierungsfluges aufzeigt, einer ganz besonderen Form des Erkundens, wobei das Tier sich durch sein eigenes Verhalten Gelegenheit gibt, etwas zu lernen.

Beim Samtfalter ist der Rahmen weiter gesteckt. Es werden mehrere verschiedene Verhaltensweisen beschrieben, dazu manche Versuche angestellt und einige mögliche Deutungen erörtert. Hinweisen möchte ich jetzt auf zweierlei. Eben weil neuerdings die Steuerung des Verhaltens den Neurophysiologen soviel Kopfzerbrechen macht, scheint es mir immer noch wünschenswert, mehr Beweismaterial für Umstimmungen zu sammeln, vom ganzen Tier und für den ganzen Wahrnehmungsbereich, in dem sich eine solche Umstimmung vollzieht. Beispiele wie das unserer Samtfaltermännchen, die, je nachdem, ob sie paarungsbereit oder hungrig waren, auf dieselben farbigen und grauen Papiere vollkommen verschieden reagierten, sind außerordentlich dünn gesät, obwohl diese Erscheinung an sich recht allgemein sein dürfte. Zweitens hat es mich sehr beeindruckt, wie man am Verhalten selbst das Sammeln von Reizen unmittelbar ablesen kann; eine anschauliche Bestätigung der Reizsummenregel von SEITZ. Schließlich hat auch das ganz einfache Modell der nervösen Verarbeitung der eingehenden Reize meiner Ansicht nach seinen Wert nicht verloren. In der neueren Literatur scheint dieser erste Schritt oft dort zu fehlen, wo von einem Analysator gesprochen wird, wenn es sich in Wirklichkeit um einen synthetisierenden Mechanismus handelt.

Die drei Abschnitte über den Eischalentransport, so einfach und unvollständig sie sind, sollen zeigen, wie man eine funktionelle Analyse Schritt für Schritt durchführen kann, wie die Freilandarbeit einen zwingt, immer gleich mehrere Gegner auf die Hörner zu nehmen, und wie man durch Versuche etwas über den arterhaltenden Wert, die Ursachen und die Entwicklung einer Verhaltensweise erfahren kann. Die Unterscheidung zwischen »Analysen« und »Untersuchungen am ganzen Tier«, wovon man auch heute noch hört, ist irreführend und sinnlos. Sie beruht vielleicht auf einem Mißverständnis dessen, was ein Versuch tatsächlich ist. Wenn man beiden, Räubern und ihren Beutetieren, Attrappen bietet, in verschiedenen Farben oder in verschiedenen Entfernungen, und ihre Antworten registriert, wenn das nicht »analytisch« ist, was ist es dann? Auch eine scharfe Trennung zwischen »physiologischen« und sonstigen Kausalanalysen auf anderen Stufen ist zu nichts nütze. Meiner Ansicht nach sind es vielmehr gerade solche gedankenlose Abgrenzungen, die verschiedenen Fachrichtungen den Weg zur Zusammenarbeit versperren.

Übrigens wird mancher Leser beim Samtfalter wie beim Bienenwolf eine statistische Auswertung der Daten vermissen, wie wir sie später bei den Eischalenversuchen durchgeführt haben. Als ich mit den Grabwespen anfing, suchte ich einen hervorragenden Statistiker auf, und er konnte mir nicht helfen. Ich schäme mich jetzt (aber nicht sehr), daß mir das äußerst gelegen kam. Ein wenig Trägheit und noch ungenügende Kenntnis der Entwicklungen in der englischen Literatur (wofür meine Leser gewiß Verständnis haben werden) waren schuld daran, daß wir die neueren statistischen Verfahren noch nicht kannten. Aber das schadet nicht viel. Oft stimmen mehrere verschiedene Ergebnisse so überein, daß die Folgerungen gut gestützt sind. Die stimmungsabhängigen Unterschiede in den Farbreaktionen des Samtfalters zum Beispiel sind durch so große Zahlen belegt, daß man daraus zwar einen erheblichen Verschleiß an Arbeitskraft, aber zugleich sichere Ergebnisse ablesen kann.

Bei den Vorratskammern des Fuchses ist freilich das meiste Beschreibung. Doch steht am Ende ein hübscher, einfacher Versuch, und außerdem wird hier der Nutzen sehr weiter Verteilung besprochen. Dieser besteht bei voneinander entfernten Futterverstecken zweifellos darin, daß ein anderer Räuber nur schwer mehrere finden und ausplündern kann, während es beim Abstandhalten vieler verletzlicher und tarnfarbiger Arten darauf ankommt, Feinden zu entgehen, die ein Suchbild ihrer Beute erworben haben. Die ersten Überlegungen zu der Frage, ob der Feinddruck die Dichte getarnter Beutetiere beeinflussen kann, beschäftigten uns aber schon auf den Spuren der Füchse.

Das Schlußkapitel zeigt den ersten Ansatz, dieser Frage planmäßig nachzugehen. Es versucht zunächst verständlich zu machen, wie wir verschiedene Tatsachen, oft bloße Andeutungen, zusammenfügten, um eine Vorstellung davon zu gewinnen, welche Rolle die »Wahl nach Muster« im Leben mancher räuberischer Tiere spielt und welchen Selektionsdruck solches Suchverhalten auf bestimmte Arten von Beutetieren ausüben könnte. Die Arbeit enthält einige Widersprüche, die wir seither durch bessere Methoden ausschließen können. Dennoch und obwohl ich weiß, daß einige meiner jetzigen Mitarbeiter sie durchaus nicht leiden mögen, finde ich, daß sie eine meiner anregendsten Schriften ist. Sie zwingt den Leser, über ein spannendes Thema scharf nachzudenken, das Psychologen, Ethologen und Ökologen gleichermaßen betrifft und dessen Erörterung die Freilandforscher schon eingeleitet haben. Dieser Aufsatz läßt so gut wie kein anderer erkennen, was »schöpferische Beobachtung« ist (um die kürzlich geäußerten Worte eines unserer bedeutendsten Biologen zu gebrauchen) oder (auf meine Weise ausgedrückt) »die Fähigkeit, zwei und zwei zusammenzuzählen«. Man sinnt und grübelt über Dinge, die, scheinbar ohne irgendeine Beziehung zueinander, einem oft nur halb zum Bewußtsein kommen, bis sie sich plötzlich zum Bilde formen. Das mag nicht im Sinne derer sein, die Messungen höher schätzen als Ideen. Aber trotz einiger Mängel hat diese Arbeit schon eine Reihe neuerer Untersuchungen in Gang gesetzt und also eine Nische in unserer Wissenschaft ausgefüllt.

(Aus dem Zoologischen Laboratorium der Universität Leiden)

2 Das Heimfinden des Bienenwolfs (*Philanthus triangulum* Fabr.)

(1932)[1]

I. Die Lebensweise von Philanthus triangulum

Obwohl wir an verschiedenen Stellen (Bouvier 6, Bouwman 7, Bischoff 3, 4, Fabre 9, Verhoeff 28, Hamm und Richards 16, u. a.) Angaben über die Lebensweise des »Bienenwolfes« finden, scheint es mir angebracht, der Beschreibung meiner Versuche eine kurze Schilderung der normalen Lebensweise voranzuschicken, erstens weil dieses zum besseren Verständnis der Versuche nützlich sein wird, zweitens weil ich einige ergänzende Tatsachen mitteilen kann.

Der Bienenwolf, ein zu den Grabwespen gehöriger Hautflügler, ist in Holland ein wahres Sommertier; man sieht die Imagines vom Anfang Juli bis zum Ende September; die Fortpflanzungszeit fällt zwischen Mitte Juli und Ende August. Zu dieser Zeit wurden die Versuche angestellt, und zwar im Freien an einem Nistplatz unweit des Zuiderseestädtchens Harderwijk in der holländischen Provinz Gelderland, wo Hunderte von Wespen im Sandboden einer ausgewehten Heidelandschaft ihre Höhlen hatten. Auch hier beobachtete ich Anfang Juli die ersten Wespen. Da *Philanthus* gegen Kälte und Feuchtigkeit sehr empfindlich ist und erst bei schönem warmem Wetter rege wird (er scheint noch beträchtlich empfindlicher zu sein als die Biene), gab es bei regnerischem und sogar schon bei trübem Wetter wenig zu beobachten, weil die Wespen dann den ganzen Tag in ihren Höhlen verblieben. Es ist auch der ungünstigen Witterung zuzuschreiben, daß einige von meinen Beobachtungen, namentlich die aus den ersten Wochen, mehr oder weniger fragmentarisch sind.

Aus den Zellen heraus, in denen die Puppen den ganzen Winter ver-

1 Der zweite Teil der Arbeit, der hier fortgelassen ist, behandelt die Feinstruktur der Sinnesorgane auf den Fühlern des Bienenwolfs.

bracht hatten, gruben sich die geschlüpften Imagines ziemlich senkrecht empor, und zwar stammten aus jedem Nest bis zu 7 Tiere, sowohl Männchen als Weibchen. Diese Weibchen – über welche die hier folgenden Beobachtungen und Versuche ausschließlich handeln werden – fingen nicht sofort an, neue Nester zu graben und Beutetiere zu sammeln, sondern trieben sich einige Tage hindurch über der sonnigen Fläche herum. Es ist vielleicht anzunehmen, daß sie sich in dieser Periode mit den optischen Eindrücken, welche die Umgebung bot, vertraut machten.

Vom Moment des Ausschlüpfens an zeigten alle Tiere dadurch ihre Grabwespennatur, daß sie immer wieder aufs neue an den verschiedensten Stellen zu graben anfingen, wobei sie nicht in derselben Weise wie es für *Bembex* (z. B. von Bischoff 4) angegeben wird, ihren »Scharrkamm« gebrauchten, sondern mit den starken Borsten an den Außenseiten der Tarsalglieder den Sand fortschaufelten (Abb. 17).

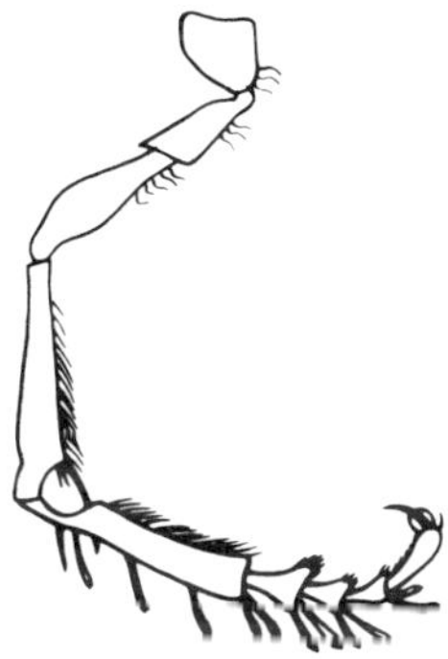

Abb. 17. Rechtes Vorderbein eines *Philanthus triangulum*-Weibchens.

Es kam aber vorläufig nicht so weit, daß wirkliche Nester entstanden, sondern es wurde jedesmal nur einige Minuten bis zu 1 Stunde lang gegraben; dann ließ die Wespe plötzlich das Ganze im Stich und fing an einer neuen Stelle zu graben an. Diese ganze »Grableidenschaft« mutete sonderbar und sehr unzweckmäßig an. Jede Wespe wiederholte dieses Verfahren während mehrerer Tage unendlich viele Male, bevor sie zuletzt ein richtiges Nest anfertigte und zu jagen anfing. Man könnte dies vielleicht als ein »Wählen« einer zusagenden Niststelle betrachten, wenn sich das unvollendete Graben nicht an denselben Stellen abgespielt hätte, wo nach einigen Tagen zahlreiche Nester entstanden. Ich beobachtete sogar zu wiederholten Malen, daß eine Wespe ein von einer anderen verlassenes Grabwerk zu einem ordentlichen Nest vervollkommnete. Ich glaube vielmehr, wir müssen dieses Verhalten als das »Erwachen« des Grabtriebes deuten, der in den ersten Tagen noch nicht zweckgerichtet und mit anderen Handlungen verkettet ist. Wir sehen hier, bei diesen in ihren Instinkthandlungen so wenig plastischen Insekten, eine Periode auftreten, die wir eine »Jugend« nennen müssen.

Am 16. Juli sah ich die erste Wespe mit Beute heimkehren, und bald nachher waren viele Wespen mit der Brutfürsorge beschäftigt. Die Anzahl der arbeitenden Tiere nahm jedoch bis Ende August regelmäßig zu.

Das Graben einer neuen Höhle dauerte höchstens 3–6 Stunden, nahm jedenfalls nie mehr als einen halben Tag in Anspruch. Die Höhle bestand aus einem 40–80 cm langen Schacht, der anfänglich fast horizontal, bald aber schräg nach unten verlief, so daß die Zellen in etwa 20–50 cm Tiefe lagen. Der Sand wurde von der Wespe herausbefördert und blieb draußen am Eingang liegen, so daß jedes Nest an einem ovalen Sandfleck von etwa 10 cm Durchmesser erkennbar war. An verschiedenen Stellen des Schachtes wurden die Zellen seitwärts ausgegraben und jede mit 3–6 Bienen versehen (nach Bouwman 5–8, nach Verhoeff 2); dann wurde das Ei an eine von den Bienen abgesetzt, die Zelle mit Sand verschlossen und darauf eine neue Zelle gegraben. Hieraus ergab sich, daß jede Wespe, nachdem sie eine Zelle gefüllt hatte und also eine Zeitlang regelmäßig aus- und eingeflogen war, während längerer Zeit unten blieb, ein Umstand, der beim Experimentieren oft sehr hinderlich war. Nachdem in dieser Weise vier oder fünf, manchmal noch mehr Zellen angefertigt worden waren, verließ die Wespe das Nest und grub ein neues, bald in der unmittelbaren Nähe, bald in ansehnlicher Entfernung, wie ich zufällig an einer markierten Wespe feststellen konnte, die im Verlauf einer Woche nach einer etwa 50 m vom ursprünglichen Nest entfernten Stelle umgesiedelt war. Diese Beobachtungen zeigen, daß die Wespen sich bei jedem neugegrabenen Nest aufs neue orientieren müssen. Während eine Wespe mit dem Graben eines anderen Schachtes beschäftigt war, kam sie dann und wann heraus, flog auf und schwebte einige Sekunden über dem Nest. Diese kurzen Ausflüge wurden bis zu 10mal wiederholt, bevor die Wespe endgültig ausflog. Dann aber beschrieb sie einen richtigen »Orientierungsflug«, indem sie etwa 20 Sekunden, höchstens 2 Minuten lang um das Nest herumflog. Hierbei stellte sie sich immer wieder symmetrisch in Richtung des Nestes ein, beschrieb immer weitere Bogen und erhob sich allmählich höher, so daß sie eine immer größere Umgebung übersehen konnte.

Diese Orientierungsflüge beim Verlassen des Nestes sind von manchen Forschern (Wagner 31, Ferton 10, den Peckhams 23, Opfinger 22a,) bei verschiedenen Hymenopteren beschrieben worden. Über ihre Bedeutung hat erst Opfinger auf experimentellem Wege Näheres erfahren. Es stellte sich heraus, daß der Orientierungsflug der Biene dazu dient, sich die Lage einer Sammelstelle mit Hilfe der in der weiteren Umgebung vorhandenen Orientierungsmarken ins Gedächtnis einzuprägen. Eine Dressur auf Marken der unmittelbaren Umgebung der Sammelstelle erfolgt ausschließlich während des Anfluges.

Nach dem Orientierungsflug begab sich die Wespe ins Jagdrevier und fing sich eine Biene. Das Töten der Biene ist ausführlich von Fabre (9) beschrieben worden, und meine Beobachtungen stimmen damit genau überein. Zur Beobachtung setzte ich eine Wespe und eine Biene unter eine Käseglocke aus Glas. Anfänglich versuchten beide zu fliehen, und die Wespe achtete nicht auf die Biene. Aber schon bald wurde sie ruhiger, und wenn die Biene in ihre Nähe kam, reagierte sie (gewöhnlich erst, nachdem die Biene zufällig die Antennen der Wespe berührt hatte) im Nu durch Einnehmen der Stichhaltung und tötete die Biene, indem sie ihr Abdomen vor deren Bauchseite krümmte und ihren Stachel ventral hinten in den Kopf der Biene führte (Abb. 18). Diese versuchte vergeblich, auf der glatten und harten Oberfläche des Abdomens der Wespe einen Anhaltspunkt zu finden. Nach einigen Sekunden war sie bereits völlig wehrlos und bewegte nur noch schwach die Beine.

Abb. 18. Das Stechen der Biene.

Bischoff (4) beschreibt die Jagdweise wie folgt: »*Philanthus* bringt der sammelnden Honigbiene blitzschnell einen Stich bei und wartet neben seiner zu Boden gefallenen Beute, bis deren Bewegungen aufgehört haben.« Dieses trifft, wie aus dem Obengesagten hervorgeht, nicht zu.

Jetzt fing die Wespe immer sofort an, der Biene ihren Honigvorrat zu nehmen. Mit den großen Mandibeln hielt sie sich den Kopf des Opfers vor, preßte dessen Hinterleib kräftig zwischen zwei Beinpaare und das Abdomen und leckte sorgfältig den am Munde hervortretenden Honig auf. Nachdem sie dieses einige Male wiederholt hatte, nahm sie die Biene in der üblichen Weise unter sich, nämlich mit dem Kopf nach vorne und dem Bauch nach oben, und versuchte davonzufliegen.

Das Heimkehren der beutetragenden Wespen konnte ich im Felde unendlich viele Male beobachten. Sie brachten nur Bienen (*Apis mellifica* L.). Die meisten Autoren geben als Beute von *Philanthus* nur die Honigbiene, manchmal auch *Halictus*-Arten an; ich fand einmal eine Hummel (*Bombus terrestris* L.), die aber von der Wespe wieder hinausbefördert wurde.

Beim Nest ließ sich die Wespe langsam nieder und gelangte gewöhnlich genau vor den fast immer verschlossenen Eingang, klopfte mit den Antennen auf den Sand und fing, ohne ihre Beute hinzulegen, zu graben an, schob die Biene ein wenig zurück und kroch hinein. Im Anfang der Saison nach etwa 30 Minuten, später aber meistens innerhalb 10 Minuten kam sie wieder heraus, verschloß (obwohl nicht immer) die Öffnung und flog nach kurzem Orientierungsflug davon, sich eine neue Biene zu holen.

Über die Plastizität des Verhaltens läßt sich folgendes bemerken. Wenn die mit Beute heimkehrende Wespe eine etwaige Störung am Nest vorfand, legte sie manchmal die Biene hin und widmete sich ganz dem Auffinden bzw. Wiederherstellen des Nestes. Wenn dieses fertig war, suchte sie entweder zu Fuß oder fliegend nach der Biene. Fand sie diese wieder, so führte sie die Beute bald in der richtigen Weise, bald aber ganz schief oder quer in der Lage, in der sie sie vorgefunden hatte, wieder mit sich und brachte sie heim. Nur in einem von mehr als 25 Fällen beobachtete ich, wie eine Wespe unter diesen Umständen die Biene von neuem stach.

Bis Anfang September gruben und jagten die Wespen regelmäßig, sofern das Wetter es erlaubte. Dann aber kamen nach und nach weniger Wespen mit Bienen heim, obwohl in der angrenzenden Heidelandschaft noch reichlich Bienen vorhanden waren. Bei genauerer Beobachtung zeigte sich, daß die Wespen an sonnigen Tagen zwar immer rege waren und herauskamen; sie waren aber nur noch mit Graben beschäftigt und flogen nicht mehr zur Jagd aus. Das Graben geschah wie im Anfang Juli wieder ganz unzweckmäßig an den verschiedensten Stellen. Von Brutfürsorge war nicht mehr die Rede. Bis zum Tode blieben die Wespen nur noch »Grabtiere«, die ihrem letzten mit dem Fortpflanzungsgeschäft im Zusammenhang stehenden Trieb »blindlings« gehorchten.

Wir sehen also, wie sich der Grabinstinkt sowohl vorzeitig wie nachträglich äußert.

II. Fragestellung

Im vorigen Abschnitt haben wir ganz oberflächlich die Lebensweise der Weibchen von *Philanthus triangulum* kennengelernt. In zwei Hinsichten schien mir das Verhalten dieser Wespen einer experimentellen Prüfung besonders zugänglich. Erstens fragt es sich, auf Grund welcher Sinnesreize die Tiere imstande sind, mit solcher Gewißheit heimzufinden, und ob hier die Erinnerung eine große Rolle spielt. Zweitens fällt auf, daß die Wespen fast ausnahmslos Honigbienen erbeuten und keine anderen, ähnlichen Insekten. Die verschiedensten Insekten kamen nämlich in der Nähe vor, und die Wespen mußten also wohl eine »Wahl« treffen.

Diese beiden Arten der Orientierung, das Heimfinden und das Erkennen der richtigen Beute, können in grundverschiedener Weise vor sich gehen. Es ist also notwendig, beide Fragen einzeln zu untersuchen.

III. Die Heimkehrfähigkeit der Hymenopteren

Es gibt viele ausgezeichnete Arbeiten über die Orientierung der Insekten, insbesondere über das Heimkehrvermögen der Hautflügler. Am eingehendsten sind wohl die sozialen Hautflügler, namentlich Bienen und Ameisen untersucht worden. Auch von den solitären Arten gibt es ziemlich viele, jedoch keine systematisch durchgeführten Untersuchungen. Bevor wir also die Resultate besprechen, welche die nachfolgenden Experimente mit einem solitären Hymenopteron ergaben, gilt es einen Überblick über das von den sozialen Hymenopteren Bekannte zu gewinnen.

Watson (32) macht einen Unterschied zwischen »proximate orientation« = Nahorientierung und »distant orientation« = Fernorientierung. Er redet von Nahorientierung, wenn das Tier sich nur auf das Ziel, das heißt nur mit Hilfe der vom Ziel ausgehenden Reize orientiert. Sobald es außerhalb der Einflußsphäre des Zieles gerät, nützt ihm diese Orientierungsart nicht mehr. Erst wenn sich ein Tier außerhalb dieses Gebietes orientiert zum Ziel begeben kann, spricht Watson von Fernorientierung. Diese ist also auf nicht vom Ziel ausgehende Reize gerichtet. Sie wird meistens auf Mnemotaxien (Kühn 18) beruhen, also mittels ins Gedächtnis aufgenommener Reize vor sich gehen. Diese WATSONsche Einteilung entspricht den natürlichen Verhältnissen wohl sehr gut.

In den früheren Arbeiten hat man immer wieder versucht, das Heimfinden zu erklären, ohne mnemische Vorgänge anzunehmen. Später haben sich diese Versuche als verfehlt erwiesen.

Bei der Biene war man lange Zeit darüber im Ungewissen, ob das Heimfinden auf Grund einer mnemischen Orientierung oder nur in anderer Weise vor sich geht (BETHE 2 contra v. BUTTEL-REEPEN 8 und FOREL 15). In letzter Zeit hat sich aber WOLF (33, 34) mittels moderner Methoden endgültig mit BETHES »unbekannter Kraft« auseinandergesetzt. WOLF hat gezeigt, daß die Biene imstande ist, sich ausschließlich mnemisch zu orientieren. Die Fähigkeiten, verschiedene Farben und Düfte zu unterscheiden, die v. FRISCH (12, 13) in seinen klassischen Arbeiten nachgewiesen hat, spielen auch beim Heimfinden eine große Rolle. Während die Fernorientierung hauptsächlich optisch zustande kommt, werden zur Nahorientierung sowohl olfaktorische wie optische Merkmale benutzt, und zwar wird an den olfaktorischen am hartnäckigsten festgehalten. Viele Versuche widmete WOLF der von BETHE angenommenen, aber von v. BUTTEL-REEPEN u. a. wieder verworfenen »unbekannten Kraft«. Das Sichstauen der Bienen bei Stockverschiebungen enthielt ja noch immer ein rätselhaftes Element, das mit den bereits bekannten Tatsachen nicht befriedigend zu deuten war. Die WOLFschen Versuche nun wiesen ein durch die Antennen ermöglichtes »Registriervermögen für gemachte Drehungen« nach, also wieder eine auf mnemischen Vorgängen beruhende Fähigkeit.

Wenden wir uns jetzt den solitären Hymenopteren zu. Wie gesagt, liegen hier größere, planmäßig durchgeführte Untersuchungen nicht vor, und vielleicht ist es diesem Umstand zuzuschreiben, daß hier eine recht große Verwirrung herrscht.

FABRE (9) beschreibt seine Beobachtungen an *Bembex, Cerceris* und *Chalicodoma. Bembex* findet das Nest sofort wieder, wenn während ihrer Abwesenheit optische Veränderungen am Nest vorgenommen worden sind. FABRE bringt weiter eine Anzahl *Cerceris*-Männchen in eine 3 km vom Nistort entfernte Stadt und läßt sie dort fliegen. Viele, nicht alle, finden zum Nest zurück. Ein ähnlicher Versuch mit *Chalicodoma* ergibt ein ähnliches Resultat. Wenn dagegen das Nest um 2 m versetzt wird, findet die *Chalicodoma* nicht heim, sondern kommt immer an die alte Stelle zurück, dreht sich zu wiederholten Malen in die Flugbahn ein und sucht an der ursprünglichen Stelle weiter.

Ferton (10) hat viele ausgezeichnete Beobachtungen an solitären Hymenopteren gemacht. In einem Kapitel über die Orientierung und die Heimkehrfähigkeit kommt er auf Grund seiner Beobachtungen und Versuche an *Osmia rufo-hirta* und *Osmia ferruginea* zu dem Ergebnis, daß bei der Heimkehrfähigkeit der Gesichtssinn, der Fern- und der Kontaktgeruchssinn eine Rolle spielen und außerdem die Fähigkeiten (»les facultés«) der Erinnerung und der Aufmerksamkeit (»l'attention«). Auf Grund der Fertonschen Angaben schließt aber Piéron (24) bei *Osmia rufo-hirta* auf einen »Muskelsinn« (»sens musculaire«) statt eines von Ferton angenommenen optischen Ortsgedächtnisses. Den Interpretierungen Fertons, insbesondere den Geruchssinn betreffend, möchte ich aber nicht ohne weiteres beipflichten. Ebensowenig wie die meisten Forscher auf diesem Gebiet wandte auch er Dressurmethoden an und erhielt daher meistens mehr negative als positive Ergebnisse. Ferton beschreibt sehr deutlich, wie *Osmia ferruginea* einen Orientierungsflug über dem Nest abhält, »afin de s'en fixer dans la mémoire le nouvel emplacement«.

Die Peckhams (23), denen wir viele sorgfältige Beobachtungen an solitären Wespen verdanken, widmen einen ganzen Abschnitt dem »Richtungssinn« der solitären Wespen. Sie erwähnen und beschreiben »locality studies« bei *Ammophila urnaria, Sphex ichneumonea, Astata bicolor, Astata unicolor, Cerceris deserta, Cerceris nigrescens und Cerceris clypeata*. Es ist aus den Beschreibungen klar, daß es sich hier um »Orientierungsflüge« handelt. Ihre Schlußfolgerung lautet: ». . . that wasps are guided in their movements by their memory of localities.«

Bouvier (5) hat einen Dressurversuch mit *Bembex labiatus* Fabr. angestellt. Er legte einen flachen Stein über den Nesteingang und verschob ihn 2 Tage danach um 20 cm. Als die Wespe zurückkam, ließ sie sich ohne Zögern an der Stelle des »Scheinnestes« nieder. Als beim Kontrollversuch der Stein wieder an die ursprüngliche Stelle zurückgelegt wurde, wählte die Wespe wieder das richtige Nest, wodurch sie ihre Dressur auf den Stein deutlich zeigte.

Marchand (21) kommt für *Bembex rostrata* Fabr. zur Schlußfolgerung, daß sie sich mittels ihres Gedächtnisses auf Marken in der Umgebung orientiert.

Marchal (20) drückt sich deutlicher aus; bei *Pompilus sericeus* genügt nach diesem Autor die Erinnerung an optische Eindrücke, um das Nest und die Beute wiederzufinden.

Wagner (31) ordnet die Literatur hinsichtlich ihrer Schlußfolgerungen

»nach zwei einander entgegengesetzten Gesichtspunkten«: es gäbe Forscher, die einen Richtungssinn, und solche, die ein Ortsgedächtnis zur Erklärung der Orientierungsfrage annehmen. Daß WAGNER beide Annahmen für berechtigt hält, geht aus der Interpretation seiner Beobachtungen an Hummeln hervor, »durch welche der Beweis erbracht wird, daß die Wahrheit in der Mitte zwischen beiden einander entgegengesetzten Ansichten liegt«.

Schließlich sei noch eine Arbeit RAUS (26) genannt, der mit *Xylocopa virginica* und *Anthophora abrupta* arbeitete. Diese Bienen finden nicht heim, wenn sie keine Erinnerungsbilder der Gegend besitzen.

Aus dieser kurzen Übersicht geht ohne weiteres hervor, daß über die Verhältnisse bei den solitären Hymenopteren keine Klarheit herrscht. Experimentelle Untersuchungen waren daher sehr erwünscht. Die vorliegende Arbeit soll ein Beitrag dazu sein.

IV. Versuche über die Heimkehrfähigkeit

A. Dressur auf den Reizkomplex »Zapfenkreis«

Schon die einfache Beobachtung im Felde läßt vermuten, daß die Wespen sehr empfindlich für optische Reize sind. Wenn man in geringer Entfernung, nämlich etwa 3 m von einer grabenden Wespe eine unvorsichtige Bewegung macht, fliegt sie auf. Wenn eine Wespe auf der Bienenjagd ist, fixiert sie eine sich bewegende Biene schon in ziemlich großer Entfernung, nämlich aus mindestens 50 cm. Einmal beobachtete ich, wie eine Wespe, die ihre Biene einen Augenblick hingelegt hatte, diese aus einer Entfernung von etwa 70 cm offenbar bemerkte, da sie plötzlich schnurstracks auf sie zuflog und sie nochmals zu stechen versuchte.

Diese gelegentlichen Beobachtungen rechtfertigen die Vermutung, daß optische Reize bei der Orientierung eine wichtige Rolle spielen. Zum Nachweis der optischen Orientierung stellte ich einige Versuchsreihen an.

Nach den Untersuchungen von v. FRISCH (12, 13, 14) wird die Dressur allgemein als die beste Methode zur Nachweisung der bei der mnemischen Orientierung wirksamen Reize anerkannt. Ich versuchte daher die Wespen auf Umweltmerkmale zu dressieren und sodann hieraus die optischen Merkmale zu isolieren.

1. Versuch. Aus weiter unten näher zu erörternden Gründen benutzte ich

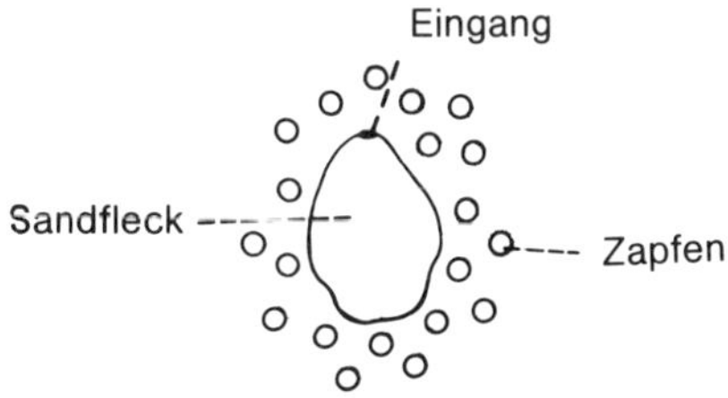

Abb. 19. 1. Versuch, Dressuranordnung.

Kiefernzapfen, die auf der Sandfläche in Mengen herumlagen und also allem Anschein nach ein natürliches Merkmal bilden konnten. Ich dressierte die Wespen auf einen aus 20 Zapfen bestehenden Kreis um das Nest herum, den ich morgens zwischen 8 und 10 Uhr anfertigte. Im Laufe des Nachmittags wurde dann der folgende Versuch ausgeführt. Wenn die Wespe ausgeflogen war, um sich eine Biene zu holen, machte ich etwa 30 cm vom Nest entfernt ein »Scheinnest«, indem ich ziemlich genau den Sandfleck und die Öffnung nachahmte. Das wirkliche Nest wurde intakt gelassen, oder ich änderte den Sandfleck, immer aber blieb der Nesteingang unberührt. Der Zapfenkreis wurde um das Scheinnest herum verlegt. Wenn die Wespe mit einer Biene zurückkam und sich auf eines von den beiden Nestern niederließ, jagte ich sie vorsichtig auf – damit sie die Biene nicht fallen ließe – und veranlaßte sie dadurch, aufs neue zu »wählen«. Nach mindestens fünf Beobachtungen machte ich sofort den Kontrollversuch, indem ich nur die Kiefernzapfen um das richtige Nest zurücklegte. Auch in dieser Aufstellung ließ ich die Wespe sich mindestens 5mal entscheiden. Durch diesen Kontrollversuch isolierte ich als Merkmal den ganzen Reizkomplex »Zapfenkreis«; es war also ganz egal, ob ich in der Umgebung des richtigen Nestes etwas änderte oder nicht, denn beim Kontrollversuch wurde nur der Zapfenkreis verlegt.

Bei meinen ersten Versuchen änderte ich außer der Stelle des Zapfenkreises auch noch andere Merkmale in der Umgebung des Nestes (Form und Ausdehnung des Sandfleckes usw.), denn ich zweifelte damals daran, ob ich die Tiere wirklich dermaßen auf den Zapfenkreis würde dressieren können, daß sie diesem einen Merkmal »blindlings« folgen würden. Da ich aber zwischen Versuch und Kontrollversuch immer nur den Zapfenkreis änderte, sind die Ergebnisse aller dieser Versuche mitverwertet.

Die Dressur wurde erstaunlich schnell erreicht; in den 4–6 Dressurstunden flog die Wespe ja oft nur zwei- oder dreimal aus. Es war außerdem meine Absicht, die Dressurzeit möglichst kurz zu halten, weil sich auch unter natürlichen Bedingungen jede Wespe in unglaublich kurzer Zeit auf die Lage des neugegrabenen Nestes orientiert; durch eine längere Dressur würde die Wespe sich vielleicht nach verschiedenen Merkmalen orientieren können, die von ihr unter natürlichen Bedingungen nur in beschränktem Maße als Orientierungsmerkmal benutzt werden. Wie das ja

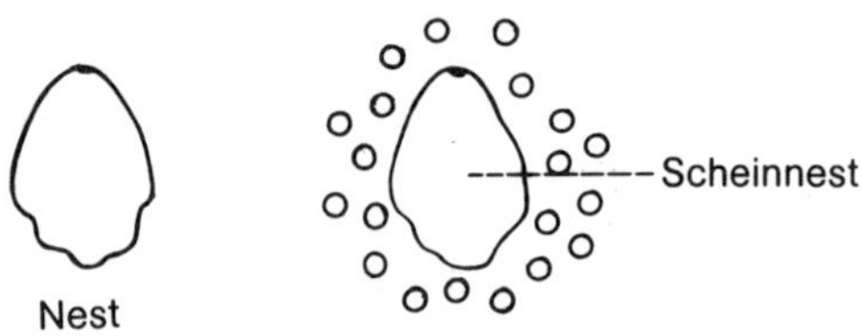

Abb. 20. 1. Versuch, Versuchsanordnung.

immer bei sinnesphysiologischen Versuchen empfehlenswert ist, so galt es auch hier, die Umweltbedingungen möglichst natürlich zu halten.

Im Vergleich mit den groß angelegten Bienenstudien v. FRISCHs und WOLFs sind meine Versuchsreihen mit *Philanthus* wenig ausführlich. Hierzu nötigte mich aber erstens der Umstand, daß *Philanthus* solitär ist und außerdem nicht in großer Anzahl, z. B. auf Nahrung, zu dressieren ist. Ich konnte daher immer nur mit einer Wespe nach der anderen experimentieren. Zweitens nahm ich mit jeder einzelnen nie mehr als einen Versuch vor, um keine Trübung der Ergebnisse dadurch zu verursachen, daß die Wespe beim ersten Versuch hinderliche Assoziationen erwerben, oder auch dadurch, daß sie nach öfterem Wechsel bestimmter Merkmale diese nicht mehr beachten würde, ähnlich wie WOLF das bei wiederholtem Wechsel der »Stockfrontfarben« erreichte. Drittens ist *Philanthus* sehr stark vom Wetter abhängig; er arbeitet und sammelt regelmäßig nur an warmen, trockenen Tagen, und deren gab es eben nicht viele im letzten Sommer.

Ich wiederholte den 1. Versuch bei 17 verschiedenen Wespen, und als Resultat stellte sich das in der Tabelle 1 Wiedergegebene heraus. Es erwies sich also, daß alle Wespen ohne eine einzige Ausnahme immer beim Versuch und beim Kontrollversuch den Zapfenkreis wählten.

Als Beispiel sei das folgende Versuchsprotokoll angeführt. Ein Nest ist seit morgens 9 Uhr mit einem Zapfenkreis versehen. Um 14.25 Uhr kommt der *Philanthus* mit einer Biene, läßt sich ohne Zögern auf das Nest nieder und bringt die Biene hinein. Nach 11 Minuten kommt er heraus, schließt die Öffnung und fliegt nach fast unmerkbarem Orientierungsflug davon.

Ich fertige jetzt ein Scheinnest in 30 cm Entfernung an, verlege den Zapfenkreis um das Scheinnest herum, so daß er ähnlich liegt wie vorher.

Um 15.00 Uhr kommt die Wespe mit einer Biene zurück, läßt sich ohne merkliches Zögern auf das Scheinnest nieder und klopft mit den Antennen an die Stelle, wo sich am richtigen Nest der Eingang befindet, fängt hier auch zu graben an (!).

Tabelle 1. *Dressur auf den Reizkomplex »Zapfenkreis«*

Nr. der Wespe	Versuch		Kontrollversuch	
	Nest	Scheinnest	Nest	Scheinnest
1	—	9	5	—
2	—	6	5	—
3	—	7	5	—
4	—	5	5	—
5	—	5	6	—
6	—	5	5	—
7	—	7	5	—
8	—	5	5	—
9	—	6	5	—
10	—	8	5	—
11	—	12	5	—
12	—	5	5	—
13	—	5	5	—
14	—	5	5	
15	—	5	5	—
16	—	5	5	—
17	—	5	5	—
	—	105	86	—

Ich lasse sie neunmal auffliegen, jedesmal wählt sie das Scheinnest, einmal fliegt sie etwa 10 m davon und dreht sich wieder in die gewohnte Flugbahn hinein, wählt aber auch dann das Scheinnest. Schließlich läßt sie hier die Biene liegen. Dann verlege ich den Zapfenkreis wieder nach dem wirklichen Nest, wobei ich nicht darauf achte, jeden Zapfen in genau derselben Weise wie vorher hinzulegen, vielmehr nur den ganzen Komplex »Zapfenkreis« in ungefähr gleicher Weise zu gestalten wie im Anfang. Jetzt wählt die Wespe das wirkliche Nest, öffnet den Eingang, sucht und findet die auf dem Scheinnest zurückgelassene Biene und fliegt mit ihr nach dem Nest. Hier lasse ich sie noch viermal entscheiden, dann lasse ich sie hineingehen, beobachte dann aber, wie sie die Biene liegen läßt, in die Höhle hineinkriecht, mit dem Kopf nach vorn wieder herauskommt und dann die Biene mit den Mandibeln ergreift und sie quer hineinzuschleppen versucht, was ihr nach vielem Herumzerren gelingt. – Ich beobachtete also auch hier eine gewisse Plastizität der instinktiven Handlung, wie man diese nicht so auffällig erwarten würde, gelten doch gerade die Grabwespen als Tiere mit sehr starren Instinkten. Man vergleiche hierzu auch das im 1. Abschnitt Erwähnte.

Dieser Versuch zeigt also, daß der Reizkomplex »Zapfenkreis« als der Orientierung dienendes Merkmal wirksamer war als alle anderen Merkmale aus der Umwelt der Wespe, und zwar sehr viel wirksamer, denn nicht ein einziges Mal hat eine der 17 Wespen sich »geirrt«, und nur sehr selten habe ich Zweifel zu sehen geglaubt!

Es galt jetzt aber zu ermitteln, welche von dem Zapfenkreis ausgehenden Reize hier wirksam waren. Am wahrscheinlichsten handelte es sich um optische Reize, und die nächsten Versuche dienten also dazu, diese zu isolieren.

B. Dressur auf optische Merkmale

2. Versuch. Die Zapfenkreisdressur wurde mit einer Dressur auf Oleum pini sylvestris kombiniert. Dieses Öl verursacht ja den charakteristischen Duft der Kiefern. Zur Dressur legte ich an beide Seiten des Nesteinganges ein Stückchen mit Öl befeuchteter Pappe, von denen ich eine Anzahl optisch ähnliche angefertigt hatte. Zusammen mit diesen Pappstreifen wendete ich den Zapfenkreis an.

Beim Versuch verlegte ich den Zapfenkreis um das Scheinnest herum und stellte dazu zwei Pappstückchen ohne Kiefernölduft, während die Duftpappstückchen an Ort und Stelle blieben, oder aber ich verstellte beim Versuch die Duftpappstückchen und ließ sie beim Kontrollversuch stehen.

Auch hier ließ ich jede Wespe beim Versuch sowie beim Kontrollversuch mindestens 5mal »wählen«. Die Duftplatten und namentlich die duftlosen wurden von mir mit größter Vorsicht hantiert, damit sich keine Duftspuren an die duftlosen Platten hefteten.

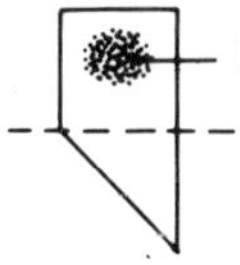

Abb. 21. Duftplatte aus Pappe.

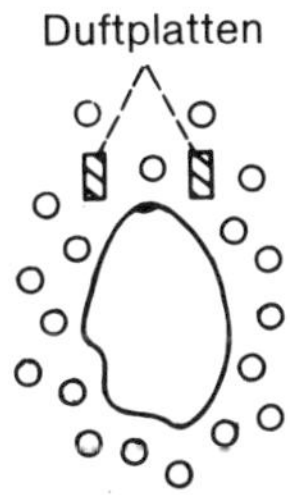

Abb. 22. 2. Versuch, Dressuranordnung.

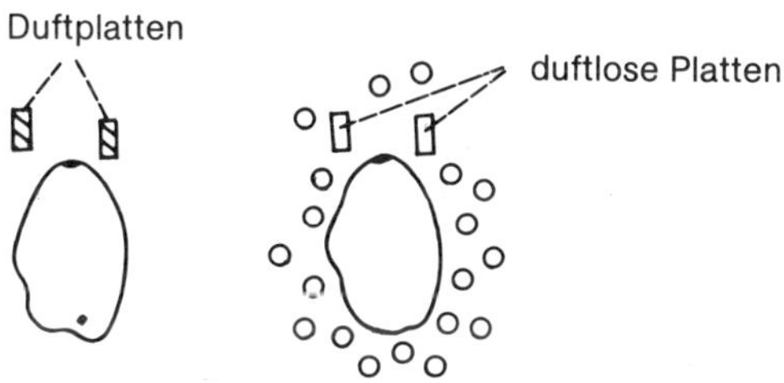

Abb. 23. 2. Versuch, Versuchsanordnung

Tabelle 2. *Dressur auf Zapfenkreis kombiniert mit Dressur auf Kiefernölduft*

Nr. der Wespe	Versuch		Kontrollversuch	
	Nest	Scheinnest	Nest	Scheinnest
1	—	5	5	—
2	—	5	5	—
3	—	6	5	—
4	—	8	5	—
5	—	5	5	—
	—	29	25	—

Dieser Versuch fiel, wie aus Tabelle 2 ersichtlich, auch sehr eindeutig aus, d. h., die Dressur auf den Zapfenkreis gelang nicht weniger gut als beim 1. Versuch. Man kann aber gegen den 2. Versuch den Einwand erheben, daß die Wespen eventuell auf eine Duft*konzentration*, und zwar gerade auf diese der Kiefernzapfen selber dressiert sein könnten. Um diesen Einwand zu entkräften, mußte eine Duftdressur ausgeschaltet werden.

3. Versuch. Um die eventuelle Duftdressur möglichst zu verhindern, machte ich Versuche mit entdufteten Zapfen, indem ich alte, verwitterte, also an sich schon duftschwache Zapfen eine Nacht hindurch in Alkohol stehenließ, sie dann in heißem Wasser spülte und in der Sonne trocknen ließ. Die Wespen wurden mit Hilfe frischer Zapfen dressiert, welche beim Versuch gegen die duftlosen ausgetauscht wurden.

Auch die Resultate dieser Versuche weichen in keinerlei Hinsicht von denen der ersten zwei Versuche ab. Die Ergebnisse sind in der Tabelle 3

Tabelle 3. *Dressur auf die optischen Merkmale des Zapfenkreises (Versuche mit duftlosen Zapfen)*

Nr. der Wespe	Versuch		Kontrollversuch	
	Nest	Scheinnest	Nest	Scheinnest
1	—	5	5	—
2	—	5	5	—
3	—	5	5	—
4	—	5	5	—
5	—	12	5	—
6	—	5	5	—
	—	37	30	—

zusammengestellt. Es scheint mir nicht notwendig, Versuchsprotokolle zu geben.

Da es mir wichtig schien, in verschiedener Weise Düfte als Orientierungsmerkmal auszuschalten, machte ich noch einen Versuch mit antennenlosen Wespen; denn in den Antennen hatte ich den Sitz des Geruchssinnes zu suchen (Abschnitt V).

4. Versuch. Mit Hilfe der »Bienenschere« (v. Frisch 14) und einer feinen Pinzette amputierte ich unter der Lupe bei einigen auf den »Zapfenkreis«

dressierten Wespen beide Antennen. Sie flogen meistens wild davon, kehrten aber bald heim. Unterdessen hatte ich den 1. Versuch aufgestellt und ließ die Wespen wieder beim Versuch und beim Kontrollversuch sich je 5mal entscheiden.

Die Resultate sind aus Tabelle 4 ersichtlich. Es seien noch einige Notizen aus den Protokollen angeführt.

Tabelle 4. *Dressur auf die optischen Merkmale des Zapfenkreises (Versuche mit antennenlosen Wespen)*

Nr. der Wespe	Versuch		Kontrollversuch	
	Nest	Scheinnest	Nest	Scheinnest
1	—	5	5	—
2	—	5	5	—
3	—	5	5	—
4	—	5	5	—
	—	20	20	—

Ein *Philanthus* ist seit morgens etwa 10 Uhr auf den Komplex »Zapfenkreis« dressiert. Nachmittags um 15.40 Uhr sehe ich, wie er mit einer Biene heimkehrt. Er läßt sich in normaler Weise herunter und geht ohne Zögern in das Nest hinein, woraus ich schließe, daß er sich zur Genüge gewöhnt hat und die Dressur erreicht ist. Wie er herauskommen will, fange ich ihn ein, klemme ihn in der Bienenschere fest und lasse ihn nach erfolgter Amputation beider Fühler sofort wieder fliegen. Er fliegt davon, und ich mache schnell die Versuchsanordnung. Schon nach einigen Minuten kommt er zurück. Ich bemerke sofort, daß, ähnlich wie es v. Frisch (14) bei antennenamputierten Bienen feststellte, der Flug dieser Wespe unsicher ist; sie fliegt viel wilder und unvorsichtiger. Jedesmal wenn sie sich niederläßt, jage ich sie auf und kann in dieser Weise deutlich feststellen, daß ihren Bewegungen beim Sichniederlassen und beim Gehen jene feine Regulierung fehlt, die eben das ganze Benehmen normaler Wespen kennzeichnet. Ein schwacher Windhauch ist imstande, sie umzuwerfen. Sie wählt fünfmal beim Versuch, fünfmal beim Kontrollversuch, und zwar jedesmal den Zapfenkreis.

Aus den vorhergehenden Versuchen geht überraschend eindeutig hervor, daß die optischen Merkmale in der Nähe des Nestes für die Nahorientierung ausschlaggebend sind. Die Wespen sind ja sehr leicht auf optische Merkmale zu dressieren, und aus der Tatsache, daß keine einzige sich auch nur einmal »geirrt«, d. h. sich nach anderen Merkmalen gerichtet hat, dürfen wir schließen, daß eine andere Orientierungsweise hier kaum in Betracht kommt. Daß eine olfaktorische Orientierung nicht sehr wichtig sein kann, zeigen uns die Versuche 2, 3 und 4. Der 4. Versuch beweist außerdem – und das ist für die Verwertung späterer Versuche wichtig –, daß nach Amputierung der Antennen die optische Dressur erhalten bleibt, daß also von einer schweren allgemeinen Schädigung, einer Schockwirkung nicht die Rede sein kann.

Es galt aber nicht nur zu ermitteln, ob optische Reize imstande sind, das Tier zum Nest zu führen, sondern auch, ob andersartige Reize diese Aufgabe ebenfalls zu erfüllen vermögen. Es wurde deshalb versucht, eine Dressur auf einen Duft herzustellen.

C. *Dressur auf olfaktorische Merkmale*

Zuerst versuchte ich zu erfahren, wie die Tiere auf einen Duft reagieren.

Nachdem ein *Philanthus* ausgeflogen war, sich eine Biene zu holen, besprengte ich den Sand unmittelbar vor dem Eingang des Nestes mit einigen Tropfen Oleum pini sylvestris. Als die Wespe mit einer Biene zurückkam, war ihr Verhalten normal, bis sie auf einige Zentimeter an ihre Höhle herangekommen war; dann stockte sie, zögerte einen Moment, ließ sich aber bald nieder und fing an zu graben. Als sie dabei in der üblichen Weise mit den Antennen auf den Boden klopfte, berührte sie den mit Öl getränkten Sand und reagierte sofort mit einem Zucken des ganzen Körpers und mit einem hohen Summen; sie flog gleich auf und blieb in einer eigentümlichen schwebfliegenähnlichen Weise in der Luft »stehen«, ein Verhalten, das ich schon früher als Schreckreaktion kennengelernt hatte. Sie ließ sich nach kurzer Zeit wieder herunter, und dasselbe Verhalten wiederholte sich noch zweimal. Allmählich kam sie zur Ruhe, wahrscheinlich auch dadurch, daß das Öl durch ihre Grabbewegungen allmählich mit frischem Sand bedeckt wurde.

Bei einem anderen Nest brachte ich in derselben Weise einige Öltropfen an, während die Wespe unten in ihrer Höhle beschäftigt war. Als sie herauskam, berührte sie mit den Antennen den Ölfleck und flog auf, ließ sich auf verschiedene Nester nieder, kam nochmals zu ihrem eigenen Nest, erschrak wieder, nachdem sie den Ölfleck mit den Antennen berührt hatte, gewöhnte sich aber allmählich an den Duft, und nach einer Stunde grub und sammelte sie wieder normal.

Aus diesen Beobachtungen wird klar, daß der Duft von der Wespe bemerkt wurde, nicht nur bei Berührung mit den Antennen, sondern vermutlich schon in einiger Entfernung. Demgegenüber stehen Beobachtungen, die vermuten lassen, daß normalerweise keine von der Höhle ausgehenden Duftreize wahrgenommen werden.

Beim 1. Versuch konnte ich nämlich zu wiederholten Malen feststellen, daß eine Wespe, nachdem sie sich auf das Scheinnest heruntergelassen hatte, unter ständigem Klopfen mit den Antennen an der Stelle, wo sich der »Scheineingang« befand, zu graben anfing. Öfters kam es auch vor, daß eine heimkehrende Wespe den richtigen Eingang nicht fand und an den verschiedensten Stellen in den Sandfleck grub, sogar ihre Biene dabei fallen ließ, unruhig weiter suchte und schließlich offenbar zufällig den richtigen Eingang fand.

Die Beobachtungen beweisen also nichts über die Rolle der eventuellen Duftreize. Ich stellte daher den folgenden Versuch an.

5. Versuch. Es wurden bei dem Nest einer arbeitenden Wespe zwei mit Oleum pini sylvestris versehene Pappstreifen aufgestellt, an beiden Seiten der Nestöffnung einer. Nach 2 oder 3 Tagen stellte ich, nachdem die Wespe ausgeflogen war, ein Scheinnest her. Beim richtigen Nest wurden zwei duftlose Platten aufgestellt, beim Scheinnest zwei Duftplatten. Nachdem die heimkehrende Wespe sich mindestens 5mal entschieden hatte, vertauschte ich die duftlosen gegen die dufttragenden Platten (Kontrollversuch) und ließ sie von neuem 5mal wählen.

Hätten wir es mit einer Duftorientierung zu tun, so wäre zu erwarten, daß nach einer so langen Dressur mit einem so sehr den natürlichen Verhältnissen entsprechenden Duft der Versuch positiv ausfallen würde. Wie aus der Tabelle 5 ersichtlich, mißlang aber die Dressur auf Duftplatten völlig. Daß manche Wespen sich einige Male für das Scheinnest entschieden, können wir nicht ohne weiteres als Resultat der Duftdressur ansehen, da Nest und Scheinnest einander optisch sehr ähnlich waren und gelegentlich auch beim Kontrollversuch eine Verwechslung vorkam.

Auffällig war das Benehmen dieser Versuchswespen im Vergleich mit den für die vorigen Versuche verwendeten Wespen. Nach Erreichung der optischen Dressur beobachtete ich kaum einmal ein deutliches Zögern, während bei der mißlungenen Duftdressur die Wespen bei der ersten Wahl

Tabelle 5. *Dressur auf Oleum pini sylvestris*

Nr. der Wespe	Versuch		Kontrollversuch	
	Nest	Scheinnest	Nest	Scheinnest
1	6	1	5	—
2	5	—	5	—
3	7	—	5	—
4	3	2	4	1
	21	3	19	1

auffällig zögerten. Beim 5. Versuch waren aber, wie schon gesagt, Nest und Scheinnest einander optisch sehr ähnlich; in den vorhergehenden Versuchen gab es immer einen erheblichen Unterschied.

Man kann aber gegen diese Versuche einwenden, daß die Möglichkeit eines Eigengeruches hierdurch noch nicht ausgeschlossen sei. Ein Eigengeruch, der den Nesteingang markieren würde, ist aber auf Grund verschiedener Beobachtungen nicht anzunehmen:

1. Die Wespen fingen, wie erwähnt, am Scheinnest oft zu graben an.
2. Sie gruben auch ohne experimentellen Eingriff meinerseits nicht so sehr selten an verschiedenen Stellen am Rande des Sandfleckes, bevor sie den richtigen Eingang des Nestes fanden.
3. Wenn ich die Umgebung eines Nestes während der Abwesenheit der Wespe optisch stark änderte, indem ich den ganzen Boden in einem Umkreis von etwa 50 cm auflockerte, war die Wespe bei ihrer Ankunft immer völlig desorientiert und verließ das Nest endgültig.

D. Einige weitere Untersuchungen über die Natur der optischen Orientierung

1. Dressur auf Farbplatten

Nachdem nun bewiesen war, daß *Philanthus* sich während der Heimkehr optisch orientiert, wollte ich die Natur dieser optischen Orientierung näher kennenlernen.

Wie bekannt und wie ich es auch habe beobachten können, sucht die Wespe die sammelnde Honigbiene auf. Sie muß also imstande sein, die

Stellen aufzufinden, wo sich sammelnde Bienen aufzuhalten pflegen. Daher interessierte es mich in mancherlei Hinsicht, zu erfahren, ob die Wespe genauso wie die Biene imstande sei, die Sammelblumen ihrer Beute wiederzuerkennen. Könnte sie das, so wäre zu erwarten, daß sie diese Fähigkeit ähnlich, wie es die Biene tut, auch beim Heimfinden benutzen würde. Ich prüfte sie daher auf ihren Farbensinn.

6. Versuch. Hierzu wählte ich wieder dieselbe Dressurmethode wie im 1. Versuch, mit dem Unterschied, daß ich farbige Heringpapiere sowie 30 Nummern der HERINGschen Grauserie verwendete, die hinter gesäuberte photographische Platten (9×12 cm) geklebt wurden (damit man eventuelle Duftspuren abwaschen konnte). Ich legte eine Farbplatte neben den Nesteingang und wartete, bis sich die Wespe daran gewöhnt hatte. Sodann unternahm ich den Versuch, indem ich während der Abwesenheit der Wespe ein Scheinnest anfertigte und die Farbplatte dorthin verlegte. In die Nähe des wirklichen Nestes legte ich eine Grauplatte.

Ich stellte diesen Versuch mit Rot (Nummer 1 der Heringserie), Gelb (Nummer 5 der Heringserie) und Blau (Nummer 12 der Heringserie, vgl. v. FRISCH 12) an, erzielte aber sogar nach 3tägiger Dressur nur negati-

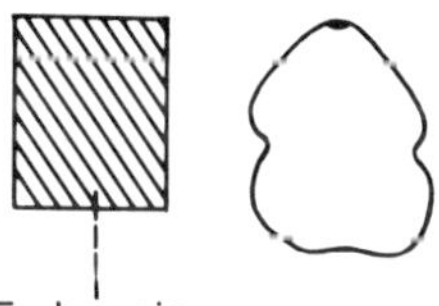

Abb. 24. 6. Versuch, Dressuranordnung.

ve Resultate. Fast immer wurde das wirkliche Nest gewählt, manchmal zweifelte eine Wespe, aber das Scheinnest wurde nie bevorzugt. Dieses gewissermaßen enttäuschende Verhalten schien mir in einer von zwei Weisen gedeutet werden zu müssen:

a) Entweder benutzt die Wespe hauptsächlich die Formen der Gegenstände als optische Orientierungsmarken;

b) oder sie benutzt, ähnlich wie es v. FRISCH beim Formensinn der Biene feststellte, nur »natürliche« Merkmale, d. h. solche, die in ihrer Umgebung regelmäßig vorhanden, und nicht solche, die ihr ganz fremd sind.

Ich neigte zu der letzten Auffassung und versuchte dieses einigermaßen exakt zu prüfen, indem ich auf den ganzen Reizkomplex »blaue Platte« oder »graue Platte« und auch auf den Reizkomplex »zwei Platten« dressierte.

7. Versuch. Eine Wespe wurde in der üblichen Weise auf eine der oben beschriebenen Platten dressiert, bis zu 2 Tage lang. Im Versuch wurde die Platte in die Nähe eines Scheinnestes verlegt, bei dem wirklichen Nest lag jetzt keine.

8. Versuch. Wie der 7. Versuch, jedoch mit zwei Platten, einer an jeder Seite des Nesteinganges.

Zum Vergleich dressierte ich auf eine bzw. zwei Gruppen von Kiefernzapfen, die ebenso groß waren wie die Platten und in ein 9 × 12 cm messendes Rechteck gelegt waren.

9. Versuch. Wie der 6. Versuch, jedoch mit einer »Zapfenplatte« statt einer Papierplatte.

10. Versuch. Wie der 9. Versuch, jedoch mit zwei Zapfenplatten.

Der einzige Unterschied zwischen den Papierplatten und den Zapfenplatten bestand also darin, daß diese aus Papier und Glas, jene aus Kiefernzapfen angefertigt waren, die Ausdehnung beider Reizkomplexe war aber annähernd gleich.

Die Tabellen 6, 7, 8 und 9 geben die Ergebnisse wieder. Während die Dressur auf »Zapfenplatten« tadellos gelang, erreichte ich mit den Papierplatten, auch nach 3tägiger Dressur, in manchen Fällen eine schwach positive, in den meisten Fällen aber keine positive Reaktion.

2. Die Grenze zwischen Nahorientierung und Fernorientierung

Wir wissen jetzt also, daß *Philanthus* das Nest mit Hilfe optischer Merkmale finden kann. Wenn sie aber fliegend mit ihrer Beute heimkehrt, kann die Wespe erst aus kurzer Entfernung die Nestumgebung selber sehen, und zwar erstens weil ihre Sehschärfe eine bestimmte Grenze hat, läßt doch der Bau des Insektenauges scharfes Sehen nicht zu, und zweitens dadurch,

Tabelle 6. *Dressur auf eine Papierplatte*

Nr. der Wespe	Versuch		Kontrollversuch	
	Nest	Scheinnest	Nest	Scheinnest
1	5	—	5	—
2	4	3	5	—
3	5	—	5	—
4	4	2	5	—
	18	5	20	—

Tabelle 7. *Dressur auf zwei Papierplatten*

Nr. der Wespe	Versuch		Kontrollversuch	
	Nest	Scheinnest	Nest	Scheinnest
1	4	1	5	—
2	3	3	5	—
3	5	—	5	—
4	5	—	5	—
5	5	—	5	—
	22	4	25	—

daß die mit Kiefern bewachsenen Sandhügel den selten höher als 10 m fliegenden Wespen keine unumschränkte Aussicht gewähren.

Wir müssen also auch hier unterscheiden zwischen einer Fernorientierung und einer Nahorientierung. Mit Hilfe der Fernorientierung, deren experimentelle Untersuchung bei *Philanthus* recht schwierig sein dürfte, findet die Wespe ein Gebiet, die Umgebung des Nestes, innerhalb deren sie das Nest selbst ins Auge faßt zur Nahorientierung. Diese einigermaßen zu analysieren ist also der Zweck meiner Versuche. Es fragt sich nun: wo liegt die Grenze zwischen Nah- und Fernorientierung, d. h., wie groß ist das Gebiet, das mit Hilfe der Fernorientierung gefunden wird?

Wir haben gesehen, daß die Nahorientierung der Wespen völlig von einem Zapfenkreis geleitet werden kann. Legen wir nun nach Dressur auf Zapfenkreis dieses Merkmal außerhalb des fraglichen Gebietes, das ich der Kürze halber als »Nestumgebung« bezeichne, so wird die Wespe nicht imstande sein, das Scheinnest aufzufinden. Wird der 1. Versuch also mit einer immer größer werdenden Verschiebung wiederholt, so ist zu erwar-

Tabelle 8. *Dressur auf eine »Zapfenplatte«*

Nr. der Wespe	Versuch		Kontrollversuch	
	Nest	Scheinnest	Nest	Scheinnest
1	—	5	5	—
2	—	6	5	—
3	—	5	5	—
	—	16	15	—

Tabelle 9. *Dressur auf zwei »Zapfenplatten«*

Nr. der Wespe	Versuch		Kontrollversuch	
	Nest	Scheinnest	Nest	Scheinnest
1	—	5	5	—
2	—	5	5	—
3	—	10	5	—
4	—	7	8	—
5	—	5	5	—
6	—	5	5	—
7	—	6	4	—
	—	43	37	—

ten, daß, wenn die Grenze der »Nestumgebung« überschritten wird, die Wespe nicht das Scheinnest wählt, sondern entweder sucht oder das wirkliche Nest wählt.

Leider war ich durch ungünstige Witterung nicht in der Lage, eine vollständige Versuchsreihe zu machen; die wenigen Ergebnisse, die ich anführen kann, scheinen mir aber erwähnenswert. Sie sind in der Tabelle 10 zusammengestellt.

Soweit wir aus dieser Tabelle Schlüsse ziehen dürfen, würde die Größe der »Nestumgebung« etwa einem Kreis mit einem Radius von 1–2 m entsprechen. Wahrscheinlich ist aber die Größe der Nestumgebung, im Zusammenhang mit deren Gestaltung, individueller Variation usw., verschiedenen Schwankungen unterworfen.

Es ist aber unbedingt sicher, daß die Wespe innerhalb ihrer »Nestumgebung« zwischen mehreren Nestern wählen kann, wie die folgenden Beobachtungen zeigen werden.

Tabelle 10. *Ergebnisse des 1. Versuches, in verschiedenen Entfernungen wiederholt. Die Ergebnisse der Kontrollversuche sind hier weggelassen worden*

Anzahl der Wespen	Entfernung cm	Nest	Scheinnest
32	50	—	191
2	60	—	10
3	70	—	14
2	100	—	7
1	200	2[1]	—

1 Nach längerem Suchen.

Es gibt manche Stellen, wo die verschiedenen Höhlen so dicht nebeneinander liegen, daß sich auf 1 qm wohl 20 Nester befinden. Überzeugender aber als diese Beobachtung ist die folgende. Einmal war ich mit verschiedenen »Zapfenkreis«versuchen zu gleicher Zeit beschäftigt. Nachdem eine der Wespen ausgeflogen war, fertigte ich 70 cm westlich vom richtigen Nest (Nest 1) entfernt ein Scheinnest mit dem Zapfenkreis an. 1 m östlich von Nest 1 befand sich ein anderes Nest, Nest 2, das mit einem Zapfenkreis versehen worden war. Die Dressur der hierher gehörigen Wespe war noch nicht beendet. Nach einer halben Stunde kommt eine Wespe mit Biene und läßt sich 2mal auf Nest 2 nieder, dann dreht sie sich aufs neue in die Flugbahn ein und wählt von jetzt an das Scheinnest und beim Kontrollversuch sowie nachher immer Nest 1. Diese Wespe fand also in ihrer »Nestumgebung« zwei Zapfenkreisnester vor. Das Gebiet hatte einen Durchmesser von mindestens 200 cm und umschloß insgesamt fünf Nester.

E. Zusammenfassung der Versuche über die Heimkehrfähigkeit

Überblicken wir die Ergebnisse der vorhergegangenen Versuche, so ergibt sich daraus, daß die Wespen mittels einer Fernorientierung, auf deren Natur hier nicht näher eingegangen wird, die Nestumgebung auffinden. Diese Nestumgebung entspricht vermutlich einem Kreis mit einem ungefähr 1–2 m messenden Radius, und innerhalb dieses Gebietes müssen die Tiere zwischen mehreren Nestern wählen können. Dies wird dadurch ermöglicht, daß die Tiere bestimmte optische Merkmale aus der unmittelbaren

Umgebung des Höhleneinganges mnemisch zu behalten vermögen, so daß sie innerhalb der »Nestumgebung« beliebig mit den Dressurmarken irrezuführen sind. Wir haben es hier also mit einem Beispiel optischer Mnemotaxis (KÜHN 18) zu tun.

Es ist mir nicht gelungen, einen Farbensinn nachzuweisen. Es sei betont, daß dieses keineswegs bedeutet, daß *Philanthus* keine Farben sehen kann. Es ist sehr gut möglich, daß sich mit Hilfe »natürlicher« Merkmale ein gut entwickelter Farbensinn nachweisen läßt.

Über die Natur der optischen Mnemotaxis des *Philanthus* läßt sich weiter folgendes sagen: Die Wespen orientieren sich weder auf eine bestimmte Zapfenzahl noch auf die genaue Form des Kreises, sondern auf einen nicht scharf begrenzten Reizkomplex, den wir den optischen Reizkomplex Zapfenkreis nennen müssen. Daß dieses nicht durch den Bau der Rezeptoren, sondern psychisch bedingt ist, geht aus den Ergebnissen der Versuche 7–10 hervor.

Eine Dressur auf olfaktorische Reize, namentlich auf Kiefernölduft, konnte nicht ermittelt werden.

Es ist vielleicht nicht überflüssig, zu betonen, daß diese Resultate nicht auf andere Grabwespen bezogen werden dürfen. Es ist ja klar, daß sich die Orientierung etwa einer *Ammophila* ganz anders gestalten kann.

Über die Beteiligung eines Registriervermögens für gemachte Drehungen, wie WOLF (33, 34) es bei den Bienen aufspürte, läßt sich auf Grund meiner Beobachtungen nur wenig sagen. Allerdings sah ich, daß den antennenlosen Wespen ähnlich wie behandelten Bienen die feine Regulierung der Bewegungen fehlte. Die Aufgabe eines Registriervermögens für gemachte Drehungen kann aber bei einem fliegenden Tier nur sein, die optische Orientierung zu unterstützen, nicht aber die Orientierung selbständig zu vermitteln.

V. Die Bienenjagd

A. Beobachtungen

Wie bekannt, holt sich *Philanthus* seine Bienen von den Blumen, also von Stellen, wo sich nebst Honigbienen viele andere nektarsaugende Insekten aufhalten. Er muß also imstande sein, die Biene aus vielen anderen, sich ähnlich verhaltenden Insekten zu »wählen«. Auf Grund unserer Kenntnisse von der Sehschärfe des Facettenauges (vgl. z. B. BAUMGÄRTNER 1) können wir schwerlich annehmen, daß *Philanthus* die Biene optisch unter vielen anderen Insekten erkennt, wenn er auch zweifellos sehr leistungsfähige Augen hat. Es ist zwar meiner Ansicht nach wahrscheinlich, daß die Orientierung während der Bienenjagd sowie das Auffinden der Beute größtenteils optisch geschieht, aber es muß bei dem positiven Wiedererkennen der Beute ein anderer Faktor regulierend mitwirken.

Bevor ich über diesen Faktor auf experimentellem Wege etwas zu ermitteln versuchte, schien es mir angebracht, durch Beobachtung des normalen Verhaltens die verschiedenen Möglichkeiten zu prüfen.

Setzte ich, wie im 1. Abschnitt beschrieben, eine eingefangene Wespe und eine Biene unter die Glasglocke, so fiel mir auf, daß die Wespe der Biene nicht die geringste Aufmerksamkeit schenkte, sondern nur davonzufliegen versuchte. Das Resultat war, daß sie, immer gegen die Glaswand stoßend, herumtollte. Die Wespe war also unter der Glocke in einer ganz anderen Disposition, als wenn sie sich im Freien auf die Bienenjagd begibt. Sie war jetzt zur Flucht und nicht zur Bienenjagd »gestimmt«. Bald aber beruhigte sie sich ein wenig und setzte sich gelegentlich während kurzer Zeit. Dann kam es vor, daß sie die Biene bemerkte, was ich der Tatsache entnahm, daß sie die umherfliegende Biene mittels Kopfdrehungen zu fixieren anfing, wobei sie sich, ähnlich wie die Libellen, »telotaktisch« einstellte. Das dauerte aber immer nur kurz, bald ergriff sie wieder die Fluchtstimmung, und sofort tummelte sie sich wie vorher.

Es geschah nun aber nach kürzerer oder längerer Zeit, daß Biene und Wespe bei ihrem wilden Umherfliegen aufeinanderstießen, und meistens griff dann die Wespe augenblicklich zu und tötete die Biene; und zwar glaube ich in allen Fällen festgestellt zu haben, daß die Wespe erst, als ihre Antennen von der Biene berührt wurden, darauf mit Stechen reagierte.

Ich gewann also aus diesen Beobachtungen die nachfolgende Vorstellung: der bei der Berührung der Antennen einwirkende Reiz ist imstande, selbst bei »Fluchtstimmung« eine Stichreaktion hervorzurufen. Dieser Reiz ist vermutlich der charakteristische Bienenduft, und dieser Bienenduft würde dann auch das endgültige Erkennen der Beute möglich machen. Dieses wäre experimentell zu prüfen durch isoliertes Darbieten oder Ausschalten des Geruchsreizes.

B. Versuche

Die Versuche wurden unter der Glocke ausgeführt, also nicht unter normalen Bedingungen. Dabei galt es zuerst festzustellen, daß auch in dieser Umgebung die Bienen allen anderen Insekten vorgezogen wurden. Tatsächlich widmeten die Wespen auch hier den Fliegen und Hummeln gar keine Aufmerksamkeit, jede Biene wurde aber nach kurzer Zeit getötet. Dieses wurde an 13 Wespen festgestellt. Diese Wespen bekamen jede einige Fliegen, meist Syrphiden, und Hummeln (*Bombus terrestris* L.) unter die Glocke. Nach 1½ Stunde wurde dann eine Biene hinzugefügt. In allen Fällen waren die Bienen innerhalb einer halben Stunde getötet, auf kein anderes Insekt aber wurde jemals mit Stichhaltung reagiert.

Man kann nun den Geruch in zwei Weisen isolieren, und zwar erstens durch Amputation der Antennen, also durch Ausschaltung des Geruchsreizes, und zweitens indem man anderen, normalerweise von *Philanthus* verweigerten Insekten Bienenduft als Merkmal beigibt.

1. Versuche mit antennenlosen Wespen. Fünf Wespen wurde eine Antenne amputiert, zehn Wespen wurden beide Antennen abgeschnitten, und drei Wespen amputierte ich nur die fünf letzten Glieder beider Antennen. Dazu wurden die Wespen in der Bienenschere festgehalten; es ließen sich dann unter der Lupe mit einer feinen Pinzette oder mit einer feinen Schere Antennenstücke beliebiger Größe abschneiden.

Eine Versuchswespe wurde jedesmal etwa 1½ Stunde mit einer oder zwei Bienen beobachtet. Immer wurde zu gleicher Zeit eine normale Wespe mit einer Biene unter einer zweiten Glocke aufgestellt. Wenn diese Kontrollwespe ihre Biene nach Ablauf der Versuchszeit nicht getötet hatte, so wurde ein negatives Resultat mit der Versuchswespe als ungültig betrachtet und somit nicht verwertet. Tötete dagegen die Kontrollwespe ihre Biene, so wurde das Ergebnis des Versuches verwertet.

Die fünf Wespen, denen ich eine Antenne amputierte, zeigten sich nicht langsamer als die normalen Wespen und erstachen alle die ihnen gegebenen Bienen. Ich beobachtete, daß die Biene durch Berührung mit der antennenlosen Kopfseite der Wespe keine Stichreaktion auslöste, sondern nur die Wespe zum Einnehmen der Schreck- oder Abwehrstellung veranlaßte, wobei sie die Vorderbeine erhob und die starken Mandibeln öffnete. Diese Abwehrstellung wurde auch bei unerwarteten Begegnungen der Wespen untereinander eingenommen.

Drei Wespen amputierte ich, wie gesagt, die fünf letzten Glieder beider Antennen. Von diesen so operierten Wespen beachteten zwei die ihnen dargebotenen Bienen nicht, die dritte Wespe aber, die anfänglich ebenfalls kein Interesse für die sie manchmal berührende Biene gezeigt hatte, tastete auf einmal, nachdem ihre Antennenreste etwas länger mit einer Biene im Kontakt geblieben waren, diese Biene ganz sorgfältig und aufmerksam ab und reagierte nach etwa einer halben Minute plötzlich mit einer schwachen, und bald nachher mit einer normalen Stichreaktion, wobei sie die Biene in richtiger Weise tötete.

Schließlich beobachtete ich längere Zeit die zehn Wespen, denen ich beide Antennen total amputiert hatte. Kein einziges dieser Versuchstiere hat je einmal einiges Interesse für Bienen, Fliegen oder Hummeln gezeigt, während Kontrollwespen in normaler Weise Stichreaktion zeigten.

Bevor wir hieraus unsere Schlüsse ziehen, müssen wir kurz die Frage besprechen, inwieweit die operierten Tiere als geschädigt betrachtet werden müssen. Es gibt verschiedene Tatsachen, die darauf hinweisen, daß von einem Ausbleiben einer Reaktion auf Grund einer Schockwirkung nicht die Rede sein kann. Die beiderseits amputierten Wespen lebten noch ziemlich lange, länger jedenfalls als antennenlose Bienen, und zwar mindestens 1 Woche. In dieser Zeit – ich amputierte, wie schon gesagt, auch Wespen im Freien – arbeiteten die Tiere normal, nur mit diesem Unterschied, daß sie keine Bienen mehr heimbrachten. Ich hatte sie amputiert in der Hoffnung, daß sie dann mit verschiedenartigen Beutetieren heimkommen würden, aber obwohl diese Wespen normal das Nest verschlossen und ausflogen, trugen sie nie mehr Beute heran. Ich wage es nicht, mich für eine Erklärung zwischen den verschiedenen Möglichkeiten zu entscheiden. Entweder sind die Wespen nicht mehr imstande, solche fein kontrollierte Bewegungen auszuführen, wie sie für den Bienenfang notwendig sind, oder es ist für das Auslösen der Stichreaktion der positive Reiz des Bienenduftes notwendig.

Wie aber v. FRISCH (14) auseinandersetzt, ist die Schädigungsfrage erst endgültig gelöst, wenn sich zeigen läßt, daß eine Dressur auf andersartige, mit unverletzten Sinnesorganen rezipierte Umweltmerkmale wohl hergestellt werden kann. Eine ähnliche Beobachtung kann ich hier anführen. Wie schon im vorigen Abschnitt erwähnt, blieb die optische Dressur beim Heimfinden nach Amputation der Antennen erhalten, denn diese auf Zapfenkreis dressierten Wespen waren nicht weniger zu täuschen als die ungeschädigten. Ich betrachte dieses daher als starkes Argument dafür, daß von einer allgemeinen Schädigung der operierten Wespen nicht gesprochen werden kann.

Die vorhergehenden Versuche zeigen also, daß mit den Antennen ein von der Biene ausgehender Reiz aufgenommen wird, der imstande ist, selbst wenn die Wespe zur Flucht gestimmt ist, eine Stichreaktion auszulösen. Es ist gewiß verführerisch, anzunehmen, daß dieser Reiz, den ja nur die Biene zu liefern vermag, auch das *endgültige* Erkennen der Beute ermöglicht.

2. Versuche mit bienendufttragenden Fliegen. Es galt jetzt die Frage zu untersuchen, ob wir es hier wirklich mit dem Geruchsorgan zu tun haben. Das ist zwar sehr wahrscheinlich, wissen wir doch durch verschiedene Untersuchungen, daß die Antennen bei den Hymenopteren die Träger der Geruchsorgane sind, aber die oben angeführten Versuche erbringen keinen Beweis dafür.

Ich setzte dazu verschiedenen unverletzten Versuchswespen eine Anzahl Fliegen vor, und stellte durch fortwährende sorgfältige Beobachtung fest, daß sie in 1 oder 1 1/2 Stunde keine Stichreaktion zeigten. Sodann nahm ich die Fliegen heraus, rieb sie tüchtig mit einer frisch auf mechanischem Wege getöteten Biene, gesellte diese geruchlich bienenähnlichen Fliegen wieder zu den Wespen und beobachtete deren Verhalten. Ich stellte diesen Versuch mit sechs Wespen an, von denen fünf mit richtigem Stechen reagierten, die meisten 3- oder 4mal in kurzer Zeit. Es war aber auffällig, daß keine einzige Wespe ihre Beute auch wirklich tötete; immer ließen sie schon bald die Fliege los. Es sah danach aus, als ob die Wespe im letzten Augenblick (vielleicht mit am Abdomen befindlichen Tastorganen) ihren Irrtum bemerkte.

Auf Grund der in diesem Abschnitt angeführten Beobachtungen und Versuche sind wir meiner Ansicht nach berechtigt, anzunehmen, daß *Philanthus* imstande ist, die Biene auf Grund charakteristischer Geruchsreize zu erkennen. *Wir können uns vorstellen, daß er die Bienen optisch aufsucht, aber olfaktorisch prüft.* Inwieweit optische Eindrücke das Unterscheiden der Bienen von anderen Insekten ermöglichen, entzieht sich jetzt noch meiner Beurteilung.

VI. Zusammenfassung der Ergebnisse

1. Die Weibchen von *Philanthus triangulum* FABR. sind imstande, mit großer Gewißheit das einmal hergestellte Nest wiederzufinden, wenn sie mit Beute heimkehren.

2. Dieses Heimkehrvermögen beruht auf zwei verschiedenen Orientierungsweisen; wir unterscheiden eine Fernorientierung und eine Nahorientierung. Mit Hilfe der Fernorientierung, die sich nicht nach dem Nest, sondern nach im umgebenden Gelände befindlichen Marken richtet, findet die Wespe die nähere Umgebung des Nestes. Dieser »Nestumgebung« entspricht ungefähr ein Kreis von etwa 200 cm Durchmesser. Innerhalb dieses Gebietes orientiert sich die Wespe nach vom Nest ausgehenden Reizen. Diese Nahorientierung wurde näher analysiert.

3. Es erwies sich beim Versuch, daß die Wespen nur auf optische Merkmale zu dressieren, daß sie somit durch Verlegung dieser Dressurmerkmale irrezuführen sind. Unter natürlichen, ungestörten Bedingungen dressieren sich die Wespen auf die Merkmale der Umgebung durch »Orientierungsflüge«.

4. Die optische Dressur wird in sehr kurzer Zeit erreicht, wenn es sich um »natürliche«, d. h. in der Umgebung der Wespen häufig vorkommende Merkmale handelt.

5. Das »Prüfen« der Biene, die als Beutetier allen anderen Tieren besonders stark vorgezogen wird, erfolgt durch Aufnahme von Geruchsreizen. Auf experimentellem Wege wurde festgestellt, daß inadäquate Beutetiere, die mit dem typischen Bienenduft versehen worden waren, von den Wespen als Beute betrachtet wurden.

6. Als Träger des Geruchssinnes kommen auf Grund der experimentellen Untersuchungen nur die Antennen in Betracht.

Literatur

1 BAUMGÄRTNER, H. (1928): Der Formensinn und die Sehschärfe der Bienen. Z. vergl. Physiol. 7.

2 BETHE, A. (1902): Die Heimkehrfähigkeit der Ameisen und Bienen. Biol. Zbl. 22.

3 BISCHOFF, H. (1923): Biologie der Hymenopteren. Berlin.

4 (1923): Hymenoptera. In: P. SCHULZE (1923): Biologie der Tiere Deutschlands. Berlin.

5 BOUVIER, E. L. (1900): Le retour au nid chez les Hyménoptères prédateurs du genre *Bembex*. C. r. Soc. Biol. Paris 52.

6 – (1916): Quelques observations sur les Philanthes. Ann. Inst. Pasteur.
7 Bouwman, B. E. (1927): *Philanthus triangulum* F. In: De Graafwespen van nederland. De Levende Natuur 32.
8 Buttel-Reepen, H. v. (1900): Sind die Bienen Reflexmaschinen? Biol. Zbl. 20.
9 Fabre, J. H. (1923): Souvenirs entomologiques, 80. Ausgabe. 1. u. 4. Serie. Paris.
10 Ferton, Ch. (1923): La Vie des Abeilles et des Guêpes, œuvres choisis, groupées et annotées par E. Rabaud et F. Picard. Paris.
11 Freiling, H. H. (1909): Duftorgane der weiblichen Schmetterlinge. Z. Wiss. Zool. 92.
12 Frisch, K. v. (1914): Der Farbensinn und Formensinn der Biene. Zool. Jb., Abt. Allg. Zool. u. Physiol. 35.
13 – (1919): Über den Geruchssinn der Biene und seine blütenbiologische Bedeutung. Ebenda 37.
14 – (1921): Über den Sitz des Geruchssinnes bei Insekten. Ebenda 38.
15 Forel, A. (1910): Das Sinnesleben der Insekten. Übersetzt von M. Semon. München.
16 Hamm, A. H. u. O. W. Richards (1930): The biology of the British Fossorial Wasps. Trans. Entomol. Soc. Lond.
17 Hauser, G. (1880): Physiologische und histologische Untersuchungen über den Geruchssinn der Insekten. Z. Wiss. Zool. 34.
18 Kühn, A. (1919): Die Orientierung der Tiere im Raum. Jena.
19 Leydig, Fr. (1886): Die Hautsinnesorgane der Arthropoden. Zool. Anz. 9.
20 Marchal, P. (1900): Le retour au nid chez le *Pompilus sericeus*. C. r. Soc. Biol. Paris 52.
21 Marchand, E. (1900): Sur le retour au nid de *Bembex rostrata* Fabr. Bull. Soc. Sci. nat. Ouest 10.
22 Murr-Danielczick, L. (1930): Über den Geruchssinn der Mehlmottenschlupfwespe *Habrobracon juglandis* Ashmead. Z. vergl. Physiol. 11.
22a Opfinger, E. (1931): Über die Orientierung der Biene an der Futterquelle. Z. vergl. Physiol. 15.
23 Peckham, G. W. u. E. G. (1898): On the Instincts and Habits of the solitary wasps. Wisconsin Geol. a. Nat. Hist. Survey, Bull. 2, Sci. Ser. 1.
24 Piéron, M. (1906): Bull. Inst. gén. psychol.
25 Rath, O. vom (1888): Über die Hautsinnesorgane der Insekten. Z. Wiss. Zool. 46.
26 Rau, Ph. (1928): Experimental studies on the homing of carpenter and mining bees. J. comp. Psychol. 7.
27 Ruland, Fr. (1888): Beiträge zur Kenntnis der antennalen Sinnesorgane der Insekten. Z. Wiss. Zool. 46.
28 Verhoeff, C. (1892): Beiträge zur Biologie der Hymenopteren. Zool. Jb., Abt. System 6.
29 Vogel, R. (1923): Zur Kenntnis des feineren Baues der Geruchsorgane der Wespen und Bienen. Z. Wiss. Zool. 120.
30 Wacker, Fr. (1925): Beiträge zur Kenntnis der antennalen Sinnesorgane der Hymenopteren. Z. Morph. u. Ökol. Tiere 4.
31 Wagner, W. (1907): Psychobiologische Untersuchungen an Hummeln. Zoologica 19.
32 Watson, J. B., u. K. S. Lashley (1915): Homing and related activities of Birds. Publ. 211 from the Carnegie Inst. of Washington.
33 Wolf, E. (1926): Das Heimkehrvermögen der Bienen, I. Mitt. Z. vergl. Physiol. 3.
34 – (1928): Das Heimkehrvermögen der Bienen, II. Mitt. Ebenda 6.

(Aus dem Zoologischen Institut der Universität Leiden)

3 Die Bienenjagd des *Philanthus*

(1935)

I. Einleitung

In der vorstehenden Arbeit konnte ich zeigen, daß *Philanthus* sich bei der Rückkehr zum Nest ausschließlich optisch orientiert. Außerdem wurden einige Versuche mitgeteilt, welche Aufschluß über das Erkennen der arteigenen Beute zu geben versuchten.

Es ist bekannt, daß *Philanthus* die Biene als Beutetier ganz besonders stark bevorzugt (13). In den beiden Sommern 1931 und 1934, als ich vom Anfang bis zum Ende der Saison fast fortwährend in einer etwa 1500–2000 bewohnte Höhlen zählenden Kolonie arbeitete, habe ich schätzungsweise gegen 2000 Honigbienen von *Philanthus* heimtragen sehen; nur einmal sah ich, wie eine kleine *Bombus terrestris*-Arbeiterin von einem *Philanthus* hinausbefördert wurde, welche also wohl zuvor hineingetragen worden war.

Von manchen Autoren werden außer der Honigbiene auch *Halictus* und *Andrena* als Beute angegeben (vgl. 4 und 13); obwohl im Jagdgebiet meiner *Philanthus* zahlreiche wilde Bienenarten vorkamen und sich um die nämlichen Heidekrautpflanzen tummelten, die sie zur Bienen- und Nektarsuche beflogen, habe ich nie einen *Philanthus* eine solche erbeuten sehen.

Da diese ausschließliche Beschränkung auf Honigbienen nicht ganz mit den Befunden MOLITORS (10) übereinstimmt, sei hierauf mit ein paar Worten eingegangen. MOLITOR fand, daß *Philanthus* manchmal inadäquate Insekten in die Höhle hineinschleppt, wenn diese vom Beobachter am Eingang der Höhle hingelegt werden. Obwohl die Bienenwölfe MOLITORS auch immer nur Honigbienen als Beute heimbrachten, hat er durch seine Methode *Philanthus* dazu gebracht, »eine kleine Hummel« (S. 175), »eine lebende große Fliege« (S. 176), eine *Dasypoda* (S. 177), »eine kleine *Anthophora*-ähnliche Biene« und »ein *Dasypoda plumigera*-Weibchen« (S. 180) hineinzuschleppen. MOLITOR schließt hieraus S. 180: » daß die

Rolle, die der Geruchssinn bei den Grabwespen spielt, nicht annähernd die ist wie bei den Ameisen etwa.« Wäre diese Verallgemeinerung richtig, so würden MOLITORS und meine Befunde miteinander im Widerspruch stehen; wie aber aus den weiter unten mitzuteilenden Versuchen hervorgeht, werden die verschiedenen Sinnesorgane in den verschiedenen Phasen des Handlungsablaufs in sehr verschiedener Weise benutzt, so daß eine verallgemeinernde Beurteilung von der Rolle der Sinnesorgane, wie MOLITOR sie geben zu können glaubt, auf Grund der Untersuchung einer einzigen Phase nicht erlaubt ist. – Immerhin bleibt die interessante Tatsache, daß Tiere, die von *Philanthus* im Felde immer verweigert werden, von einem heimgekehrten Bienenwolf manchmal ohne weiteres angenommen werden. Weiter unten wird hiervon noch die Rede sein.

Aus den wenigen damals über die letzte Frage angestellten Versuchen ging hervor, daß *Philanthus* bei Antennenberührung die von der Biene ausgehenden chemischen Reize zu erkennen vermochte und nur nach Biene »riechende« Insekten stach. Da es sich hier nur um Kontaktreize handelte, kann die Beute in dieser Weise nur »geprüft«, nie aufgefunden werden. Eine weitere sinnesphysiologische Analyse der Bienenjagd war aber nicht gemacht worden und liegt meines Wissens bis jetzt auch nicht vor. Als sich nun im Sommer 1934 wieder eine ausgezeichnete Gelegenheit bot, mit *Philanthus* zu arbeiten, versuchte ich, auf experimentellem Wege über die Rolle der verschiedenen Sinnesorgane bei der Bienenjagd Näheres zu ermitteln.

Durch zufällige Beobachtungen dazu gebracht, fing ich an zu untersuchen, wie eine einmal gestochene Biene, die – wie das öfters geschieht – von einer Wespe am Eingang ihrer Höhle vorübergehend verlassen worden ist, von ihr wiedergefunden wird. Ich hoffte, mir dadurch eine Vorstellung vom Verlauf der Bienenjagd bilden zu können, worauf ich meine Experimente gründen könnte. Da es sich aber herausstellte, daß in den zwei verschiedenen Fällen: beim Auffinden der toten Biene und beim Auffinden der lebenden Biene, die Sinnesorgane in merkwürdig verschiedener Weise benutzt werden, muß ich die Resultate dieser zwei Versuchsreihen getrennt behandeln.

II. Das Auffinden der toten Biene

Es passiert öfters, daß ein heimkehrender *Philanthus* seine Biene fallen läßt. Eine plötzliche Fluchtreaktion infolge einer unvorsichtigen Bewegung des Beobachters kann die Ursache davon sein; oft auch legt ein *Philanthus* seine Biene hin, wenn er den Eingang der Höhle nicht sofort öffnen kann. In beiden Fällen kehrt die Wespe nach kürzerer oder längerer Zeit zur Biene zurück, ergreift sie aufs neue, sticht sie selten wieder, und nimmt sie mit. Bei genauerer Beobachtung fällt auf, daß die Wespe sich der Biene immer, sei es zu Fuß oder fliegend, gegen den Wind nähert. Obwohl dieses die Vermutung rechtfertigt, das Aufsuchen geschehe mittels Geruchsreizen, so ist doch auch mit der Möglichkeit zu rechnen, daß das Anfliegen gegen den Wind aus flugtechnischen Gründen bevorzugt wird, wie es tatsächlich beim Anflug auf die Nestöffnung an windigen Tagen der Fall ist, wobei sicher keine Geruchsreize im Spiel sind (vgl. 13). Die folgenden Versuche mögen nun Aufschluß geben über die Weise, wie die Biene wiedergefunden wird.

1. Versuch. Eine mit Biene heimkehrende Wespe wird, sobald sie auf dem vor der Nisthöhle liegenden Sandfleck gelandet ist, aufgescheucht, worauf sie ihre Biene fallen läßt. Diese wird nun in verschiedenen Entfernungen quer zur Windrichtung verlegt, und es wird das Verhalten der Wespe beobachtet. In den 42 Versuchen, angestellt mit 23 Wespen, wurde die Biene in 35 Fällen gefunden. In den anderen Fällen ist jedoch ohne weiteres anzunehmen, daß die Wespe nicht imstande war, ihre Biene aufzufinden; oft konnte zweifellos festgestellt werden, daß die Wespe ihr Interesse für eine Biene vollkommen verlor und nur danach strebte, ihre Nisthöhle so bald wie möglich zu erreichen, worauf sie, ohne in der Nähe des Einganges nach der Biene zu suchen, sofort zu graben anfing. Öfters versuchte ich dann noch, eine solche Wespe auf ihr Interesse für Bienen zu untersuchen, indem ich die Biene unmittelbar neben den Nesteingang legte, so daß die Wespe fast nicht umhin konnte, sie zu berühren. Die heimkehrende Wespe beachtete in den meisten Fällen die Biene aber nicht mehr, oder sie schaffte sie einige Zentimeter weiter fort; nur selten nahm sie die Biene an.

Diese Versuche lehren erstens, daß das Aufsuchen der Biene mittels direkten, von der Biene selbst ausgehenden Reizen stattfinden muß, zweitens, daß nicht jede Wespe, die ihre Biene verloren hat, bestrebt ist, sie wieder aufzunehmen. Der von der Biene ausgehende Reiz kann offenbar nur auf kurzen Abstand wahrgenommen werden. Entfernt man nämlich die Biene mehr als etwa 2 m von ihrem ursprünglichen Ort in der Richtung quer zum Winde, so wird sie nicht mehr gefunden. Die Wespe sucht dann immer wieder im breiten Bogen um die alte Stelle herum, woraus zu vermuten ist, daß sie sich optisch nur in ganz großen Zügen die Stelle gemerkt hat. Innerhalb dieses unscharf begrenzten Gebietes muß sie sich aber jedenfalls – wie die Versuche beweisen – durch direkte, von der Biene ausgehende Reize orientieren. Die Tatsache, daß verschiedene Wespen kein Interesse für verlorene Bienen mehr haben, hat praktische Bedeutung: man muß für die Beurteilung der weiteren Versuche nämlich nur solche Wespen berücksichtigen, die geneigt sind, sich ihre Beute zurückzuholen.

An diese Ergebnisse schließen sich dann noch diejenigen verschiedener unten folgender Versuchsreihen an, die in den oben angegebenen Zahlen nicht verwertet sind.

Als Beispiel des 1. Versuches gebe ich ein Protokoll:

17. 7., 17 Uhr 14 Minuten. Ein mit Biene heimkehrender *Philanthus* wird aufgescheucht, als er sich eben auf den Sandfleck seiner Höhle niedergelassen hat, wobei er die Biene fallen läßt. Ich nehme sie weg und lege in 5 cm Entfernung ein dunkles Steinchen von gleicher Größe. Die Wespe kommt bald zurück und schwebt in großem Bogen niedrig umher, ohne eine bestimmte Stelle zu bevorzugen. Die Rundflüge erstrecken sich über ungefähr 1 $^1/_2$ qm und behalten während $^1/_2$ Minute dieselbe Ausdehnung. Jetzt lege ich die Biene in die Nähe der alten Stelle zurück, und sofort kommt die Wespe jetzt auf etwa 50 cm genau unter dem Wind herangeschwebt, nähert sich in kleinen Zickzackflügen der Biene, läßt sich dann und wann nieder und geht, lebhaft in senkrechter Richtung mit den Antennen schlagend, auf die Beute los, erreicht sie auch bald und greift sie. Ich scheuche sie wieder fort und verlege die Biene um etwa 10 cm. Die Wespe beginnt wieder weite Bogen zu beschreiben, steht dann plötzlich, Syrphiden-ähnlich schwebend, unterm Wind, nähert sich in der eben beschriebenen Weise und ergreift dann die Biene. Zum dritten Male wird sie aufgejagt, wieder sucht sie die Biene, dem Winde entgegenfliegend, auf.

2. Versuch. Die Frage, ob die oben angedeuteten direkten Reize optischer oder olfaktorischer Natur seien, war in einfacher Weise mittels der »Glasröhrchenmethode« Knolls (5) zu beantworten: die von der Wespe hinterlassene Biene wurde weggenommen, und in der Nähe dieser Stelle wurde ein Glasröhrchen horizontal und quer zum Winde hingelegt. Im Röhrchen befand sich eine in den verschiedenen Versuchen wechselnde Anzahl Bienen, welche ich kurz vorher anderen heimkehrenden Wespen abgenommen hatte. Ich achtete darauf, daß mindestens eine Biene deutlich optisch isoliert durch die Glaswand sichtbar war. Die gegen den Wind herankommende Wespe mußte jetzt, wenn sie auf Sehreize eingestellt war, sich auf kürzestem Wege den Bienen nähern und gegen die Glaswand stoßen, oder aber, wenn sie sich geruchlich orientierte, durch die Öffnung des Röhrchens zu ihnen gelangen. Durch diesen Versuch war nur eine grobe Entscheidung möglich; genaue Beobachtung des Verhaltens konnte aber Hinweise für die beste Planung weiterer Orientierungsversuche liefern.

Dieser Versuch wurde mit 11 Wespen insgesamt 15mal angestellt. Sieben dieser Wespen versuchten insgesamt 11mal ihre Biene wiederzufinden, immer durch die Öffnung der Röhre zu den Bienen gelangend; keine zeigte optische Einstellung.

Die 4 übrigen Wespen näherten sich unterm Winde zwar bis auf etwa 25 cm, änderten dann aber ihr Verhalten plötzlich, indem sie mit schnellen Zickzackbewegungen, mit dem ganzen Körper in der Richtung der Röhre eingestellt, vor dieser hin und her schwebten und nicht weiter herankamen. Da diese 4 Versuche alle kurz nacheinander am selben Vormittag angestellt wurden, vermutete ich einen störenden Außenfaktor. Es erwies sich, daß die Sonne in der Richtung stand, aus welcher der Wind kam, und daß das Glasröhrchen für den sich wie *Philanthus* gegen den Wind nähernden Beobachter hell glitzerte. Möglicherweise verhinderte dieses Glitzern *Philanthus,* sich weiter zu nähern. Diese Vermutung wurde bestätigt, als ich 2 dieser Wespen etwa 6 Stunden später aufs neue prüfte: beide suchten ohne Zögern die Röhrchenöffnung auf und holten sich die nächstliegende Biene heraus.

Es ergibt sich aus diesem Versuch nicht nur, daß der Geruchssinn bei dem Auffinden der toten Biene ausschlaggebend ist, sondern auch, daß eine ausschließliche Einstellung auf eine spezielle Duftkonzentration, wie sie eine Biene normalerweise liefert, nicht besteht; sonst hätte der vom Röhrchen ausgehende Duftstrom die Wespen nicht herbeilocken können. Dieses heißt aber natürlich nicht, daß Konzentrationsunterschiede nicht wahrgenommen würden; es laßt sich nur folgern, daß für *Philanthus* auch der Duft verschiedener Bienen auf engem Raum Merkmal der gesuchten Beute sein kann.

Bevor ich nun zu weiteren Versuchen überging, wurde, vielleicht zum

Überfluß, noch einmal festgestellt, daß *Philanthus* nach Verlust der eigenen Biene jede beliebige Biene annimmt und nicht einmal seine eigene von einer anderen *Philanthus*-Biene oder gar von einer mit Cyankali getöteten unterscheidet.

3. Versuch. Es wurden neben der von der Wespe hinterlassenen Biene eine kurz vorher einem *Philanthus* abgenommene und eine von mir mit Cyankali getötete Biene geboten, nebeneinander quer in der Windrichtung liegend. 7 Wespen nahmen insgesamt 10mal die eigene Biene, 13mal die andere *Philanthus*-Biene und 9mal die KCN-Biene. Außerdem passierte es öfters, daß während des Versuches ein fremder *Philanthus* sich über eine der 3 Bienen hermachte, ein Verhalten, das besonders an windigen Tagen zu beobachten war.

4. Versuch. Um den Geruchsreiz in anderer Weise als im 2. Versuch zu isolieren, wurden alte, trockene Kiefern- oder Heidekrautästchen in Stükke von Bienengröße zerschnitten und 10 Minuten lang tüchtig mit frisch getöteten Bienen in einem Glasröhrchen geschüttelt. Dann wurde ein solches »Bienenduftstäbchen« mit einem oder zwei ähnlichen Stäbchen, welchen kein Bienenduft anhaftete, statt einer der heimkehrenden Wespe abgejagten Biene geboten. Ich ließ 10 Wespen insgesamt 24mal wählen; in allen Fällen wurde das Duftstäbchen gefunden, die anderen blieben dagegen unbeachtet. Es möge hier ein Protokoll die Umstände erläutern:

18. 7., 16 Uhr 30 Minuten. Bei einem Sandfleck auf dunklem Untergrund läßt sich ein beutetragender *Philanthus* nieder. Ich scheuche ihn auf und lege statt der von ihm hinterlassenen Biene an verschiedenen Stellen nieder: ein hellweißes, Bienenduft tragendes Ästchen und zwei dunkelbraungraue duftlose Ästchen, und zwar ein duftloses, sowie das duftende auf den Sandfleck. Das helle Stöckchen fällt auf dem gelben Sandfleck beinahe nicht auf, das dunkle dagegen springt sofort ins Auge. Die Wespe kommt zurück, nähert sich gegen den Wind dem weißen Stöckchen, zuerst fliegend, dann gehend, und ergreift es unter heftigem Antennenschlagen, läßt es wieder los, packt wieder zu, nimmt es jedoch nicht mit. Ich jage sie auf und lege jetzt ein dunkles Duftstäbchen neben den Sandfleck, nehme das helle Stöckchen weg. Die Wespe muß jetzt, will sie dem Winde entgegen zum Duftstäbchen gelangen, dicht an einem der duftlosen Stöckchen entlang oder sogar hinüber. Sie macht ohne merkliches Zögern das letztere und findet das Duftstöckchen, ergreift es mit allen 6 Beinen

und *läßt sich mit gekrümmtem Hinterleib,* das Duftstöckchen an sich klemmend, umfallen, läßt aber bald wieder los. Ich lasse sie noch 3mal aufs neue wählen; jedesmal läßt sie die duftlosen Stöckchen außer acht, findet aber das Duftstöckchen, und zwar in genau derselben Weise wie in normalen Fällen die Biene.

Auch dieser Versuch zeigt, daß die Biene allein nach dem Geruch aufgefunden werden kann. Daß ein Duftstöckchen nicht vollkommen wie eine Biene behandelt wird, beruht zweifellos wenigstens zum Teil auf optischen Eindrücken, denn in den wenigen Versuchen, die ich (s. Protokoll oben) mit einem weißen Duftstöckchen anstellte, versuchte die Wespe nie, es an sich zu klemmen oder gar zu stechen, wie es mit den dunklen Duftstöckchen öfters geschah. Ein anderes Zeichen, daß die Augen nicht gänzlich unbeteiligt sind, ist das Verhalten glitzernden Röhrchen gegenüber. Weiter unten finden sich noch mehr Beispiele. Es fragt sich aber jetzt, ob die Biene auch nur mit Hilfe optischer Eindrücke aufgefunden werden kann. Hierüber gibt der

5. Versuch Aufschluß. Eine von *Philanthus* getötete Biene wird 2 Tage lang in 96 % Alkohol gelegt, welcher mehrere Male erneuert wird. Dann wird sie in der Sonne getrocknet. Sie sieht jetzt zwar nicht mehr genau wie eine frische Biene aus, gleicht ihr jedoch optisch erheblich mehr als die im vorigen Versuch verwendeten Duftstöckchen. Sie wird einem in der gewöhnlichen Weise aufgescheuchten *Philanthus* geboten, nachdem seine Beutebiene weggenommen worden ist. Versuche mit 10 verschiedenen Wespen fielen alle negativ aus, d. h., die »duftlose« Biene wurde nicht gefunden, und kein einziges Mal stellte sich eine Wespe unter dem Wind ein. Als ich dieselbe Biene wieder mit frischen *Philanthus*-Bienen schüttelte, wurde sie von der ersten Wespe, der sie vorgelegt wurde, sofort gefunden und angenommen.

Es sind für das Auffinden der toten Biene also Geruchsreize unbedingt notwendig, und das Gesicht spielt nur eine sehr untergeordnete Rolle. Über die maximale Entfernung, in welcher eine Biene von *Philanthus* gerochen werden kann, geben die Protokolle vom 1. Versuch Auskunft. Manchmal war dabei genau zu sehen, wie das suchende Umherschweben plötzlich in gerichtetes Fliegen überging: die Wespe war in die Duftbahn der Biene hineingeraten. In mehreren solchen Fällen ergab sich so, daß eine tote Biene in etwas mehr als 1 m Entfernung bemerkt wurde (Abb. 25).

Wie ich schon mitteilte, konnte es an windigen Tagen öfters geschehen,

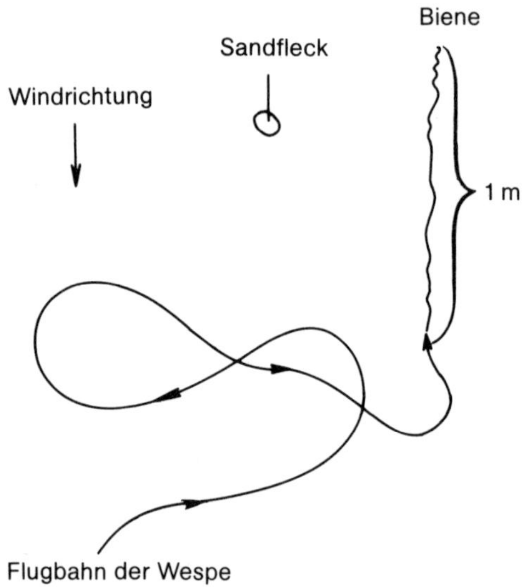

Abb. 25. Erklärung im Text.

daß in der Kolonie umherfliegende Bienenwölfe meine Versuchsbienen erbeuteten. Bei solcher Gelegenheit beobachtete ich, wie eine mit Beute heimkehrende Wespe die Aufmerksamkeit eines dieser »Bummler« auf sich lenkte, worauf dieser sich, unterm Winde fliegend, der Bienenträgerin näherte und, in etwa 15 cm Entfernung von der noch immer fliegenden Wespe gekommen, blitzschnell auf sie stieß, so daß die beutetragende Wespe zu Boden fiel, jedoch ohne ihre Biene zu verlieren. Diesem schnellen Zustoßen ging eine merkwürdige Flugweise voran; ähnlich wie eine Tachinide einem *Philanthus* oder *Bembex* folgt, machte die hintere Wespe eine Zeitlang alle Bewegungen der anderen mit, als ob sie durch einen unsichtbaren Faden mit ihr verbunden wäre. Ähnliches Zustoßen war außerdem manchmal zu beobachten, wenn in einem der vorigen Versuche die aufzufindende Biene durch den Wind leicht bewegt wurde oder wenn der Untergrund nicht dunkel, sondern hell war. Es lag der Verdacht nahe, daß hier der Gesichtssinn der leitende Sinn war, und da, wie ich später beschreiben werde, *Philanthus* mit einer ähnlichen Bewegung lebendige Bienen fängt, war mir viel daran gelegen, durch Versuche Klarheit hierüber zu schaffen.

6. Versuch. Nach einigen Vorversuchen kam ich zur folgenden Aufstellung: Zwischen zwei senkrecht in den Sand gesteckten Zweigen wurde ein horizontaler Faden gespannt, woran eine in absolutem Alkohol entduftete Biene in der Mitte befestigt war. Durch Versuche war zuvor festgestellt worden, daß diese Biene durch Geruch nicht von *Philanthus* gefunden werden konnte, selbst nicht in geringer Entfernung. In derselben Weise wurde eine *Philanthus*-Biene aufgehängt. Einem aufgescheuchten *Philanthus,* dem seine Biene genommen worden war, wurden diese 2 Bienen so geboten, daß sich die duftlose ungefähr 3 cm unter dem Wind von der in gleicher Höhe aufgehängten *Philanthus*-Biene befand (Abb. 26). Beide

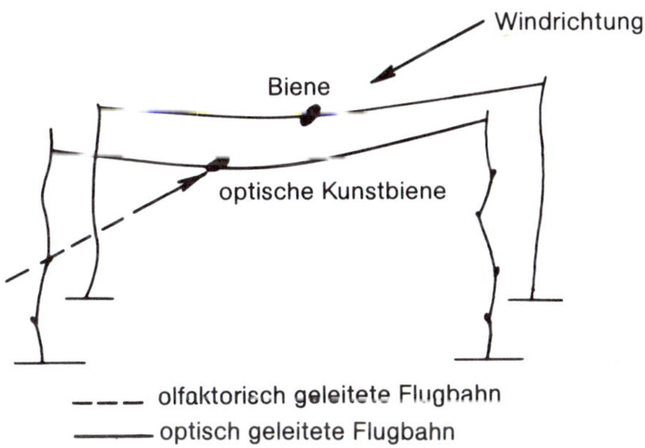

Abb. 26. Aufstellung zum 6. Versuch.

konnten, da die Fäden nicht straff gespannt waren, vom Wind schwach bewegt werden. Die *Philanthus*-Biene lenkte die Wespe mittels des von ihr ausgehenden Duftes in die Linie *Philanthus*-Biene ⟷ duftlose Biene hinein, wobei sie zuerst an die duftlose Biene geraten mußte. Diese sich bewegende, aber nicht duftende Biene konnte die Wespe zum schnellen Zustoßen veranlassen, falls sie sich dabei optisch orientierte; führte sie dagegen der Geruchssinn, so mußte sie unvermeidlich an die *Philanthus*-Biene gelangen.

Die Beobachtungen ergaben verschiedene Reaktionen. Manchmal näherte sich die Wespe in vollkommen normaler Weise, bis sie in etwa 15 cm Entfernung gekommen war. Dann hielt sie inne, schwebte wie eine Schwebfliege an der Stelle und machte alle Bewegungen der aufgehängten Biene mit, als wäre sie durch unsichtbare Fäden mit dieser verbunden, kam jedoch nicht näher und flog schließlich ab. Dieses Verhalten war namentlich zu beobachten, wenn die aufgehängten Bienen vom Wind stark bewegt wurden. Ein zweiter Verhaltenstypus war nicht von der normalen Reaktionsweise zu unterscheiden: die Wespe näherte sich, in der Duftbahn bleibend, langsamen Fluges und ergriff die *Philanthus*-Biene, ohne zuzustoßen. Dieses wurde bei sehr schwachem Wind beobachtet, wenn zu gleicher Zeit der Wind stark wechselte. Es konnte dann vorkommen, daß die Wespe nicht in der von mir beabsichtigten Linie flog, sondern, von dem inzwischen gedrehten Winde gelenkt, erheblich rechts oder links an der duftlosen Biene vorbeiflog (Abb. 27). Da in den beiden beschriebenen

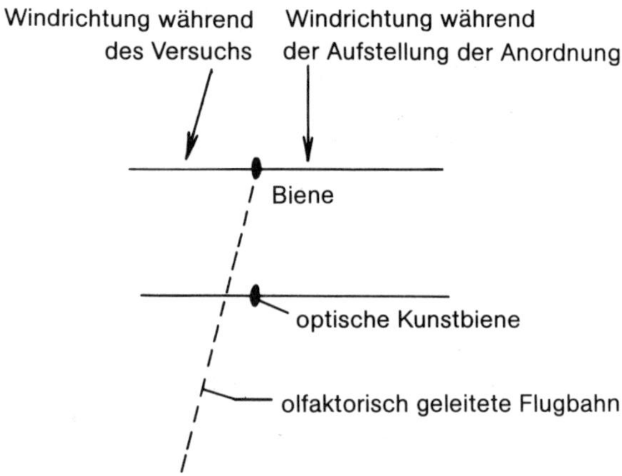

Abb. 27. Erklärung im Text.

Fällen nicht gestoßen wurde, waren sie für die vorliegende Frage bedeutungslos. Dagegen sind alle Fälle, in denen richtiges Stoßen beobachtet wurde, von ausschlaggebender Bedeutung. Das Zustoßen wurde in 12 Fällen beobachtet, und jedesmal ohne Ausnahme auf die duftlose, also sich nur optisch auszeichnende Biene.

Besonders bezeichnend ist folgendes Protokoll:

3. 8., 12 Uhr 25 Minuten. Einem aufgescheuchten *Philanthus* werden statt der verlorenen Biene eine duftlose und eine *Philanthus*-Biene aufgehängt; die duftlose 4 cm unter dem Wind der duftenden. Wind schwach, fortwährend in Richtung und Stärke schwankend. Die Wespe nähert sich

von der Leeseite, in der Duftbahn zickzackend, steht, auf 10 cm vor die duftlose Biene gekommen, einen Augenblick still in der Luft, ohne von der Stelle zu kommen, und stößt dann schnell auf die duftlose Biene zu, ergreift sie jedoch nicht oder jedenfalls nur so kurz, daß ich es nicht so zu sehen vermag, und fliegt ab. Kaum aber ist sie 60 cm geflogen, so kommt sie wieder in die Duftbahn, kommt aufs neue heran, doch aus einer anderen Richtung, da der Wind um etwa 30° gedreht hat, wobei zu sehen ist, daß sie auf die *Philanthus*-Biene und nicht auf die duftlose Biene gerichtet ist. Als sie noch etwa 30 cm von der Aufstellung entfernt ist, sehe ich, daß beide Bienen unbeweglich hängen; der Wind ist kaum merkbar. Die Wespe nähert sich wie einer am Boden liegenden Biene und gelangt ohne Zustoßen an die *Philanthus*-Biene.

Hier hat also dieselbe Wespe sich kurz nacheinander optisch und olfaktorisch orientiert, was gewiß der Unbeweglichkeit der Bienen im zweiten Fall und der veränderten Windrichtung zuzuschreiben ist.

Diese Versuche geben eine Übersicht über die Reize, welche das Auffinden der toten Biene ermöglichen. Es geht daraus hervor, wie wichtig der Geruchssinn dabei ist. Optische Anflüge kommen nur vor, wenn die Biene sich bewegt oder wenn sie sich vom Untergrund durch Kontrastwirkung abhebt.

Am Ende dieser Versuchsreihe war ich davon überzeugt, daß die Rolle der Sinnesorgane auf der Bienenjagd dieselbe sein würde wie beim Aufsuchen einer bewegten toten Biene. Dazu veranlaßte mich erstens eine Gelegenheitsbeobachtung im Jagdgebiet von *Philanthus*, wobei die Biene durch einen ähnlichen Stoß ergriffen wurde, nachdem die Wespe eine Zeitlang schwebend an der Leeseite in der Luft »gestanden« hatte; zweitens war es unwahrscheinlich, daß *Philanthus* mit den trägen Bewegungen, welche ihn bei ausschließlich olfaktorischer Leitung an die Biene heranführten, je eine lebende Biene erbeuten konnte. Diese zweite Überlegung erwies sich zwar als richtig; es stellte sich aber bald heraus, daß die jagende Wespe in grundsätzlich anderer Weise von ihren Sinnesorganen Gebrauch macht, als nach den vorhergegangenen Versuchen zu vermuten war.

III. Die Bienenjagd

In der zweiten Hälfte des August jagten die Bienenwölfe meiner Kolonie alle auf einer verhältnismäßig kleinen Heidefläche, wo ihnen an den blühenden *Calluna*-Sträuchern Bienen in unbegrenzter Zahl zur Verfügung standen. Es bot sich hier eine überaus günstige Gelegenheit, sie bei der Bienenjagd zu beobachten.

Die Beobachtung lehrte, daß *Philanthus* die sammelnden Bienen auf und nächst den Heidepflanzen erbeutete. Die Wespen stellten sich morgens etwa $^1/_2$ Stunde später ein als die Bienen. Sie flogen nicht höher als 60 cm über dem Boden, umschwebten die *Calluna*-Sträucher und setzten sich dann und wann auf den kahlen Sandboden. Viele Bienen in ihrer Nähe blieben unbehelligt; es konnte vorkommen, daß eine Wespe an vier, fünf Sträuchern, an denen mehrere Bienen saugten, vorbeiflog, ohne darauf zu reagieren. Speziell ruhig saugende Bienen schienen die Aufmerksamkeit des *Philanthus* nicht auf sich zu lenken; andere, die sich langsam fliegend von Blume zu Blume begaben, wurden jedoch aus Entfernungen bis zu 30 cm bemerkt; im Nu stellte sich die Wespe, in 10–20 cm Abstand ruhig schwebend, vor der Biene auf und stieß so schnell zu, daß das Auge der Bewegung nie zu folgen vermochte; im selben Augenblick rollte sie schon, mit der Biene zwischen die Beine geklemmt, durch den Wirrwarr der *Calluna*-Zweige zu Boden, wo sie in der schon früher beschriebenen Weise (13) der fast unmittelbar vom Stich gelähmten Beute ihren Honig nahm. Die Bienen wurden sowohl von fliegenden wie von sitzenden Wespen entdeckt. Im letzteren Falle war bei ruhiger Beobachtung immer zu sehen, wie die Wespe sich mit dem ganzen Körper in die Richtung der Biene kehrte, bevor sie aufflog, was optische Orientierung vermuten ließ. In den etwa 50 beobachteten Fällen fehlte weiter fast nie das Auf-der-Stelle-Schweben unmittelbar vor dem Stoß, und jedesmal stand die Wespe genau unter dem Wind.

In der Hoffnung, mir Zeit zu ersparen und somit schneller arbeiten zu können, versuchte ich, ob die Wespen auch in Gefangenschaft Bienen jagen würden. Ich beobachtete dazu das Benehmen verschiedener Bienenwölfe in einem Flugkasten, wo ihnen außer einem *Calluna*-Strauch auch einige Bienen beigegeben waren. Die Wespen beachteten sie jedoch selten und versuchten immer durch die Wand des Kastens ins Freie zu gelangen, waren also nicht zur Bienenjagd, sondern zur Flucht gestimmt. Ähnlich wie bei den unter der Glasglocke beobachteten Tieren (vgl. 13) waren auch hier also höchstens Fragmente des natürlichen Verhaltens zu erwarten. Um sicher zu sein, es mit bienenjagenden Wespen zu tun zu haben, entschloß ich mich, meine Versuche völlig im Freien anzustellen, wo ich, im Jagdrevier der Wespen arbeitend, viele jagende Bienenwölfe erwarten konnte. Es zeigte sich schon bald, daß dies in der Tat zutraf und daß ich hier mit geringer Mühe verschiedene Versuchsserien durchführen konnte.

7. Versuch. Eine mit Cyankali getötete Biene wurde an einem schwach gespannten waagerechten Faden aufgehängt, so daß sie vom Wind sanft bewegt werden konnte. Es währte nicht lange, bis eine vorbeifliegende Wespe sie bemerkte, eine Weile unbeweglich auf 10 cm genau leewärts von der schaukelnden Biene schwebte und zustieß, die Biene auch wirklich ergriff und stach. Unter der Biene am Faden taumelnd, preßte sie ihre Beute aus und leckte vom Honig, versuchte dann, sie mitzunehmen, jedoch ohne Erfolg.

Diese Vorprobe eröffnete die Möglichkeit zu den nachfolgenden Versuchen. Um vor allem die Rolle von optischen und olfaktorischen Merkmalen zu prüfen, stellte ich eine Reine von Versuchen mit »Kunstbienen« an.[1]

8. Versuch: Einige mit Cyankali getötete Bienen an einem schwach gespannten horizontalen Faden, zur Kontrolle der bei den anderen Anordnungen gewonnenen Resultate. Dieser Versuch wurde immer neben den anderen Versuchen aufgestellt, um stets eine feste Vergleichsbasis zu haben.

9. Versuch: Einige mit Alkohol »entduftete« Bienen am horizontalen Faden, gleichfalls so schwach gespannt, daß sie vom Winde bewegt werden konnten.

10. Versuch: Einige aus abgestorbenen *Calluna*-Stämmen geschnittene Stäbchen von annähernd Bienengröße, am horizontalen Faden.

11. Versuch: Einige dieser Stäbchen, durch Schütteln mit toten Bienen mit Bienenduft versehen, am horizontalen Faden.

1 Bei der Durchführung dieser Versuche waren Frl. T. Kooistra, biol. Kand. Utrecht, und Herr L. Tinbergen, biol. Stud. Haag, mir freundlichst behilflich.

12. Versuch: Eine an einem Ende offene Glasröhre mit einer Anzahl von mir getöteter Bienen, nicht wie die vorigen Kunstbienen gut sichtbar vor einer *Calluna*-Pflanze, sondern hinter Kiefernästchen aufgestellt, so daß optische Anlockung ausgeschaltet war.

13. Versuch: Einige auf abgestorbene Heidekrautäste gebundene Bienen.

14. Versuch: Einige auf blühende *Calluna*-Zweige gebundene Bienen.

15. Versuch: Einige der im 9. Versuch verwendeten Alkoholbienen, welchen durch Schütteln mit toten Bienen wieder Bienenduft beigegeben worden war.

Es erwies sich meistens als unmöglich, alle die genannten Anordnungen zu gleicher Zeit aufzustellen und durchzubeobachten; ich stellte daher meistens nur 4 oder 5 verschiedene Versuche auf (dabei, wie gesagt, immer den 8. Versuch). So hatte ich z. B. am 22. August die Versuche 8, 9, 10, 11 und 12, am 24. August die Versuche 8, 10, 11, 12, 13, 14 und 15 aufgebaut usw. Immer wurde genau die Anzahl der ausgesetzten »Kunstbienen« und die Dauer des Versuches notiert. Um die gewonnenen Zahlen miteinander vergleichbar zu machen, wurden sie auf die Zahl der »Stundenbienen« bezogen (Zeit in Stunden × Anzahl Bienen oder Kunstbienen). Das Verhältnis $\frac{\text{Zahl der beobachteten Reaktionen}}{\text{Zahl der Stundenbienen}}$ gab also für jede Versuchsanordnung den Reaktionswert an; in der Tabelle ist dieser durch die eingeklammerten Ziffern wiedergegeben, wobei als Einheit eine Reaktion auf hundert Stundenbienen gewählt ist.

Die Reaktionen der Wespen waren nicht immer vollkommen, d. h., nicht immer wurde eine Kunstbiene, wenn eine Wespe sie bemerkte, auch beflogen, ergriffen, gestochen und ausgepreßt. Es erwies sich, daß die ganze Fanghandlung in eine Anzahl Teilreaktionen zerlegt werden kann, bei deren jeder das Tier von einem anderen Sinn geleitet wird. Ohne vorgreifen zu wollen, muß ich doch, zum besseren Verständnis der Tabelle, die verschiedenen Reaktionsstufen kurz beschreiben.

Unter *Schweben* verstehe ich das Syrphiden-ähnliche Schweben, bei dem die Wespe, den ganzen Körper genau in die Richtung der Kunstbiene einstellend, auf etwa 5–20 cm Entfernung unter dem Wind, genau an derselben Stelle bleibt. *Stoßen* nenne ich das schnelle Zustoßen auf die Kunstbiene, ohne diese jedoch zu ergreifen; die Wespe prallt nur einen

Augenblick mit ihr zusammen, so daß man oft nur an der Bewegung der aufgehängten Kunstbiene sieht, daß wirklich eine Berührung stattgefunden hat. *Greifen* braucht kaum Erläuterung; die Wespe stößt zu und ergreift die Kunstbiene, läßt sie aber schon sehr bald wieder los, ohne gestochen zu haben. Die nächste Stufe nenne ich *Stechen*, dem aber noch nicht Pressen, Saugen und Lecken folgt. Unter *Erbeuten* endlich verstehe ich die vollkommene Handlung: Stechen, Pressen, Lecken und Mitnehmen. Das letzte wurde allerdings immer vom Faden verhindert.

Die in der Tabelle genannten Zahlen geben nur an, wie oft eine Wespe die betreffende Reaktionsstufe selber gezeigt hat, ohne die Handlung fortzusetzen; wenn z. B. im 15. Versuch zweimal das Stechen beobachtet wurde und außerdem sechsmal das Greifen, so habe ich selbstverständlich auch achtmal das Stoßen gesehen; unter Stoßen ist aber keine Reaktion angegeben, weil ich kein einziges Mal beobachtet habe, daß eine Wespe *nur* stieß, ohne zu greifen, zu stechen oder zu erbeuten.

Tabelle 11. *Übersicht über die Versuche 8–15*

Versuch-Nr.	»Stunden-Bienen«	Schweben	Stoßen	Greifen	Stechen	Erbeuten
8 (tote Biene)	153	40 (26)	5 (3)	17 (11)	11 (7)	29 (19)
9 (Alkoholbiene)	88	18 (20)	8 (9)	—	—	—
10 (duftloses Stäbchen)	101	14 (14)	1 (1)	2 (2)	—	—
11 (Duftstäbchen)	119	40 (34)	3 (3)	20 (17)	11 (9)	—
12 (Glasröhre mit Bienen)	22	—	—	—	—	—
13 (Bienen auf Ast gebunden)	70	—	—	—	—	—
14 (Bienen auf blühende *Calluna* gebunden)	36	—	—	—	—	—
15 (wieder duftende Alkoholbiene)	13	3	—	6	2	—

Bei Betrachtung der Tabelle fällt sofort auf, daß der Bienenduft keinerlei anlockende Wirkung auf eine jagende Wespe ausübt. Im 12., 13. und 14. Versuch hat keine einzige Wespe reagiert. Gegen den 12. Versuch könnte der Einwand erhoben werden, die Konzentration sei vielleicht zu hoch. Immerhin bleibt dann noch die interessante Tatsache, daß dieselbe Röhre, die am Nistplatz einen nach toter Beute suchenden *Philanthus* von weiter als 1 m herbeizulocken vermag, im Jagdrevier keine anlockende Wirkung auf eine nah vorüberfliegende Wespe hat. Verschiedene Male nahm ich zur Kontrolle die auf der Heide benutzte Glasröhre mit ins Nistgebiet, wo ich sie einer Wespe vorlegte, der ich eben ihre Biene abgejagt hatte (vgl. 2. Versuch). Hierbei bekam ich jedesmal positive Reaktionen.

Der Einwand kann aber den Versuchen 13 und 14 gegenüber nicht aufrechterhalten werden, denn hier wurde nur eine einzige Biene benutzt. Außerdem war die starke Duftkonzentration im 11. Versuch – die »Duftstäbchen« dufteten für die menschliche Nase stärker als die echten Bienen – kein Hindernis für die Wespen, auf die Kunstbienen zu stoßen und sie sogar zu stechen.

Die erste Reaktion, welche zeigt, daß ein *Philanthus* eine Kunstbiene entdeckt hat, ist das Schweben. Die Wespe stellt sich hierbei so deutlich in der Richtung des Zieles ein, daß kein Zweifel darüber möglich ist, daß sie die Biene bemerkt hat. Daß die Alkoholbienen sowie die duftlosen Stäbchen diese Reaktion auslösen, beweist zur Genüge, daß die Biene optisch aufgefunden wird. Vergleichen wir die für die Versuche 8, 9, 10 und 11 angegebenen Reaktionswerte miteinander, so ist ohne weiteres ersichtlich, daß die »optischen Kunstbienen« (des 9. und 10. Versuches) mit totalen Reaktionswerten von 30 bzw. 17 stark hinter den echten Bienen und den Duftstäbchen, mit 67 bzw. 62, zurückbleiben. Dieses scheint die Schlußfolgerung, daß die Biene optisch aufgefunden wird, zu widerlegen, da ja dann die totalen Reaktionswerte in allen 4 Versuchen annähernd gleich sein müßten. Dieser Widerspruch ist aber nur scheinbar, denn aus weiter zu erörternden Gründen bleibt eine Wespe vor einer »optischen Kunstbiene« selten länger als 1/2 Sekunde, meistens nur einen Bruchteil einer Sekunde schweben; eine solche kurze Handlung wird leicht übersehen, und außerdem sind (eben deshalb) in den beiden Versuchsserien 9 und 10 viele zweifelhafte Beobachtungen nicht mit eingetragen worden. Beschränkte sich dagegen im 8. oder 11. Versuch eine Wespe auf bloßes Schweben, so währte das fast immer länger als 1 Sekunde, manchmal bis zu 8 Sekunden, so daß ich immer Zeit genug hatte, die Reaktion einwandfrei festzustellen.

Weiterhin ergab sich ein sehr großer Unterschied zwischen den Reaktionen auf tote Bienen und Duftstäbchen einerseits und andererseits auf Alkoholbienen und duftlose Stäbchen. Vor diesen, den »optischen Kunstbienen«, kam es selten weiter als bis »Schweben«; die wenigen Reaktionen unter »Stoßen« und »Greifen« sind zum Teil anders zu werten als die meisten hierhergehörigen Reaktionen (s. weiter unten). Eine »Biene«

wird offenbar während des Schwebens olfaktorisch geprüft. Riecht sie nicht nach Honigbiene, so währt das Schweben nicht lange, und es folgt keine Fanghandlung. Riecht sie dagegen gut, so stößt die Wespe richtig zu. In den weitaus meisten Fällen wird die »Biene« dann auch gestochen. Eine schöne Stütze erhält diese Auffassung durch den 15. Versuch, der nur als Kontrolle auf die Alkoholbienen gedacht war und daher nur einmal angestellt wurde. Während im 9. Versuch auf 88 Stundenbienen nie »Greifen« oder »Stechen« beobachtet wurde, erhielten die durch Schütteln mit toten Bienen wieder duftend gemachten Alkoholbienen auf 13 Bienenstunden 6 Greif- und 2 Stechreaktionen. Es folgt hieraus nicht nur, daß der Bienenduft das Zustoßen auslöst, sondern auch, daß die im 9. Versuch benutzten Alkoholbienen *nicht* ihrer *optischen* Eigenschaften wegen unbehelligt gelassen wurden.

Das Zustoßen selbst wurde, wie ich schon im II. Abschnitt gezeigt habe, optisch geleitet. Daß dieses auch bei der Jagd der Fall war, beweisen gelegentliche Beobachtungen. Es kam öfters vor, daß eine Wespe, während sie vor einer lebendigen Biene schwebte, diese dadurch aus dem Auge verlor, daß die Biene sich beim Nektarsammeln in die Heidepflanze verkroch. Ereignete es sich nun zufällig, daß in einem solchen Augenblick eine optische Kunstbiene im Sehbereich der Wespe vom Wind bewegt wurde, so stieß die Wespe unverzüglich zu, bemerkte aber beim Anstoßen sofort, daß sie sich geirrt hatte, und packte sie denn auch nie richtig fest. Die meisten der unter »Stoßen« und »Greifen« beim 9. und 10. Versuch erwähnten Reaktionen kamen in dieser Weise zustande.

Es sei hier ein Protokoll wiedergegeben:

24. 8., 9 Uhr 35 Minuten. Ein *Philanthus* hat eine nektarsaugende Biene entdeckt und schwebt vor ihr; die Biene fliegt jedoch ziemlich schnell von Blüte zu Blüte und sammelt jedesmal nur kurz. *Philanthus* stößt nicht sofort, sondern folgt ihr, so gut wie möglich an der Leeseite bleibend. Wenn sie genau hinter einem von mir aufgehängten duftlosen Stäbchen sammelt, stößt *Philanthus* auf das Stäbchen, ergreift es und hält es während etwa $^1/_2$ Sekunde zwischen die Beine geklemmt, ohne jedoch zu stechen. Dann fliegt er auf, stellt sich wieder vor der Biene auf, die inzwischen in der Nähe des nächstfolgenden Stäbchens angelangt ist. Sofort stößt er auf dieses Stäbchen und behandelt es wie das vorige. Die Biene fliegt jetzt im weiten Bogen zur nächsten *Calluna*-Pflanze, *Philanthus* verliert sie aus dem Auge und fliegt davon.

Es folgt hieraus nicht nur, daß das Stoßen wirklich optisch geleitet wird, sondern auch, daß *Philanthus* beim Zusammenstoß mit der Beute zwischen »optischer Kunstbiene« und Duftstäbchen bzw. toter Biene unterscheidet. Und hier kommt der Anschluß an meine früheren Versuche, welche zeigten, daß bei Berührung der Antennen die Beute chemisch geprüft wird.

Es fragt sich schließlich, weshalb ein Duftstäbchen niemals »erbeutet« wurde. Öfters sahen wir, wie eine Wespe versuchte, es zu stechen, wozu das Holz aber zweifellos zu hart war. Sie ließ dann das Ganze im Stich und flog mit noch heraushängender Angel davon. Es lassen sich aber auf Grund meiner Versuche nicht mehr als Vermutungen über die Rolle der Sinnesorgane dabei äußern.

Hiermit ist in großen Zügen die Orientierung bei der Bienenjagd analysiert. Die Wespe fliegt von Heidepflanze zu Heidepflanze und sucht optisch nach Bienen. Auch wenn sie sich hingesetzt hat, ist sie mit optischen Kunstbienen zu locken. Sieht sie eine »Biene«, so stellt sie sich im Schwebeflug unter dem Winde auf und prüft die vermeintliche Beute olfaktorisch. Riecht es gut, so stößt sie zu und packt die Biene. Riecht es immer noch gut, so sticht sie. Werden dann Bedingungen erfüllt, deren Natur noch unbekannt ist, so preßt sie die Beute aus, leckt Nektar und nimmt die Biene heim.

Diesen experimentellen Befunden schließen sich viele nebenbei gemachte Beobachtungen, die in einer oder anderer Weise als natürliches Experiment ihren Wert haben, gut an. Um Raum zu sparen, seien nur einige der Protokolle wiedergegeben, welche weitere Beweise, vor allem für die optische Natur der Orientierung beim Suchen nach Beute und beim Zustoßen, liefern mögen.

17. 8., 15 Uhr 27 Minuten. Ein *Philanthus* hat sich auf einen *Calluna*-Zweig niedergelassen. In einer Entfernung von 32 cm setzt sich ein *Bombus terrestris*-Weibchen von mittlerer Größe auf die Heide. *Philanthus* fixiert sie deutlich, dreht den ganzen Körper in ihre Richtung und folgt ihr in allen Bewegungen mit dem Kopf, fliegt auf und stellt sich erst jetzt schwebend auf 15 cm unter dem Wind auf; nach etwa 1 Sekunde fliegt er fort.

22. 8., 9 Uhr 37 Minuten. Ein auf dem Boden ruhender *Philanthus* sieht oben hinter sich eine 25 cm von ihm entfernt fliegende Biene, welche im Begriff ist, sich auf einen *Calluna*-Zweig zu setzen. Er dreht sich um, fliegt auf, mit dem Wind, und stellt sich auf etwa 12 cm unter dem Wind vor der Biene auf, stößt und erbeutet sie (Abb. 28).

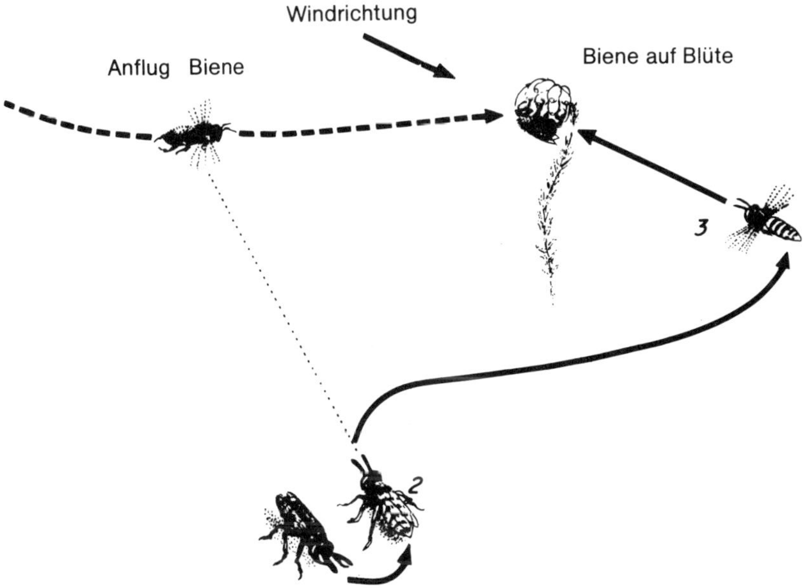

Abb. 28. Der Jagdanflug des Bienenwolfes.

25. 8., 11 Uhr 59 Minuten. Ein auf dem Sand ruhender *Philanthus* sieht etwa 15 cm über sich eine kleine wilde Biene. Er fliegt auf, schwebt ½ Sekunde unter dem Wind; gerade jetzt sitzt die Biene eine Zeitlang unbeweglich. *Philanthus* stößt nun auf ein kleines dürres, etwa 3 cm von der Biene entferntes Ästchen, bleibt eine Weile sitzen, fliegt dann weiter.

26. 8., 9 Uhr 34 Minuten. Nebeneinander sind an einem horizontalen Faden vier Duftstäbchen (D_1, D_2, D_3 und D_4) aufgehängt. Ein *Philanthus* schwebt während mehrerer Sekunden unter dem Wind vor D_4, dann D_3, dann D_2, in Entfernungen zu 5–10 cm. Das Einstellen auf eine neue Kunstbiene erfolgt in sehr bezeichnender Weise: Die Wespe, die genau leewärts von D_4 steht, dreht sich plötzlich um eine Vertikalachse, wobei sie ihre Längsachse in die Richtung von D_3 einstellt. Dann dreht sie in einem Bogen, den Körper immer in der Richtung D_3 eingestellt, nach links, bis sie an der Leeseite von D_3 im Duftstrom hängt, wo sie sich einige Sekunden unbeweglich an der Stelle hält, sich dann plötzlich dreht und D_2 ins Auge faßt usw. (Abb. 29).

Wie es die Experimente vermuten ließen, erfolgen also auch im Freien

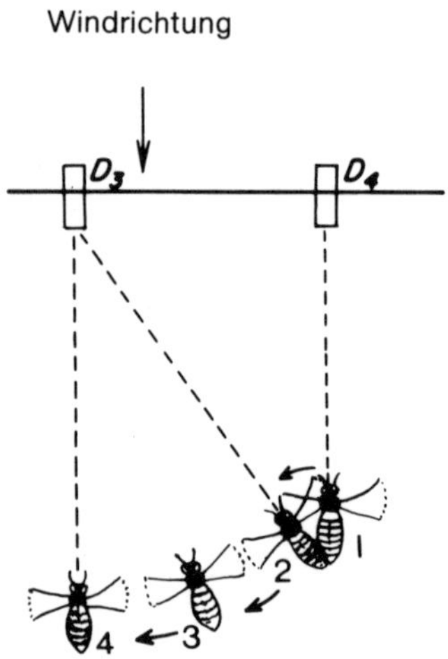

Abb. 29. Optischer Alarm auf Duftstäbchen D_3.

Reaktionen auf »optische Bienen.« Im ganzen habe ich 47mal einen *Philanthus* eine lebendige Biene im freien Felde erbeuten gesehen; daneben notierte ich zahlreiche »Schwebereaktionen« und 11 Stöße auf Fliegen, Hummeln usw. Da ich in allen diesen Fällen nie sah, daß die Wespe diese auch wirklich zu stechen versuchte, sondern sie immer sofort wieder davonflog, ist anzunehmen, daß der Kontaktgeruch die letzte Entscheidung über das Beutetier bedingt.

Im Anschluß an diese ziemlich grobe Analyse möchte ich noch auf einige Besonderheiten aufmerksam machen. Es wurde oben gezeigt, daß, wenn die Wespe eine vermeintliche Beute gesehen hat, sie an einer günstigen Stelle unter dem Wind einige Zeit ruhig schwebt, um sie einer olfaktorischen Prüfung zu unterwerfen. Während dieses Schwebens sind die Augen aber nicht funktionslos. Das geht erstens daraus hervor, daß die Wespe bei starkem Wind die tanzenden Bewegungen der aufgehängten Bienen mitmacht, »als ob sie durch einen Faden damit verbunden wäre«. Öfters nimmt die Wespe sie dann nicht an. Daß dieses nicht auf Grund olfaktorischer Reize geschieht, darauf weist die Tatsache, daß nicht nur Kunstbienen, sondern auch die echten Versuchsbienen des 9. Versuchs verschmäht werden, während lebendige Bienen auch bei starkem Wind erbeutet werden. Die optische Einstellung während des olfaktorischen »Prüfens« wird durch zwei Beobachtungen bewiesen: erstens findet das geschilderte Verhalten besonders bei starkem Wind statt, wenn die aufgehängten Bienen heftig schaukeln, und zweitens stößt eine Wespe öfters, wenn sie durch den Duft einer Biene dazu angeregt worden ist, auf eine nicht nach Biene riechende Fliege, Hummel oder Kunstbiene, welche zufällig in der Nähe ist. Wenn *Philanthus* zustößt, ist das Auge allein das leitende Sinnesorgan; sonst wären Anflüge auf nicht nach Bienen duftende Gegenstände ja unverständlich. Während dieser kurzen Spanne hat der Geruchssinn anscheinend gar keine Macht über die Bewegungen. Diese Unfähigkeit eines Sinnesorgans, in bestimmten Phasen der Handlung zur Orientierung beizutragen, tritt in noch auffallenderer Form während der Suche nach Beute zutage. Wir wissen aus den vorhergehenden Versuchen, daß die Wespe imstande ist, eine optisch aufgefundene Biene in mindestens 15 cm Entfernung zu riechen. Nie aber hat ein suchender *Philanthus* eine der im 12., 13. und 14. Versuch aufgestellten Bienen gefunden, obwohl ich viele Male eine Wespe auf wenige Zentimeter an diesen Bienen vorüberfliegen sah. Während der Suche nach Beute ist das Geruchsorgan in dieser Hinsicht also völlig ausgeschaltet, obwohl die Wespe dabei öfters quer durch ein für sie deutlich zu rezipierendes Duftfeld fliegt! Noch treffender wird dieses, wenn man bedenkt, daß *Philanthus* eine in der Nestumgebung verlorene Biene schon in etwa 1 m Entfernung riecht.

Über die optische Orientierung läßt sich noch einiges sagen. Anscheinend kann *Philanthus* die Biene auf etwa 30 cm überhaupt erst sehen; bei größeren Entfernungen sah ich nie eine Reaktion. Die Form und die Farbe der »optischen Kunstbienen« kann ferner erheblich von der einer wirklichen Biene abweichen, ohne daß die Wespe es zu bemerken scheint. Manchmal stieß auch eine auf viel zu große Gegenstände, die ihr eine doppelt so große Oberfläche boten wie eine Biene. Die Lokalisation der Beute dagegen scheint vorzüglich zu sein, denn Fehlstöße sind äußerst selten. Daß viele Bienenwölfe auf meine aufgehängten Kunstbienen stießen, heißt nicht, daß sie deren unnatürliche Bewegungsweise nicht von der einer sammelnden Biene unterscheiden konnten. Es geschah öfters, daß eine Wespe minutenlang unter einer schaukelnden Kunstbiene auf dem Sand saß, sie dann und wann fixierte, ohne jedoch aufzufliegen. Sobald dann eine Fliege, Hummel oder Biene in ihren optischen Bereich kam, flog sie auf und prüfte sie olfaktorisch.

Es bleibt die Frage, welche Rolle dem Gehör bei der Bienenjagd zukommt. Kann *Philanthus* die Biene hören? Ich habe nicht versucht, einen akustischen Reiz isoliert darzubieten, machte jedoch verschiedene Beobachtungen, die einige Auskunft darüber geben können. Es gelang mir, wie beschrieben, die vollkommene Fanghandlung ohne Darbietung von akustischen Reizen auszulösen. Im freien Felde sah ich oft, daß in der unmittelbaren Nähe eines sitzenden *Philanthus* der auf optische Reize lebhaft reagierte, eine fliegende, also summende Biene im Inneren des *Calluna*-Gestrüpps ihren Weg ging. Nie sah ich eine Wespe hierauf reagieren; auch nicht das geringste Anzeichen von Alarmierung war zu entdecken. Lebhafte Reaktionen dagegen waren öfters zu beobachten, wenn eine Biene im optischen Gebiet auf dem Heidekraut umherlief, also zwar sich bewegte, aber keinen Laut von sich gab. Nach diesen Beobachtungen spielt das Gehör keine oder bestenfalls eine sehr untergeordnete Rolle beim Beuteerwerb. Oft versuchten wir, eine beim Nesteingang beschäftigte Wespe auf Schallreize reagieren zu lassen, indem wir allerhand kräftige Laute hervorbrachten, ohne uns dabei stark zu bewegen. Während die Wespen von unseren Bewegungen sehr bald alarmiert wurden, ist es uns nie gelungen, eine Reaktion auf einen Schallreiz auszulösen, so daß es fraglich erscheint, ob *Philanthus* überhaupt einen Gehörsinn besitzt.

Die Rolle von Tastreizen ist weniger leicht zu beurteilen. Wie ich schon bemerkte, wirkt der Tastsinn vielleicht bei der Beurteilung der schon ergriffenen Beute mit. Ob von fliegenden Tieren erzeugte Luftströmungen die Wespe vielleicht auf ihre Beute aufmerksam machen, kann ich nicht so gut beurteilen wie die Frage nach der Bedeutung von akustischen Reizen, da in der Natur eine Isolation von eventuellen Tastreizen unter Ausschaltung von Gesichtsreizen nicht vorkommt. Weil aber die ganze Fanghandlung ohne das Mitspielen von Luftströmungen ausgelöst werden kann, sind Tastreize zumindest entbehrlich.

Zusammenfassung und Schlußbemerkungen

Philanthus ist imstande, wenn er seine Biene in der Nähe des Nestes verliert, diese wieder aufzufinden. Hierbei spielen Erinnerungen nur eine sehr untergeordnete Rolle, da die Wespe zu der Stelle, wo sie die Biene verloren hat, nur sehr ungenau zurückfindet. In verschiedener Weise wurde festgestellt, daß von der Biene ausgehende Geruchsreize die Wespe führen. Die Entfernung, auf welche eine tote Biene gerochen wird, beträgt mindestens 1 m. Die Wespen können nicht zwischen ihrer eigenen und einer fremden Biene unterscheiden. Wenn die Biene sich bewegt oder mit dem hellen Untergrund kontrastiert, wird der Anflug nicht ausschließlich olfaktorisch, sondern über die letzten 10 cm optisch geleitet; die Wespe schießt dann blitzschnell auf ihre Beute zu und läßt sich auch auf »optische Kunstbienen« (Ästchen, Steinchen usw.) lenken, falls diese sich in der Bienenduftbahn befinden.

Bei der Bienenjagd auf der Heide ist der Gesichtssinn der alarmierende Sinn. Nie hat ein *Philanthus* eine meiner versteckten Kunstbienen olfaktorisch gefunden, oft dagegen die sichtbaren geruchlosen Kunstbienen. Die Bienen, welche *Philanthus* in etwa 30 cm Entfernung sieht, prüft er aus 15–5 cm Abstand geruchlich. Öfters ereignet es sich, daß ein *Philanthus* optisch auf eine Hummel, eine wilde Biene, einen Käfer oder eine Fliege aufmerksam wird, diese vermeintliche Beute jedoch schwebend olfaktorisch prüft und verschmäht. Nach der olfaktorischen Prüfung stößt die Wespe genau gezielt auf die Beute; dieses Zustoßen ist wieder ausschließlich optisch geleitet, ähnlich wie dieselbe Reaktion auf die tote Biene in der Umgebung des Nestes. Beim Zusammenstoß wird die Biene jedoch wieder olfaktorisch geprüft, und dann wird nur die nach Biene duftende Beute gestochen. Hat die Wespe, wie es manchmal vorkommt, auf eine nicht mit Bienenduft behaftete Beute gestoßen, so bewirkt der Kontakt mit den Chemorezeptoren der Antennen die letzte Entscheidung. Bei der Bienenjagd werden Gesichtssinn und Geruchssinn also abwechselnd benutzt, jedesmal eine sehr bestimmte Stufe der Fanghandlung bewirkend. Bei der Bienensuche macht sich eine merkwürdige psychische Hemmung geltend: während die suchende Wespe für Bienenduft ganz unempfindlich ist, kann sie, sobald sie eine vermeintliche Beute gesehen hat, den Duft einer einzigen Biene in mindestens 15 cm Entfernung perzipieren. Vielleicht liegt den oben besprochenen Resultaten Molitors eine ähnliche Hemmung zugrunde, denn der Geruchssinn spielt angeblich beim Erkennen eines im *Philanthus*-Nest befindlichen Insektes nur eine geringfügige Rolle.

Die strenge Spezialisierung auf ein einziges Beutetier ist also hier in letzter Instanz olfaktorisch bedingt. Auch in anderen Fällen strenger Monophagie einer Insektenart wird die Beschränkung auf eine spezielle Nahrungsart durch den chemischen Sinn ermöglicht (Verschaffelt 14, v. Frisch 3, Murr-Danielczick 11, v. Stein-Beling 12).

Die Orientierungsweise von *Philanthus*: optischer Alarm, chemische Nahprüfung, ähnelt sehr derjenigen blütenbesuchender Hymenopteren wie der Biene (v. Frisch 1,2; Knoll 5) und der Hummeln (Kugler 6–9).

Eine Reaktion auf akustische Reize oder auf Tastreize war nicht zu bemerken; außerdem konnte die ganze Fanghandlung viele Male unter Ausschaltung dieser beiden Reize hervorgerufen werden.

Literatur

1 Frisch, K. v. (1914): Der Farbensinn und Formensinn der Biene. Zool. Jb. 35.

2 – (1919): Über den Geruchssinn der Biene und seine blütenbiologische Bedeutung. Zool. Jb. 37.

3 – (1926): Vergleichende Physiologie des Geruchs- und Geschmackssinnes. Handbuch der normalen und pathologischen Physiologie, Bd. 11.

4 Grandi, G. (1930): 10° Contributo alla conoscenza biol. e. morfol. degli imenott. mellif. e predatori. Bologna (nach Molitor).

5 Knoll, F. (1926): Insekten und Blumen. Abh. Zool. Bot. Ges. Wien 12.

6 Kugler, H. (1930): Blütenökologische Untersuchungen mit Hummeln. Planta (Berl.) 10.

7 – (1932a): Blütenökologische Untersuchungen mit Hummeln III. Planta (Berl.) 16.

8 – (1932b): Blütenökologische Untersuchungen mit Hummeln IV. Planta (Berl.) 16.

9 – (1933): Blütenökologische Untersuchungen mit Hummeln VI. Planta (Berl.) 19.

10 Molitor, A. (1934): Neue Beobachtungen und Versuche mit Grabwespen V. Biol. Zbl. 54.

11 Murr-Danielczick, L. (1930): Über den Geruchssinn der Mehlmottenschlupfwespe *Habrobracon juglandis* Ashmead. Z. vergl. Physiol. 11.

12 Stein-Beling, I. v. (1934): Über den Ausflug der Schlupfwespe *Nemeritis canescens* Grav. und über die Bedeutung des Geruchssinnes bei der Rückkehr zum Wirt. Biol. Zbl. 54.

13 Tinbergen, N. (1932): Über die Orientierung des Bienenwolfes (*Philanthus triangulum* Fabr.). Z. vergl. Physiol. 16.

14 Verschaffelt, E. (1910): De oorzaak der voedselkeus bij eenige plantenetende insecten. Verslag. Kon. Acad. Wetensch.

(Aus dem Zoologischen Laboratorium der Reichsuniversität Leiden)

4 Die Orientierung des Bienenwolfs nach Landmarken

(1938)[1]

I. Einleitung und Fragestellung

Die Weibchen der Grabwespe *Philanthus triangulum* FABR. versehen die in selbstgegrabenen Höhlen abgelegten Eier mit einer Anzahl getöteter Honigbienen, die sie, oft weit von der Nisthöhle entfernt, beim Honigsammeln überraschen und erbeuten. Da eine Höhle 10, oft mehr Bienen erhält, kehrt jede Wespe regelmäßig mit einer Biene zu ihrer Höhle zurück.

Die Wespen finden die Höhle mit Hilfe von Wegmarken in der Nestumgebung. Diese Marken werden optisch perzipiert und sind der Wespe durch Erfahrung bekannt. Verschieben wir solche Marken während ihrer Abwesenheit um eine kleine Distanz, so sucht sie bei der Rückkehr ihre Höhle relativ zu den Marken an der richtigen Stelle (TINBERGEN 16). Trotzdem ist es oft möglich, bestimmte Gegenstände in der Nähe der Höhle, die nach unserem Empfinden als Wegmarken besonders in Betracht kommen, wegzunehmen, ohne merkbare Verwirrung bei der heimkehrenden Wespe zu verursachen. Dasselbe ist von verschiedenen Autoren bei anderen Hymenopteren beobachtet worden (s. z. B. FABRE 2, BOUVIER 1, VERLAINE 17), und es sind immer solche Beobachtungen, die vermuten lassen, daß außer Orientierung mittels visueller Erinnerungsbilder doch auch noch eine andere, vielleicht auf direkter sinnlicher Verbindung mit dem Nest beruhende Orientierungsart eine Rolle spielen könnte.

Wenn man aber die unmittelbare Umgebung einer *Philanthus*-Höhle, z. B. eine kreisförmige Fläche von 1 m Radius mit dem Nesteingang als

1 Wir danken Herrn Prof. Dr. C. J. VAN DER KLAAUW für vielerlei Unterstützung, Herrn IR. A. E. JURRIAANSE für sein Entgegenkommen bei unseren Arbeiten auf seinem Grundgebiet und den Herren D. J. KUENEN und A. F. H. BESEMER für ihre Hilfe bei der Ausführung mehrerer Versuche.

Zentrum, durch unregelmäßiges Verschieben aller an der Oberfläche befindlichen Gegenstände weitgehend ändert, so ist die heimkehrende Wespe vollkommen verwirrt und sucht an der ungefähren Stelle des von uns sorgfältig intakt gelassenen Eingangs lange herum. Diese Verwirrung tritt nicht nur bei Tieren auf, die wir zuvor auf unsere sehr auffälligen Wegmarken dressiert haben, sondern auch bei Tieren, deren Höhle sich in einem relativ merkmalarmen Gebiet befindet. BOUVIER (1) beschreibt eine ähnliche Beobachtung an *Bembex labiatus* FABR.

Diese Erfahrung, die wir viele Male machen konnten, scheint uns sehr zwingend auf eine Orientierung nach Wegmarken hinzuweisen, wenigstens in der unmittelbaren Nähe des Nestes.

Eine andere Beobachtung bot die Möglichkeit, zwischen beiden scheinbar so entgegengesetzten Deutungen eine Brücke zu schlagen. Schon in der oben erwähnten Arbeit konnte TINBERGEN zeigen, daß die Wespen sich nicht dazu bringen ließen, große flache Papierplatten als Wegmarken zu benützen, die in unmittelbarer Nähe des Nesteinganges hingelegt waren. Gleich große Gruppen von Kiefernzapfen dagegen wurden schon nach kurzer Dressur benützt. Die betreffenden, grell blau, rot oder gelb gefärbten 9 × 12 cm messenden Papierscheiben waren für uns so deutliche Orientierungsmarken, daß es sofort klar war, daß die Wespen einen ganz bestimmten von unserem Urteil erheblich abweichenden Vorzug für bestimmte Arten von Wegmarken besitzen. Dieses ließ eine Untersuchung der Merkmale, welche einen Gegenstand als Wegmarke besonders beliebt machen, aussichtsreich erscheinen, zumal weil Math. HERTZ (5) bei der Honigbiene einen solchen Vorzug festgestellt und weitgehend analysiert hat und weil, nach der einen erwähnten Beobachtung an *Philanthus,* die Dinge hier ähnlich liegen dürften.

In den Sommern 1934, 1935, 1936 und 1937 versuchten wir, dieser Frage auf experimentellem Wege näherzukommen. Wir arbeiteten in derselben Kolonie wie 1931, die sich auf einer offenen Sandfläche befand. Der Boden war spärlich mit niedrigen Flechten, Moos und vereinzelten Grasbüscheln bewachsen; hier und da standen einzelne Kiefern.

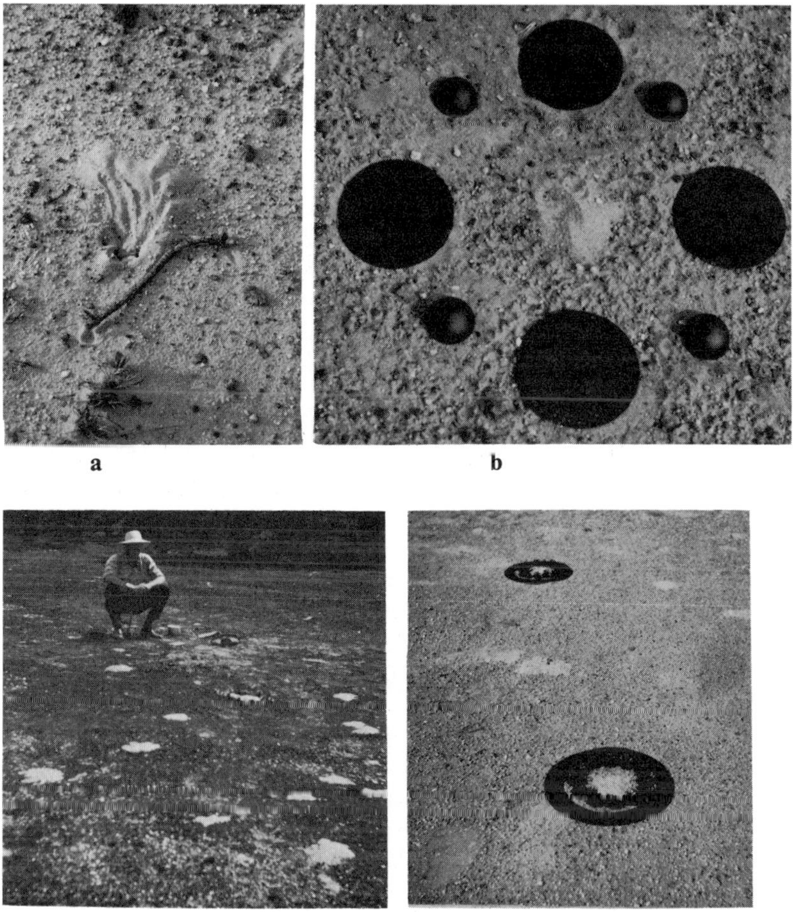

a b c d

Abb. 30. a) Eingang eines Bienenwolfnestes auf Sandboden, b) Dressuranordnung mit Halbkugeln und großen flachen Scheiben, c) Bienenwolfnest auf flechtenüberzogenem Boden, d) Dressuranordnung mit geschwärzten Kiefernzapfen und flachen Ringen.

II. Methode

Unsere ersten Versuche, den Wert verschiedener Wegmarkentypen miteinander zu vergleichen, bestanden darin, daß bei einer Gruppe von Nestern Wegmarken des Typus a hingelegt wurden, bei einer anderen Gruppe solche des Typus b, und daß nach einer bestimmten Zeit durch Verlegen der Marken bei jedem Nest untersucht wurde, inwieweit die heimkehrende Wespe sich durch die Marken irreleiten ließ. Die Resultate waren unverwendbar, weil nicht die Zeit an sich Einfluß auf das Zustandekommen der Dressur hatte, sondern die Anzahl der Ein- und Ausflüge und noch andere, individuell wechselnde Faktoren. Nach einigen Vorversuchen wählten wir dann folgende Methode: Die zwei zu untersuchenden Gegenstände a und b wurden in ungefähr gleicher Lage bei einer *Philanthus*-Höhle hingelegt, damit die regelmäßig aus- und einfliegende Wespe sich *gleichzeitig* auf beide dressieren konnte. Nach gelungener Dressur, die durch Verlegen des ganzen Markenkomplexes, wie früher (16) beschrieben, festgestellt wurde, stellten wir zwei Scheinnester her, meist beiderseits der richtigen Höhle (Abb. 30), und zwar gewöhnlich so, daß sich für die gegen den Wind landende Wespe das eine Scheinnest links, das andere rechts vom Nest befand. Beim einen Scheinnest wurde a, bei dem zweiten Scheinnest b hingelegt. Wenn die Wespe bei einem der beiden Scheinnester gelandet war, wurde sie, noch ehe sie zu graben anfing, aufgescheucht und war also gezwungen, noch einmal zu wählen. Wir achteten dabei sorgfältig darauf, sie so weit fortzuscheuchen, daß sie nicht fortwährend unter dem Bann des erstgewählten Gegenstandes blieb, sondern von neuem zwischen a und b »wählen« mußte. Daß uns das wirklich gelang, war sehr oft dem Verhalten der Wespe zu entnehmen: häufig flog sie nämlich zwischen den beiden Scheinnestern hin und her, sich erst nach mehreren Besuchen an beiden Seiten niederlassend. Eine rückkehrende Wespe konnte so zu mehreren, meistens zu 5–20 Wahlen gezwungen werden. Ausnahmsweise machten wir bei einem Versuch längere Serien.

Die Aufstellung der zu untersuchenden Wegmarkentypen war verschieden. Kruyt benützte immer zwei konzentrische Ringe, wobei also einer der beiden (a) immer weiter vom Nesteingang entfernt war wie b. Da, wie sich später zeigen wird, diese Entfernung auch als ein den Versuch beeinflussender Faktor in Betracht kam, waren bei dieser Anordnung für die Feststellung eines Vorzuges für a oder b zwei Dressuren nötig: eine mit a außen, b innen, und eine mit a innen, b außen. Jede Marke wurde also in zwei Größen benützt. Bei beiden Anordnungen wurde im Versuch

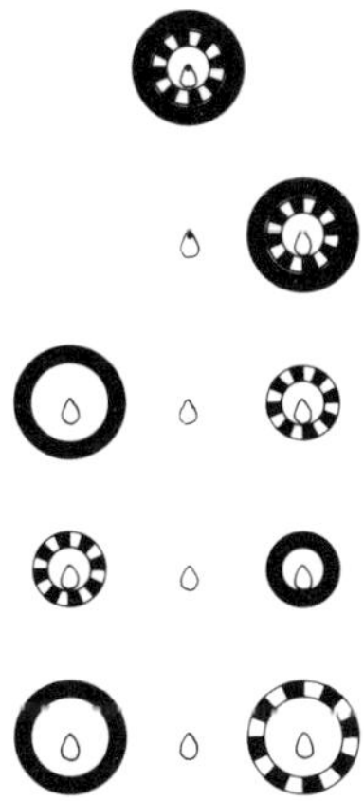

Abb. 31. *Kruyts* Versuchsverfahren der konzentrischen Ringe, oben: Versuchsanordnung, darunter: 1. Prüfung auf Erfolg der Dressur und drei darauffolgende Versuche.

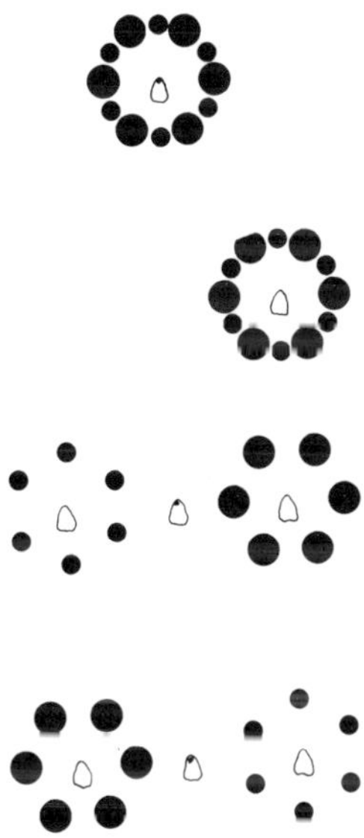

Abb. 32. *Tinbergens* Versuchsverfahren der alternierenden Marken, oben: Versuchsanordnung, darunter: drei aufeinanderfolgende Versuche.

der Einfluß der Größen- und Entfernungsdifferenzen dadurch ausgeschaltet, daß entweder a klein mit b klein oder a groß mit b groß dargeboten wurde (Abb. 31).

Der Nachteil des längeren Versuchsverfahrens wurde aber dadurch wettgemacht, daß die Dressur schneller als bei TINBERGENS Anordnung zustande kam, was bei *Philanthus'* extremer Abhängigkeit von heißem Wetter von größter Bedeutung ist, wenn es gilt, längere Versuchsreihen zu erhalten.

TINBERGEN benützte, eben um diesen Nachteil der verschiedenen Entfernungen auszuschalten, eine größere Anzahl kleinerer Gegenstände, welche im Kreis um den Eingang gelegt wurden, so daß alle Marken gleich weit vom Eingang entfernt waren. Vier oder sechs Marken der einen Art bildeten, alternierend mit ebenso vielen Marken des anderen Typus, den ganzen Kreis (Abb. 32). In dieser Weise wurden eventuelle auf Richtung beruhende Fehlerquellen auch ausgeschaltet. Beim Versuch wurden dann wieder die a-Marken nach links, die b-Marken nach rechts verlegt. Daß hierdurch der ganze Kreis um jedes Scheinnest nunmehr aus halb so vielen Marken bestand wie bei der Dressur, erwies sich, wie sich später zeigen wird, von nur geringer Bedeutung. Im allgemeinen währte die Dressur auf TINBERGENS kleine zerstreute Marken länger als die auf KRUYTS Ringe, dagegen waren manche Fragen mittels der kleineren Marken leichter zu untersuchen.

Bei beiden Anordnungen wurde natürlich jede nicht auf unseren Marken beruhende Entscheidung für eins der zwei Scheinnester in ihrer Wirkung dadurch ausgeschaltet, daß wir a und b regelmäßig wechselten. Meistens wurde dieser Wechsel schon nach 1–2 Wahlen vorgenommen, weil die Erfahrung uns bald lehrte, daß bei wiederholter Wahl eines Scheinnestes die Wespe eine von unseren Marken unabhängige Bevorzugung für dieses Scheinnest entwickelte, wohl weil sich dann eine ergänzende, sich auf mehrere Umgebungsmerkmale ausdehnende Dressur bildete. Wir kommen auf diese interessante Tatsache später noch zurück. Es war also stetiger Wechsel der Marken geboten.

1. Versuch. Um die Methode zu prüfen, dressierten wir einige Wespen auf einen flachen, gleichmäßig schwarz gefärbten Ring und einen Kranz von ebenfalls schwarz gefärbten Kiefernzapfen (Abb. 30d). Diese Wespen wählten:

	flach	Zapfen
Wespe 1	0	6
Wespe 2	0	11
Wespe 3	0	11
Wespe 4	0	14
Wespe 5	0	8
Wespe 6	0	4
Wespe 7	0	8
Wespe 8	0	6
Wespe 9	0	8
	0	76

Hieraus erwies sich, daß die Methode im Prinzip richtig war. Es sei gleich vorweggenommen, daß nicht in allen Versuchen die Wahlen ausschließlich auf nur eine der beiden Wegmarkenarten fielen. Und auch wenn dies der Fall war, haben wir uns oft durch alleinige Darbietung der schwächeren Wegmarkengruppe davon überzeugen können, daß die Wespe diese Wegmarken nicht gänzlich außer acht gelassen hatte; sie wählte dann nämlich nicht das richtige Nest, sondern die schwächeren Wegmarken.

In den meisten Fällen war jedoch der Unterschied zwischen beiden Wegmarkenarten nicht so stark, daß im Versuch die eine Art ausschließlich gewählt wurde; beinahe immer fielen auf die weniger beliebten Marken auch einige, manchmal sogar recht viele Wahlen. Dieser Umstand erforderte bei den meisten Versuchen ziemlich viele Beobachtungen. Ein anderer Anlaß, größere Serien zu machen, war die weiter unten näher zu erörternde Eigentümlichkeit, daß die Bevorzugung bei zwei nicht sehr verschiedenen Marken sich erst nach tagelanger Dressur bemerkbar machte. Nun hatte bereits jedes Versuchstier sich vor Anfang unserer Dressur die Nestumgebung eingeprägt, und unsere neu hinzugesetzten Marken mußten also immer die schon erworbene Dressur verdrängen (s. weiter unten). Daher dauerte die Dressur zumal bei weniger beliebten Marken ziemlich lange. Nach gelungener Dressur konnte man bei günstigem Wetter pro Tag auf 1 bis 3 Versuche von je 5–20 Beobachtungen pro Nest rechnen; es sind dann also meistens noch einige Tage nötig, um eine einigermaßen befriedigende Serie zu bekommen. Zahlreich sind daher die Versuche, die infolge eines Wetterumschlages abgebrochen werden mußten.

Die Beobachtung, daß eine Dressur auf flache Platten schwieriger zustande kam als eine Dressur auf Kiefernzapfen, lenkte unsere Aufmerksamkeit zuerst auf die Unterschiede zwischen diesen beiden Gegenständen.

Als wirksame Faktoren waren denkbar: die Körperlichkeit, die körperliche »Gliederung« oder der »Konturreichtum« der Oberfläche sowie die Projektion dieser körperlichen Gliederung bzw. der durch sie geworfene Schatten auf der zweidimensionalen Fläche. Weitere Faktoren ergaben sich im Laufe der Untersuchung.

III. Die Flächengliederung

Es hatte sich schon bald nach Wiederanfang der Versuche erwiesen, daß eine Dressur auf flache Wegmarken nicht unmöglich war, sondern nur längere Zeit erforderte als eine Dressur auf Kiefernzapfen. Es war also für die Versuche über Flächengliederung möglich, flache Marken zu benützen. Da hier die Methode Kruyts schneller zum Ziel führte, dressierten wir nur auf Ringe, und zwar arbeiteten wir mit gleichmäßig schwarzen, gleichmäßig sandfarbenen (»gelben«) und schwarz-gelb gescheckten Ringen.

2. Versuch. Gleichmäßig schwarzer Ring gegen Ring mit vier schwarzen Sektoren und vier gleichgroßen gelben Sektoren (Abb. 33).

	Gescheckt	Schwarz
Wespe 10 wählt	8	5
Wespe 11 wählt	4	0
	12	5

3. Versuch. Gleichmäßig schwarzer Ring gegen Ring mit 8 schwarzen und 8 gelben Sektoren (Abb. 34).

	Gescheckt	Schwarz
Wespe 12	11	3
Wespe 13	3	4
Wespe 14	8	1
Wespe 15	4	0
	26	8

4. Versuch. Gleichmäßig schwarzer Ring gegen Ring mit 16 schwarzen und 16 gelben Sektoren (Abb. 35).

	Gescheckt	Schwarz
Wespe 16	11	3
Wespe 17	18	0
	29	3

Nach diesen Versuchen, aus denen Bevorzugung für schwarzgelb Gescheckt vor Schwarz hervorgeht, wurden gescheckte Ringe geboten, auf denen mit einer radiären auch eine konzentrische Gliederung in schwarzgelb gemalt war.

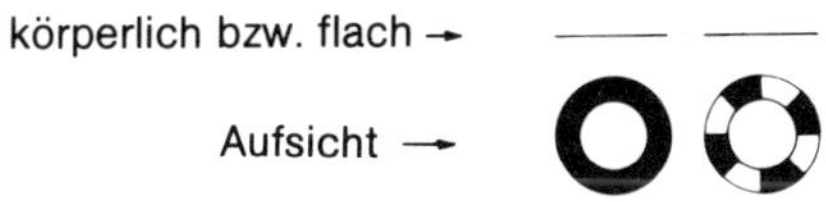

Abb. 33. 2. Versuch.

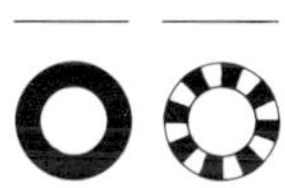

Abb. 34. 3. Versuch.

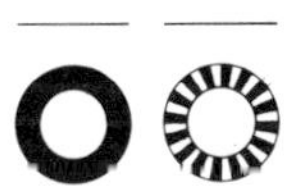

Abb. 35. 4. Versuch.

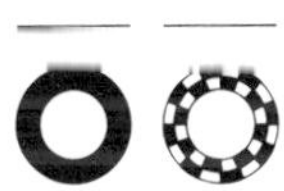

Abb. 36. 5. Versuch.

5. Versuch. Gleichmäßig schwarzer Ring gegen Ring mit 16 Sektoren, die abwechselnd innen gelb, außen schwarz und umgekehrt gefärbt sind (Abb. 36).

	Gescheckt	Schwarz
Wespe 18	5	8
Wespe 19	9	4
	14	12

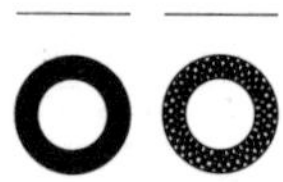

Abb. 37. 6. Versuch.

6. Versuch. Gleichmäßig schwarzer Ring gegen Ring mit noch feinerer radiärer und konzentrischer Schachbrettzeichnung als im 5. Versuch, nämlich 64 Sektoren und 4 konzentrischen Ringen (Abb. 37[1]).

	Gescheckt	Schwarz
Wespe 20	6	0
Wespe 21	3	0
Wespe 22	2	2
Wespe 23	8	0
Wespe 24	0	6
Wespe 25	18	2
Wespe 26	14	8
Wespe 27	6	5
Wespe 28	1	5
	58	28

Diese Versuche wurden alle auf kahlem Sandboden durchgeführt. Weil unsere »gelben« Ringe für das menschliche Auge fast sandfarben waren, nahmen wir als ungegliederte Marke ursprünglich immer einen schwarzen, nie einen gelben Ring, in der Absicht, damit eine eventuelle Bevorzugung für den am meisten mit dem Untergrund kontrastierenden Ring unwirksam zu machen. Eine Bevorzugung für Gescheckt über Schwarz ist nicht auf eine solche Kontrastwirkung zurückzuführen. Es kann aber der Einwand erhoben werden, das »Gelb« werde von *Philanthus* ganz anders gesehen als der Sandboden und Gelb kontrastiere damit stärker als Schwarz; oder es bestehe, unabhängig von der Bodenfarbe, ein Vorzug für gelbe Marken vor schwarzen. Wir haben diesen Einwand durch verschiedene Kontrollversuche zu entkräften versucht.

1 Die Ringe sind 4,5 cm breit, die Schachbrettfelder etwa 1 qcm groß. Das Ergebnis dieses Versuches läßt fragen, ob dieses fein gegliederte Muster nicht als unaufgelöste gleichmäßig gefärbte Fläche gesehen wird. Über die Sehschärfe des Bienenwolfes wissen wir nur, daß ein bienengroßer Gegenstand in mindestens 30 cm Entfernung gesehen werden kann. Nun fallen vermutlich eine beträchtliche Anzahl der Entscheidungen (obwohl nicht alle, man vergleiche mit dem 17., aber auch mit dem 34. Versuch) in einer Höhe von mindestens 25 cm, so daß es sehr wohl möglich ist, daß ein Teil der Schwarzwahlen auf die Feinheit der Schachbrettzeichnung zurückzuführen ist.

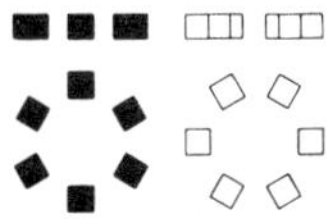

Abb. 38. 7. Versuch.

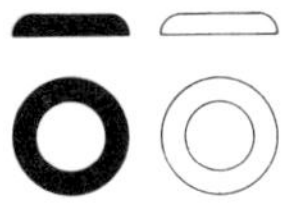

Abb. 39. 8. Versuch.

7. Versuch. Dressur auf 6 schwarze und 6 gelbe 4 × 4 × 4 cm messende Holzwürfel, alternierend im Kreis geordnet (Abb. 38).

	Schwarz	Gelb
Wespe 29	10	5
Wespe 30	4	4
	14	9

8. Versuch. Dressur auf schwarzen gegen gelben Ring, beide körperlich (Abb. 39).

	Schwarz	Gelb
Wespe 31	8	3
Wespe 32	4	7
	12	10

Wenn also eine Bevorzugung für eine der beiden benutzten Farben besteht, so ist es eher eine für Schwarz als eine für Gelb. Weil die Anzahl der Versuche so gering ist, seien noch folgende Beobachtungen angeführt. In einer Reihe von Versuchen wurde ein grob schwarzgelb gescheckter Ring gegen einen feiner gescheckten Ring geboten. Da bei allen gescheckten Ringen die eine Hälfte der Gesamtoberfläche schwarz, die andere Hälfte gelb ist, so ist hier jede Bevorzugung auf Grund der Eigenschaften der zwei Farben selber ausgeschlossen.

9. Versuch. Ein grob gescheckter Ring (4 schwarze und 4 gelbe Sektoren) gegen einen fein gescheckten Ring (16 schwarze und 16 gelbe Sektoren) (Abb. 40).

	Grob	Fein
Wespe 33	3	4
Wespe 34	5	7
Wespe 35	5	4
	13	15

10. Versuch. Ein grob gescheckter Ring (8 schwarze und 8 gelbe Sektoren) gegen einen fein gescheckten Ring (32 schwarze und 32 gelbe Sektoren) (Abb. 41).

	Grob	Fein
Wespe 36	0	6

11. Versuch. Ein grob gescheckter Ring (8 schwarze und 8 gelbe Sektoren) gegen einen Schachbrettring (32 Sektoren und 2 konzentrische Ringe) (Abb. 42).

	Grob	Fein
Wespe 37	15	30
Wespe 38	20	37
	35	67

Auch hier ergibt sich also eine Bevorzugung der feiner gescheckten Wegmarke. Daß sie nicht so deutlich zutage tritt wie bei Dressur auf Schwarz

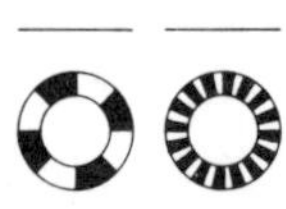

Abb. 40. 9. Versuch.

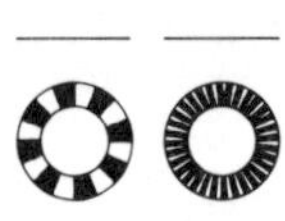

Abb. 41. 10. Versuch.

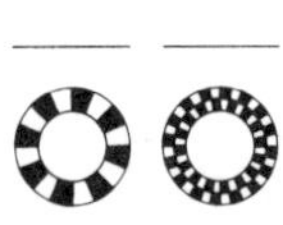

Abb. 42. 11. Versuch.

und Gescheckt, braucht nicht Wunder zu nehmen, weil der Unterschied zwischen beiden Marken in den letzten 3 Versuchen doch immer kleiner ist als in den Versuchen 2–6.

Die Wahlen sind in den letzten 3 Versuchen auch für jede Wespe ziemlich klein an der Zahl; die Beobachtungen stammen aus dem ersten Sommer, als wir noch nicht wußten, daß die Unterscheidung bei andauernder Dressur immer deutlicher wird. Den höchsten Wert sprechen wir dem 11. Versuch zu, der im letzten Sommer an zwei gut dressierten Tieren durchgeführt wurde.

Wenn bei der Wahl des gescheckten Ringes gegen den schwarzen der Gelbgehalt oder die größere Kontrastwirkung des ersten Ringes bestimmend wäre, so wäre zu erwarten, daß die Bevorzugung entweder verschwinden oder gar sich umkehren würde, wenn statt des gleichmäßig schwarzen Ringes ein gleichmäßig gelber Ring geboten wurde.

Wir haben zufällig eine Versuchsreihe, die diese Vermutung bestätigt für solche Fälle, wo wirklich eine Bevorzugung einer der betreffenden Farben besteht. Wir hatten für 1937 eine nähere Untersuchung der Flächengliederung geplant und dazu statt gelb-schwarz weiß-schwarz gescheckte Ringe hergestellt. Gescheckt gegen Schwarz erwies eine starke Bevorzugung für Gescheckt, die aber auf Bevorzugung der weißen Farbe beruhte, weil Gescheckt gegen Weiß das Umgekehrte, nämlich Bevorzugung von Weiß, ergab. Als wir nun nach Dressur auf Schwarz-Gescheckt im Versuch Weiß gegen Gescheckt boten, wurde Weiß ziemlich stark bevorzugt. Weil wir auf eine von der Bodenfarbe unabhängige Bevorzugung gewisser Farben nicht näher eingegangen sind, erübrigen sich wohl weitere Protokolle.

12. Versuch. Bei verschiedenen der in den ersten oder in anderen, ähnlichen Versuchen verwendeten Wespen wurde diese Frage geprüft.

	Gescheckt	Gelb
Wespe 15	6	0
Wespe 183	3	3
Wespe 184	8	2
Wespe 185	4	0
	21	5

Es läßt sich also zusammenfassend schließen, daß Wegmarken mit einer hell-dunkel gescheckten Oberfläche im allgemeinen den Vorzug haben vor solchen, die einfarbig hell oder dunkel sind. Dieser Vorzug ist von den Farben selbst unabhängig. Eine zweifellos bestehende Bevorzugung bestimmter Farben wurde von uns nicht weiter untersucht.

Doch scheint diese Bevorzugung »gegliederter« Marken nicht annähernd so stark zu sein, wie sie nach HERTZ (5) bei der Honigbiene ist. Die verschiedene Art der Versuche erschwert aber einen Vergleich beider Tierarten. Erstens untersuchte HERTZ die Orientierung bei einer anderen Reaktion (Aufsuchen einer Futterstelle), und zweitens untersuchte sie die Bevorzugung oft nicht erst nach erfolgter Dressur, sondern gleich beim Anfang einer Dressur. Letzterer Unterschied dürfte aber nicht schwer wiegen. An eine eingehende Analyse, wie sie von HERTZ bei der Honigbiene durchgeführt wurde, ist aus praktischen Gründen bei *Philanthus* nicht zu denken. Wir müssen uns mit der Feststellung zufrieden geben, daß eine bedeutende Flächengliederung einen Gegenstand als Wegmarke für die heimfliegenden *Philanthus*-Weibchen wertvoll macht.

IV. Die Körperlichkeit

Um zu entscheiden, ob ein körperlicher Gegenstand als Wegmarke beliebter ist als ein flacher, galt es, den Einfluß zweidimensionaler sowie dreidimensionaler Gliederung (s. 35. Versuch) möglichst auszuschalten. Wir benutzten daher konturarme körperliche Ringe und Blöcke.

13. Versuch. 6 mattschwarze 4 × 4 × 4 cm messende Holzwürfel gegen 6 mattschwarze 4 × 4 cm messende Zinkscheiben (Abb. 43).

	Körperlich	Flach
Wespe 39	5	0
Wespe 40	7	0
Wespe 41	4	0
Wespe 42	1	0
	17	0

Derselbe Versuch wurde mit einem *Cerceris arenaria*-Weibchen angestellt.

Körperlich	Flach
16	1

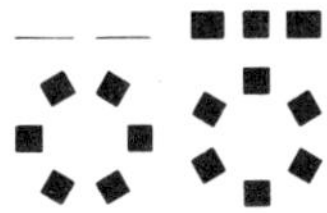

Abb. 43. 13. Versuch.

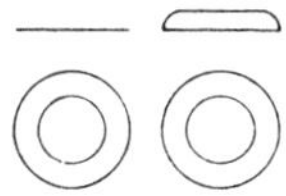

Abb. 44. 15. Versuch.

Um einen noch konturärmeren körperlichen Gegenstand mit flachen Scheiben vergleichen zu können, boten wir im

14. Versuch 6 mattschwarze Halbkugeln (r = 2 cm) gegen 6 mattschwarze Kreisscheibchen (r = 2 cm).

	Körperlich	Flach
Wespe 43	18	0
Wespe 44	1	2
Wespe 45	4	0
Wespe 46	5	0
Wespe 47	2	0
Wespe 48	4	0
Wespe 49	3	0
Wespe 50	4	0
Wespe 51	2	0
	43	2

15. Versuch. Ein körperlicher Ring gegen einen gleichgefärbten (gelben, schwarzen oder gescheckten) flachen Ring (Abb. 44).

	Körperlich	Flach
Wespe 52	8	0
Wespe 53	8	0
Wespe 54	6	0
Wespe 55	12	0
Wespe 56	8	0
Wespe 57	14	0
	56	0

Bei diesem überaus klaren Ergebnis, daß räumliche Strukturen als Wegmarken ungeheuer viel wertvoller sind als flache Gegenstände, erschien eine weitere Analyse dieser »Körperlichkeit« aussichtsreich. Folgende in Betracht kommende Merkmale wurden untersucht. Erstens konnte der Vorzug für die bis jetzt benutzten körperlichen Gegenstände auf deren größerer Oberfläche beruhen. Zweitens könnte die Schattenwirkung von Einfluß sein, und drittens könnte richtiges stereoskopisches, binokuläres Sehen unabhängig von Schattenwirkungen das körperliche Sehen ermöglichen. Andere Merkmale (s. z. B. Höber 7) wurden nicht untersucht, erstens weil die unten angeführten Versuche zweifellos das wichtigste Merkmal ans Licht gebracht haben, zweitens weil einer experimentellen Untersuchung anderer Faktoren große technische Schwierigkeiten entgegenstanden, die im Freiland nicht leicht überwunden werden konnten.

16. Versuch. Um die Rolle der größeren Oberfläche zu untersuchen, wurde dressiert auf 6 mattschwarze Halbkugeln (r = 2 cm) und 6 mattschwarze Kreisscheiben von gleicher freier Gesamtoberfläche wie die Halbkugeln, also mit $r' = 2\sqrt{2}$ cm.

	Körperlich	Flach
Wespe 58	15	1
Wespe 59	13	1
Wespe 60	12	2
Wespe 61	8	0
	48	4

17. Versuch. Falls die Oberflächengröße ein wichtiges Merkmal ist, muß es gelingen, durch Dressur auf sehr große flache Scheiben den Wert der Halbkugeln stärker herabzusetzen. Wir dressierten auf 6 oder 4 mattschwarze Halbkugeln wie oben, und 6 bzw. 4 mattschwarze Kreisscheiben (r = 5 cm) (Abb. 30b).

	Körperlich	Flach
Wespe 62	21	14
Wespe 63	38	3
Wespe 64	4	2
Wespe 65	14	0
	73	19

Überraschenderweise hat sogar bei dieser Anordnung der körperliche Gegenstand noch einen starken Vorzug. Die Größe der Oberfläche hat also wohl bestimmt einen sehr geringen Anteil an der Bevorzugung körperlicher Gegenstände.

Es galt jetzt zu untersuchen, welche Rolle der Schatten spielt. Schatten könnte erstens in seiner Projektion auf der zweidimensionalen Fläche als Flächengliederung im Sinne des 3. Abschnitts wirksam sein. In diesem Falle müßte ein Vergleich zwischen räumlichen, gleichmäßig gefärbten Dingen an der einen Seite und flachen gescheckten Dingen an der anderen Seite den Vorzug für die körperlichen Gegenstände negativ beeinflussen. Es wäre aber auch möglich, daß nicht Gliederung schlechthin, sondern die spezielle Form des Schattens ein Zeichen der Körperlichkeit wäre. Beide Möglichkeiten wurden untersucht.

18. Versuch. 6 mattschwarze Halbkugeln (r = 2 cm) gegen 6 schwarzgelb gescheckte (bei Wespe 66 schwarz-weiß gescheckte) Kreisscheiben von gleicher Grundfläche (Abb. 45).

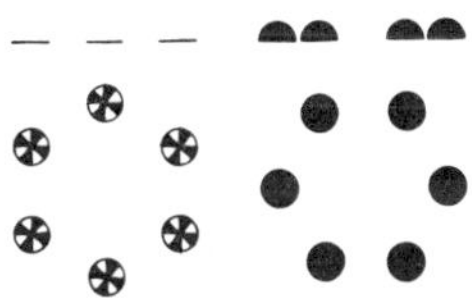

Abb. 45. 18. Versuch.

	Körperlich	Flach
Wespe 66	26	6
Wespe 67	7	0
	33	6

19. Versuch. Mattschwarzer körperlicher Ring gegen radiär gescheckten flachen Ring mit 16 schwarzen und 16 gelben Sektoren.

	Körperlich	Flach
Wespe 68	10	0
Wespe 69	6	0
Wespe 70	12	0
	28	0

20. Versuch. Wie 19. Versuch, nur statt des schwarzen körperlichen Ringes ein gelber körperlicher Ring.

	Körperlich	Flach
Wespe 71	10	0
Wespe 72	8	0
	18	0

Die Bevorzugung für körperliche Gegenstände bleibt der Flächengliederung gegenüber unvermindert bestehen. Die 6 auf die flachen Scheiben fallenden Wahlen der Wespe 66 sind wohl der oben erwähnten Bevorzugung der verwendeten Farbe Weiß zuzuschreiben.

Um nun in derselben Weise den Einfluß einer richtigen Schattenwirkung zu untersuchen, wurde ein flacher gelber Ring mit aufgemaltem »Schatten« und »Schlagschatten« versehen (Abb. 46).

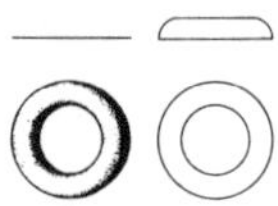

Abb. 46. 20. Versuch.

21. Versuch. Der flache gelbe, mit »Schatten« bemalte Ring gegen den gelben körperlichen Ring.

	Körperlich	Flach
Wespe 73	18	0
Wespe 74	29	1
Wespe 75	15	2
	62	3

Auch diese Schattierung hat also keinen oder jedenfalls einen sehr geringfügigen Einfluß. Leider haben wir hier versäumt, den schattierten Ring mit einem flachen unschattierten Ring zu vergleichen. Das hing aber damit zusammen, daß wir eine andere Methode zur Untersuchung des Einflusses der Schattenwirkung gefunden zu haben glaubten, die sich aber erst am Ende des letzten Sommers als unbrauchbar erwies. Wir teilen diese letzteren Versuche jedoch mit, da sie in anderer Hinsicht interessant sind. Bei gelungener Dressur auf Halbkugeln und Kreisscheibchen konnten wir, durch senkrechtes Aufstellen der Scheibchen in der Weise, daß sie zur Hälfte im Sand steckten und also gleich hoch wie die Halbkugeln über den Boden emporragten, den Vorzug für die Halbkugeln beinahe vollkommen verschwinden lassen (s. 27. Versuch). Hiermit war die Möglichkeit zum folgenden Versuch gegeben.

22. Versuch. Nach Dressur auf 6 mattschwarze Halbkugeln (r = 2 cm) und 6 mattschwarze Kreisscheibchen (r = 2 cm) wurden 6 Scheibchen senkrecht mit ihrer Fläche parallel zu den einfallenden Sonnenstrahlen in den Sand gesteckt, so daß sie einen minimalen Schatten warfen, und, beim zweiten Scheinnest, 6 gleiche Scheiben ebenfalls senkrecht in den Sand gesteckt, ihre Horizontalachse jedoch quer zu den Sonnenstrahlen (Abb. 47). Maximalschatten wurde hier also Minimalschatten gegenübergestellt. Dieser Versuch wurde nur bei strahlender Sonne ausgeführt.

Abb. 47. Maximalschatten (links) gegen Minimalschatten.

	Maximal-schatten	Minimal schatten
Wespe 47	17	7
Wespe 49	3	0
Wespe 51	3	9
	23	16

Der Versuch mit der Wespe 51 wurde im letzten Sommer gemacht, und dabei sind uns störende Nebenumstände aufgefallen, die uns vorher entgangen waren. Der Versuch wurde um etwa 13 Uhr angestellt, der Wind war schwach, dann und wann mäßig West, also quer zur Richtung des einfallenden Lichtes. Die gegen den Wind anfliegende Wespe sah jetzt die parallel zu den Sonnenstrahlen gestellten Scheibchen von der Breitseite und die anderen Scheibchen von der Schmalseite. Das mag die Entscheidung stark beeinflussen, man vergleiche dazu Versuch 34. Als wir den Versuch mit Wespe 47 machten, haben wir auf diese Möglichkeit nicht geachtet; da wir aber immerhin Windrichtung und Zeitpunkt des Versuches notieren, war nachher festzustellen, ob hier vielleicht gerade die verkehrte Lage herrschte (Wind parallel zu den Sonnenstrahlen). Das trifft tatsächlich zu (14 Uhr, Wind NNO), und so müssen wir diesen Versuchen jede Beweiskraft absprechen. Jedenfalls aber geht hieraus hervor, wie gering der Einfluß des Schattens ist, wenn er bereits in dieser Weise vollkommen ausgeschaltet wurde.

Falls die tiefere Schwärzung des beschatteten Teiles der Halbkugeln im Verhältnis zu den gleichmäßig stärker beleuchteten und daher heller erscheinenden flachen Scheiben ein Merkmal sein sollte, wäre zu erwarten, daß die Bevorzugung der Halbkugeln, wenn man sie heller macht, abnehmen würde. Das ist jedoch, wie aus dem nächsten Versuch hervorgeht, nicht der Fall.

23. Versuch. Nach Dressur auf 6 mattschwarze Halbkugeln (r = 2 cm) und 6 mattschwarze Kreisscheibchen (r = 2 cm) wurden statt schwarzer Halbkugeln weiße, gelbe oder hellgraue Halbkugeln geboten.

	Körperlich	Flach
Wespe 47 (gelb)	8	0
Wespe 49 (grau)	4	0
Wespe 51 (weiß)	8	0
	20	0

Schließlich wurde bei Versuchen, in denen die Wespe zwischen körperlichen und flachen Wegmarken entscheiden mußte, die ganze Versuchsanordnung während des Versuches beschattet, so daß die auffälligen Schlagschatten verschwanden. Natürlich blieb eine ungleichmäßige, sei es auch mehr diffuse Beleuchtung bestehen; der Unterschied gegenüber der stark einseitig beleuchteten Dressuranordnung war jedoch sehr groß.

24. Versuch. Nach Dressur auf mattschwarze Kiefernzapfen und flachen mattschwarzen Ring (1. Versuch) wurden im Versuch mattschwarzer körperlicher Ring und mattschwarzer flacher Ring einander gegenübergestellt. Bei dieser Anordnung wählten die untersuchten Wespen immer nur den körperlichen Ring. Jetzt wurden die beiden Scheinnester und die sie umgebende Bodenfläche (etwa 80 × 100 cm) beschattet.

	Körperlich	Flach
Wespe 6	5	0
Wespe 8	21	0
	26	0

Danach haben wir also keinen einzigen positiven Beweis, daß die Schattenwirkung den Vorzug für körperliche Wegmarken mitbestimmt. Die Versuche können jedoch nicht beweisen, daß der Schatten überhaupt keinen Einfluß hat. Daß seine Wirkung sehr gering ist, dürfte aber feststehen.

Da jetzt bewiesen war, daß Hell-Dunkel-Gliederung sowie Schattenwirkung die Bevorzugung der körperlichen Gegenstände nicht erklären können, mußte nach anderen Faktoren gesucht werden. Als nächstes wollten wir wissen, inwieweit die Wegmarken wirklich räumlich gesehen wurden. Dazu gingen wir von folgender Dressuranordnung aus. Flache Kreisscheiben wurden nicht körperlichen Gegenständen gegenübergestellt, die über den Boden hinausragten, sondern solchen, die eine Vertiefung im Boden bildeten. Aus praktischen Überlegungen wurden hierzu nicht Halbkugeln, sondern hohle Kegel benutzt, deren Grundflächen denselben Radius wie die Kreisscheibchen hatten. Die Kegel wurden so tief in den Sand gesteckt, daß ihr Rand eben mit der Bodenoberfläche gleich war, nicht darüber hinausragte (Abb. 48 a).

25. Versuch. 6 »eingesenkte« hohle, aus Heringgrau 22 geschnittene Papierkegel (r = 2 cm) mit 6 ebenfalls aus Heringgrau 22 geschnittenen Kreisscheibchen (r = 2 cm).

	Körperlich	Flach
Wespe 76	5	7
Wespe 77	0	2
Wespe 78	11	16
	16	25

Die Dressur kam, ebenso wie die auf ganz flache Gegenstände, sehr schwierig zustande. Von einer Bevorzugung der körperlichen Wegmarken ist nicht die Rede, eher könnte man, soweit aus diesen wenigen Daten überhaupt etwas zu schließen ist, das Umgekehrte vermuten. Daß die Tiere den Unterschied zwischen beiden Markenarten vermutlich bemerken, geht

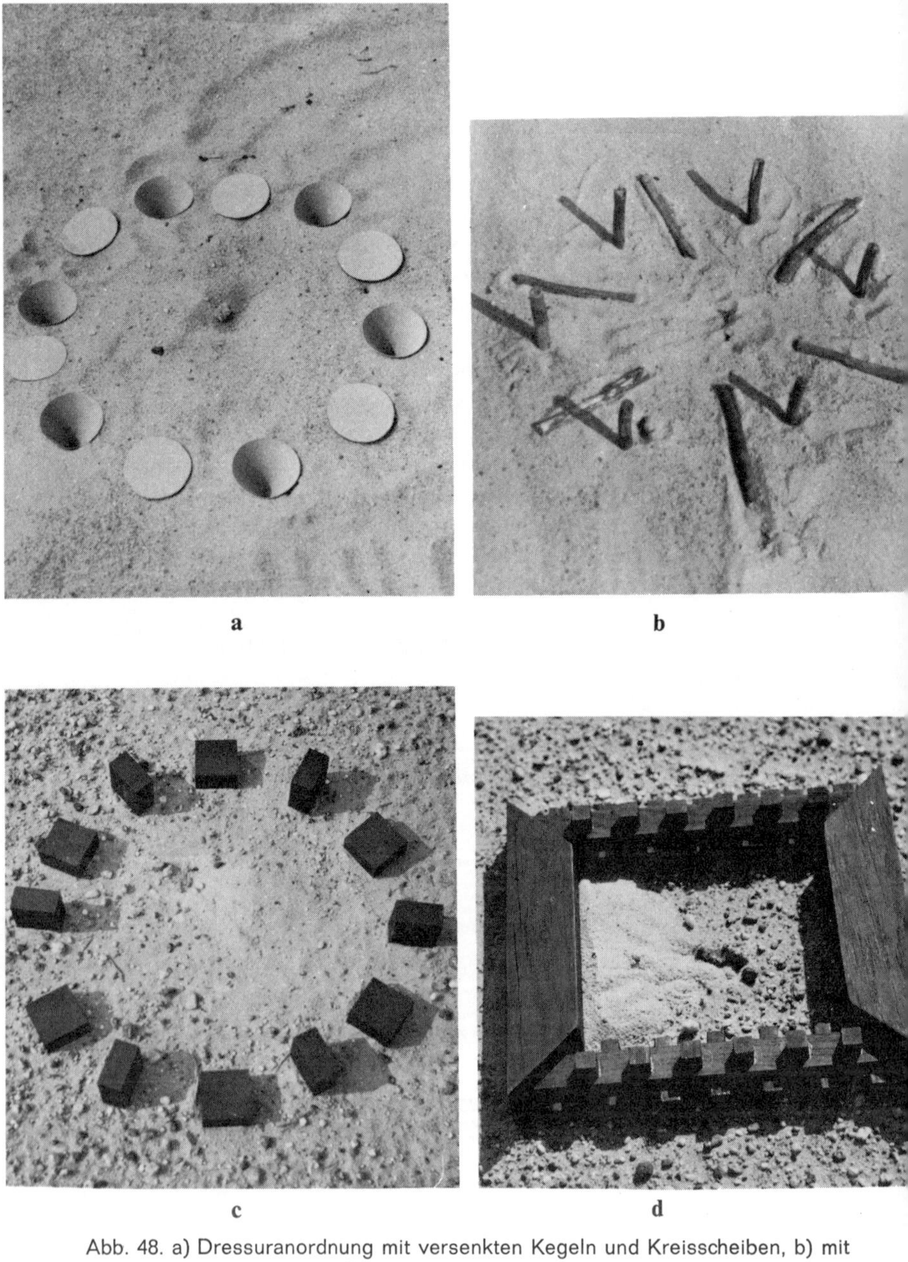

Abb. 48. a) Dressuranordnung mit versenkten Kegeln und Kreisscheiben, b) mit stehenden und liegenden Stöckchen, c) mit stehenden und liegenden Würfelhälften, d) mit glatten und gegliederten Marken.

aus ihrem merkwürdigen Verhalten zu den eingesenkten Kegeln hervor: oft wurden diese lange umflogen, und gar nicht selten ließ eine Wespe sich in einen Kegel nieder.

Im nächsten Sommer ergänzten wir nun diese Versuche mit neuen Anordnungen, indem gleich zwei Gruppen von Kegeln einander gegenübergestellt wurden, und zwar eingesenkte und auf dem Boden stehende Kegel. Die stereometrischen Eigenschaften beider Kegelarten waren vollkommen gleich. Es wurden grau, weiß oder schwarz bemalte Zinkkegel benutzt. Hierzu muß gesagt werden, daß auch für menschliche Augen die eingesenkten Kegel erheblich weniger »räumlich« anmuteten als die stehenden. Aber auch beim Menschen spielen ja neben richtigem binokularem Sehen noch andere Faktoren eine Rolle.

26. Versuch. 6 oder 4 mattschwarze, mattweiße oder mattgraue »stehende« Kegel gegen 6 bzw. 4 gleichgefärbte »eingesenkte« Kegel.

	Stehend	Eingesenkt
Wespe 79	6	4
Wespe 80	2	2
Wespe 81	5	6
Wespe 82	6	0
Wespe 83	11	0
Wespe 84	4	0
Wespe 85	38	5
Wespe 86	21	2
Wespe 87	4	0
Wespe 88	11	2
	108	21

Es besteht also eine starke Bevorzugung für stehende Kegel, obwohl nicht so stark, wie nach dem 25. Versuch zu erwarten wäre. Jedenfalls sehen wir aber jetzt schon, daß unsere bisherige Folgerung, daß »körperliche« als dreidimensionale Gegenstände vor flachen, praktisch zweidimensionalen Gegenständen bevorzugt werden, zu allgemein gefaßt war. Wenn auch körperliche, nicht über den Boden hinausragende Gegenstände doch noch einen etwas höheren Wert besitzen mögen als flache Scheiben (was man dem 26. Versuch im Vergleich zu dem ja numerisch schwachen Resultat des 25. Versuches vielleicht entnehmen könnte), sind sie doch sicher weit weniger beliebt als »stehende«, über den Boden hinausragende Gegenstände. Das soll in den nächsten Versuchen weiter untersucht und erhärtet werden.

27. Versuch. Nach Dressur auf 6 mattschwarze Halbkugeln (r = 2 cm) und 6 mattschwarze Kreisscheiben (r = 2 cm) wurden im Versuch die Halbkugeln nicht den flachliegenden Scheibchen, sondern den senkrecht bis zur Mitte in den Sand gesteckten Scheibchen gegenübergestellt. In manchen Versuchen stehen die letzteren alle parallel (und zwar entweder parallel oder senkrecht zu den Sonnenstrahlen) oder im »Kranz«, d. h. alle mit der breitesten Fläche dem Höhleneingang zugekehrt (Abb.

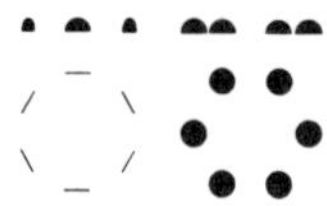

Abb. 49. »Kranz« gegen Halbkugeln (27. Versuch).

	Quer zur Sonne	Halbkugel
Wespe 43	3	6

	Parallel zur Sonne	Halbkugel
Wespe 43	4	10
Wespe 45	6	6
Wespe 46	0	6
	10	22

	»Kranz«	Halbkugel
Wespe 43	3	2
Wespe 45	4	2
Wespe 46	1	1
	8	5

	»Stern«	Halbkugel
Wespe 45	0	4
Wespe 47	0	2
	0	6

49), oder im »Stern«, d. h. alle mit der Schmalseite dem Höhleneingang zugewandt (Abb. 50). Die Resultate werden hier gesondert mitgeteilt.

Es scheint demnach, daß die senkrecht eingesteckten flachen Scheiben mit den Halbkugeln beinahe gleichwertig sind, trotz ihrer stark abweichenden Form. Wie wir weiter unten auseinandersetzen werden, trifft dieses speziell für die »Kranz«-Anordnung und am wenigsten für die »Stern«-Anordnung zu.

Ein weiterer Schritt war dadurch möglich, daß wir, mehr oder weniger zufällig, dasselbe mit der im 13. Versuch verwendeten Aufstellung (6 Würfel gegen 6 Quadratscheiben) wiederholen wollten.

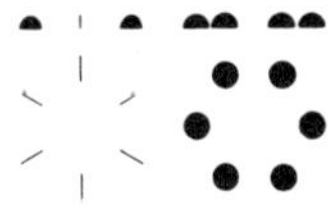

Abb. 50. »Stern« gegen Halbkugeln (27. Versuch).

28. Versuch. Nach Dressur auf 6 mattschwarze 4 × 4 × 4 cm große Würfel und 6 mattschwarze 4 × 4 cm messende Quadratscheiben wurden die Kuben den senkrecht eingesteckten Quadratscheiben gegenübergestellt. Überraschenderweise ergab sich das Folgende:

	Stehende Scheiben	Kuben
Wespe 41	0	15
Wespe 89	0	4
Wespe 39	0	5
	0	24

Der Unterschied zwischen diesem 28. Versuch und dem 27. Versuch schien hauptsächlich darin zu bestehen, daß im 27. Versuch Halbkugeln und stehende Platten genau gleich hoch waren, im 28. Versuch dagegen die Platten, weil sie etwa 1 cm tief im Sand steckten, um 1 cm niedriger waren als die Kuben. Diese Möglichkeit wurde gleich darauf, teils mit denselben Individuen, geprüft.

29. Versuch. Wie oben, nur werden im Versuch die Kuben 1–2 cm in den Sand gepreßt, so daß sie nunmehr um etwa 3–5 mm niedriger als die stehenden Scheiben sind.

	Stehende Scheiben	Eingesenkte Kuben
Wespe 39	6	9
Wespe 89	7	7
Wespe 90	8	5
	21	21

Dieses überzeugende Ergebnis deutet also darauf hin, daß speziell die Höhe des Gegenstandes über dem Boden das ausschlaggebende Merkmal ist, und zwar scheinen relativ geringe Höhendifferenzen schon eine Rolle zu spielen; speziell im letzten Versuch fällt auf, wie wenig dagegen die Differenz der Oberflächengrößen ausmacht. Es schien uns wünschenswert, diesen Einfluß der Höhe noch genauer zu untersuchen. Wir dressierten hierzu auf zwölf 4 × 4 × 2 cm messende Halbwürfel, von denen sechs auf der schmalen Seite standen, die anderen sechs auf einer 4 × 4-Seite lagen. Da uns damals schon bekannt war, daß die der Höhle zugewandten Oberflächen eine Rolle spielen (s. weiter unten 34. Versuch), stellten wir alle Marken so auf, daß sie dem Nest eine ihrer 4 × 2-Seiten zeigten (Abb. 48c).

30. Versuch. 6 mattschwarze 4 × 4 × 2 cm messende Halbkuben stehen auf einer Schmalseite, 6 andere auf einer Breitseite. Dieser Versuch wurde meistens nach Dressur auf diese beiden Marken gemacht, manchmal auch nach Dressur auf 6 Kuben und 6 flache Quadratscheiben. Im letzten Falle wurde also untersucht, welches Merkmal wertvoller ist, die Höhe oder die Breite. Beide Methoden schienen uns zum selben Ziel zu führen.

	Hoch	Breit
Wespe 91	2	1
Wespe 92	26	12
Wespe 93	2	1
	30	14

Im nächstfolgenden Sommer wiederholten wir dies in verfeinerter Form. Weil wir inzwischen, auf Grund anderer Versuche (44. und 45. Versuch) es für nicht ganz ausgeschlossen hielten, daß der Vorzug für die stehenden Würfelhälften auf deren größerer Gesamtoberfläche beruhen könnte (bei letzteren ist ja eine 4×2-Fläche dem Gesicht entzogen, bei den liegenden eine 4 × 4-Fläche), gaben wir jetzt stehende 4 × 2 × 2 cm messende Viertel gegen liegende 4 × 4 × 2 cm messende Hälften. Die dem Neste zugewandte Oberfläche war bei beiden Marken 2 × 4 cm.

31. Versuch. 6 mattschwarze stehende 4×2×2 cm messende Viertelkuben gegen 6 mattschwarze liegende 4 × 4 × 2 cm messende Halbkuben. Auch dieser Versuch wurde meistens nach einer Dressur auf beide genannten Markenarten gemacht, manchmal auch nach einer Dressur auf Holzwürfel und Quadratscheiben.

	Hoch	Breit
Wespe 94	4	4
Wespe 95	21	12
Wespe 96	9	5
Wespe 97	7	11
Wespe 98	104	49
Wespe 99	4	5
Wespe 100	6	15
Wespe 101	17	13
Wespe 102	6	6
Wespe 103	37	4
Wespe 104	6	2
	221	126

Das Verhältnis zwischen Breit und Hoch blieb also ungefähr bestehen. Interessant sind aber die Wespen 97 und 100, bei denen eine Bevorzugung für Breit zu bestehen scheint. Wir haben in diesem Versuch eigentlich zwei Faktoren gegeneinander ausgespielt: erstens die Höhe und zweitens die größere Gesamtoberfläche sowie die größere projizierte Oberfläche. In der relativen Schätzung dieser beiden Faktoren mag also ein individueller Unterschied zwischen Wespe 97 und 100 einerseits und den übrigen Tieren andererseits bestehen. Auf die Tatsache, daß wenig geprüfte Tiere (94, 99, 102, 104) oft eine schwächere Bevorzugung zeigen als viel geprüfte Tiere (95, 98, 103), kommen wir weiter unten noch zurück.

Derselbe Versuch wurde auch mit dem schon beim 13. Versuch erwähnten *Cerceris arenaria*-Weibchen angestellt. Diese Wespe wählte sehr überzeugend 16 »hoch« gegen 1 »breit«.

Im Anschluß daran erwähnen wir folgenden Versuch:

32. Versuch. 12 zylinderförmige Stäbchen (r = 6 mm, Länge = 12 cm) wurden im Kreis um das Nest aufgebaut, und zwar abwechselnd senkrecht stehend und in radiärer Anordnung flach liegend (Abb. 48b). Beim Versuch wurden nicht die Stäbchen selber regelmäßig gewechselt, sondern dieselben Stäbchen blieben während des ganzen Versuches beim selben Scheinnest, und nur die Stellung (stehend oder liegend) wurde gewechselt. Darauf achteten wir, weil die grob zugeschnittenen Stäbchen unter sich ziemlich ungleich waren; diese individuellen Unterschiede wurden also unwirksam gemacht.

	Stehend	Liegend
Wespe 105	17	2

Weil die stehenden Stäbchen vom Nesteingang gesehen eine viel größere Oberfläche boten als die liegenden, wurden im

33. Versuch die liegenden Stäbchen im »Kranz« angeordnet.

	Stehend	Liegend
Wespe 105	6	0

Nach diesen Versuchen darf es als gesichert gelten, daß der Vorzug für »körperliche« Wegmarken hauptsächlich auf deren Höhe beruht. Der Einfluß größerer Oberfläche, reicherer Flächengliederung und Schattierung ist, im Vergleich zur Höhe, gering.

Hier möchten wir schließlich noch einen Versuch beschreiben, der Aufschluß darüber gibt, in welchem Moment die letzte Entscheidung über den Wert dieser Marken fällt.

34. Versuch. Nach Dressur auf 6 mattschwarze Halbkugeln und 6 mattschwarze Kreisscheiben (14. Versuch) wurden einander gegenübergestellt: 6 senkrecht bis zur Mitte in den Sand gesteckte Kreisscheiben, die ihre Breitseite dem Zentrum zuwandten (»Kranz«), und 6 ebensolche Scheiben, die ihre Schmalseite zum Zentrum kehrten (»Stern«).

	Kranz	Stern
Wespe 46	4	0
Wespe 106	34	12
	38	12

Die Weise, in der diese Wespen wählten, war immer sehr interessant. Oft kam eine Wespe bei »Stern« bis auf weniger als 1 cm herunter, schwebte sekundenlang an der Stelle, ohne sich tatsächlich niederzulassen, flog dann plötzlich zum Kranz, und landete erst dort. Von den 12 Wahlen auf Stern fielen die wenigsten richtig ins Zentrum; meistens setzte die Wespe sich mehr oder weniger exzentrisch, ein ziemlich ungewöhnliches Ereignis, denn im allgemeinen hielten sich die Wespen peinlichst genau an der relativ zu den Marken richtigen Stelle, auch wenn der »Eingang« im Scheinnest von uns nicht an der relativ richtigen Stelle gemacht worden war. Die Erfahrung hatte uns nämlich gelehrt, daß wir mit der Anlage des Scheinnestes sehr nachlässig sein konnten, ohne die Orientierung der Wespen auf die Wegmarken zu stören.

Wir erklären uns diese exzentrischen Wahlen wie auch das ganze Verhalten im 34. Versuch so, daß wahrscheinlich die Wespe vom Zentrum aus die »Stern«-Scheiben kaum sieht und sie daher nicht wählt, bei einigermaßen exzentrischer Stellung jedoch die Seitenflächen verschiedener Scheibchen schon ziemlich breit sehen muß und also zu einer Wahl der »Stern«-Aufstellung nur kommt, wenn sie sie nicht vom Zentrum aus beurteilt.

Jedenfalls geht aus dem 34. Versuch hervor, daß die Wespe die Wegmarken in der unmittelbaren Nestumgebung bis zum letzten Augenblick, ehe sie tatsächlich landet, fortwährend prüft. Die Bedeutung des Sandfleckes und der anderen Merkmale der Höhle selber ist gegen die der Wegmarken zu vernachlässigen. Hier liegt vielleicht auch teilweise die Erklärung der Tatsache, daß das wichtigste Merkmal des körperlichen Gegenstandes die Höhe ist, denn flache Gegenstände werden vom Höhleneingang aus einfach nicht gesehen. Sicher aber ist die Bevorzugung hoher Wegmarken nicht *allein* hieraus zu erklären, denn die Entscheidung zwischen hoch und flach fällt in weitaus den meisten Versuchen, in denen hohe gegen flache Marken ausgespielt werden, schon in beträchtlicher Höhe, gewöhnlich schon bevor die Wespe bis auf 25 cm heruntergekommen ist. Wir haben immer sorgfältig darauf geachtet, ob wir den Augenblick der Entscheidung nicht feststellen konnten. Nur selten fällt sie aber so spät wie beim 34. Versuch. Speziell beim 17. Versuch, wo ganz große flache Marken gegen kleine Halbkugeln geboten wurden, erwarteten wir zu sehen, daß die von oben herunterkommende Wespe erst die großen flachen Scheiben, dann, in geringere Höhe gekommen, die kleineren Halbkugeln anfliegen würde. Sorgfältige Beobachtung in den 73 Fällen (s. 17.

Versuch), in denen eine Wespe die Halbkugeln wählte, ergab nichts derartiges; die Wespe wählte schon in beträchtlicher Entfernung, meistens, wie gesagt, wenn sie noch mehr als 25 cm hoch schwebte.

Inwieweit hierbei richtiges binokulares Sehen oder andere die Tiefenwahrnehmung ermöglichende Faktoren eine Rolle spielten, ließen wir offen, weil wir nach einigen Vorversuchen den Eindruck hatten, daß Versuchen solcher Art bei diesem Objekt die größten Schwierigkeiten entgegenstanden.

V. Die körperliche Gliederung

Unsere ersten Versuche, den Einfluß der räumlichen Gliederung zu untersuchen, sind alle dadurch unbeweisend, daß wir den Einfluß geringer Größendifferenzen zwischen verschiedenen Marken unterschätzten. Als glatte Marken benutzten wir die schon mehrfach genannten Kuben zu 4 cm oder die körperlichen Ringe. Als gegliederte Marken benutzten wir dieselben Würfel und Ringe, jetzt aber beklebt mit einer großen Anzahl kleiner 1 × 1 × 1 cm messenden Würfel. Später, bei Kontrollversuchen mit größeren glatten Marken, stellte sich heraus, daß wahrscheinlich die Größendifferenz in der Hauptsache für diese Bevorzugung verantwortlich war. Wir kamen nun schließlich zu folgenden Markentypen: Als ungegliederte Marke ein Viereck aus rechteckigen, an den beiden Enden schief abgeschnittenen Holzstäbchen mit Querschnitt 4 × 3 cm, Außenlänge 20 oder 30 cm, Innenlänge 12 bzw. 22 cm; als gegliederte Marke ein Viereck aus ähnlichen Stäbchen mit Querschnitt 2 × 2 cm, Außenlänge 20 oder 30 cm, Innenlänge 16 bzw. 26 cm, die mit kleinen Holzkuben beklebt waren, und zwar außen mit 7 bzw. 10, innen 5 bzw. 8 und oben 6 bzw. 9 Würfelchen (Abb. 51). Alles wurde mattschwarz gefärbt. Wir hatten sämtliche Stäbchen in zwei ver-

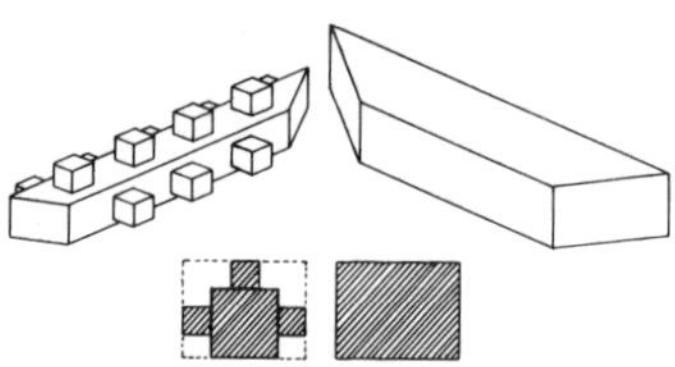

Abb. 51. Körperlich gegliederte (links) und glatte Marken, oben: Rahmenteile, unten: deren Querschnitt (35. Versuch).

schiedenen Längen hergestellt, weil wir ursprünglich, wie mit den Ringen, mit einem inneren und einem äußeren Quadrat arbeiten wollten. Als wir aber entdeckten, daß bei dieser Anordnung immer das jeweils bei der Dressur innere Quadrat deutlich bevorzugt wurde, faßten wir immer beide Marken zu einem Quadrat zusammen. Die Anordnung war bei manchen Dressuren links und rechts gegliedert, vorn und hinten glatt, bei anderen Versuchen links und rechts glatt, vorn und hinten gegliedert (Abb. 48d). Beim Versuch wurden dann zwei vollständige Quadrate, eines nur aus glatten, ein anderes nur aus gegliederten Stäbchen geboten (Abb. 52).

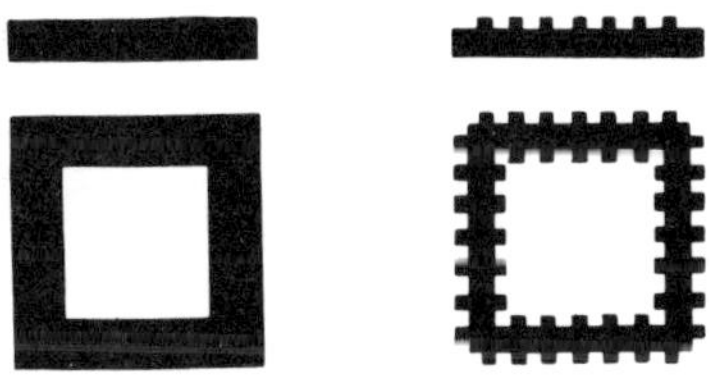

Abb. 52. 35. Versuch.

35. Versuch. Quadrat aus mattschwarzen glatten Stäbchen gegen Quadrat aus mattschwarzen, gegliederten Stäbchen.

	Glatt	Gegliedert
Wespe 107	0	9
Wespe 108	0	18
Wespe 109	0	14
Wespe 110	4	5
Wespe 111	2	5
Wespe 112	4	14
Wespe 113	4	10
Wespe 114	8	7
Wespe 115	1	20
	23	102

Die räumlich gegliederten Marken werden also deutlich vor den glatten bevorzugt.

Es ergibt sich nun eine Reihe von Wegmarkentypen fallender Wirksamkeit, eine Hierarchie von Wegmarken, die lautet wie folgt: Körperlich und körperlich Gegliedert > körperlich Glatt > Flach und flach Gegliedert > Flach gleichmäßig Gefärbt.

Im Anschluß an diese Versuche, in denen immer nur eines der genannten Merkmale getrennt untersucht wurde, haben wir nun eine Anzahl Wespen auf die beiden äußersten Glieder der Reihe dressiert und im Experiment festzustellen versucht, ob bei der Unterscheidung auch wirklich alle gefundenen Merkmale eine Rolle spielten. Nach gelungener Dressur stellten wir zunächst fest, welches der beiden Dressurmerkmale bevorzugt wurde, und boten dann eine der beiden Arten gegen Wegmarken, die nur einen Teil der Merkmale der stärkeren Dressurmarken hatte.

Wir gingen von zwei verschiedenen Anordnungen aus:

(1) Dressur auf einen körperlichen flach gegliederten Ring und einen flachen gleichmäßig schwarzen Ring.

36. Versuch. Flacher, in gleicher Weise wie der körperliche Dressurring gegliederter Ring gegen flachen gleichmäßig schwarzen Ring.

	Gescheckt	Schwarz
Wespe 116	5	1
Wespe 117	5	0
	10	1

37. Versuch. Körperlicher Ring gegen gleich gefärbten flachen Ring.

	Körperlich	Flach
Wespe 118	2	0
Wespe 119	1	0
Wespe 120	3	0
	6	0

(2) Dressur auf mattschwarz gefärbte Kiefernzapfen und gleichmäßig mattschwarzen flachen Ring (wie im 1. Versuch).

38. Versuch. Körperlicher gleichmäßig mattschwarz gefärbter Ring gegen gleichgefärbten flachen Ring.

	Körperlich	Flach
Wespe 2	4	0
Wespe 3	10	0
	14	0

39. Versuch. Körperlicher gleichmäßig mattschwarz gefärbter Ring gegen mattschwarz gefärbte Kiefernzapfen.

	Körperlich glatt	Zapfen
Wespe 2	1	6
Wespe 3	0	4
Wespe 4	0	4
Wespe 7	0	6
Wespe 9	0	6
	1	26

Die Wirkung der körperlichen Gliederung wurde in zwei Weisen gezeigt:

40. Versuch. Die Dressurzapfen gegen gleichgefärbte Holzkuben 4 × 4 × 4 cm.

	Zapfen	Kuben
Wespe 4	16	5
Wespe 5	2	2
Wespe 6	2	2
	20	9

Die geringere Bevorzugung erklärt sich zum Teil aus der großen Höhe der Würfel, jedoch nicht ganz:

41. Versuch. Die Dressurzapfen gegen die nämlichen Holzkuben wie im 40. Versuch, nur werden diese jetzt dicht nebeneinander gestellt, so daß zwischen ihnen nicht, wie im 40. Versuch, Zwischenräume offen sind.

	Zapfen	Kuben (»geschlossen«)
Wespe 5	5	0
Wespe 6	6	0
	11	0

Sobald also die Lücken zwischen den Einzelkuben verschwunden sind, wird die Bevorzugung der Zapfen deutlicher, trotz des Näherrückens (das zum Schließen der Lücken notwendig war) und trotz der größeren Höhe der Kuben.

Daß die körperliche Gliederung nicht nur als solche, sondern zugleich auch als flache Gliederung wirkt, geht aus folgendem hervor:

42. Versuch. Körperlicher glatter, gleichmäßig mattschwarzer Ring gegen körperlichen schwarz-gelb gescheckten Ring.

	Schwarz	Gescheckt
Wespe 9	0	6

Zum Überfluß schießlich noch ein Beweis dafür, daß diese flache Gliederung gegen die körperliche Gliederung stark zurücktritt.

43. Versuch. Zapfen gegen körperlichen schwarz-gelb gescheckten Ring.

	Zapfen	Gescheckt
Wespe 9	6	0

Die Zapfen unterscheiden sich also von flachen Ringen wirklich durch räumliche Gliederung, Körperlichkeit (Höhe) und Flächengliederung.

VI. Die Größe

44. Versuch. 4 große (8 × 8 × 8 cm) und 4 kleine (4 × 4 × 4 cm) Würfel von gleicher Farbe wurden bei Dressur und Versuch so aufgestellt, daß die dem Nest bzw. Scheinnest zugewandten Flächen alle gleich weit vom Höhleneingang entfernt waren (Abb. 53).

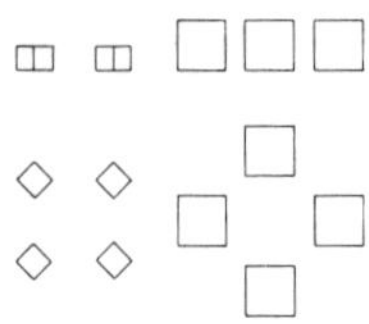

Abb. 53. Große und kleine Würfel (44. Versuch).

	Groß	Klein
Wespe 121	6	0
Wespe 122	9	1
	15	1

Da hier aber, wie oben gezeigt, die Höhe eine wichtige Rolle spielte, wurde der Versuch dahin abgeändert, daß die großen Marken um die Hälfte niedriger gemacht wurden, also gleich hoch wie die kleinen Marken waren.

45. Versuch. Vier auf einer Quadratseite liegende Halbwürfel von 8×8×4 cm gegen 4 kleine 4×4×4 cm messende Würfel, wieder in gleicher Entfernung von der Höhle.

	Groß	Klein
Wespe 123	7	0
Wespe 124	5	0
	12	0

Hier hat also die größte Marke den Vorzug. Das erklärt, weshalb im 17. Versuch die großen flachen Scheiben noch verhältnismäßig oft gewählt wurden. Auch erklärt es wahrscheinlich zum Teil den ziemlich schwachen Vorzug, der im 31. Versuch den stehenden Viertelkuben zuteil wurde. Die flach liegenden Halbwürfel zeigten ja von oben gesehen eine viermal größere Oberfläche als die stehenden kleinen Würfel.

VII. Der Helligkeitskontrast

Daß es sehr viel ausmacht, ob die Marken in ihrer Helligkeit stark oder schwach mit dem Boden kontrastieren, entdeckten wir schon 1934 und 1935, als wir die Rolle des ausgescharrten Sandes als Wegmarke untersuchten. Auf einer kahlen, offenen Fläche waren die Sandflecke für uns Menschen die weitaus wichtigsten Merkmale. Trotzdem folgten die Wespen bei Umstellung etwa eines 50 cm von der Höhle entfernten Grasbüschels immer dieser Marke, obwohl der Sandfleck dann noch ganz unberührt an der alten Stelle lag. Das kam uns merkwürdig vor.

Es stellte sich bald heraus, daß es hierbei auf die Farbe des Untergrundes ankommt.

An manchen Stellen war außerdem der Boden so dicht mit Höhlen und dazugehörigen Sandflecken besät, daß manche Wespe außer ihrem eigegenen Sandfleck vielleicht auch solche ihrer Nachbarn benutzte. Dies war der Anlaß zu den folgenden Versuchen.

46. Versuch. Bei einem Nest auf Sandboden (Abb. 30a), wo der Sandfleck zwar immer etwas weniger grau und mehr gelb war als die unberührte

	Versuch		Kontrolle	
	Nest	*Scheinnest*	*Nest*	Scheinnest
Wespe 125	4	6	6	0
Wespe 126	1	4	8	2
Wespe 127	0	5	5	0
Wespe 128	8	0	5	0
Wespe 129	6	6	1	0
Wespe 130	5	0	–	–
Wespe 131	7	3	4	0
Wespe 132	5	0	5	0
	36	24	34	2

Oberfläche, jedoch sehr wenig mit ihr kontrastierte, wurde in Abwesenheit der Wespe der Sandfleck bis auf den festen Untergrund sorgfältig weggeblasen. Der Eingang selber blieb intakt. 20 cm weiter (quer zur Windrichtung, also quer zur Anflugrichtung der Wespe) wurde ein möglichst gleichgeformter Sandfleck gemacht. Nachdem die rückkehrende Wespe einige Male gewählt hatte, wurde der künstliche Sandfleck zerblasen und der ursprüngliche wiederhergestellt. Es waren 7 Wespen. Im Kopf der Tabelle ist die Stelle, wo sich im Versuch der Sandfleck befindet, kursiv gedruckt.

Hieraus ist schon ersichtlich, daß dem Sandfleck auch auf hellem Untergrund nicht aller Wert abgeht; eine sehr wichtige Orientierungsmarke ist er jedoch nicht.

47. Versuch. Ebenso wie im 46. Versuch, jedoch mit Nestern auf dunkel braunschwarzem Untergrund (hauptsächlich mit verdorrtem Rentiermoos bedeckt (Abb. 30c).

Obwohl eine Wespe sich von dem Sandfleck gar nicht leiten ließ, zeigten die anderen 5 Tiere eine vollkommene Abhängigkeit von ihrem Sandfleck.

Es fragt sich nun, ob auch die Benutzung anderer Sandflecke von der Farbe des Untergrundes abhängig ist.

	Versuch		Kontrolle	
	Nest	*Scheinnest*	*Nest*	Scheinnest
Wespe 133	5	0	5	0
Wespe 134	0	5	5	0
Wespe 135	0	5	5	0
Wespe 136	0	5	5	0
Wespe 137	0	5	5	0
Wespe 138	0	5	5	0
	5	25	30	0

48. Versuch. Während der Abwesenheit der auf dunklem Grund bauenden Wespen 139 mit Nest A und 140 mit Nest B (Abb. 54) wurden alle Nachbarsandflecke sorgfältig weggeblasen, und 20 cm nordöstlich von jedem Nest wurde ein künstlicher Sandfleck hergestellt. Nur bei A und B wurden zwei Scheinnester gemacht, eins 20 cm nordöstlich (S 1) und eins 20 cm südwestlich (S 2).

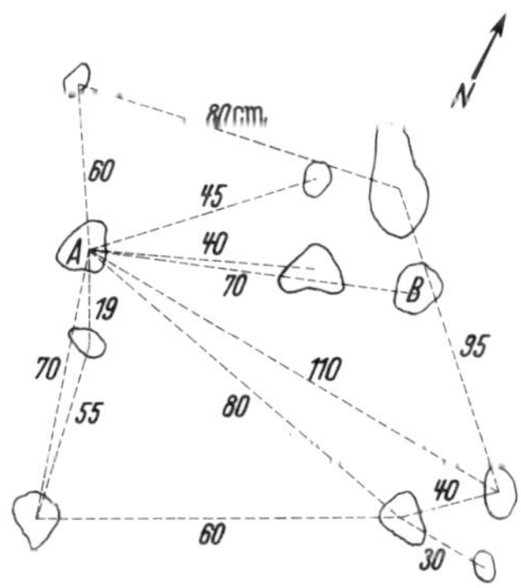

Abb. 54. Die Lage der Höhlen A und B und deren Nachbarhöhlen im 48. Versuch.

Als die Wespe 139 zurückkam, wählte sie:

	S (A) 2	S (A) 1
Wespe 139	0	5

Darauf wurden die Sandflecke aller Nachbarnester wieder weggeschafft und 20 cm südwestlich aller Nester neue Sandflecke gemacht.

Wespe 139 wählte dann:

	S (A) 2	S (A) 1
Wespe 139	1	0

In diesem Augenblick kam die Wespe 140 von Nest B zurück. Sie wählte:

	S (B) 2	S (B) 1
Wespe 140	4	0

Hierauf kam eine zweite B-Wespe heim; wie sich später herausstellte, hatten diese Wespen beide ihr Nest bei B, hatten also gemeinsam den Sandfleck hergestellt. Diese Wespe wählte:

	S (B) 2	S (B) 1
Wespe 141	2	0

Irrtümlicherweise vergaßen wir jetzt, wer Wespe 140 und wer 141 war; von jetzt an konnten wir nur angeben »140 oder 141«, was dem Versuchsergebnis jedoch nicht schadet.

	S (B) 2	S (B) 1
Wespe 140 oder 141	3	0

Nun wurden zur Kontrolle wieder alle Sandflecke der Nachbarnester um 40 cm nach NO versetzt; sie befanden sich also jetzt 20 cm nordöstlich ihrer ursprünglichen Lage.

	S (B) 2	S (B) 1
Wespe 140 oder 141	0	3

Diese Wespen richteten sich also vollkommen nach der Lage der Nachbarnester, obwohl wir ihre eigenen Sandflecke vollkommen unberührt ließen.

Derselbe Versuch wurde später bei einer anderen Nestergruppe auf ähnlich dunklem Boden wiederholt, mit gleichem Ergebnis. Es erübrigt sich, nochmals Protokolle zu geben.

49. Versuch. Derselbe Versuch wurde bei drei Nestergruppen mit den Wespen 142, 143, 144, 145 und 146 wiederholt. Diese Nester lagen in ungefähr gleicher Dichte wie in den beiden Versuchen 48, jedoch auf hellem Sand. Das Resultat kann kurz zusammengefaßt werden: Alle unsere Bemühungen, alle Scheinnester waren nicht imstande, diese Wespen in insgesamt 63 Wahlen auch nur einmal zu einer Fehlwahl zu bringen; immer wurde das richtige Nest gewählt. Ein Benutzen der Nachbarnester als Orientierungsmarken war in diesem Falle also nicht nachweisbar.

Der Sandfleck des eigenen Nestes sowie solche von Nachbarnestern sind also als Wegmarken sehr viel wertvoller auf dunklem Boden als auf Sandboden. Es liegt auf der Hand, anzunehmen, daß der Kontrast zwischen Sandfleck und Umgebung hierbei die Hauptrolle spielt. Weitere Versuche, diese Folgerung zu erhärten, wurden zwar wiederholt angefangen, aber leider aus verschiedenen Gründen nicht durchgeführt.

VIII. Die Entfernung zum Nest

Bei der Besprechung der Versuche über räumliche Gliederung erwähnten wir schon, daß bei der ursprünglich dort benutzten Anordnung (das eine Quadrat innen, das andere außen) die Bevorzugung gegliederter Marken nicht nachgewiesen werden konnte, weil deren Einfluß viel geringer war als die Nähe zum Nest. Die betreffenden Versuche folgen hier:

50. Versuch. Ein kleines Quadrat aus glatten mattschwarzen Stäbchen und ein großes aus körperlich gegliederten mattschwarzen Stäbchen, denselben wie im 35. Versuch.

	Glatt (innen)	Gegliedert (außen)
Wespe 147	10	4
Wespe 148	18	0
Wespe 149	32	1
	60	5

51. Versuch. Wie der 50. Versuch, nur war hier während der Dressur Glatt außen und Gegliedert innen.

	Glatt (außen)	Gegliedert (innen)
Wespe 150	8	8
Wespe 151	0	12
Wespe 152	3	21
	11	41

Diesen beiden Versuchen war also zwar nichts über den Wert der körperlichen Gliederung zu entnehmen, deutlich aber war, daß die Wespen sich hauptsächlich auf das innere Quadrat dressiert hatten. Nun war während der Dressur immer das äußere Quadrat für die Wespe unsichtbar, solange sie in oder bei dem Nesteingang am Boden saß.

Bei den Versuchen, wo dies nicht der Fall war, also bei vielen der Ringversuche, war eine so starke Bevorzugung des inneren Ringes nicht nachweisbar, und er wirkte auch nie störend. Es erschien daher wünschenswert, gleiche Marken in verschiedener Entfernung, aber auch für die sitzende Wespe gleich gut sichtbar darzubieten.

52. Versuch. 4 sandfarbene 4 × 4 × 4 cm große Würfel in 12 cm und 4 ebensolche in 24 cm Entfernung. Alle kehren eine Seite dem Eingang zu (Abb. 55).

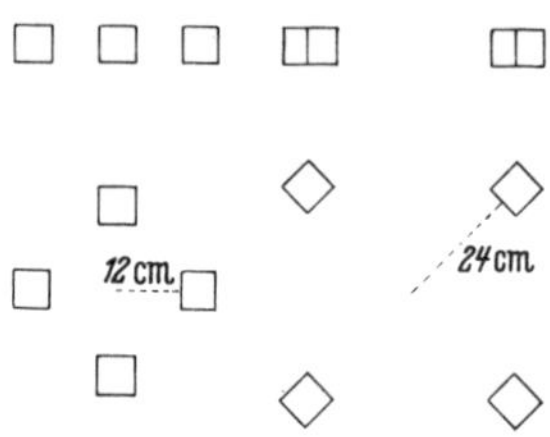

Abb. 55. 52. Versuch.

	Innen	Außen
Wespe 153	5	0
Wespe 154	15	0
Wespe 155	8	3
	28	3

Da uns nun bekannt war, daß dasjenige, was die Wespe im letzten Augenblick vor dem Sichniederlassen, also vom Höhleneingang aus, sieht, für die Wahl noch von entscheidender Bedeutung ist (s. 34. Versuch), war zu untersuchen, inwieweit diese Bevorzugung der nächstliegenden Marken aus einer Bevorzugung des Höheren und überhaupt Größeren zu erklären wäre. Die Wespe sieht ja vom Nesteingang aus die Würfel der nahen Gruppe unter einem doppelt so großen Winkel wie die der weiter entfernten.

53. Versuch. Dieselbe Anordnung wie im 52. Versuch, nur stehen außen jetzt 8 × 8 × 8 cm messende Kuben.

	Innen	Außen
Wespe 156	0	6
Wespe 157	2	7
	2	13

Merkwürdigerweise haben jetzt die weiter entfernten, größeren Wegmarken den Vorzug. Vom Nesteingang aus werden beide Sorten unter demselben Winkel gesehen. Die Entscheidung fällt also wahrscheinlich schon, bevor die Wespe den Boden berührt. Dieses gab uns den ersten Hinweis darauf, daß die Wespen beim Heimfinden auch in der letzten Etappe vielleicht oft von relativ weit entfernten Wegmarken Gebrauch machen. Wir verfolgten diese Frage jedoch nicht weiter; über eine eigene diesbezügliche Untersuchung wird G. van Beusekom in Kürze berichten.

Wir kommen zu dem Schluß, daß unter gleich großen Wegmarken den am nächsten der Höhle befindlichen Marken der größte Wert bei der Entscheidung zukommt.

IX. Der Zeitpunkt der Dressur; die Funktion des »Orientierungsfluges«

Wir kamen zu der Auffassung, daß der Zeitpunkt der Dressur einen Einfluß auf den Wert der Marken haben müßte, als wir versuchten, die Funktion des Orientierungsfluges näher zu untersuchen. Wir dressierten dazu eine ausfliegende Wespe während des Orientierungsfluges auf einen Kranz von 20 Kiefernzapfen, die wir auslegten, während die Wespe in der Höhle war. Dann notierten wir Dauer und Form des Orientierungsfluges. Bei Rückkehr der Wespe wurde der Kiefernzapfenkranz um ein Scheinnest verlegt und ihre Wahl beobachtet. Zu diesen Versuchen wurden nur diejenigen Wespen herangezogen, die einen ununterbrochenen, sich immer höher und weiter ausdehnenden Orientierungsflug ohne Zwischenlandung auf oder bei dem Nest machten, um den Einfluß eines solchen »Anfluges« auszuschalten. Alle Versuche wurden auf hellem Untergrund unter möglichst günstigen Bedingungen angestellt.

54. Versuch. Dressur auf einen Kiefernzapfenkranz während eines Orientierungsfluges, Versuch mit Verlegen des Kranzes vor Rückkehr der Wespe. In diesen wie auch in den folgenden Tabellen ist wieder die Stelle, wo sich jeweils die Marken befinden, kursiv gedruckt.

	Versuch		Kontrolle	
	Nest	*Scheinnest*	*Nest*	Scheinnest
Wespe 158	1	0	–	–
Wespe 159	3	0	4	0
Wespe 160	4	0	2	0
Wespe 161	5	0	5	0
Wespe 162	5	0	5	0
	18	0	16	0

Nicht die geringste Spur einer Dressur war zu bemerken. Es genügt demnach ein Orientierungsflug zur Dressur auf einen Kiefernzapfenkranz, also auf möglichst »starke« Wegmarken, nicht.

55. Versuch. Jetzt wurde die Dressur länger fortgesetzt. Wir ließen die Wespen einmal ausfliegen, heimkehren und wieder ausfliegen. Bei der zweiten Heimkehr wurde dann derselbe Versuch wie oben unternommen, und zwar diesmal nicht nur mit Wespen, die keine Zwischenlandung gemacht hatten, sondern mit allen Tieren, die überhaupt dressiert worden waren.

	Versuch		Kontrolle	
	Nest	*Scheinnest*	*Nest*	Scheinnest
Wespe 163	5	0	–	–
Wespe 164	0	5	5	0
Wespe 165	1	10	10	0
Wespe 166	5	0	5	0
	11	15	20	0

Auch jetzt ist die Dressur noch ziemlich schwach. Diese Resultate waren recht unerwartet, und wir fragten uns, wie denn die Wespen bei der Heimkehr nach ihrem ersten Ausflug vom Nest die Stelle wiederfinden konnten?

Nun waren unsere sämtlichen Versuchswespen schon viele Male aus- und eingeflogen, bevor wir unsere neuen Marken hinzulegten; sie kannten also schon andere Marken. Wir suchten nun eine Erklärung in der Annahme, daß eine Dressur in neuer Umgebung schneller zustande kommt als in altbekannter.

Nun entsteht eine »neue« Umgebung auf 2 Weisen: Erstens bei der Herstellung einer neuen Höhle (die Wespe gräbt bekanntlich im Laufe einer Saison mehrere Höhlen an verschiedenen Stellen, vgl. Tinbergen 16) und zweitens, wenn eine tagelang dauernde Regenperiode die Wespe zwingt, in ihrer Höhle zu bleiben, und der Regen zu gleicher Zeit die Umgebung völlig umgestaltet. Auch im letzteren Fall wäre, sogar wenn die Wespe inzwischen nichts vergessen hätte, eine Dressur notwendig.

Weil nun durch verschiedene, hier nicht näher zu erörternde Umstände das Anbringen unserer Dressurmarken gleich am Anfang der Höhlenherstellung unausführbar war, haben wir uns darauf beschränken müssen, den Effekt einer Dressur während des ersten Orientierungsfluges gleich nach einer Regenperiode in gleicher Weise wie in den Versuchen 54 und 55 zu studieren.

56. Versuch. Am ersten sonnigen Morgen nach einer etwa 14 Tage andauernden Regenperiode wurde eine Gruppe Nester auf hellem Untergrund unter Beobachtung genommen, noch bevor eine einzige Wespe ausgeflogen war. Sobald eine den Kopf am Eingang ihrer Höhle zeigte, wurde sie zurückgescheucht, ein Kiefernzapfenkranz um das Nest gelegt, und dann die Wespe in Ruhe gelassen. Sie kam bald wieder zum Vorschein, machte einen oder mehrere Orientierungsflüge, deren Dauer wir genau vermerkten, und flog ab. Vor ihrer Rückkehr wurde dann der Zapfenkranz zu einem Scheinnest verlegt und die Wahl notiert.

	Versuch		Kontrolle	
	Nest	*Scheinnest*	*Nest*	Scheinnest
Wespe 167	2	0	–	–
Wespe 168	0	5	5	0
Wespe 169	5	0	–	–
Wespe 170	0	6	5	0
Wespe 171	0	5	5	0
Wespe 172	0	3	4	0
Wespe 173	2	6	5	0
Wespe 174	0	10	2	0
Wespe 175	0	18	8	0
Wespe 176	8	4	0	3
Wespe 177	1	4	1	0
Wespe 178	2	0	–	–
Wespe 179	0	12	1	0
	20	73	36	3

Es ergab sich, daß die meisten Wespen nach einmaligem Ausfliegen schon viel besser dressiert waren als die Wespen 158–162 (54. Versuch) und sogar erheblich besser als die Wespen 163–166 (55. Versuch) nach zweimaligem Ausfliegen.

Die einzelnen Protokolle geben schöne Beweise für die Annahme, daß der Orientierungsflug auch bei *Philanthus*, dazu dient, sich die Lage des Nestes in Beziehung zu den Umgebungsmarken einzuprägen. Die Wespen 174 und 177 machten einen einzigen 13 Sekunden dauernden Orientierungsflug; die vorzüglich dressierte Wespe 179 brauchte sogar nur 6 Sekunden!

Opfinger (15) untersuchte den Orientierungsflug der Honigbiene. Unsere Ergebnisse wurden zwar an einer anderen Reaktion, nicht bei einer Futterquelle gewonnen, auch haben wir den Orientierungsflug nicht so ausführlich analysiert, wie es Opfinger getan hat, aber in einigen Punkten läßt sich doch ein Vergleich ziehen. Auch bei der Biene dient der Orientierungsflug hauptsächlich zum Einprägen einer *neuen* Stelle. Der Einfluß der in unmittelbarer Nähe des Abflugplatzes befindlichen Marken ist dabei ziemlich schwach; ob wesentlich schwächer als bei *Philanthus*, läßt sich bei der Verschiedenheit der von OPFINGER und von uns benutzten Methoden nicht sagen.

Beinahe alle hier genannten Versuche stammen aus dem Jahre 1934. 1936 versuchten wir nochmals, während einer Schönwetterperiode eine Dressur auf »Zapfenkranz« nach einmaligem Ausfliegen zu bewirken, was uns ja früher nicht gelungen war. Ganz gegen unsere Erwartung zeigten sich die 3 jetzt untersuchten Wespen alle dressiert. Wir schreiben das verschiedenen Umständen zu. Erstens befanden sich alle Nester, an denen unsere 1934-Versuche angestellt wurden, auf einer mit zerstreuten Kiefern besetzten Fläche, während sich die drei 1936er Nester auf einer ganz kahlen, offenen Sandfläche befanden. Während bei den ersten Versuchen die nächsten, bis 6 m hohen Kiefern nicht weiter als 10 m von unseren Versuchsnestern standen, waren bei den 1936er Versuchen die nächsten Kiefern mehr als 60 m entfernt.

Weiter haben die 1936-Wespen, wohl im Zusammenhang mit der schwierigen Orientierung auf diesem wegmarkenarmen Gelände, viel mehr und zugleich längere Orientierungsflüge gemacht als die 1934er und überhaupt alle »eingewöhnten« Wespen.

Die Orientierungsflüge von Wespe 180 dauerten 80, 40, 58 Sekunden, die von Wespe 181: 3, 100, 2, 2, 30, 6, 12 Sekunden, und die von Wespe 182: 40, 36, 7, 15, 38, 21 und 12 Sekunden.

Dieses Verhalten deutet darauf hin, daß die Tiere im öden, markenarmen Gelände jede neu hinzugesetzte nicht zu schwache Wegmarke sofort sorgfältig in ihrer Lage »einstudieren«. Genau dasselbe erwähnt E. WOLF (19) von der Honigbiene.

Nach diesen Versuchen dürfen wir annehmen, daß die Umstände mit darüber bestimmen, welche Gegenstände in der Umgebung der Höhle einen höheren oder einen geringeren Wert als Wegmarken besitzen. Bei erstmaliger Einprägung der Umgebung wird die Kenntnis der relativen Lage der vorhandenen Wegmarken schnell erworben; später hinzukommende, wenn auch auf Grund eigener Form- und Farbmerkmale »starke« Wegmarken werden langsamer aufgenommen. Es gibt eine kritische Zeit optimaler Empfänglichkeit.

X. Die Dauer der Dressur; zunehmende Gliederung des Wahrnehmungsfeldes; sprunghafte Änderungen in der Wegmarkenwahl; Merkmalausfall

Die hier anzuführenden Versuche sind nicht wegen dieses Problems ausgeführt worden, und wir haben sie alle schon oben mitgeteilt. Sie seien hier aber nochmals in anderem Zusammenhang betrachtet. Während dieser Versuche machten wir nämlich unzählige Male die Beobachtung, daß sich das Wahrnehmungsfeld während der Dressur, zum Teil auch im Laufe der Versuche ändert.

Wie schon oben gesagt, wurden die Wespen, die wir auf zwei Arten von Wegmarken zu gleicher Zeit dressierten, vor Anfang der Wahlversuche darauf kontrolliert, ob sie den ganzen Komplex der ausgelegten Marken schon zur Orientierung benutzten. Erst wenn sie diesen folgten, waren sie für unsere Versuche brauchbar.

Nun geschah sehr oft folgendes: Die Wespe schien sich ganz überzeugend nach dem Dressurkomplex zu richten. Bei Trennung beider Komponenten nahm sie jedoch weder A noch B, sondern wählte das eigene Nest. Diese Erfahrung machten wir immer wieder, da wir jede heimkehrende Versuchswespe auf ihre Dressur untersuchten. Wenn wir dann nach fortgesetzter Dressur den Wahlversuch wiederholten, hatte die Wespe das richtige Nest offenbar vergessen und wählte nur die beiden oder eins von beiden Scheinnestern.

Wir erklären uns das so, daß die ursprünglich benutzten Marken bei andauernder Gewöhnung an die neuen allmählich weniger wichtig und schließlich durch die neuen Marken verdrängt werden. Da wir zur Dressur immer starke wertvolle Marken benutzten, haben wir nur eine allmähliche Verdrängung von schwächeren durch stärkere Wegmarken feststellen können. Bei der Dressur auf schwache, flache Marken konnte es 2 volle Tage dauern, bevor das Tier ihnen gut folgte; da wir das bei fast jeder Heimkehr kontrollierten, konnten wir ihre langsame Umgewöhnung gut verfolgen. Wie weiter unten ersichtlich, steht diese allmähliche Verdrängung in einem gewissen Gegensatz zu den plötzlichen sprungartigen Verschiebungen in der »Hierarchie« der Wegmarken, die unter anderen Umständen auftreten können.

Die Wahrnehmung eines Komplexes von Wegmarken, die alle von genau demselben Zeitpunkt an beim Nest liegen, die also in dieser Hinsicht genau gleichwertig sind und bei denen deshalb die oben genannte Verdrängung keine Rolle spielt, zeigt nun aber auch eine gesetzmäßige Änderung im Laufe der Zeit. Speziell bei Marken, deren Wert nicht so stark verschieden ist, wählt eine Wespe im Anfang, d. h. nach kurzer Dressur, beide Scheinnester gleich häufig. Das kann noch längere Zeit anhalten, nachdem die Verdrängung schon so weit fortgeschritten ist, daß das richtige Nest nie mehr gewählt wird. Nehmen wir nun den Wahlversuch nach diesem ersten Versuch im Laufe des Tages und der nächsten Tage wiederholte Male vor, so ändern sich die Wahlen: Die Wespe zeigt entschiedene Bevorzugung für eine der beiden Markengruppen. Beispiele hiervon sind häufig; wir geben hier ein sehr überzeugendes von der Wespe 98 (31. Versuch; stehende 4 × 2 × 2-Viertelkuben gegen liegende 4 × 4 × 2 Halbkuben). Diese Wespe entschied sich insgesamt 104 zu 49mal für die stehenden Marken. Die Dressur wurde am 12. 7. angefangen. Die Wespe wählte nun in den folgenden Versuchen:

	Hoch	Breit
14. Juli	5	8
18. Juli	13	13
	7	6
	12	2
19. Juli	18	4
20. Juli	20	8
21. Juli	13	1
22. Juli	16	7
	104	49

Wir sehen also, daß bei fortgesetzter Dressur eine zunehmende Gliederung des Wahrnehmungsfeldes eintritt und daß die Eigenschaften der aufbauenden Elemente, die den Eigenschaften des Ganzen gegenüber anfänglich völlig zurücktraten, nach längerer Gewöhnung so wichtig werden, daß 2 »Unterganze«, aufgebaut aus verschiedenartigen Elementen, unterschiedlich wirken. Es sei, vielleicht zum Überfluß, darauf gewiesen, daß diese Gliederung sich ganz unabhängig von »Belohnung« oder »Strafe« vollzieht (vgl. auch S. 205).

Eine Folge dieser fortschreitenden Gliederung des Wahrnehmungsfeldes ist, daß Wegnahme einer einzelnen Marke aus der Umgebung des Nestes die Wespe sehr verschieden beeinflussen kann, abhängig davon, wie lange sie die Wegmarkenkonstellation bei diesem Nest schon benutzt hat.

Es liegt auf der Hand, zu vermuten, daß auch bei den oben mitgeteilten Versuchen, die auf eine Verdrängung älterer Wegmarken durch später hinzugesetzte Marken schließen lassen, diese zunehmende Gliederung eine Rolle spielte. Stärkeres Achten auf Eigenschaften der Einzelelemente muß es leichter machen, in dem geschädigten Ganzen, das sich bei einem Scheinnest befindet, die noch vorhandenen Elemente zu erkennen und sich nach ihnen zu richten.

Oben sagten wir, daß oft die Wespen bei Wahlversuchen, die kurz nach Anfang der Dressur angestellt wurden, beide Markenarten gleich häufig wählten. Das ging immer in einer sehr eigentümlichen Weise vor sich. Bei einer Anordnung von 2 Scheinnestern I und II, mit a-Marken bei I und b-Marken bei II, konnten die ersten Wahlen gleichmäßig über I und II verteilt sein, aber bald wählte dann das Tier nur noch Ia. Bei Austausch der Marken, also Anordnung Ib:IIa, wählte dann aber das Tier wieder Scheinnest I. Von jetzt an hatte dann dieses Scheinnest den Vorzug, ganz unabhängig davon, welche Marken hier standen. Setzten wir den Versuch lange fort, so wurde manchmal nach Herstellung der ganzen ursprünglichen Dressurkonstellation um das richtige Nest das Scheinnest I, wo sich dann ja keine Dressurmarken mehr fanden, doch noch bevorzugt!

Eine solche Bevorzugung eines bestimmten Scheinnestes suchten wir anfänglich durch die Annahme zu erklären, daß die Situation des Scheinnestes I auf Grund anderer als der Dressurmarken mehr Ähnlichkeit mit der Dressursituation bietet als das Scheinnest II. Damit steht aber in Widerspruch, daß die Bevorzugung nach Wiederherstellung der Dressuranordnung bestehen bleibt. Auch ein anderer Umstand spricht gegen diese Deutung. Wenn wir das Auftreten einer Scheinnestbevorzugung bemerkten, machten wir immer sofort 2 neue Scheinnester, in der Hoffnung, daß diese gleichwertiger als die erstgemachten sein würden und also keinen Anlaß zur Bevorzugung geben würden. Das Tier fing dann zwar oft wieder an, beide Scheinnester gleich häufig zu wählen, verfiel aber bald wieder in ausschließliche Bevorzugung des einen Scheinnestes. *Die Wespe nimmt sich also während des Versuches Wegmarken dazu.*

Dieses Hinzunehmen von anderen als den bisher benutzten Marken geht immer plötzlich vor sich. Das gleichmäßige Wählen hört plötzlich auf, und auch die Weise, in der das Tier sich entscheidet, wird anders: zögernde Wahlen werden auf einmal fest und schnell; das Tier ist mit einem Schlag vollkommen an das Scheinnest gebunden.

Weiter kommen diese plötzlichen Entscheidungen gerade in den Versuchen vor, in denen die Wespe auf Grund der Dressurmarken nicht weiß, welches von den beiden Scheinnestern sie nehmen soll. Sie findet mit Hilfe ihrer Dressurmarken plötzlich 2 gleichwertige Nester statt eines und ist infolgedessen desorientiert. Bei großem Unterschied zwischen beiden Dressurmarkenarten und also zwischen den beiden Scheinnestern wird niemals eines bevorzugt. Das Hinzunehmen neuer Marken ist also Folge der Desorientiertheit. Da nach Wiederherstellung der Dressuranordnung Fehlwahlen vorkommen, wissen wir, daß das Tier nicht Marken nimmt, an die es sich plötzlich von der gewohnten Konstellation erinnert, denn dann wären die letzten Fehlwahlen ja unverständlich. Das Tier vertraut sich also vollkommen neuen, von allein, nicht unter Zwang (etwa einer vom Versuchsleiter an bestimmte Wegmarken gekoppelten Strafe oder Belohnung) gewählten Wegmarken an.

Dieselbe Erscheinung hat KRECHEVSKY (9) bei der Ratte gefunden. Es sei kurz auf einige Übereinstimmungen hingewiesen. Die labyrinthlaufende Ratte nimmt sich Wegmarken zur Orientierung, wenn sie noch nicht gelernt hat, nur bestimmte unter den vielen im Wahrnehmungsfeld anwesenden und als Orientierungsmarken in Betracht kommenden Merkmalen zur Erreichung ihres Zieles zu benutzen. Im Laufe verschiedener Tage stellen die Ratten sich auf immer neue Merkmalarten ein, nämlich wenn die erstgewählte wiederholt nicht zum Ziel geführt hat. Dieser Wechsel der benutzten Orientierungsmarken tritt also auch bei der Ratte bei Desorientiertheit auf. Eine andere Eigenart dieser Erscheinung, nämlich daß es sich hier nicht um allmählich eingeschliffene Dressurresultate, sondern um plötzliche Lösungen (»attempted solutions« LASHLEY 14) handelt, tritt bei den Ratten gleich deutlich wie bei den Wespen zutage. Die plötzliche Merkmalwahl steht in einem gewissen Gegensatz zu der allmählichen Gewöhnung an neue Dressurmarken, von denen oben die Rede war. Dieser Gegensatz ist wieder erklärlich, wenn wir annehmen, daß nur das Unorientiertsein neue Merkmalwahl verursacht. Bei der allmählichen Gewöhnung tritt nämlich kein unorientiertes Stadium auf.

Die Beliebtheit bestimmter Marken, die wir im vorhergehenden analysiert haben, tritt nicht nur bei der allmählichen Gewöhnung zutage, sondern auch bei der plötzlichen Markenwahl. Das beweist z. B. der 31. Versuch, wo beinahe alle Wespen sich nach anfänglichem Zögern auf »Hoch« verlassen.

Schließlich haben wir noch Anzeichen von Änderungen im Wahrnehmungsfeld gefunden, die von den bis jetzt besprochenen Fällen abweichen. Unter Umständen kann eine gut dressierte Wespe, die schon eine deutliche

Bevorzugung einer von 2 Wegmarkenarten gezeigt hat, auf einmal wieder beide Arten gleich häufig wählen und alle Zeichen der Unorientiertheit geben.

Als Beispiel kann die Wespe 103 dienen, die in der im 31. Versuch geschilderten Weise auf ihr Unterscheidungsvermögen zwischen »Hoch« und »Breit« untersucht wurde. Am 6. 8. 37 kam diese Wespe mit einer Biene heim und wählte 6 »Hoch«, 4 »Breit«. Hierbei mußten 3mal neue Scheinnester hergestellt werden, um Scheinnestbevorzugung auszuschalten. Dann ließ die Wespe ihre Biene fallen und kam ohne sie zum Nest zurück. Sie wählte jetzt 31 zu 0 für »Hoch«. Ähnliche Beobachtungen haben wir verschiedentlich gemacht. Die Erscheinung tritt oft bei stärkerem Wind auf, auch bei sehr langer Fortsetzung eines Versuches.

Es fragt sich, was in solchen Fällen die Unterscheidung in so ungünstigem Sinne beeinflußt haben mag. Es liegt auf der Hand, anzunehmen, daß das Tier zwar noch unterscheiden kann, aber durch das wiederholte Abbrechen seiner Reaktionskette (durch Aufscheuchen) dazu gebracht wird, sich mit den schwächeren Marken zu begnügen. Mit dieser Auffassung steht aber die Tatsache in Widerspruch, daß die Wespe nicht das erste Scheinnest wählt, dem sie begegnet, sondern daß sie eine starke Bevorzugung entwickelt, die nicht durch die üblichen Umstellungen in der Anordnung der Scheinnester zu verhindern ist. Die Tiere geben alle Zeichen der Unorientiertheit und fallen nicht am ersten besten, dem Nest einigermaßen ähnlichen Scheinnest ein; anscheinend werden die beiden Wegmarkenarten nicht unterschieden. Wir haben es also mit einer Änderung im Wahrnehmungsfeld zu tun und müssen schließen, daß unter bestimmten Umständen Merkmale ausfallen, die vom Tier nicht mehr benutzt werden. Dieser Merkmalausfall trat immer dann auf, wenn dem Tier beim Heimflug größere als normale Schwierigkeiten begegneten, die den Ablauf der ganzen Reaktionskette verzögerten. Wir wagen es dann auch, die Vermutung auszusprechen, daß erhöhtes Streben nach Fortsetzung der Reaktionskette den Merkmalausfall im Wahrnehmungsfeld verursacht. Eine weitere Diskussion dieser Erscheinung wollen wir hier nicht vornehmen.

XI. Kühns Begriff der »Mnemotaxis«

KÜHNS (12) Bestreben, die verschiedenen Orientierungsmechanismen der Tiere auf Grund der Koppelungsweise zwischen Sinnesreiz und gerichteter Bewegung zu unterscheiden, hat zur vorläufigen Aufstellung von 4 Typen der Topotaxis geführt: Tropo-, Telo-, Meno- und Mnemotaxis. Falls wir aufgrund dieser ursprünglichen Einteilung KÜHNS die von uns studierte Orientierung mittels Wegmarkengebrauch bei einem der 4 Typen unterbringen müßten, so würden wir sie zweifellos als Mnemotaxis zu bezeichnen haben. Der ursprüngliche Begriff der Mnemotaxis ist aber teilweise inkonsequent, da er auf anderen Kriterien beruht als die übrigen Taxisbegriffe. Daher wurde die Mnemotaxis weder in KÜHNS späterer Behandlung der Taxien (13) noch in KOEHLERS neuerer Zusammenfassung der tierischen Orientierungsbewegungen (8) überhaupt genannt. FRAENKEL (3) sagt sogar: »Es stellte sich heraus, daß die Mnemotaxis nicht als besonderer Orientierungstyp den übrigen Typen koordiniert ist.« Der Beweis hierfür wird aber nicht gebracht.

Es will uns scheinen, daß manche der von KÜHN unter Mnemotaxis angeführten Beispiele sowie der von uns hier behandelte Fall doch einen Orientierungsmechanismus betreffen, der als gleichwertiger Typus neben die anderen Taxistypen gestellt werden sollte.

Betrachten wir die Kriterien des Mnemotaxis-Begriffs näher, so fällt auf: dasjenige, was alle von KÜHN angeführten Fälle gemeinsam haben, ist nicht, wie in den anderen Taxien, die Art der Koppelung von Sinnesreiz und Bewegung, sondern die Tatsache, daß die die Orientierungsbewegungen auslösenden Gegenstände dem Tier nicht angeborenermaßen, sondern durch Erfahrung bekannt sind. Über den Mechanismus der orientierten Bewegung selber sagt das Angeborensein oder Nichtangeborensein der »Kenntnis« der auslösenden Merkmale natürlich nichts. Es ist denn auch von KÜHN unter Mnemotaxis ein Fall aufgenommen worden (mnemische Orientierung einer *Lasius niger* nach der Richtung der Sonnenstrahlen), der sich von den anderen menotaktischen Bewegungen eigentlich nur darin unterscheidet, daß man von ihm *weiß*, daß das Vermögen, eine bestimmte Richtung beizubehalten, während einiger Stunden erhalten bleiben kann, während man dasselbe von den unter Menotaxis angeführten Fällen höchstens *nicht weiß*, es aber in vielen Fällen sicherlich vermuten kann. Die bei jeder Menotaxis anwesende »Perseverationstendenz« läßt sich von anderen Formen der »Erinnerung« nicht prinzipiell unterscheiden.

Der Einfluß der »Mneme« auf die Wirksamkeit von Umgebungsmerkmalen ist also sicher auch in menotaktischer Orientierung enthalten.

Es bleibt aber noch ein anderes Kriterium, das uns für manche der unter Mnemotaxis angeführten Fälle wesentlich zu sein scheint. Wir haben gezeigt, daß die Orientierung von *Philanthus* nicht auf Bewegungen beruht, die auf ein einzelnes Objekt gerichtet sind, sondern daß die Bewegungen durch eine ganze Konstellation von Wegmarken gesteuert werden. Das Tier beschreibt eine Bahn und besucht Stellen, die es in ihrer relativen Lage inmitten einer Wegmarkenkonstellation zu bestimmen vermag. Wir müssen dies noch etwas näher betrachten.

Daß es sich bei *Philanthus* nicht um einfache Tropo-, Telo- oder Menotaxis handelt, wird bei der Betrachtung der von uns abgebildeten Wegmarkenkonstellationen sofort klar sein. Es kann nicht die Rede davon sein, daß auch nur während kurzer Zeit die Verteilung der Reizsituationen auf der Retina annähernd dieselbe bleibt. Die Lage der Netzhautbilder der benutzten Wegmarken zueinander ändert sich ja fortwährend. Daß es sich auch nicht um optomotorische, auf Bewegungssehen beruhende Reaktionen handelt – etwa wie die von Gaffron (4) und Hertz (5) näher analysierten –, braucht ebenfalls kaum näher erörtert zu werden.

Es wäre nun aber möglich, daß die Orientierung hier auf einer verwikkelten Verschränkung von einfacheren, hauptsächlich meno- und telotaktisch gesteuerten Bewegungen beruhen würde. Dieser Ansicht ist z. B. Fraenkel (3): »Vielmehr ist eine mnemotaktische Orientierung nichts anderes als eine Folge von telo- oder menotaktisch geleiteten Reaktionen.« Ein Beweis für diese Behauptung wird nicht erbracht.

Wenn aber Fraenkels Behauptung richtig wäre, so wäre doch wohl zu fordern, daß das Tier eine einigermaßen fixe Bahn zwischen den Wegmarken beschreiben sollte. Das ist nun nicht der Fall.

Als Beispiele geben wir erstens die Flugbahnen einer Wespe, die sich ohne Eingriff unsererseits auf eine aus 3 Kiefernzapfen und einem Ast bestehende Wegmarkenkonstellation dressiert hat und die im Versuch vor verschiedenartige Entscheidungen gestellt wurde, wie aus Abb. 56 ersichtlich. Hier, wie in zahlreichen anderen von uns beobachteten Fällen, ist die Bahn der anfliegenden Wespe auch ohne Umstellung der Marken nicht jedesmal die gleiche, sondern von Fall zu Fall verschieden. Als wir bei dieser Wespe die verschiedenen Wegmarken unabhängig voneinander verstellten, beschrieb sie Bahnen, die von der jeweiligen Stellung irgendeiner Einzelmarke vollkommen unabhängig waren.

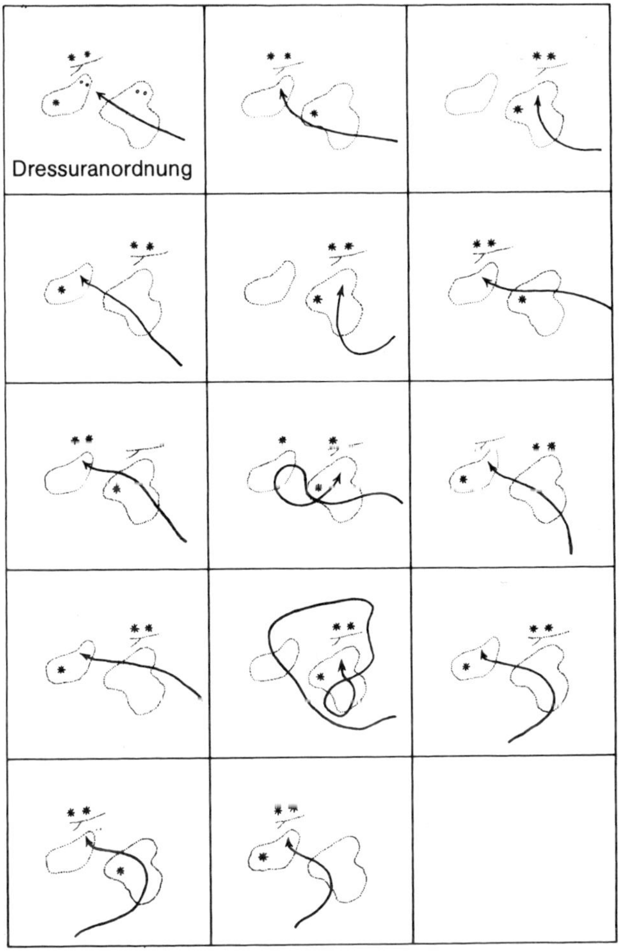

Abb. 56. Wahlen und Anflugstrecken bei wechselnder Anordnung der Marken.

Man könnte nun diese unregelmäßigen Bahnen als Suchbewegungen, also als unorientierte Bewegungen auffassen, was für einen Teil gewisser Bahnen wahrscheinlich zutrifft. Bevor sich die Wespe aber niederläßt, ist sie wieder orientiert, denn sie ist ja in ihrer Wahl ganz von den Wegmarken abhängig. Bei Verstellung sämtlicher 4 Marken zum rechten Sandfleck folgt sie diesen Marken immer; bei Verstellung einer einzigen oder auch von nur 2 oder 3 Marken nie; letzteres hängt wohl damit zusammen, daß das richtige Nest durch noch mehrere als nur die hier beachteten Marken gekennzeichnet ist, was unser Problem jedoch nicht berührt. Nun fällt auf, daß das Wiedereintreten der Orientiertheit nur in sehr geringem Maße von der jeweiligen Stellung des Tieres abhängig ist. Die Richtungen, in denen das Tier sich niederläßt, zeigen, außer einer gewissen Abhängigkeit vom Wind, Unterschiede von mindestens 90°.

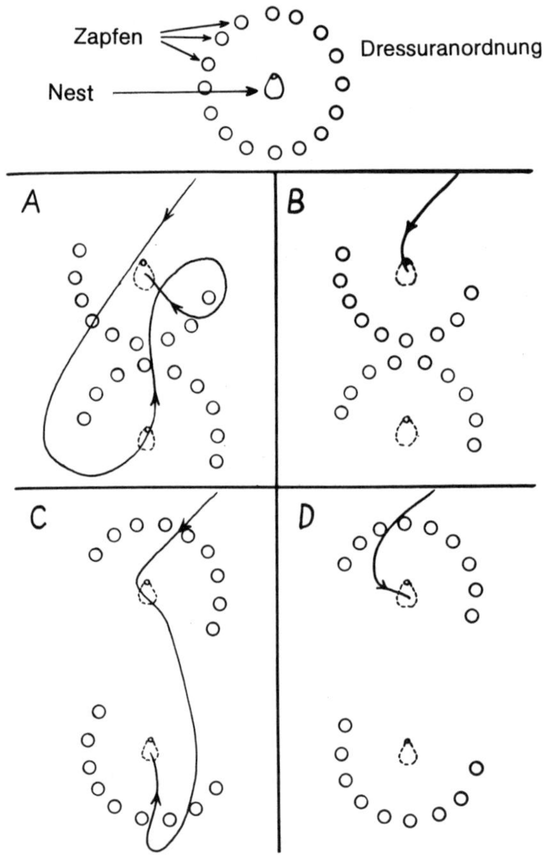

Abb. 57. Wahlen und Anflugstrecken, wenn nach Dressur auf einen Zapfenkranz dessen zwei Hälften getrennt geboten wurden.

Bei schwachem Wind kann diese Einfallrichtung noch viel stärker variieren, wie aus Abb. 57 hervorgeht, die Bahnen einer Wespe zeigt, die auf einen Zapfenkranz dressiert worden war und der im Versuch die zwei Hälften des Zapfenkreises getrennt geboten wurden. Von einem Hineindrehen in eine bestimmte Lage in bezug auf die Marken ist nicht die Rede.

Zusammenfassend läßt sich über die Anflüge der hier behandelten Wespen sagen: Die Bahnen sind nicht festgelegt, sondern so veränderlich, daß sie nicht durch eine Verschränkung von Meno- und Telotaxien gesteuert sein können. Die Bahn ist nicht von einer einzelnen der 4 Marken abhängig, sondern nur von einer Gesamtkonstellation. Die Stellung des Tieres bei eventuellem Übergang der Suchbewegungen in die orientierte Lage ist in bezug auf die Richtung, in der sich die Marken befinden, höchst variabel.

XII. Zusammenfassung

Die Weibchen von *Philanthus triangulum* Fabr. benutzten zur Orientierung auf dem Heimflug einen oder mehrere Komplexe von Wegmarken. Von den vielen in der Umgebung befindlichen Gegenständen sind nicht alle als Wegmarken gleichwertig, sondern es werden bestimmte Eigenschaften bevorzugt:

Flach »gegliederte« vor gleichmäßig gefärbten flachen Gegenständen.

Körperliche vor flachen Gegenständen.

Große vor kleinen Gegenständen.

In der Nähe der Höhle liegende vor weiter weg liegenden *gleich großen* Gegenständen.

Weiter weg befindliche vor näherliegenden, vom Zentrum aus *unter gleichem Winkel gesehenen* Gegenständen.

Mit dem Boden stark kontrastierende vor mit dem Boden schwach kontrastierenden Gegenständen.

Beim ersten Ausflug (nach einer Regenperiode) *anwesende* vor später hinzukommenden Gegenständen.

Das wichtigste Merkmal der körperlichen Gegenstände ist deren *Höhe*.

Eigenschaften einzelner Elemente des Wegmarkenkomplexes werden nach längerer Dressur besser benutzt als nach kürzerer Dressur; bei *längerer Gewöhnung* an die Wegmarken tritt eine *zunehmende Gliederung* des Wahrnehmungsfeldes auf.

Wenn die Wespe mit Hilfe der Dressurmarken die Höhle nicht zu finden vermag, nimmt sie sich plötzlich neue, von der Dressur unabhängige Orientierungsmarken dazu. Die Übereinstimmung mit einer ähnlichen Erscheinung bei der labyrinthlaufenden Ratte wird betont.

KÜHNS Begriff der Mnemotaxis wird als zu heterogen abgelehnt; die Verschiedenheit einer Orientierung durch Wegmarkengebrauch von den anderen Orientierungsmechanismen wird hervorgehoben.

Literatur

1 BOUVIER, E. L. (1900): Le Retour au Nid chez les Hyménoptères Prédateurs du Genre *Bembex*. C. r. Soc. Biol. Paris 52, 674–676.

2 FABRE, J. H. (1879): Souvenirs entomologiques, 1re, 2nde et 4me Série. Paris.

3 FRAENKEL, G. (1931): Die Mechanik der Orientierung der Tiere im Raum. Biol. Rev. Cambridge philos. Soc. 6, 37–87.

4 GAFFRON, M. (1933): Untersuchungen über das Bewegungssehen bei Libellenlarven, Fliegen und Fischen. Z. vergl. Physiol. 20, 299–338.

5 HERTZ, M. (1929): Die Organisation des optischen Feldes bei der Biene I. Z. vergl. Physiol. 8, 693–748. – (1930): II. Z. vergl. Physiol. 11, 107–145. – (1931): III. Z. vergl. Physiol. 14, 629–674.

6 – (1934): Zur Physiologie der gesehenen Bewegung. Biol. Zbl. 54, 250–264.

7 HÖBER, R. (1931): Lehrbuch der Physiologie des Menschen, 6. Aufl. Berlin.

8 KOEHLER, O. (1931): Die Orientierung von Pflanze und Tier im Raume. II. Zool. Teil. Biol. Zbl. 51, 36–58.

9 KRECHEVSKY, I. (1932a): »Hypothese« versus »Chance« in the pre-solution period in sensory discrimination-learning. Univ. California Publ. Psychol. 6, 27–44.

10 – (1932b): The Genesis of »Hypotheses« in Rats. Univ. California Publ. Psychol. 6, 45–64.

11 – (1932c): »Hypothesis« in Rats. Psychologic. Rev. 39, 516–532.

12 KÜHN, A. (1919): Die Orientierung der Tiere im Raum. Jena.

13 – (1929): Phototropismus und Phototaxis der Tiere. Handbuch der normalen und pathologischen Physiologie, Bd. 12, 1. Hälfte, Rezeptionsorgane II, 1, S. 17–35.

14 LASHLEY, K. S. (1930): Brain Mechanisms and Intelligence, 2. Aufl. Chicago.

15 OPFINGER, E. (1931): Über die Orientierung der Biene an der Futterquelle. Z. vergl. Physiol. 15, 431–487.

16 TINBERGEN, N. (1932): Über die Orientierung des Bienenwolfes (*Philanthus triangulum* Fabr.). Z. vergl. Physiol. 16, 305–334..

17 VERLAINE, L. (1924): L'Instinct et l'intelligence chez les Hyménoptères. I. Le Problème du Retour au Nid et la Reconnaissance du Nid (*Vespa vulgaris* L., *Bombus lapidarius* L. et *B. hortorum* L.). Mém. (8°). Cl. Sci. Acad. roy. Belg. 2, 1–71.

18 WEYRAUCH, W. (1936): Untersuchungen und Gedanken zur Orientierung von Arthropoden. 7. Teil: Über starke und schwache Orientierungsreize. Rev. Suisse Zool. Genève 43, 455–465.

19 WOLF, E. (1926): Über das Heimkehrvermögen der Bienen. (Erste Mitteilung.) Z. vergl. Physiol. 3, 615–692. – (1927) (Zweite Mitteilung.) Z. vergl. Physiol. 6, 221–255.

(Aus dem Zoologischen Laboratorium der Reichsuniversität Leiden)

5 Die Balz des Samtfalters *Eumenis* (= *Satyrus*) *semele* (L.)

(1942)[1]

I. Einleitung und Fragestellung

Anlaß zu dieser Arbeit war die Erkenntnis, daß beim heutigen Stand der vergleichenden Verhaltensforschung vor allem Beschreibungen und experimentelle Analysen der Verhaltensweisen vieler, möglichst verschiedener Arten erforderlich sind. Als Vorbilder standen uns hierbei besonders die zahlreichen tierpsychologischen Untersuchungen an Vögeln vor Augen, die schon so viele und fruchtbare Arbeitshypothesen gezeitigt haben (Whithman, Heinroth, Huxley, Lorenz). Verhaltensstudien besonders an Wirbellosen, unter Beachtung dieser neueren Arbeitshypothesen, müßten die Tatsachengrundlage der vergleichenden Ethologie in erwünschter Weise verbreitern. Hinzu kam, daß die Vielfältigkeit des Verhaltens des Samtfalters besonders diese Art als aussichtsreiches Objekt erscheinen ließ.

Gleich vom Anfang an richteten wir unsere besondere Aufmerksamkeit auf die Aufgabe, einmal ein »angeborenes auslösendes Schema« genau zu untersuchen. Die Möglichkeit hierzu bot die auffallendste Reaktion des Samtfalters: das begattungslustige Männchen fliegt auf ein vorüberkommendes Weibchen los. Wir sahen nämlich schon gleich am Anfang unserer Beobachtungen, daß die Männchen nicht nur vorüberfliegende Weibchen, sondern auch viele andere Tiere und Gegenstände anfliegen, und schlossen daraus, daß dieser Anfliegereaktion wohl ein sehr merkmalarmes Schema zugeordnet sein müßte. Die experimentelle Untersuchung dieses Schemas, besonders auch die Untersuchung der Frage, inwieweit diese

1 In Zusammenarbeit mit den Studenten der Biologie Th. Alberda, D. Caudri, E. Elton, B. Kok und P. J. Nieuwdorp. Herrn Dr. A. E. Jurriaanse, der uns erlaubte, unsere Arbeiten auf seinem Gut bei Hulshorst auszuführen, sagen wir unseren verbindlichsten Dank. – Zeichnungen von B. J. D. Meeuse, Lichtbilder von R. J. van der Linde, R. A. Maas Geesteranus und N. Tinbergen.

Reaktion mit einer Reflexbewegung zu vergleichen wäre, erwies sich bald als aussichtsreich, und so stellten wir anfänglich unsere Arbeit vorwiegend hierauf ein.

Später erweiterten wir unsere Aufgabe dahin, die ganze Balz zu beschreiben und an manchen Stellen zu analysieren.

Bei der Größe der Aufgabe und bei der Abhängigkeit der Art vom Wetter (die Tiere sind nur bei Sonnenbestrahlung aktiv) war es uns nicht möglich, mehr als einen bescheidenen Teil unserer Pläne durchzuführen. Deshalb teilen wir nur diejenigen Ergebnisse mit, die als mehr oder weniger abgeschlossen gelten dürfen. Nach einer Beschreibung des Verhaltens, besonders der Balzhandlungen des Männchens und des Weibchens, geben wir hier deshalb die Ergebnisse zweier Analysen: erstens der Analyse des Schemas der Anfliegereaktion, zweitens der Untersuchung der Funktion des sogenannten Duftfeldes. Weitere Untersuchungen des Verhaltens dieser Art sind im Gange.

II. Die Färbung

Im Fluge ist *Eumenis semele* ein ziemlich buntes Tier. Der Grundton der beim Fliegen meistens sichtbaren Oberseite (Abb. 58) ist braun. Die distale Hälfte jedes Flügels enthält ein ockergelbes Feld, das von einem braunen Rand umsäumt wird. Dieses gelbe Feld wirkt am Vorderflügel auffallender als am Hinterflügel, wo es bräunlich verhüllt ist. Es ist beim Weibchen viel greller gefärbt als beim Männchen. Auch die »Augenflecke« sind beim Weibchen tiefer schwarz und auffallender gekernt als beim Männchen. Das Männchen trägt auf der Vorderflügeloberseite ein Feld von dunklen Schuppen, die eine besondere Farbe besitzen. Auf die Bedeutung dieses Feldes kommen wir unten noch zu sprechen.

Die Unterseite ist zum Teil ähnlich, zum Teil aber ganz anders gefärbt. Der größte Teil des Vorderflügels zeigt ungefähr die Färbung der Oberseite. Der Hinterflügel dagegen trägt ein entschieden tarnendes Muster in Gestalt einer feineren und einer gröberen graubraunen Strichelung, die auf einer bestimmten Verteilung von weißen, goldgelben und dunkelbraunen Schuppen beruht. Diese bilden sehr unregelmäßige Querbänder. Ungefähr über die Mitte des Flügels verläuft eine stark gewundene helle Querbinde, die an ihrer proximalen Seite dunkel umrandet ist. Dieser dunkle Rand ist nach dem Weiß scharf begrenzt; an der äußeren Seite

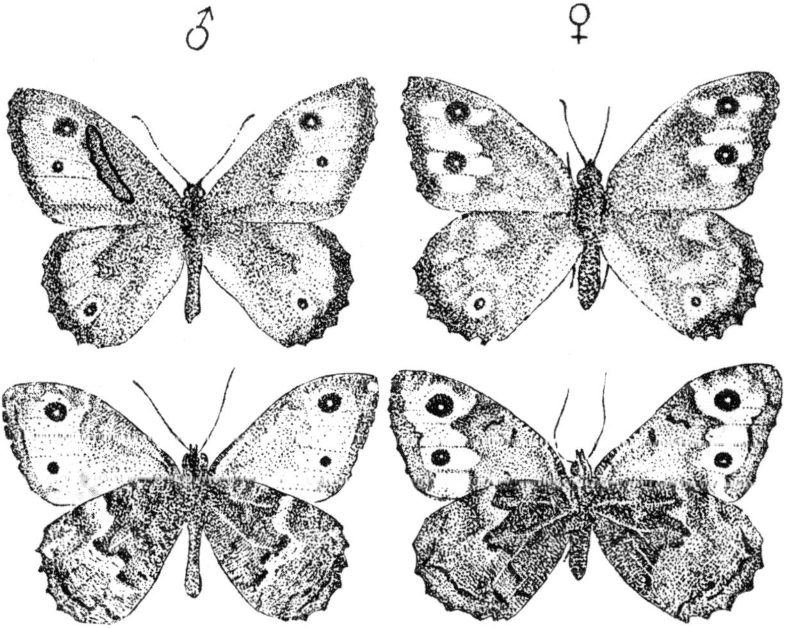

Abb. 58. *Eumenis semele* L., oben Dorsalseite, unten Ventralseite, links Männchen, rechts Weibchen. Linkes Duftfeld des Männchens schwarz umrandet.

verfließt es allmählich. Die weiße Querbinde ist beim Männchen viel auffallender als beim Weibchen.

Sowohl die allgemeine Graufärbung wie die von der Strichelung hervorgerufene feine und grobe Tarnung (Somatolyse) tragen dazu bei, das Tier auf grauem Sand, bräunlichem Moos, dürren Blättern und auch auf Baumrinde für das menschliche Auge praktisch unsichtbar zu machen (Abb. 59).

Das Verhalten paßt in mehrfacher Hinsicht zu dieser Tarnfärbung. In der Ruhestellung decken die median aufwärts zusammengeklappten Flügel einander so, daß nur die schutzgefarbten Teile sichtbar sind. Das Tarnmuster dehnt sich nämlich auch über den Teil des Vorderflügels aus, der beim ruhenden Tier sichtbar ist (vgl. Abb. 58, 59). Weiter bewegt sich das Tier, außer bei der Nahrungssuche und bei der Balz, entweder sehr schnell oder gar nicht. Daher verliert man es meist aus dem Auge, sobald es sich irgendwo setzt. Eine ähnliche Bewegungsweise, die gewiß auch als

Abb. 59. Oben: Im Schutz der Bäume aufgestellter Flugkäfig, unten: Ruhehaltung eines Samtfalterweibchens in natürlicher Umgebung.

Tarnanpassung zu deuten ist, haben viele kryptisch gefärbte Heuschrekken. Daß das plötzliche Stillsitzen nach schneller Bewegung gegenüber manchen mit dem Auge nahrungsuchenden Feinden wirklich Bedeutung hat, zeigen die Beobachtungen von LORENZ (16), dessen Dohlen immer wieder auf hüpfende Heuschrecken aufmerksam wurden, sie nach dem Sprung jedoch nicht wiederfinden konnten. Über die Wirkung der Tarnfärbung bei *Eumenis* liegen allerdings keine Beobachtungen vor.

III. Beschreibung des Verhaltens

Vorkommen. Eumenis semele bewohnt trockene sandige Gebiete, in den Niederlanden sowohl solche alluvialen wie diluvialen Ursprungs. In unserem Beobachtungsgelände, dem Diluvialsandgebiet der Veluwe in Gelderland, ist die Art an manche den ärmlichsten Grund besiedelnde Gräser gebunden, hauptsächlich *Corynephorus* (= *Weingaertneria*) *canescens* (L.) und *Agrostis canina* L., welche die Nährpflanzen der Raupen sind. Man findet die frischgeschlüpften Imagines nur an Stellen, die mit diesen Gräsern bewachsen und zugleich durch Sträucher oder Bäume einigermaßen vor dem Winde geschützt sind. In den ganz offenen, bis auf ein Kieslager ausgewehten Ebenen der Inlanddünen, wo beide Gräser häufig sein können, findet man keine frischgeschlüpften Tiere. Diesen Biotop wählen die eiablegenden Weibchen, und zwar offensichtlich danach, ob die Stelle während der Eiablage windgeschützt ist. Kommt der Wind an verschiedenen Tagen aus verschiedenen Richtungen, so trifft man die Weibchen auch an verschiedenen, und zwar an den jeweils geschützten Stellen.

Das Meiden der offenen Stellen dürfte insofern arterhaltenden Wert haben, als es die Möglichkeit verringert, daß die Flügel der eben geschlüpften Falter bereits während ihrer Streckung zu trocknen beginnen. Zweimal fanden wir nämlich bei sehr starkem Wind mißgebildete Tiere, deren Flügel in halbentfaltetem Zustand getrocknet waren; die Aussicht auf solche Unglücksfälle ist an windigen Stellen naturgemäß am größten.

Wie bekannt, schlüpfen die Männchen dieser Art früher als die Weibchen. Man sieht in den ersten Tagen des Juli nur selten ein Weibchen, begegnet dagegen den Männchen schon ziemlich häufig, so daß der Unterschied sehr auffällig ist. Daher zählten wir 1939, 1940 und 1941 an sonnigen Tagen oft (obwohl nicht immer) auf ungefähr dem gleichen Rundgang durch das Beobachtungsgebiet die uns begegnenden Männchen und

Weibchen (Abb. 60). Weil die Gesamtzahl vor allem vom Wetter (d. h. von der Aktivität der Tiere), weiter auch von Dauer und Einzelheiten des von uns begangenen Weges abhängig war, sagen die absoluten Zahlen nicht viel; sehr deutlich aber kommt das allmähliche Ansteigen der Weibchen-Häufigkeit zuungunsten der Männchen heraus. Der zahlenmäßige Unterschied zwischen Männchen und Weibchen ist aber nicht so stark, wie man bei der Beobachtung im Felde glauben möchte; das mag wohl daher rühren, daß man beim Beobachten von 5 Männchen und nur einem Weibchen einen stärkeren (wohl übersichtlicheren) Eindruck von der relativen Häufigkeit der Männchen bekommt als beim Beobachten von 50 Männchen gegen 10 Weibchen.

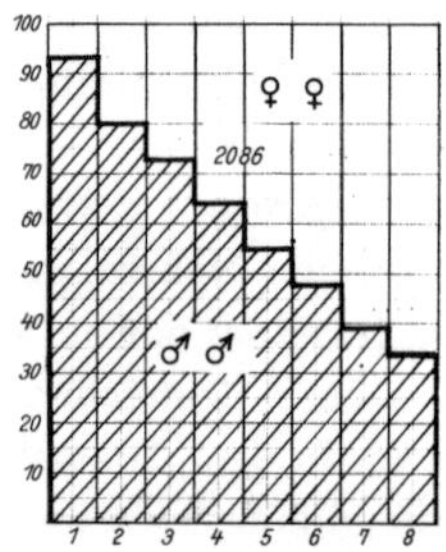

Abb. 60. Prozentuales Verhältnis der Geschlechter in acht aufeinanderfolgenden Wochen nach der Erstbeobachtung des Brutjahres. Durchschnittszahlen von 2086 Beobachtungen während drei Jahren.

Die Stellen, an denen die Falter schlüpfen, bieten ihnen in der Regel keine Nahrung. Die Tiere begeben sich denn auch bald nach dem Trocknen (meist wohl schon am Tage des Schlüpfens) auf die Nahrungssuche und legen dabei nicht unbeträchtliche Entfernungen zurück. Oft sieht man solche wandernden Individuen über die kahlen Inlanddünen fliegen. Die hierbei zurückgelegten Entfernungen sind sicher größer als 1200 m; es ist aber sehr wohl möglich, daß sie gewöhnlich noch viel größer sind; je größer aber die Entfernung, um so schwerer wird die Feststellung. Um diese und ähnliche Fragen zu lösen, haben wir, besonders 1938, eine größere Anzahl Individuen markiert; mit in alkoholischem Schellack suspendierter Malerfarbe oder, was sich besser bewährte, Aluminiumstaub malten wir auf beide Unterflügel eine Nummer. Diese Markierungen lieferten nur spärliche Ergebnisse. Die längste Zeit zwischen Freilassen und Wiederbeobachtung war 42 Tage, die größte beobachtete Entfernung, wie gesagt, 1200 m. Ungefähr 80 % der markierten Tiere sahen wir nicht wieder. Von einem Zug ist nicht die Rede; das Umherwandern scheint völlig ungerichtet zu sein. Es gibt auch keine Ortstreue, außer einer höchstens einige Tage dauernden Gebundenheit an bestimmte Nahrungsquellen, aber auch sie nur bei einem kleinen Teil der Tiere. Wenn man während mehrerer Tage bei derselben Nahrungsquelle beobachtet und markiert, sieht man auch bald, daß die Bevölkerung in fortwährendem Fluß begriffen ist.

Nahrungssuche. Im Laufe des Juli fanden sich allmählich mehr Tiere an den Nahrungsquellen ein. Als solche kommen zwei sehr verschiedene Typen von Futterspendern in Betracht, verschieden vor allem in der Art der Reaktionen, mit denen die Falter ihnen begegnen.

Reaktionen des Charaxes Typus. In den sehr trockenen Gebieten sammeln alle Tiere sich auf »blutenden« Birken oder Eichen. Das sind von Raupen (*Cossus cossus* L.) befallene Bäume, aus deren Wunden ein stark duftender Saft fließt. An solchen saftspendenden Bäumen kommen sehr viele Insekten trinken: *Cetonia aurata* L., verschiedene Vanessen (*Pyrameis atalanta* L., *Vanessa polychloros* L., *V. antiopa* L., *V. io.* L.), *Pararge aegeria* L. var. *egerides* Stgr., *Agrotis*-Arten, viele Fliegen, Honigbienen, *Vespa*-Arten, Ameisen usw. *Vespa crabro* L., *V. media* De Geer und *Mellinus arvensis* L. besuchen die Saftbäume hauptsächlich, um Fliegen zu fangen; die beiden *Vespa*-Arten erbeuten hier auch Schmetterlinge (*V. antiopa*, *V. io.*, *Pararge aegeria* und auch *Eumenis semele*).

E. semele findet die Bäume nach dem Geruch. Oft kann man beobachten, wie fliegende Tiere plötzlich alarmiert werden, wenn sie einen Saftbaum an der Leeseite passieren: beim bisher anscheinend regellosen Umherfliegen geraten sie auf einmal in die vom Baum mit dem Wind weggeführten Duftwolken. Hier ändert sich ihr Benehmen plötzlich; sie halten an und fliegen langsam, in der Waagerechten hin und her pendelnd, der Duftquelle entgegen. Wir haben diese Reaktion weiter nicht analysiert. Die Übereinstimmung mit dem Verhalten von *Charaxes jasius* L. (KNOLL 15) ist auffallend.

Die Tiere lernen auch, einen ihnen einmal bekannten Baum optisch anzusteuern. Man kennt solche »Stammgäste« daran, daß sie von allen Seiten zielgerichtet auf den Baum zufliegen können; eine Abhängigkeit von der Windrichtung ist bei ihnen nicht zu sehen oder jedenfalls nicht sehr ausgesprochen.

Die anfliegenden Tiere lassen sich entweder auf die Saftbirke oder in deren unmittelbarer Nähe nieder; die letzte Strecke wird unter ständigem Fühlerklopfen zurückgelegt. Zweifellos sind die Fühler Träger des Geruchssinnes; wir bekamen weiter aufgrund des Verhaltens den Eindruck, daß, ähnlich wie bei *Pyrameis atalanta* (MINNICH 18), auch die Tarsen des 2. Beinpaares Chemorezeptoren tragen könnten. Wir boten deshalb verschiedenen Individuen von *Eumenis semele, Epinephele jurtina* L. und, zur Kontrolle im Falle negativer Ergebnisse, *Pyrameis atalanta* nach vorheriger Sättigung mit Wasser, die folgenden Stoffe in konzentrierter wässeriger Lösung: 1. Arabinose, Fructose, Galactose, Glucose, Iso-Dulzit, Lactose, Mannit, Raffinose, Saccharose, Xylose und Kochsalz. Die Tarsen der in einer hölzernen Klammer gehaltenen Tiere wurden mit Wasser in Berührung gebracht, worauf sie die Zunge streckten. Nachdem sie sich vollgesogen hatten, ließen wir sie zwei Minuten in Ruhe. Dann wurde nochmals Wasser geboten, und erst wenn dieser Versuch negativ ausfiel, boten wir den Schmeckstoff.

Während *Pyrameis atalanta* deutlich positive Reaktionen zeigte, konnten wir bei den beiden übrigen Arten nie eine Reaktion feststellen. Alle Arten können also mit den Tarsen Wasser wahrnehmen; nur *P. atalanta* aber verfügt über einen tarsalen chemischen Sinn.

Außer *Cossus*-Birken besucht *semele* noch andere stark riechende Nahrungsquellen: Pferdemist, Lindenblüten, Schweiß und Urin von Pferd und Mensch usw.

Reaktionen des Vanessa-urticae-Typus. Ebenso häufig aber besucht *semele* Blumen, welche sie zweifellos optisch aufsucht. Wir beobachteten sie vor allem honigsaugend auf *Erica tetralix* L., *Calluna vulgaris* Salisb., *Epilobium angustifolium* L., *Cirsium*-Arten, *Eupatorium cannabinum* L., *Thymus serpyllum* L., *Rubus*-Arten, *Jasione montana* L., *Lotus uliginosus* L. und gelben Kompositen. FROHAWK (10) gibt weiter, außer *Rubus* und *Cirsium, Erytraea centaureum* (Pers.) an; ECKSTEIN (8) erwähnt *Thymus*, HEIMANS (11) *Genista tinctorium* L.

Beim Beobachten der von Blume zu Blume fliegenden Falter vermutet man sofort, daß diese Anflüge optisch gesteuert werden. Umhüllt man einzelne Blüten mit Glaszylindern, so fliegen die Tiere gegen das Glas und bestätigen die Vermutung. Weil uns für die späteren Versuche über das auslösende Schema der sexuellen Anfliegereaktion der Männchen viel daran gelegen war zu wissen, ob *semele* farbentüchtig ist, untersuchten wir die Orientierung beim Blütenbesuch etwas näher, und zwar auf zweierlei Weise.

1. Wir hielten eine Anzahl Tiere in einem 5×2×2 m messenden Käfig (Abb. 59), dessen Boden wir mit verschiedenen farbigen sowie grauen HERINGpapieren belegten. Wir bekamen erst Anflüge auf diese Papiere, wenn wir unsere Falter, ähnlich wie ILSE (13), mit Duftstoffen aktivierten. Hierzu benutzten wir verschiedene Blütenöle (Nelken, Pfefferminz, Rosmarin, Mandeln, Rosen, Jasmin usw.), die wir nicht wie ILSE in die Luft, sondern auf Tücher verstäubten, die wir an der Luvseite des Käfigs aufgehängt hatten. Hierauf flogen die Tiere sofort die farbigen Papiere an. Der Duft wirkte also ausschließlich aktivierend, nie richtend. Die Papiere mußten ziemlich groß sein; die besten Ergebnisse erhielten wir mit Stükken von 12×20 cm auf einer weißen Unterlage. Bei diesen Versuchen, deren Ergebnisse in Abb. 61 (gebrochene Linie) wiedergegeben sind, brauchten wir nur wenige Graustufen.

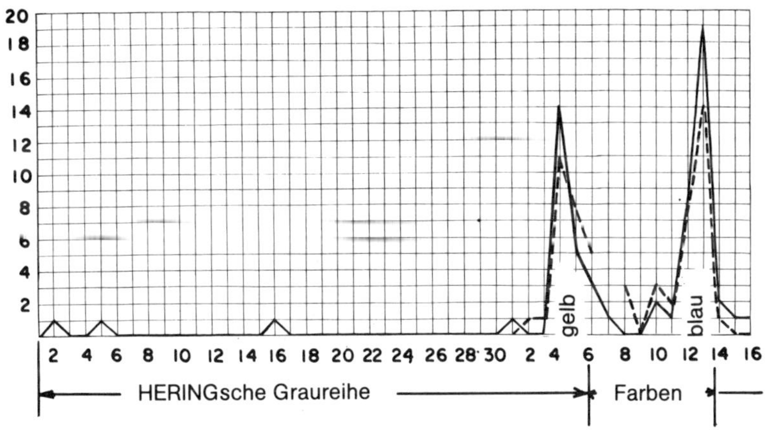

Abb. 61. Anflüge von *Eumenis semele* auf die Heringschen Grau- bzw. Farbpapiere. Ordinate: Anzahl der beobachteten Anflüge, Abszisse: die Papiere.

2. An einer Stelle im Freien, wo *Epilobium angustifolium* und gelbe Kompositen (*Hieracium*-Arten) von Samtfaltern besucht wurden, stellten wir zwischen den Blüten aus HERINGpapier verfertigte Kunstblumen auf.

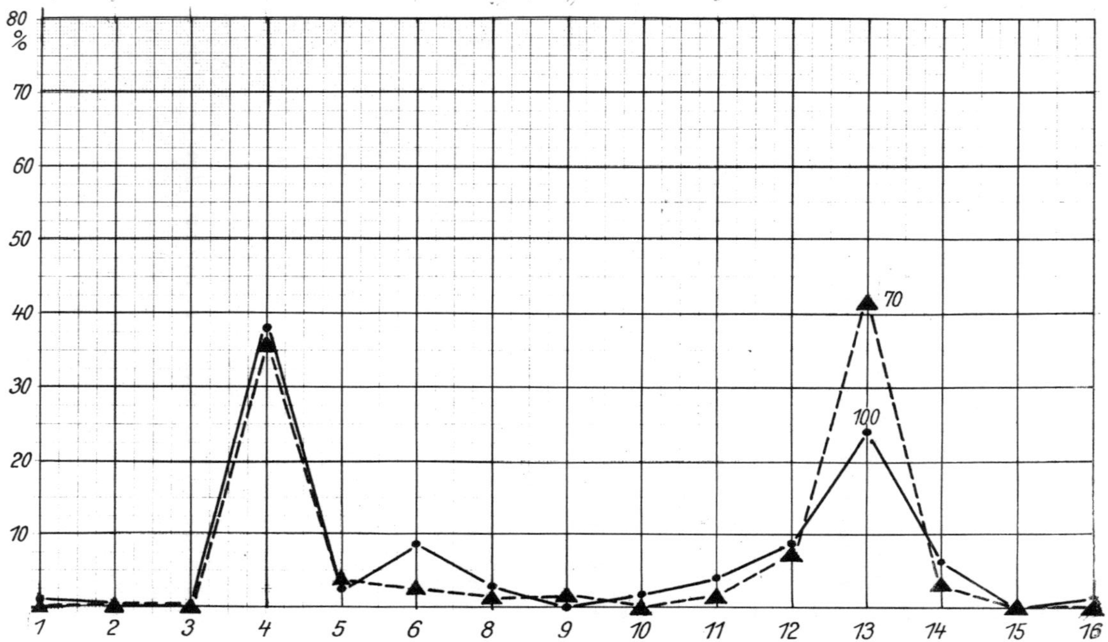

Abb. 62. Anflüge auf die Heringschen Farbpapiere von *Coenonympha pamphilus* (ausgezogene Linie) und *Epinephele tithonus* (gestrichelte Linie).

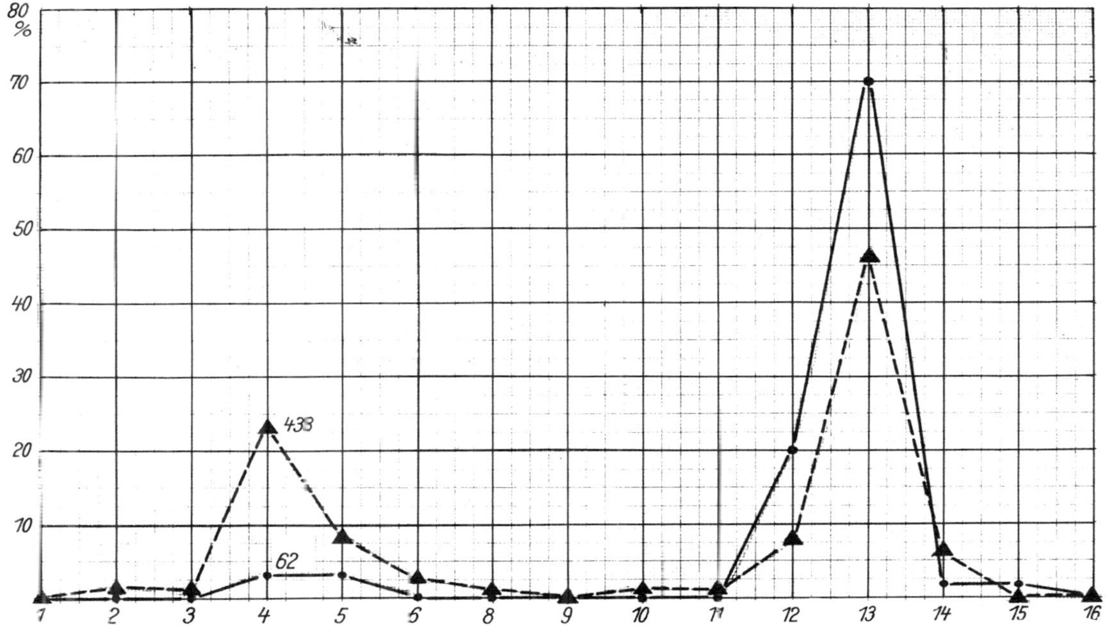

Abb. 63. Anflüge auf die Heringschen Farbpapiere von *Epinephele jurtina* (ausgezogene Linie) und *Pararge megera* (gestrichelte Linie).

Wir benutzten die 16 Farben der HERINGschen Farbreihe sowie die 30 Graunummern; das Ergebnis dieses Versuchs gibt die ausgezogene Linie von Abb. 61.

Aus diesen Versuchen geht hervor, daß *semele* sich beim Blütenbesuch hauptsächlich auf Gelb und Blau richtet. Die unter 1 beschriebenen Versuche wurden auch mit den verwandten Arten *Epinephele jurtina*, *E. tithonus* L., *Pararge megera* L. und *Coenonympha pamphilus* L. angestellt. Die Ergebnisse deuten darauf hin, daß diese Arten sich beim Blütenbesuch in gleicher Weise von der Farbe leiten lassen (Abb. 62, 63 und 64). Sämtliche Arten gehören zu dem von ILSE sogenannten *Vanessa*-Typus. *Pararge* fliegt jedoch hauptsächlich die blauen Papiere an. Die Bevorzugung von Gelb und Blau stimmt mit der Beobachtung überein, daß *semele* vor allem auf gelben und blauen bzw. rötlichblauen Blumen gefunden wird.

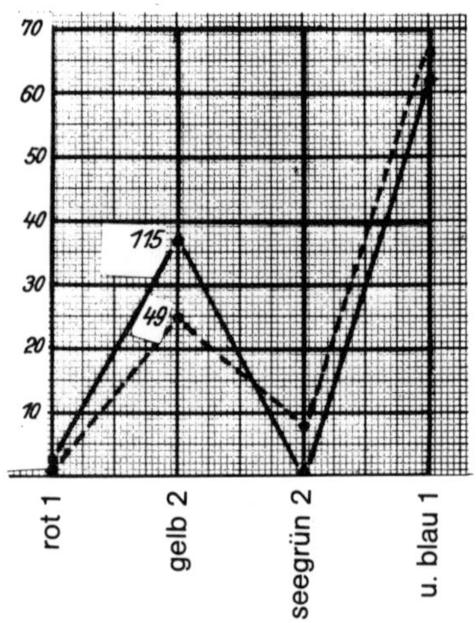

Abb. 64. Anflüge auf 4 Oswaldpapiere der Reihe pa von *Epinephele jurtina* (ausgezogene Linie) und *Eumenis semele* (gestrichelte Linie).

Reaktionen auf Feinde. Der Samtfalter zeigt zweierlei Reaktionen auf Feinde. Zu aufdringliche kleinere Tiere wehrt er durch schnelles Öffnen der Flügel ab. Bei höherer Intensität wird die Bewegung wiederholt; die Flügel können in schneller Folge 5mal oder öfter auf- und zuklappen. In dieser Weise verjagt *semele* auf der *Cossus*-Birke z. B. Fliegen und Wespen; die schon begatteten Weibchen wehren so auch paarungslustige Männchen ab (Abb. 65). Die intensivsten und am häufigsten wiederholten Abwehrbewegungen sahen wir solchen aufdringlichen Männchen gegenüber.

Abb. 65. Die Abwehrbewegung eines nicht paarungswilligen Weibchens gegen ein balzendes Männchen.

Vor größeren Tieren ergreift *semele* die Flucht. Wie wir noch zeigen werden, liegt die untere Größengrenze einer solchen Gefahr bei Gegenständen von etwa 8 cm Durchmesser in etwa 50 cm Entfernung.

Die Flucht verläuft in zwei Stufen. Beginnende Fluchtstimmung verrät sich durch blitzschnelles Heben der Vorderflügel, wodurch das tiefschwarze, hell-weiß gekernte Flügelauge sichtbar wird. Ein Tier, das diese Stellung eingenommen hat (Abb. 66), ist für alle fluchtauslösenden Reize höchst empfindlich. Ob diese Intentionsbewegung auch abwehrende Funktion hat, ist nicht sicher. Man kommt auf diesen Gedanken, weil das

Abb. 66. Das Anheben des »Auges« auf der Flügelunterseite

Tier hierbei ja eine auffallende, zur Tarnfärbung in schroffem Gegensatz stehende Struktur (das »Auge«) zeigt und die Bewegung sich auch genau auf das Zeigen dieser Struktur beschränkt.

Die zweite Stufe ist wirkliche Flucht. Diese ist anfänglich nur insofern gerichtet, als sie von der Gefahr wegführt, ohne jedoch etwa auf einen Schlupfwinkel oder auf das Licht hinzuzielen. Nach wiederholter Störung hat das Tier aber die Neigung, sich in die Baumkronen zu begeben.

Sehr schwere Störungen, z. B. Ergreifen oder rohes Berühren, lassen das Tier, sobald es freikommt, zum Lichte hinfliegen. Einseitig geblendete Tiere fliegen hierbei Kreise zur sehenden Seite, was wir zufällig an Tieren beobachteten, die wir für andere Zwecke blendeten. Die Flucht zum Licht ist also sicher tropotaktisch gesteuert.

Das Sichsonnen. Besonders bei kühlem Wetter, bei schönem Wetter, weiter hauptsächlich in den Morgen- und Abendstunden suchen die Falter sonnenbeschicnene Stellen auf und stellen sich hier mit der Körperlängsachse annähernd quer zum einfallenden Licht. Steht die Sonne nicht zu niedrig, so folgt dieser Einstellungsbewegung ein Schiefstellen des ganzen Körpers, so daß die eine Seite ungefähr senkrecht zur Sonnenstrahlung steht und möglichst viel davon empfängt. Die Flügel machen diese Drehung mit; die Kopfhaltung bleibt jedoch normal, d. h. symmetrisch in bezug auf die Senkrechte.

Bei dieser Methode des Sichsonnens bleibt also die Wirkung der Schutzfärbung voll erhalten. Ein Spreizen der Flügel, wie es z. B. die Vanessen beim Sichsonnen zeigen und wie wir es auch bei verschiedenen Verwandten von *Eumenis*, wie *Epinephele tithonus* und *E. jurtina* regelmäßig beobachteten, hätte zweifellos eine noch intensivere Durchwärmung des Tieres zur Folge, würde aber zugleich die Schutzfärbung der Flügelunterseite unwirksam machen. *Eumenis semele* spreizt beim Sichsonnen die Flügel nie.

Schon die Tatsache, daß diese Bewegungsweise nur bei kühlem Wetter und Sonnenschein auftritt, zeigt, daß Temperaturreize bei ihrer Auslösung eine Rolle spielen.

Bei der Einstellung sind jedenfalls Lichtreize wirksam: bei sehr dicht bewölktem Himmel kann es vorkommen, daß an einer weit von der Sonne entfernten Stelle des Himmels ein verhältnismäßig heller Fleck erscheint. Auch dann stellt der Falter sich schräg zu dieser Stelle ein. Wirft man auf das ganz beschattete Tier mit dem Spiegel Sonnenlicht, so stellt es sich oft schief zur Spiegelstrahlung ein. Ob daneben andere, z. B. Temperaturreize steuernd wirken, haben wir nicht untersucht.

Wird das Tier beschattet, so läuft es aus dem Schatten heraus ins Licht. Bei kühlem Wetter tritt diese Reaktion sofort ein, bei wärmerem Wetter erst nach einigen Sekunden bis fünf Minuten oder noch etwas später. Am schnellsten setzt sie bei Beschattung des ganzen Tieres ein; Beschattung allein des Kopfes ruft sie auch noch hervor; sogar ausschließliche Beschattung des Thorax und Flügels, wobei also der Kopf in der Sonne bleibt, hat immer Umsiedeln zur Folge, allerdings nie sofort, sondern meistens erst nach einigen Sekunden bis Minuten. Versuche, um die Rollen von Temperatur- und Lichtreizen weiter zu untersuchen, sind im Gange.

Die Balz. Noch bevor sie Weibchen gesehen haben, zeigen die Männchen sexuelle Handlungen. Sie reagieren nämlich auf beinahe alle vorüberfliegenden Schmetterlinge mit einem pfeilschnellen, zielgerichteten *Anflug.* Weiter kommt es aber bei diesen »irrtümlichen« Anflügen nicht; sobald ein so reagierendes Männchen den anderen Schmetterling erreicht hat, verläßt es ihn auch wieder. Bei den Saftbäumen gibt es oft mehrere, bis über zehn solcher begattungslustiger Männchen, die nicht nur fremde Falter, sondern auch sich gegenseitig anfliegen und so die ganze Schmetterlingsgesellschaft in fortwährende Unruhe versetzen.

Die Funktion dieses Anfluges wird klar, sobald die Weibchen erscheinen. Dann folgt dem Anflug nämlich eine verwickelte Balz. Im Freien beobachtet man diese ziemlich selten; außer über einige wenige und dazu oft noch unvollkommene Feldbeobachtungen verfügen wir aber über eine Reihe von Beobachtungen an Tieren, die wir im großen Flugkäfig hielten.

Fliegt ein Männchen ein begattungslustiges Weibchen an, so läßt dieses sich meistens nach kürzerer oder längerer Verfolgung, manchmal auch sofort, auf den Boden nieder. Das Männchen setzt sich in ihrer unmittelbaren Nähe, meist hinter ihr, und geht dann mit kurzen ruckartigen Bewegungen seitlich um sie herum, bis es ihr gegenübersteht. Diese kreisende Bewegung besteht aus einigen Folgen von schnellen Schritten mit dazwischen eingeschalteten Pausen; sie dauert im ganzen etwa 3 Sekunden. Jetzt beginnt die eigentliche Balz, und zwar mit dem »Flügeltrillern«. Hierbei werden die Vorderflügel mehrmals mit etwas gespreizten Vorderrändern langsam gehoben und mit einem Ruck wieder geschlossen und zurückgelegt, etwa zweimal in der Sekunde. Jede Bewegung holt etwas weiter aus als die vorhergehende; auch die Spreizung der Vorderränder nimmt jedesmal etwas zu. Beim letzten Mal kommen die Vorderflügel etwa zur Hälfte aus den Hinterflügeln zum Vorschein.

Dem Flügeltrillern folgen meist zwei andere, zusammen ausgeführte Bewegungen: das »Fächern« und das »Fühlerdrehen«.

Beim *Fächern* bleiben die Vorderflügel dauernd hochgehoben. Ihre Vorderränder werden in schnellem Tempo rhythmisch voneinander entfernt und wieder geschlossen. Der Ausschlag beträgt ungefähr 1 mm. Nur das vordere Drittel des Flügels wird in dieser Weise geöffnet.

Fühlerdrehen. Schon beim Trillern spreizt das Männchen die Fühler quer zur Körperlängsachse waagerecht ab. Sobald das Trillern in das Fächern übergeht, beginnen die Fühler eine merkwürdige Bewegung auszuführen. In vollkommen gestreckter Haltung durchschwingen sie einen Kegelmantel, so daß die Spitzen einen Kreis beschreiben. Beide Fühler bewegen sich synchron und gleichsinnig, nämlich hinten aufwärts, vorne abwärts. Allmählich streckt dieser Kreis sich zu einer Ellipse, deren lange Achse nach vorne geneigt ist und mit dem Boden einen Winkel von etwa 45° bildet. Die Aufbewegung erfolgt jetzt merklich schneller als die Abbewegung. Allmählich stehen auch die Fühler nicht mehr quer zur Körperachse, sondern werden nach vorne gerichtet. Einige Male sahen wir, daß die Fühler die Beine des Weibchens berührten; dies ist aber keineswegs die Regel. Jede vollständige Kreisdrehung dauert etwa 3/4 Sekunde. Das Flügelfächern und Antennendrehen kann eine Sekunde bis mehrere Minuten lang andauern. Bei abnehmender Intensität der Balz (z. B. wenn sich eine Wolke vor die Sonne schiebt) hört zuerst das Fächern auf, dann wird das Tempo langsamer und schließlich wird auch das Fühlerdrehen ganz eingestellt.

Endlich folgt als letzter Bestandteil der Balz die »Verbeugung« (Abb. 67 und 68). Hierbei spreizt das Männchen beide Flügelpaare und bringt die Vorderflügel sehr weit nach vorne, so daß sie sich ganz von den selber

Abb. 67. Die Verbeugung, rechts das Männchen.

auch schon etwas gehobenen Hinterflügeln loslösen. In dieser vornübergeneigten Stellung klappt das Männchen die Flügel auffällig langsam, gleichsam mit Nachdruck, wieder zu. In den meisten Fällen werden hierbei die Fühler des Weibchens zwischen den Vorderflügeln gefangen. Sobald das Männchen die Flügel zugeklappt hat, zieht es sie auch wieder zurück. Die ganze Bewegung dauert etwa eine Sekunde, sie ist von vollendeter Geschlossenheit und Eleganz.

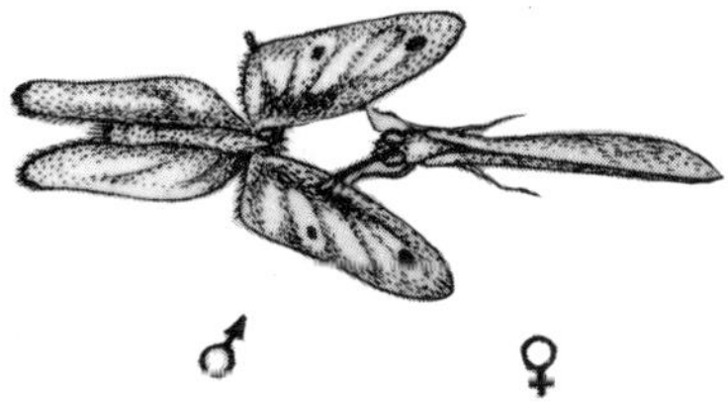

Abb. 68. Die Verbeugung, von oben gesehen. Ein Fühler des Weibchens berührt die Flügeloberseite des Männchens.

Der Verbeugung folgt das Einhaken zur Begattung. Das Männchen geht hierbei schnell seitwärts um das Weibchen herum (Abb. 69), unterwegs schon sein Abdomen seitlich nach vorne krümmend, so daß die wie ein Pinsel aus der Hinterleibspitze hervorragenden Begattungsanhänge nach vorne kommen und in die Begattungsapparatur des Weibchens

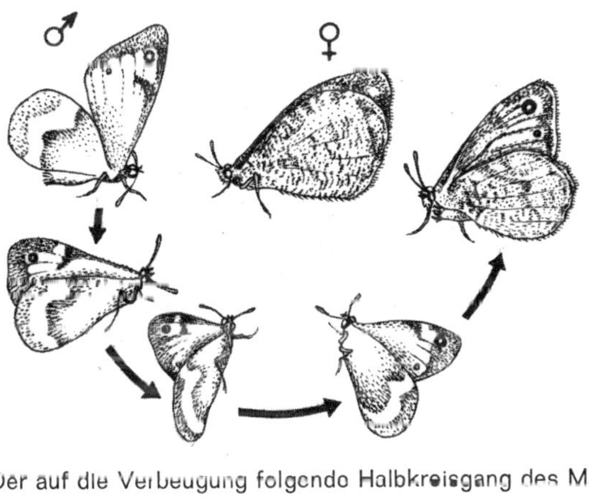

Abb. 69. Der auf die Verbeugung folgende Halbkreisgang des Männchens.

eingehakt werden können. Wie sich dabei die einzelnen Zangen usw. bewegen, darauf gehen wir hier nicht ein. Merkwürdigerweise kommt es gelegentlich vor, daß ein Männchen seinen Hinterleib nach der falschen Seite krümmt, also nach rechts, wenn das Weibchen links steht, oder umgekehrt.

Sobald das Männchen sich festgehakt hat, dreht es auch seinen Vorderleib, bis sein ganzer Körper wieder gestreckt ist und sich mit dem des Weibchens in einer Ebene befindet. Die beiden Tiere stehen dann in der bekannten Begattungsstellung der Schmetterlinge.

Der Versuch, sich einzuhaken, folgt oft gleich der ersten Verbeugung. Die Reihenfolge der Komponenten ist meistens, wie oben angegeben: *Trillern, Fächern und Fühlerdrehen, Verbeugung, Einhaken.* Manchmal wird die Balz auch ein oder mehrere Male wiederholt, und dann wird die Reihenfolge zuweilen etwas unregelmäßiger: so können vor allem das Trillern oder auch alle dem Einhaken vorangehenden Bewegungen ausfallen. Manchmal geht dem Trillern auch ein »Stoßen« voran, wobei das Männchen blitzschnell auf das Weibchen zuläuft und ihm mit dem Kopf einen tüchtigen Stoß versetzt.

Als Beispiel eines längeren und ziemlich unregelmäßigen Balzablaufs (wie man ihn im Flugkäfig eher als draußen erwarten kann) mag folgendes Protokoll vom 18. Juli 1940 dienen. Das Männchen Nr. 3 balzt im Flugkäfig vor Weibchen H. Es zeigt nacheinander: »Fühlerdrehen (Fü) und Fächern (Fä), Trillern (Tri), Fü-Fä, Verbeugung (Beu), Begattungsversuch (Begv), zurück in Gegenüberstellung (Geg), Fü-Fä, Beu, Fü-Fä, Beu, Begv, Geg, Tri, Fü-Fä, Tri, Fü-Fä, Beu, Tri, Fü-Fä, Beu, Tri, Fü-Fä, Beu, Tri, Begv, Geg, Tri, Fü-Fä, Beu, Begv, Geg, Fü-Fä, Tri, Fü-Fä, Tri, Beu, Tri, Beu, Fü-Fä; jetzt bedeckt eine Wolke die Sonne, noch lange Fü, dann ist das Männchen schließlich ganz bewegungslos.« Eine so lange Reihe ist aber, wie gesagt, besonders im Freien eine Ausnahme; oft gelingt eine Begattung gleich beim ersten Versuch.

Das Verhalten des paarungsbereiten Weibchens während der Balz des Männchens ist sehr einfach. Es bleibt meist ganz bewegungslos an der Stelle. Nur wenn das Männchen nach der Verbeugung seinen Halbkreisgang beginnt, hebt das Weibchen die Flügel ein wenig, so daß die Hinterleibspitze freikommt. Verhält sich das Weibchen nicht ruhig, so reizt es das Männchen merklich weniger; manchmal bricht dieses dann sogar die Balz ganz ab. Das ist besonders dann der Fall, wenn das Weibchen mit dem schon oben als Abwehrgehaben beschriebenen Flügelklappen antwortet.

In den meisten Fällen reagiert ein Männchen auf dieses Flügelklappen mit sofortigem Einstellen der Balz. Wir beobachteten dies selbst bei sehr stark paarungslustigen Männchen, die sogar andere Männchen zu begatten versuchten. Manche Männchen allerdings balzen auch vor flügelklappenden Weibchen hartnäckig weiter.

Die Begattung dauert 45 Minuten bis zwei Stunden. Der Hinterleib des Männchens macht anfänglich jede Sekunde pumpende Bewegungen; später wird der Rhythmus träger. Was dabei genau vor sich geht, haben wir nicht untersucht.

Wenn ein kopulierendes Paar gestört wird, dann fliegt das Weibchen davon, wobei das Männchen sich mit zusammengelegten Flügeln passiv mitschleppen läßt.

Ein begattetes Weibchen ist höchstwahrscheinlich nicht noch einmal zur Begattung bereit. Es reagiert auf jede Annäherung eines Männchens mit Flügelklappen. Die Männchen dagegen scheinen zu mehreren Paarungen imstande zu sein. Beweisende Beobachtungen darüber haben wir freilich nicht; doch sahen wir im Flugkäfig mehrmals, wie ein Männchen einige Stunden nach einer gelungenen Paarung schon wieder vor einem Weibchen balzte.

Die Eiablage. Sie erfolgt kurz nach der Begattung; wie kurz, können wir allerdings nicht genau sagen. Gegen Ende des Juli sieht man aber schon viele Weibchen an den zur Eiablage geeigneten Orten. Das sind, wie oben gesagt, einigermaßen geschützte Stellen, wo Gräser, besonders *Corynephorus canescens* und *Agrostis canina* wachsen. Diese Gebiete suchen die Weibchen vorwiegend zwischen 10 und 13 Uhr (Amsterdamer Sonnenzeit) auf. Wie sie sie auffinden, wissen wir nicht; es muß wohl eine besondere Reaktion auf mit Gras bewachsene Stellen vorliegen. Die Eiablage selber haben wir öfters beobachtet. Ein Weibchen schreitet dabei hochbeinig zwischen den Grasbüscheln, macht auf einmal Halt, krümmt den Hinterleib unter den Thorax nach vorne (Abb. 70) und berührt mit der Hinterleibspitze einen Pflanzenteil vor seinem Kopf. Meistens zieht es dann das Abdomen wieder zurück, drückt es gegen ein neues Pflanzenstück usw., bis schließlich das Ei auf eine der in dieser Weise geprüften Unterlagen abgesetzt wird. Dann geht das Tier weiter und legt bald ein neues Ei. Manchmal auch fliegt ein Weibchen eine kleine Strecke zwischen zwei Eiablagen.

Es scheint also, daß die Weibchen durch Abtasten mit der Abdomen-

Abb. 70. Weibchen bei der Eiablage (nach einem Lichtbild).

spitze in irgendeiner Weise das Substrat prüfen. Ob dies chemisch oder taktil erfolgt, haben wir nicht untersucht. Merkwürdigerweise wählen die Weibchen schließlich fast immer tote Pflanzenteile, meist tote Gras- oder Sandseggenstücke, manchmal auch trockene Flechten, sehr selten aber lebende *Agrostis-* oder *Corynephorus*teile.

IV. Die Analyse der Balz

Der Anflug des Männchens. Wie gesagt, bewegt ein zu einem Weibchen hinfliegendes Männchen sich in unverkennbar besonderer Weise. Die Flügelbewegungen sind hastiger, die Fluggeschwindigkeit ist größer, und die zurückgelegte Bahn ist gerader als bei den anderen Handlungen, in welche Fliegen eingeschaltet ist, wie etwa beim Blütenbesuch. Schon an der Bewegungsweise allein könnte man also den sexuellen Anflug erkennen. Dieser Umstand hat es uns ermöglicht, festzustellen, daß der Anflug eine Reaktion ist, die nicht ohne äußere Reizung auftritt. Zwar kann die Reizschwelle, wie wir sehen werden, unter dem Einfluß innerer Faktoren steigen oder fallen; zu einer richtigen Leerlaufreaktion kommt es aber nie.

Es ist schon bei einfacher Betrachtung des Anflugs klar, daß Gesichtswahrnehmungen ihn auslösen, und die Versuche, die den Hauptteil dieser Arbeit ausmachen, werden dies noch zur Genüge beweisen.

Der Anflug ist weiter telotaktisch gesteuert. Wir sahen das besonders eindrucksvoll, als wir einmal eine Anzahl einseitig geblendete Tiere beobachteten. Wie oben beschrieben, flogen diese Tiere auf der Flucht in Kreisen zum Licht. Sobald ein so behandeltes Männchen aber einen andern Schmetterling erblickte, flog es ihn an, und zwar in ganz normaler Weise auf schnurgerader Bahn. Bei Auslösung der Fluchtreaktion traten dann wieder die Kreiselbewegungen auf. Hier ließ sich geradezu wie am Schulbeispiel vorführen, daß jede Reaktion ihre eigene Taxis hat.

Die unmittelbare Beobachtung (noch ohne Versuche) lehrte uns weiter, daß ein *Eumenis*-Männchen nicht nur Weibchen seiner eigenen Art, sondern auch andere fliegende Tiere anfliegt. Wir sahen Anflüge auf die Schmetterlingsarten *Eumenis semele, Hipparchia statilinus* (Hufn.), *Epinephele jurtina, E. tithonus, Pararge megera, P. aegeria,* var. *egerides, Coenonympha pamphilus, Lycaena icarus* Rott. und andere *Lycaena*-Arten, *Cyaniris argiolus* L., *Chrysophanus phlaeas* L., *Chr. dorilis* Hufn., *Augiades comma* L., *A. sylvanus* Esp., *Plusia gamma* L., *Lasiocampa quercus* L., *Pyrameis atalanta* L., *P. cardui* L., *Vanessa urticae, V. io, V. polychloros, V. antiopa, Pieris brassicae* L., *P. rapae* L., *Aporia crataegi* L., *Gonepteryx rhamni* L., weiter auf die Coleopteren *Geotrupes vernalis* L., *Spondylis buprestoides* L., *Anomala aenea* De Geer, *Serica brunnea* L., *Cicindela sylvatica* L. und *C. hybrida* L.; auf die Hymenopteren *Ammophila sabulosa* L., *A. campestris* Jur., *Bombus*-Arten, *Mellinus arvensis* L., *Philanthus triangulum* Fabr., *Vespa rufa* L. und *Vespa crabro* L.; auf die Dipteren *Eristalomyia tenax* L., *Lasiopticus pyrastri* L., *Asilus crabroniformis* L., *Calliphora*-Arten usw.; auf die Odonaten *Aeschna* spec., *Libellula* spec., *Sympetrum vulgatum* L., *Calopteryx virgo* L.; auf die Feldheuschrecken *Stenobothrus* spec. und *Oedipoda coerulescens* L. und sogar auf Vögel: *Emberiza citrinella* L., *Fringilla coelebs* L., *Parus major* L. und *Turdus viscivorus* L.

Außerdem reagierten Männchen oft auf fallende gelbe, grüne oder braune Birkenblätter, auf stark bewegte Blätter am Baum, auf vorübergeworfene Kiefernzapfen oder auch auf Schatten, die solche Gegenstände auf den Boden werfen. Manchmal sogar beflog ein Männchen seinen eigenen Schatten.

Schon diese Beobachtungen ließen vermuten, daß das der Anfliegereaktion zugeordnete auslösende Schema sehr merkmalarm sein müßte. Farbe, Form, Größe schienen überhaupt gleichgültig oder doch wenigstens innerhalb von sehr weiten Grenzen wirksam zu sein. Unter den genannten Tieren waren die Schmetterlinge deutlich bevorzugt, und wir vermuteten deshalb schon von vornherein, daß die besondere flatternde Bewegungsweise der Schmetterlinge ein wichtiges Merkmal sein würde.

Es bot sich also hier eine gute Gelegenheit, um einmal ein merkmalarmes Schema genau zu untersuchen. Durch systematisches Anbieten von jeweils zwei oder mehr Schmetterlingsmodellen, von denen das eine optimal, das andere in irgendeinem zu untersuchenden Faktor davon verschieden war, hofften wir, die relative Wirkung der einzelnen Faktoren bestimmen zu können.

Die angewandte Methode war höchst einfach. Jede Attrappe wurde mit einem etwa 1 m langen Faden an einen ebenfalls 1 m langen Zweig gebunden, und an dieser »Angel« konnten wir sie mit für unser Auge ziemlich natürlichen Flatterbewegungen aus etwa 3 m Entfernung auf ein Männchen zufliegen lassen. Wir stellten dann fest, ob es anflog oder nicht. Besser wäre es gewiß gewesen, wenn wir bei jedem Anflug die Intensität der Reaktion irgendwie gemessen hätten. Das war jedoch in diesem Fall nicht möglich, weil jede Reaktion, die überhaupt auftrat, immer nahezu in Höchststärke ablief. Die Erklärung hierfür scheint uns die folgende zu sein: Wir stellten oft fest, daß ein fliegendes Tier viel leichter zum Anflug gereizt werden konnte als ein sitzendes. Sobald ein sitzendes Tier als Reaktion auf die Annäherung der Attrappe aufflog, wurde es schon deshalb sofort empfindlicher für die Attrappe. Das Ergebnis mußte demnach sein, daß eine Reaktion entweder gar nicht oder mit hoher Intensität erfolgte. Wir ertappten hier sozusagen einen Mechanismus auf frischer Tat, der die Reaktion als Ganzes unter die Alles-oder-Nichts-Regel bringt.

Wir waren also gezwungen, als Maß des auslösenden Wertes eines Modells das Verhältnis zwischen der Zahl der positiven Reaktionen und der Gesamtzahl der Darbietungen zu nehmen[1]. Das erforderte größere Versuchsreihen. Das Verhältnis, in Prozenten ausgedrückt, nennen wir die »Anflugszahl«.

Wir beschränkten uns beim Angeln immer auf Sukzessivversuche und machten nie Wahlversuche, weil, wie weiter unten näher ausgeführt wird, die Entfernung an sich ein Merkmal war, das sich unmöglich so konstant halten ließ, wie es nötig gewesen wäre, um die Rolle der übrigen Merkmale sauber dagegen abzugrenzen.

1 Erst später entdeckten wir, daß die Anflugdistanz als Maß der Intensität brauchbar ist (S. 250).

Jede Attrappe wurde dreimal nacheinander angeboten, meistens mit 5–10 Sekunden Zwischenzeit. Dann folgte, meistens nach 15–25 Sekunden, eine Reihe von drei Versuchen mit dem zu vergleichenden Modell usw. Die zeitliche Reihenfolge, in der wir die verschiedenen Modelle anboten, wechselte unregelmäßig. Auch tauschten die Versuchsleiter ihre Angel oder auch nur die Attrappen dann und wann aus, um mögliche Unterschiede der Person bzw. Angel unwirksam zu machen. Wir arbeiteten mit demselben Männchen so lange, bis es sich auf die Nahrungssuche begab oder sich so weit verflog, daß wir es nicht mehr mit Sicherheit erkennen konnten. Oft war auch das Abbrechen einer Versuchsreihe Folge eines gegenseitigen Anfliegens zwischen Versuchs-Männchen und einem fremden Männchen, wonach sicheres Wiedererkennen oft nicht möglich war. Die Gesamtzahl der mit einem Männchen angestellten Versuche wurde also mehr vom Versuchstier als von uns bestimmt und schwankte deshalb stark, nämlich von etwa 6 bis zu mehreren Hunderten.

Das optimale Modell. Als optimale Attrappe genügte ein in *Eumenis*-Form geschnittenes Stück graubraunen Packpapiers, das für unser Auge ungefähr die Farbe eines *Eumenis*-Männchens hatte, ohne irgendeine besondere Zeichnung zu tragen (»normal«, Abb. 71 B). Alle Modelle, die sich nicht durch Farbe von diesem Standardmodell unterscheiden mußten, wurden aus demselben Stück Papier geschnitten. Wie man weiter unten sehen wird, war diese Farbe nicht ganz optimal, weil es eine sozusagen »überoptimale« Farbe gibt; sie war aber der natürlichen *Eumenis*-Zeichnung nicht unterlegen. Um diese für unsere Versuche so günstige Tatsache zu beweisen, boten wir in zwei Reihen von Versuchen ein solches Modell gegen ein mit natürlichen *Eumenis*-Flügeln beklebtes Modell (»beklebt«, Abb. 71 A) und gegen ein naturgetreu mit Wasserfarbe bemaltes Modell (»visuell«, Abb. 71 C).

Das Ergebnis dieser Versuche ist in Abb. 72 wiedergegeben: Alle Modelle werden gleich häufig beflogen. Demnach hat die typische Zeichnung von *Eumenis semele* für die Auslösung des sexuellen Anfluges nicht die geringste Bedeutung. Das veranlaßte uns, als nächstes Merkmal die Farbe zu untersuchen.

Die Reaktion der Männchen war zwar im ersten Augenblick gegen diese drei Attrappen ganz gleich; auffallenderweise aber verfolgten sie das mit *Eumenis*-Flügeln beklebte Modell hartnäckig. Das zeigte also, daß dem Anfliegen eine zweite Reaktion, das Nachfliegen, folgte, die auf

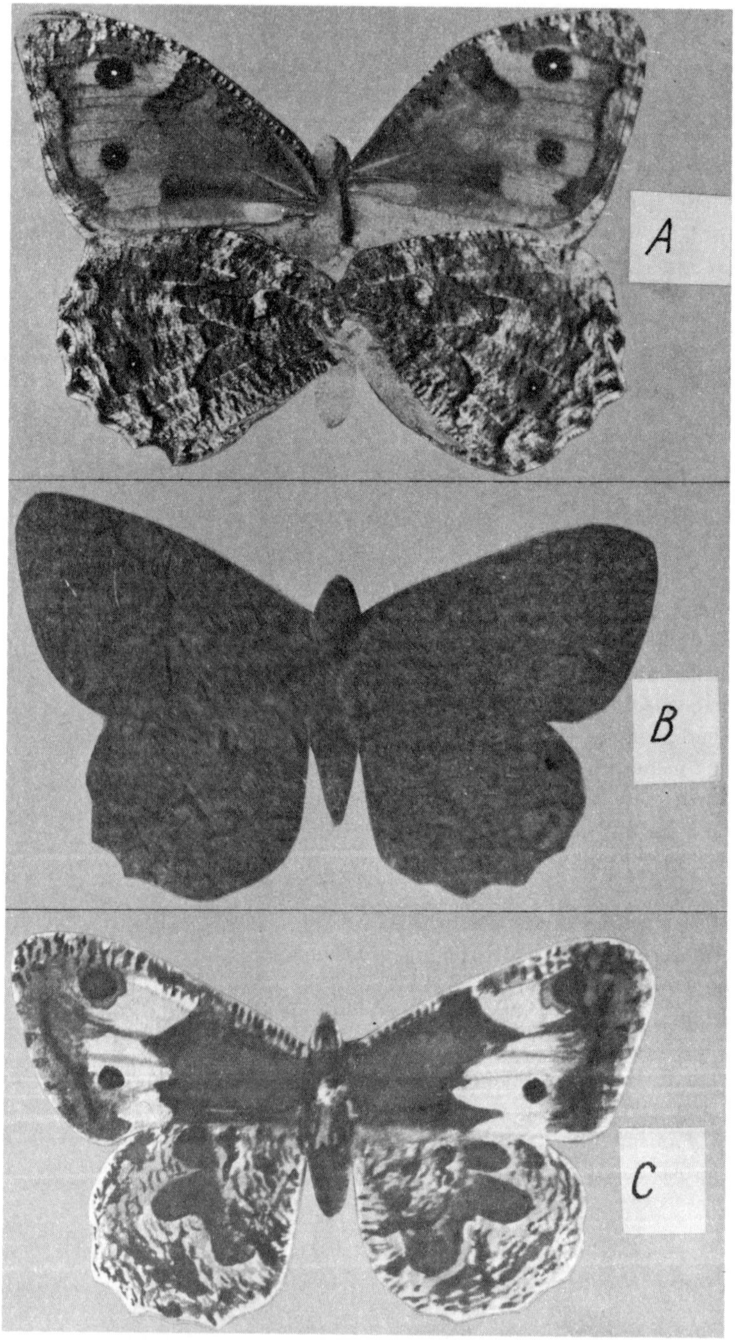

Abb. 71. Drei Schmetterlingsattrappen. A »beklebt«, B »normal«, C »visuell«.

andere Merkmale ansprach. Weil sich das »beklebte« Modell vom Standardmodell nicht nur in Farbe und Zeichnung, sondern auch (chemisch) im Klebstoff unterschied, boten wir in einem neuen Versuch neben dem beklebten Modell auch ein mit demselben Klebstoff beschmiertes Standardmodell. Auch jetzt verfolgten die Männchen das beklebte Modell viel öfter als das bestrichene Standardmodell. Das visuelle Modell löste kein Nachfolgen aus. Für das Nachfliegen sind also wahrscheinlich chemische Reize verantwortlich, die von den Flügeln des Weibchens ausgehen. Wir untersuchten die Frage aber nicht weiter.

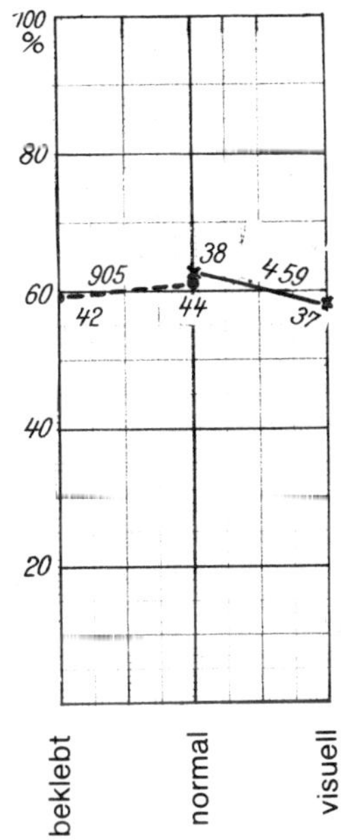

Abb. 72. Ergebnis von zwei Versuchsreihen mit den in Abb. 71 dargestellten Attrappen. Ordinate: Prozentsatz der positiven Reaktionen. Zweistellige Zahlen = Anflugsabstand in cm, dreistellige Zahlen = Anzahl der Beobachtungen in zwei Versuchsreihen.

Farbe. Wir benutzten aus HERINGpapieren geschnittene Falterattrappen von der Form des in Abb. 71 wiedergegebenen Standardmodells, und zwar die folgenden Farben der HERINGschen Reihe: Weiß, Schwarz, Gelb

4, Grün 7, Rot 1 und Blau 13. Als sich herausstellte, daß Weiß erheblich weniger beflogen wurde als die anderen Farben, verglichen wir in einer Reihe auch noch Weiß mit Grau 7, Grau 15 und Schwarz.

Die Abb. 73 zeigt die Ergebnisse einiger Versuchsreihen. Es war uns aus praktischen Gründen nur ziemlich selten möglich, alle Farben in einer Versuchsreihe zu gebrauchen; jeder Versuchsleiter kann schwerlich mehr als zwei Farben anbieten, und weil immer ein Mann als Sekretär auftre-

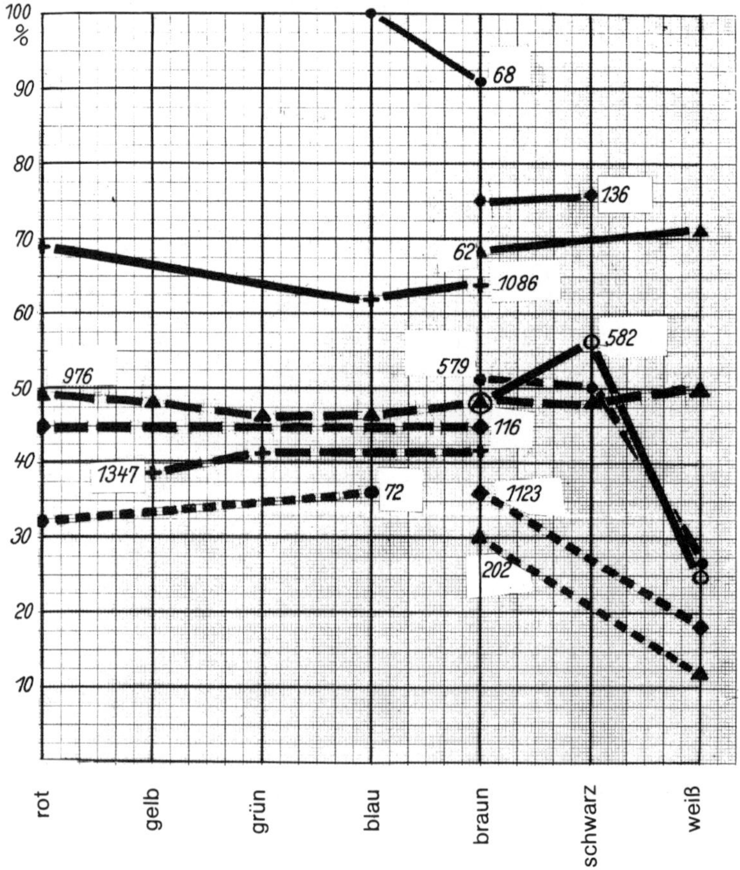

Abb. 73. 12 Reihen von Angelversuchen mit Attrappen verschiedener Farbe. Ordinate: Prozentsatz positiver Reaktionen, innen: Anzahl der Anflüge bei verschiedenen Versuchen.

ten muß, kann man zu zwei Personen höchstens mit drei Attrappen arbeiten. Daher die vielen kleineren Versuchsreihen.

Die absolute Anzahl der Anflüge ist in den verschiedenen Versuchen verschieden, erstens unter Einfluß der Temperatur (an kalten Tagen sowie morgens und abends niedrig), zweitens der Jahreszeit (die Reaktionsbereitschaft ist im August erheblich höher als im Juli).

Wie die Abbildung zeigt, haben sämtliche benutzten Farben ungefähr den gleichen auslösenden Wert. Nur Weiß bleibt meistens stark zurück, vor allem in Versuchen bei niedriger Reaktionsbereitschaft. Um mit Sicherheit auszumachen, ob dieser Unterschied wirklich auf Intensitätsunterschiede zurückzuführen war[1], boten wir die schwarzen und weißen

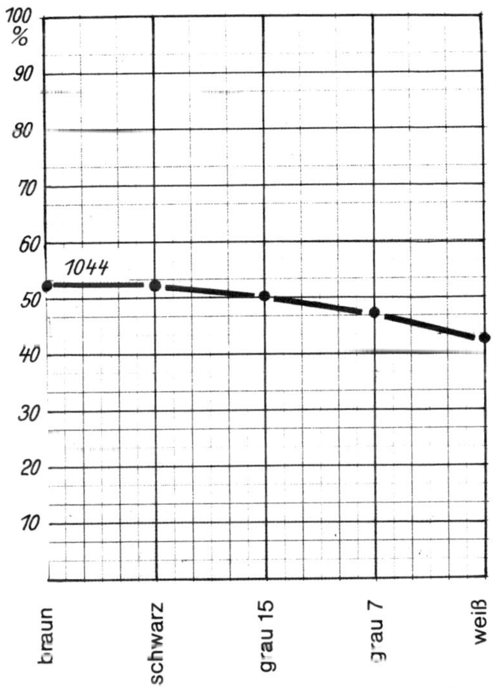

Abb. 74 Ein Angelversuch mit Heringschen Graupapieren. Ordinate: Prozentsatz positiver Reaktionen.

1 Daß UV-Unterschiede hier nicht ausschlaggebend sein können, geht aus einer Betrachtung der von LOTMAR (17) veröffentlichten Reflektionskurven der HERINGpapiere hervor.

Attrappen neben solchen aus verschieden dunklen Graupapieren (15 und 7). Das Ergebnis zeigt Abb. 74. Je heller, um so geringeren auslösenden Wert hat die Attrappe. Das Männchen ist also auf eine Silhouette eingestellt.

In Abb. 75 sind die verschiedenen Wahlkurven der Abb. 73 zu einer durchschnittlichen Kurve der sexuellen Anflüge vereinigt. Weil in den meisten Versuchen das Standardmodell verwendet worden war, diente es wieder als Vergleichsbasis. Den mittleren Prozentsatz positiver Ergebnisse mit Braun setzte ich rechnerisch gleich 100 und wertete für alle anderen Farben nur die Versuche aus, in denen die Farbe zusammen mit dem Standardmodell angeboten worden war. Die Kurve stellt also dar, wieviel häufiger oder seltener die farbigen Attrappen angeflogen wurden als braune. 6277 Versuche ließen sich verwenden, nur 72 Versuche Rot mit Blau (Abb. 73) mußten wegfallen, alle anderen Reihen enthalten auch das Braun.

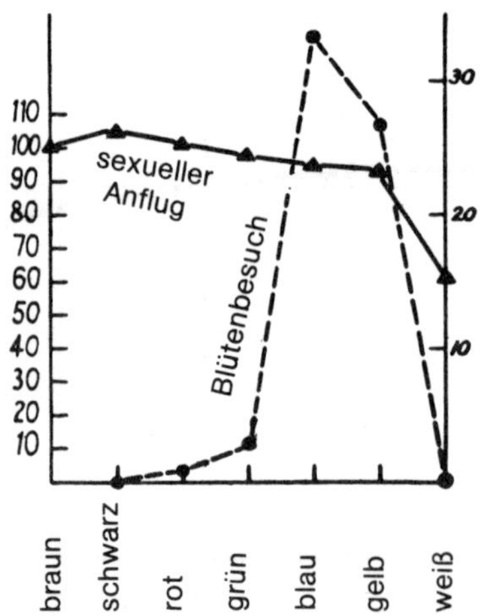

Abb. 75. Durchschnittliches Ergebnis der Farbversuche zum Balzanflug (ausgezogene Linie) bzw. Blütenbesuch (gestrichelte Linie). Ordinate, links: auslösender Wert der Farben, bezogen auf braun = 100, rechts: Anzahl der Anflüge.

Gegen den dreifachen mittleren Fehler gesichert, also statistisch voll beweiskräftig, sind die Unterschiede zwischen Schwarz einerseits, Blau, Gelb und Weiß andererseits, der Unterschied zwischen Weiß und allen anderen Farben und der Unterschied zwischen Rot und Gelb.

Betrachtung dieser Kurve ergibt, daß die Farbe selber für die Auslösung des Anfluges keine Bedeutung hat, sondern daß nur die subjektive Dunkelheit der Attrappe maßgebend ist; Schwarz und Rot (entsprechend der starken Unterempfindlichkeit vieler Insekten für Rot) sind am stärksten wirksam; Blau, Gelb und Weiß am wenigsten. Jetzt werden auch die Ergebnisse der Schwarz-Grau-Weiß-Versuche verständlich. *Beim sexuellen Anflug* beruht also der einzige Wirkungsunterschied zwischen den verschiedenfarbigen Attrappen *auf deren relativer Helligkeit.*

Weil die Zahl der Beobachtungen wegen der geringen Unterschiede zu klein ist, um für jede Farbe ihren Platz genau zu ermitteln, ist ein Vergleich mit Ergebnissen anderer nicht in Einzelheiten möglich. Die geringe Empfindlichkeit für Rot ist, wie bekannt, bei mehreren Insekten festgestellt worden (vgl. VON BUDDENBROCK 3).

Wie weiter aus der Abb. 75 hervorgeht, ist die Farbe des Weibchens für die Anfliegereaktion des Männchens nicht optimal, denn Schwarz wirkt stärker. Schwarze Weibchen würden bestimmt stärker reizen als braune. Man könnte die schwarzen Modelle also »überoptimal« nennen (vgl. weiter unten S. 247).

Diese Tatsachen bedeuten nun aber keineswegs, daß *Eumenis* etwa farbenblind, daß das Auge nicht zu unterschiedlichem Reagieren auf verschiedene Farben imstande wäre; denn, wie oben gezeigt, reagiert ein *blütenbesuchendes* Tier auf die verschiedenen *Farben* sehr *verschieden.* Vergleichshalber haben wir den auslösenden Wert der Farben beim Blütenbesuch noch einmal in Abb. 73 eingezeichnet, wobei die Werte beider Kurven der Abb. 61 vereinigt gemäß dem rechts angegebenen Maßstab eingetragen sind.

Wir haben es also mit sozusagen »zentraler Farbenblindheit«, mit »*Farbenblindheit* des Schemas« zu tun, und zwar des Schemas *für den sexuellen Anflug* des Männchens. Eine allgemeinere Schlußfolgerung wäre nicht gerechtfertigt.

Diese Tatsachen zeigen wieder, daß ein Schema, d. h. der nervöse Apparat, der der besonderen Auslösbarkeit einer Reaktion zugrunde liegt, eben für diese Reaktion spezifisch ist. Jede Reaktion scheint die Gesamtleistung der Sinnesorgane nur sehr partiell auszunützen. Hieraus ergeben sich zwei Folgerungen: erstens, daß man aus der Untersuchung eines einzigen Schemas die Fähigkeit der Sinnesorgane unmöglich kennenlernen kann; zweitens, daß man umgekehrt aufgrund der bereits bekannten Leistungen der Sinnesorgane noch nichts darüber aussagen kann, wie sie im Einzelfall das Verhalten ursächlich beeinflussen. Auf die erste Folgerung hat schon von Buddenbrock (3) anläßlich einer Polemik über Farbenblindheit hingewiesen. Wie er an Hand der Ergebnisse von Schlieper (20) zeigte, beantwortet *Hippolyte varians* Leach, ein zweifellos farbentüchtiges Tier (man denke an seine Farbanpassung), bei den optomotorischen Reaktionen nur Helligkeitsunterschiede; für diese Reaktionsform scheint die Farbe keine Rolle zu spielen, für sie wäre *Hippolyte* »zentral farbenblind«.

Form. In verschiedenen Versuchen boten wir die in Abb. 76 wiedergegebenen Formen an. Diese haben sämtlich eine gleich große Oberfläche; das Faltermodell ist von ungefähr natürlicher Größe.

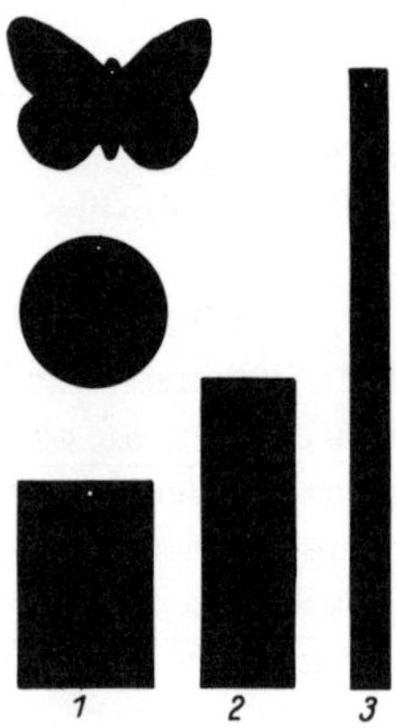

Abb. 76. Attrappen für die Formversuche.

Eine Schwierigkeit bei der Beurteilung der Ergebnisse (Abb. 77) besteht darin, daß Unterschiede der Form der Attrappen notwendigerweise Unterschiede der Bewegungsweise mit sich bringen. Wie wir weiter unten noch dartun werden, reizt ein flatternd oder tanzend bewegtes Modell viel stärker als ein glatt bewegtes. Der Erfolg der Angelversuche beruht überhaupt vor allem darauf, daß die Modelle durch das passive Mitschleppen tanzen und sich zugleich um ihre Achse drehen. Besonders die tanzende Bewegung ist nun beim längsten Rechteck sehr schwach, die drehende dagegen viel schneller als bei allen anderen Attrappen, wahr-

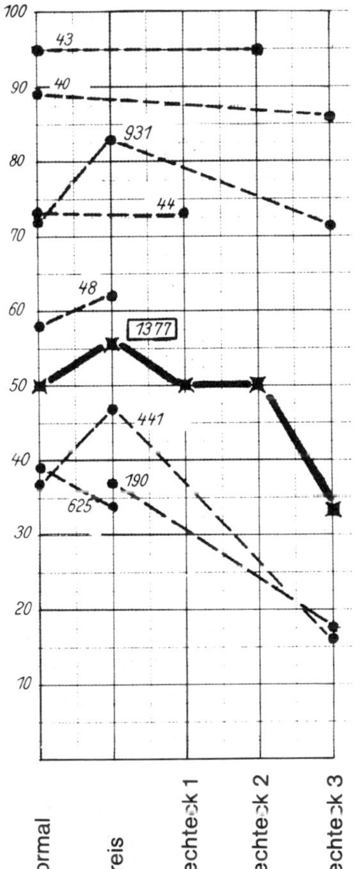

Abb. 77. Ergebnisse der Formversuche. Ordinate: Prozentsatz positiver Reaktionen, innen: Anzahl der Anflüge bei verschiedenen Versuchen, dick ausgezogene Linie: durchschnittliches Ergebnis.

scheinlich zu schnell. Deshalb wirkt wenigstens auf den Beobachter das längste Rechteck in seiner Bewegung viel weniger falterähnlich als die anderen Modelle. Wir können deshalb nicht sicher angeben, ob der geringe Reizwert dieses Modells nicht wenigstens zum Teil auf einer mangelhaften Bewegung beruht; höchstwahrscheinlich ist dies jedoch nicht der einzige Grund (vgl. Abb. 83).

Indessen schien uns dieser Einwand nicht schwerwiegend genug, um deshalb eine neue Versuchsreihe anzustellen. Uns beschäftigte ja nicht an erster Stelle die Frage des Formunterscheidungsvermögens, sondern die Tatsache, daß ein abweichendes Modell überhaupt beflogen wird. Es geht aus den Versuchen deutlich genug hervor, daß die Form an sich kein Merkmal von einiger Bedeutung ist. Für eine genauere Einsicht in mögliche, auf der Form beruhende feine Unterschiede wären Versuche mit in ganz gleicher Weise bewegten Attrappen erforderlich.

Größe. Der Einfluß der Größe wurde in verschiedener Weise untersucht, vor allem weil der Sachverhalt hier verwickelter war als bei Farbe und Form.

Wir boten zuerst die in Abb. 78 rechts wiedergegebenen Modelle verschiedener Größe in Falterform; das größte hatte linear 4,5mal, das kleinste $^1/_6$mal natürliche Größe. Die Abb. 79 zeigt das Ergebnis. Die natürliche Größe scheint deutlich optimal zu sein; es erfolgten aber auch nicht wenige Anflüge auf die äußersten Glieder der Reihe. Wie wir weiter unten auseinandersetzen werden, wird aber bei diesen Versuchen der Unter-

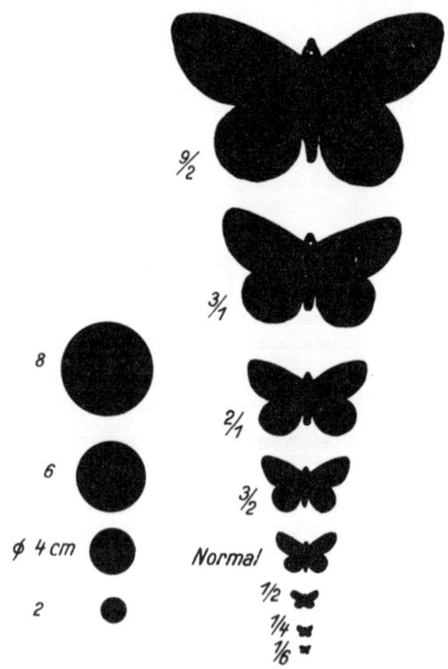

Abb. 78. Attrappen verschiedener Größe.

schied, vor allem zwischen dem größeren und dem normalen Modell, durch das Mitspielen der Fluchtreaktion künstlich vergrößert. Die Gesamtkurve der Abb. 79 fällt daher nach der Seite der größeren Attrappen zu steil ab; wie wir später zeigen werden, sollte sie sogar überhaupt nicht abfallen, sondern im Gegenteil noch etwas ansteigen.

Die Abb. 79 ist auch deshalb wenig zuverlässig, weil ihr erstens überhaupt verhältnismäßig wenige Beobachtungen zugrunde liegen, zweitens weil sie Einzelversuche wiedergibt, in denen meist nur zwei, selten drei

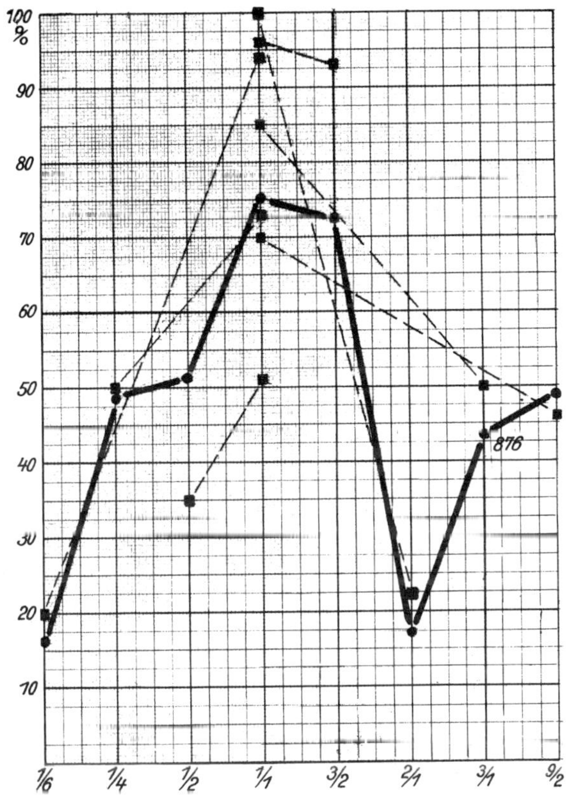

Abb. 79. Der auslösende Wert von falterförmigen, allmählich angenäherten Attrappen verschiedener Größe. Ordinate: Prozentsatz positiver Reaktionen, Abszisse: Attrappengröße (Abb. 78), dick ausgezogene Linie: durchschnittliches Ergebnis.

oder mehr Modelle unter gleichen Umständen geboten wurden. In späteren Versuchen erhöhten wir die Vergleichbarkeit dadurch, daß wir in jedem Versuch möglichst viele Modelle zu gleicher Zeit darboten, ähnlich wie bei manchen der in Abb. 73 wiedergegebenen Farbversuche.

Zu diesen neuen Versuchen dienten kreisförmige Scheiben von 2, 4, 6 und 8 cm Durchmesser (Abb. 78 links). Wie Abb. 80 zeigt, scheint die der

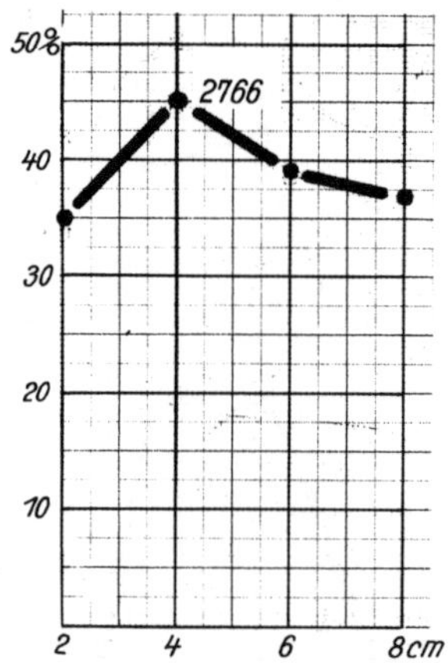

Abb. 80. Der auslösende Wert kreisförmiger Attrappen verschiedener Größe bei allmählicher Annäherung. Abszisse: Attrappengröße.

Faltergröße am besten entsprechende Kreisscheibe von 4 cm deutlich optimal zu sein.

Weil wir um diese Zeit bereits wußten, daß die Entfernung, in der man eine Attrappe zeigt, großen Einfluß auf ihren auslösenden Wert hat, war uns viel daran gelegen, diesen störenden Faktor auszuschalten. Dies war natürlich besonders hier erforderlich, weil ja Entfernungsunterschiede die Größe des Sehbildes ebenso beeinflussen wie die Größenunterschiede der Attrappen selber.

Wir boten also die Kreisscheiben von 4 und 8 cm Durchmesser in gleicher und gleichbleibender Entfernung von 50 cm. Nun erhielten wir auf das größere Modell erheblich weniger Anflüge als auf das kleinere (Abb. 81, ausgezogene Kurven). Das war aber sicher zum Teil dem Auftreten einer Hemmung zuzuschreiben, die auf der Erregung eines Fluchttriebes beruhte. Das größte Modell löste nämlich oft richtige Flucht aus, oft auch

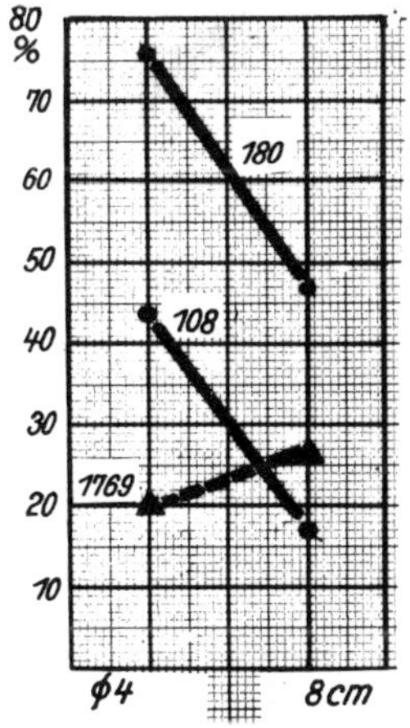

Abb. 81. Der auslösende Wert von Kreisscheiben verschiedener Größe bei plötzlichem Erscheinen in gleichbleibender Entfernung. Ausgezogene Linien: Entfernung 50 cm, gestrichelte Linie: Entfernung 100 cm, Abszisse: Attrappengröße.

nur ein Heben der Vorderflügel; in beiden Fällen dürfte die sexuelle Stimmung durch die Fluchtstimmung unterdrückt sein. Um diese Störung zu beseitigen, war es also notwendig, die Modelle aus größerer Entfernung anzubieten. Als wir nun in zwei großen Versuchsreihen die Modelle von 2, 4, 6 und 8 cm in 100 cm Entfernung boten, war das Ergebnis ganz anders (Abb. 81, gebrochene Linie; Abb. 82). Direkte Beobachtung lehrte, daß jetzt keine Flucht auftrat, und dies Ergebnis muß demnach als das zuverlässigste betrachtet werden.

Merkwürdigerweise ist also nicht die natürliche Größe optimal, sondern ein weit ansehnlicheres Format als das natürliche. Man könnte wieder sagen: das größte Modell ist »überoptimal«, genauso wie wir S. 241 sagen mußten, daß Schwarz überoptimal ist. Inwieweit es überhaupt eine optimale Größe gibt, oder ob vielleicht gilt: je größer je besser (vorausgesetzt, daß bei genügend großer Entfernung Fluchtreaktionen ausgeschlossen sind), wissen wir nicht.

Dieser Fall, in dem die natürliche Situation nicht optimal ist, steht gewiß nicht allein. Gilt sie doch zweifellos für manche Handlungen des Menschen (z. B. geschlechtliche und elterliche Handlungen, Essen). Bei Tieren kennen wir allerdings keine sicheren Befunde. KOEHLER und ZAGARUS (14), die brütenden Halsbandregenpfeifern verschiedenfarbige Eier

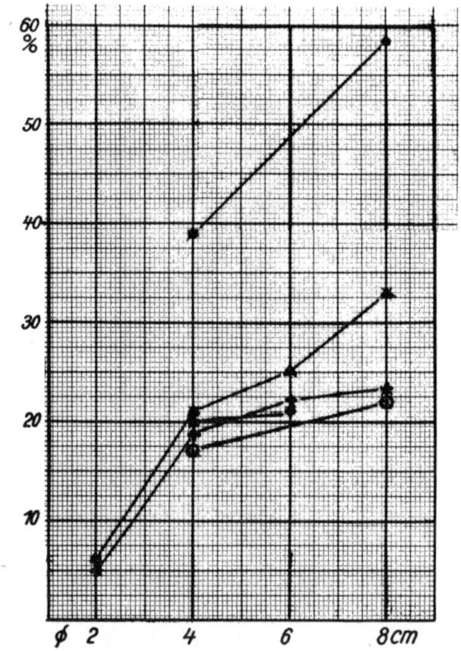

Abb. 82. Der auslösende Wert von Kreisscheiben verschiedener Größe bei plötzlichem Erscheinen in 100 cm Entfernung. Abszisse: Attrappengröße.

außerhalb der Nestmulde boten, berichten, daß ein »allerdings ungemein auffälliges« weißes, dunkelgetüpfeltes Kunstei den Vorzug vor richtigen Halsbandregenpfeifereiern hatte. Bei der Silbermöwe scheint, soweit ich das aus noch wenigen Versuchen schließen kann, die natürliche Größe des Eies nicht optimal zu sein; ein linear doppelt so großes Ei wurde von zwei daraufhin untersuchten Möwen Eiern normaler Größe vorgezogen.

Bewegungsweise. Obwohl die Männchen, wie gesagt, auch Käfer, Libellen, Fliegen usw. anflogen, war es uns aufgefallen, daß sie die Falter doch deutlich bevorzugten. Weil es sich dabei um Falter sehr verschiedener Größe und Farbe handelte und weil weiter, wie gesagt, die Form als Merkmal nur eine sehr untergeordnete Rolle spielte, vermuteten wir, daß hier vielleicht die Bewegungsweise des Falters von Bedeutung wäre. Wir analysierten daher unsere menschliche Wahrnehmung des Falterfluges, um so zur Mutmaßung möglicherweise wirksamer Merkmale zu gelangen. Wichtig schien uns erstens das ziemlich langsame Flügelklappen, das uns den Falter bald mit ausgebreiteten, bald mit zusammengelegten Flügeln, also abwechselnd breit und schmal zeigt. Zweitens bewegt sich das Tier als Ganzes auf und ab, was dem Flug das typisch Flatternde gibt. Die Wirkung dieser beiden Momente wurde im Versuch geprüft.

Wir benutzten hierzu eine am Ende eines 2 m langen Eisendrahtes befestigte kreisförmige Pappscheibe von 4 cm Durchmesser. Dieses Modell führten wir in dreierlei Weise über ein sitzendes Männchen hinweg: erstens so »glatt« wie möglich, wobei der Kreis dem Tier die volle Fläche zuwandte; zweitens »tanzend«, wobei das Tier zwar gleichfalls die Breitseite sah, das Modell aber in schnellem Rhythmus (2–3mal in der Sekunde) um etwa 10–30 cm auf- und abstieg; drittens »drehend«, wobei die Bahn zwar glatt war, das Modell sich aber schnell (etwa 2–3mal in der Sekunde) um die Längsachse des Drahtes drehte.

Wie Abb. 83 lehrt, sind beides, Tanzen und Drehen, wichtige Merkmale.

Wir hatten hiermit zwei wichtige Merkmale des Schemas gefunden. Trotzdem fiel es uns aber immer und immer wieder auf, daß auch unsere

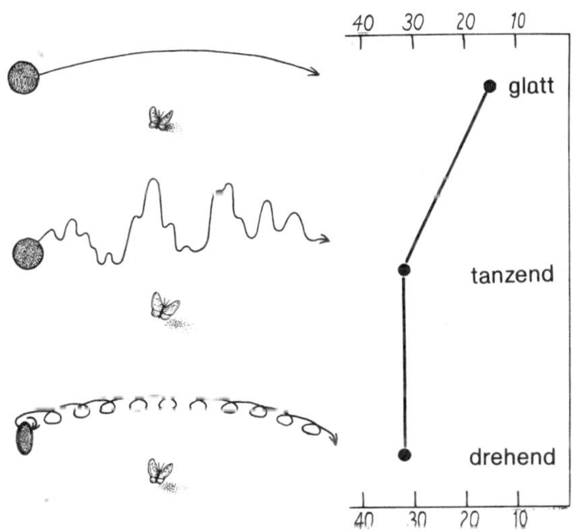

Abb. 83. Der Einfluß der Bewegungsweise. Abszisse: Anflugsabstand, d. h. die Entfernung, in der eine sich nähernde Attrappe den Anflug auslöst.

am besten drehenden oder tanzenden Modelle sich in ihrer auslösenden Wirkung nicht mit einer wirklichen *Eumenis* messen konnten. Das lag wohl erstens daran, daß wir dieses Modell nicht zugleich hatten tanzen und sich drehen lassen. Das konnten wir mit unseren »Angeln« sehr wohl, doch immer noch blieben die leibhaftigen Falter ihm etwas überlegen. Wir schreiben auch das der Bewegungsweise zu; die »Angel«-Modelle bewegten sich nämlich viel unregelmäßiger als lebende Schmetterlinge.

Noch andere Überlegungen sprechen für die besondere Wichtigkeit der Bewegungsweise als Merkmal. Immer wenn wir mit mehreren Personen angelten, beruhten die persönlichen Unterschiede des Erfolges nicht auf den Angeln, die wir ja oft genug wechselten, sondern auf Unterschieden der Bewegung: der eine war ein geschickterer Angler als der andere.

Daß Schmetterlinge vieler Arten öfter beflogen wurden als Libellen, Käfer, Fliegen, Wespen usw., wird auch nur aus der Annahme verständlich, daß die Bewegungsweise das ausschlaggebende Merkmal ist. Eine besondere Stütze hierfür ist die Tatsache, daß unter den Libellen besonders die falterartig fliegende *Calopteryx virgo* viele Anflüge auslöste, obwohl doch verschiedene andere Libellenarten, besonders die bestimmt nicht falterähnlich fliegenden Anisopteren *Sympetrum, Libellula* und *Aeschna* an den von *Eumenis semele* bevorzugten Stellen viel häufiger waren.

Entfernung. Auf den Gedanken, daß die Entfernung an sich ein Merkmal sein könnte, kamen wir, als wir versuchten, ob formgleiche Modelle verschiedener Größe gleich oft angeflogen wurden, wenn sie dem Tier unter gleichem Winkel erschienen. Hierzu boten wir in einem ersten Versuch das braune Faltermodell von natürlicher Größe abwechselnd mit dem Faltermodell von 4,5facher und dem von $^1/_6$ natürlicher Größe. Wir ließen das niedrig über den Boden tanzende Modell sich langsam einem Männchen nähern, dessen Platz wir vorher genau notiert hatten. Sobald dieses anflog, ließen wir das Modell senkrecht zu Boden fallen und maßen die Entfernung zum Abflugplatz des Männchens.

Das Modell von natürlicher Größe wurde in 71 Beobachtungen durchschnittlich aus 82,4 cm Entfernung beflogen: das große Modell in 23 Beobachtungen aus 146 cm, und das kleine in 12 Beobachtungen aus 19,6 cm Abstand. Falls der Winkel, unter dem das Modell gesehen wurde, allein den Ausschlag gab, sollten die zwei letztgenannten Entfernungen, wenn wir vom normalen Modell ausgehen, $4{,}5 \times 82{,}4 = 371$ cm und $^1/_6 \times 82{,}4 = 14$ cm betragen. Weil diese Versuchsreihe noch zu klein war, machten wir einen zweiten ähnlichen Versuch mit kreisförmigen Pappscheiben von 2, 4, 6 und 8 cm Durchmesser. Die Anflugszahlen dieser Attrappen sind schon in Abb. 80 gegeben worden; Abb. 84 gibt ihre durchschnittlichen Anflugsdistanzen. Auch hier weicht der Befund im gleichen Sinne von der Erwartung ab. Ähnliches fanden HOMANN (12) bei Waldameisen und BALDUS (2) bei *Aeschna*-Larven.

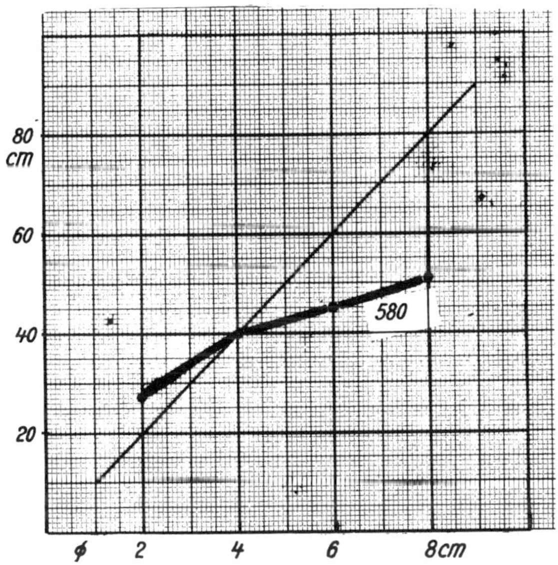

Abb. 84. Durchschnittlicher Anflugabstand bei verschieden großen, langsam angenäherten Kreisscheiben. Ordinate: Attrappenabstand, Abszisse: Attrappengröße.

Aus diesen zwei Versuchen läßt sich erstens schließen, daß der Falter räumlich sieht, denn er reagiert nicht dem Winkel gemäß. Zweitens aber scheint ein Modell um so stärker zu reizen, je näher es sich beim Männchen befindet. Daraus ließe sich wenigstens erklären, weshalb ein xmal kleineres Modell schon beflogen wird, bevor es xmal so nah an das Männchen herangebracht wird; denn so können wir ja den gefundenen Tatbestand auch beschreiben.

Bevor wir diese Frage behandeln, sei noch darauf hingewiesen, daß der Schluß auf räumliches Sehen in Einklang mit der Tatsache steht, daß der

Anflug telotaktisch gesteuert wird. Soweit nämlich räumliches Sehen mit beidäugigem Sehen zusammentrifft (und dies ist ja von BALDUS an der *Aeschna*-Larve gezeigt worden), kann es nur zustande kommen, wenn beide Augen mehrsinnige Lenker sind.

Um die Rolle der Entfernung zu untersuchen, legten wir ein Modell vorsichtig in einer bestimmten Entfernung von einem Männchen auf den Boden und ließen es nach einer kurzen Pause plötzlich aufflattern. Dies wurde, in bunter Reihenfolge, in verschiedenen Abständen wiederholt.

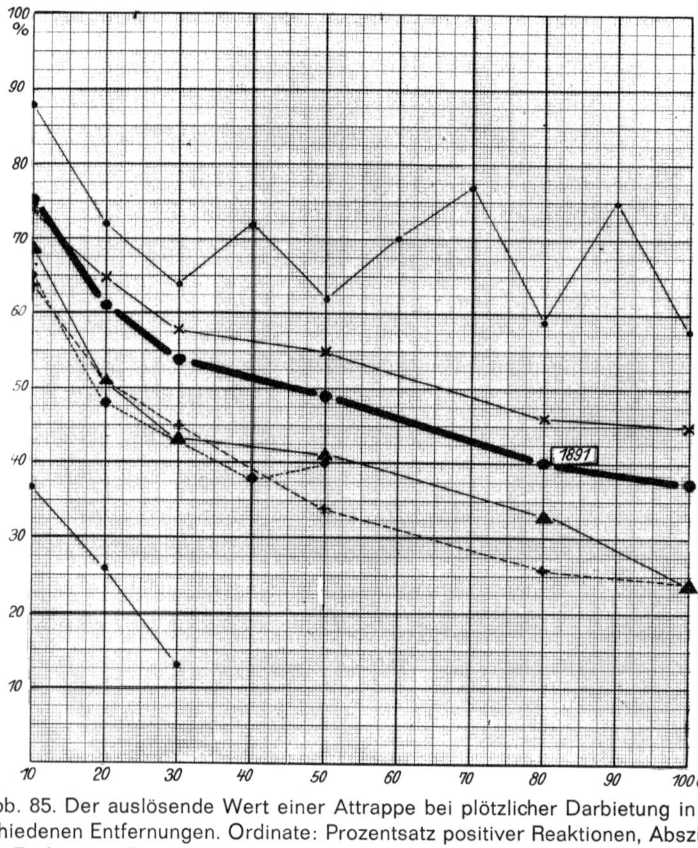

Abb. 85. Der auslösende Wert einer Attrappe bei plötzlicher Darbietung in verschiedenen Entfernungen. Ordinate: Prozentsatz positiver Reaktionen, Abszisse: die Entfernung. Dünne Kurven: die an verschiedenen Tagen durchgeführten Einzelversuche, dick ausgezogene Linie: durchschnittliches Ergebnis.

Das Ergebnis ist in Abb. 85 dargestellt; tatsächlich reizt also ein Modell um so stärker, je näher es ist.

Die Frage, ob dies allein darauf beruht, daß das Nähere dem Auge größer erscheint, kann erst weiter unten besprochen werden (S. 257).

Das Zusammenwirken der Merkmale. Als wir einmal wußten, daß ein Modell um so stärker reizt, je näher es ist, erschien es von vornherein nicht unmöglich, daß zwei ungleichwertige Attrappen den gleichen Anflugsprozentsatz erhielten, bloß weil das stärkere Modell nicht öfter, sondern durchschnittlich aus größerer Distanz angeflogen wurde als das schwächere. Das wäre bei der allmählichen Annäherung durchaus möglich. Eine bessere Methode scheint es deshalb, die Modelle immer in gleicher und gleichbleibender Entfernung anzubieten.

Die Frage selber, nämlich ob das Merkmal »Entfernung« das Fehlen eines anderen Merkmales ganz oder teilweise aufwiegen könne, war wichtig genug, um ihr einige besondere Versuche zu widmen. Hierzu mußten wir nicht nur wie bisher jeden Anflug als positiv oder negativ buchen, sondern zugleich auch die Entfernung, in der sich die Attrappe im Augenblick des Anfluges befand. Sie ließ sich naturgemäß, zumal es wichtig war, möglichst große Reihen zu erhalten, nur ziemlich grob abschätzen. Dieser Nachteil war aber nicht so groß, wie er im ersten Augenblick scheinen mag, denn erstens wurde jeder Abstand von zwei oder drei Personen geschätzt und der Durchschnittswert notiert, zweitens ist für unsere Frage nicht die tatsächliche Entfernung, sondern nur das Verhältnis zwischen den verschiedenen Entfernungen wichtig.

Betrachten wir zuerst das Zusammenwirken von Entfernung und Farbe. Wir haben gesehen, daß eine weiße Attrappe weniger reizt als eine braune. Errechnen wir nun (Abb. 86) den Durchschnittswert der beobachteten Entfernungen, so ergibt sich, daß dieser bei Braun erheblich größer ist als bei Weiß. Es gibt also wirklich einen Unterschied nicht nur in der Gesamt*zahl* der Anflüge, sondern auch in der Qualität; ein Anflug aus 42 cm erfolgt ja auf stärkere Reizung als einer aus nur 29 cm Entfernung.

Dies zeigt sehr schön, wie »dumm« das Tier auf »Merkmale« reagiert. Bei vermenschlichender Betrachtung würde man ja gerade erwarten, daß eine unteroptimale Attrappe um so weniger Anflüge auslöste, je näher sie wäre, denn dann könnte der Falter die Unzulänglichkeit ja besser sehen. Die Tatsachen beweisen aber, daß das Tier trotzdem dem Reiz des Näherkommens gehorchen *muß*.

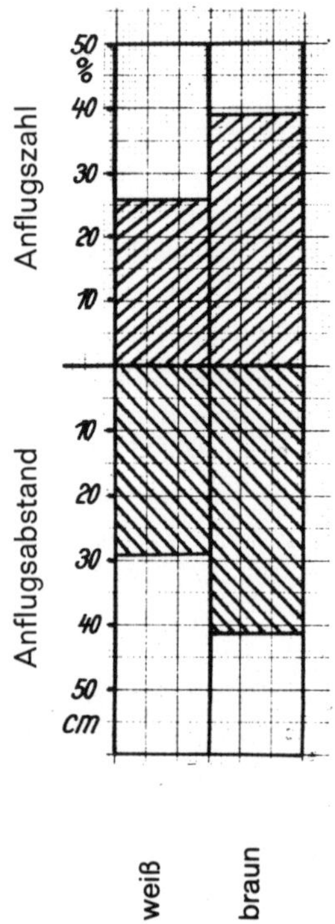

Abb. 86. Wechselwirkung zwischen den Merkmalen »Farbe« (Dunkelheit) und »Entfernung«. Anflugsabstand = die Entfernung, in der eine sich nähernde Attrappe einen Anflug auslöst. Weitere Erklärung im Text.

Es lag nahe, aus diesem Befund den allgemeinen Schluß zu ziehen, daß ein Merkmal das Fehlen eines anderen Merkmals wettmachen kann. Zuvor jedoch ist zu prüfen, ob dasselbe auch für andere Merkmalspaare gilt. Wir untersuchten deshalb das Verhältnis zwischen Entfernung und Bewegungsweise. Wie Abb. 87 zeigt, gilt hier beinahe genau dasselbe wie bei Entfernung und Farbe. In Abb. 88 ist schließlich noch das Verhältnis der Merkmale Farbe und Bewegungsweise wiedergegeben; ein tanzendes weißes Modell erreicht denselben Reizwert wie ein glatt bewegtes braunes Modell.

Wir können also getrost auf Allgemeingültigkeit des Satzes schließen, *daß die Merkmale des Schemas summandenartig sich gegenseitig aufwiegen können.* Auf die tiefere Bedeutung dieser merkwürdigen Tatsache kommen wir unten noch zu sprechen.

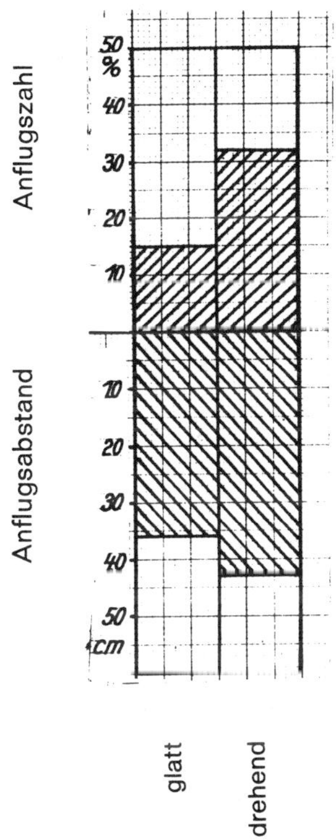

Abb. 87. Wechselwirkung zwischen den Merkmalen »Bewegungsweise« und »Entfernung«.

Stimmungsspezifische »Ermüdung«. In vielen unserer Versuchsreihen verwendeten wir, wie gesagt, ein Modell immer dreimal mit kurzen Zwischenräumen und warteten dann (wegen Angelwechsel und Notieren) etwas länger, bevor wir erneut ein Modell anboten. Diese Eigentümlichkeit der Methode ermöglichte es uns, zu prüfen, ob vielleicht während eines

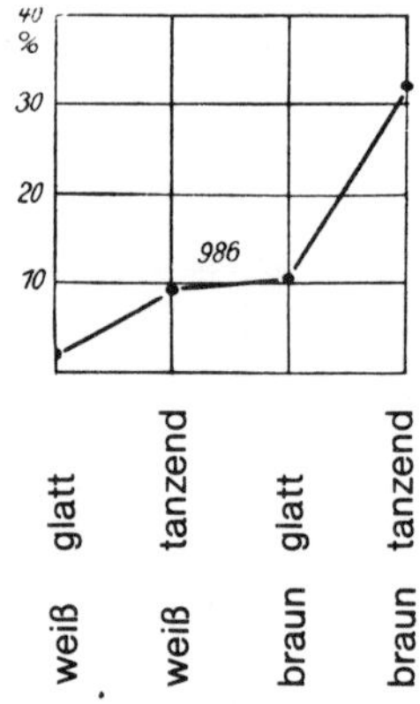

Abb. 88. Wechselwirkung zwischen den Merkmalen »Bewegungsweise« und »Farbe«.

einzelnen Versuches (also einer Reihe von drei Darbietungen) Ermüdung eintrat.

Wir haben deshalb für einige der am regelmäßigsten verlaufenen Versuchsreihen errechnet, wie die Gesamtanflugszahlen aller ersten Darbietungen sich zu denen aller zweiten und aller dritten Darbietungen verhielten (Abb. 89). Von 1370 Erstdarbietungen ergaben 733, d. h. 54 %, positive Reaktionen, von 1348 Zweitdarbietungen waren 632 (= 47 %) und von 1339 Drittdarbietungen 606 (= 45 %) positiv. Die Reaktionsbereitschaft nimmt also während einer Reihe von drei schnell aufeinanderfolgenden Versuchen ständig ab.

In manchen dieser Versuche konnten wir, weil wir die Anflugsdistanz jedesmal gemessen hatten, auch den mittleren Anflugsabstand bestimmen. Bemerkenswerterweise ergibt sich auch hier eine gleichgerichtete Abstufung: die durchschnittliche Entfernung beträgt für die Erstdarbietungen 43 cm, 39 cm für die Zweit- und 37 cm für die Drittdarbietungen, Werte, die aus 1507 positiven Reaktionen errechnet sind. Im Durchschnitt fliegt das Tier also bei wiederholter Darbietung nicht nur weniger leicht, sondern auch aus geringerer Entfernung an.

Es fragt sich, ob hier Muskelermüdung oder eine tiefere zentralnervöse Ermüdung vorliegen mag. Gegen Muskelmüdigkeit spricht, daß es sich

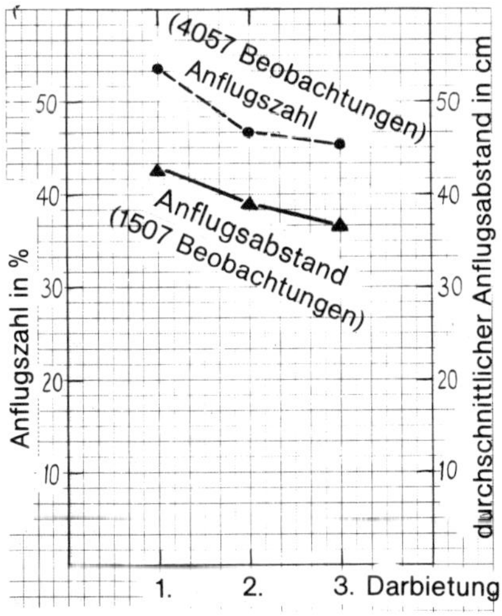

Abb. 89. Einfluß der Ermüdung auf Anflugshäufigkeit und Anflugsabstand.

hierbei immer um ganz kleine Flugstrecken handelt, während Samtfalter sonst ausgezeichnete Flieger sind. Eher dürfte die Reaktionsbereitschaft zum sexuellen Anflug sinken. Inwieweit diese Ermüdbarkeit dem Anflug allein oder vielleicht dem ganzen Geschlechtsverhalten zukommen mag, läßt sich natürlich noch weniger sagen.

Demnach wäre der sexuelle Anflug doch nicht »reine Reaktion«; vielmehr dürften auch innere, mehr oder weniger spezifische Faktoren mitsprechen, obwohl sie offenbar nie die Alleinherrschaft haben, denn Leerlaufreaktionen haben wir niemals beobachtet.

Genauere Betrachtung von Einzelmerkmalen. Die Entdeckung des summativen Zusammenwirkens der Einzelmerkmale machte uns klar, daß unsere Angelmethode, wobei die Attrappe aus der Ferne herangeflogen kam, unzulänglich war. Denn wenn »Entfernung« oder besser »Nähe« ein Defizit von anderen Merkmalen wettmachen kann, dann brauchen gleiche Anflugszahlen für verschiedene Modelle durchaus nicht Gleichwertigkeit der Modelle zu bedeuten; die Anflüge auf das eine (schwächere) Modell könnten ja aus viel kürzerer Entfernung erfolgt sein als die auf das andere. Wir hätten also nicht nur die Bewegungsweise, Form, Größe usw. (bis auf den zu untersuchenden Faktor) konstant halten müssen, sondern auch die Entfernung. Das ist erst bei manchen der späteren Versuchsreihen geschehen. Da wir aber schon bald bei jedem Anflug die Anflugsdistanz gemessen hatten, konnten wir hieraus die durchschnittliche Anflugsdistanz errechnen. Sind nicht nur die Anflugszahlen, sondern auch die durchschnittlichen Anflugsentfernungen gleich, dann haben die Modelle wirklich denselben auslösenden Wert. Deshalb sind bei den dafür in Betracht kommenden Kurven (Abb. 72 und 83) diese durchschnittlichen Anflugsabstände mit angegeben. Wie ersichtlich, ist bei den relativ kleinen Versuchsreihen ein Unterschied im Anflugsabstand nur dann nennenswert, wenn auch die Anflugszahlen schon auf unterschiedliche Auslösewerte schließen lassen. Im großen und ganzen bleiben also unsere Schlußfolgerungen zu Recht bestehen, daß Farbe und Form relativ unwichtige, Größe und Bewegungsweise wichtige Merkmale sind.

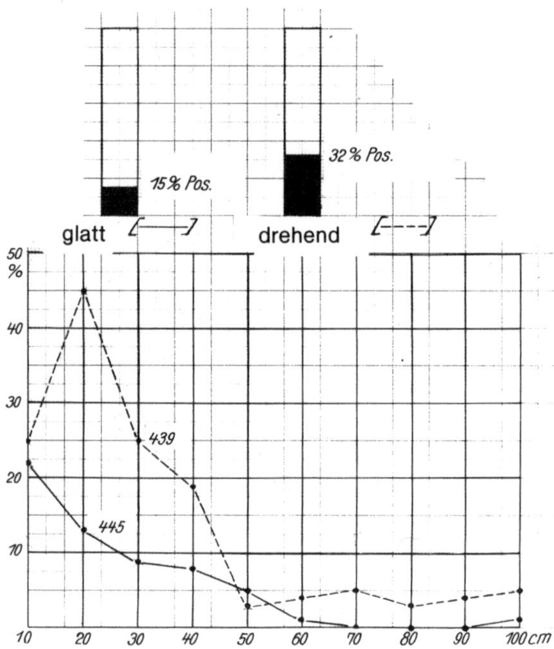

Abb. 90. Die Häufigkeitsverteilung der Anflugsentfernungen bei langsamer Annäherung einer »glatt« bzw. »drehend« bewegten Attrappe.

Wir können nun die gefundenen Anflugsentfernungen auch in anderer Weise gebrauchen. Die Abszissen der Abb. 90 geben die Häufigkeiten der Anflugsentfernungen wieder, die wir bei Darbietung einer glatt bzw. tanzend bewegten Attrappe erzielten. In Abb. 91 ist dasselbe für zwei andere Attrappen dargestellt, deren Anflugszahlen und durchschnittliche Anflugsentfernungen die Abb. 88 bzw. 87 wiedergeben.

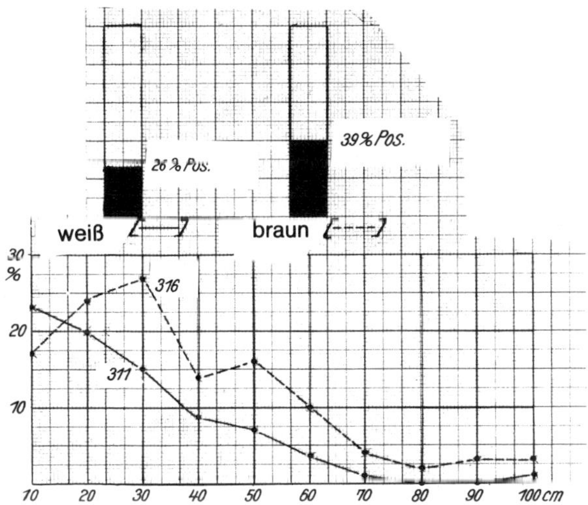

Abb. 91. Die Häufigkeitsverteilung der Anflugsentfernungen bei langsamer Annäherung einer weißen und einer braunen Attrappe.

Die zu jeder Entfernung gehörige Häufigkeit gibt also an, wie oft das betreffende Modell in dieser Entfernung einen Anflug auslöste, *nachdem* es im nächstgrößeren Abstand keine Reaktion ausgelöst hatte. Die Zahl ist also ein Maß für die Zunahme des auslösenden Wertes bei Annäherung um 10 cm. Wir sehen, daß der Gipfel der resultierenden Kurven bei den stärkeren (= überhaupt mehr Anflüge auslösenden) Modellen weiter rechts liegt als bei den schwächeren. Die Höhe des Maximums scheint nicht in Beziehung zur Stärke des Modells zu stehen. Bei sehr schwachen Attrappen liegt der Gipfel der Kurve so weit links, daß diese nach links nicht abfällt. Wie gesagt, war es aus technischen Gründen nicht möglich, die Attrappen im Felde auf weniger als 10 cm anzunähern. Wir müssen es daher offenlassen, ob auch die Kurven der schwachen Modelle links abfallen würden, wenn wir sie noch näher hätten heranführen können. Jedenfalls ist klar, daß bei unserer Methode die Kurven der schwächeren Modelle unvollständiger sind als die der stärkeren und daß deshalb ihre Anflugszahl so viel kleiner ist als die der stärkeren Modelle. Der Unterschied zwischen zwei Modellen wird also in den Anflugszahlen übertrieben, sobald der Gipfel des einen in der Nähe des 10-cm-Abstandes liegt.

Hierdurch aber wird es fraglich, ob wir jetzt noch die durchschnittlichen Anflugsentfernungen, die wir in Abb. 84 für die Kreisscheiben von 2, 4, 6 und 8 cm angaben, als einen Beweis für räumliches Sehen gelten lassen dürfen. Die kleineren Scheiben bekommen ja weniger Anflüge, haben also zweifellos einen weiter links liegenden Gipfel; es fehlen ihren Kurven also viele Anflüge auf weniger als 10 cm, weshalb ihre Durchschnittsentfernung zu hoch angegeben sein muß. Vielleicht wären die Abweichungen der durchschnittlichen Anflugsentfernungen von der Erwartung (dünne Diagonale der Abb. 84) hieraus zu erklären. Eine einfache Überlegung zeigt aber, daß das nicht richtig ist und daß wir diese Abbildung auch jetzt noch als Beweis für räumliches Sehen betrachten müssen. Vergleichen wir die Häufigkeitskurven der Anflugsentfernung gegen die kleinste und die größte Scheibe miteinander (Abb. 92), so sehen wir, daß

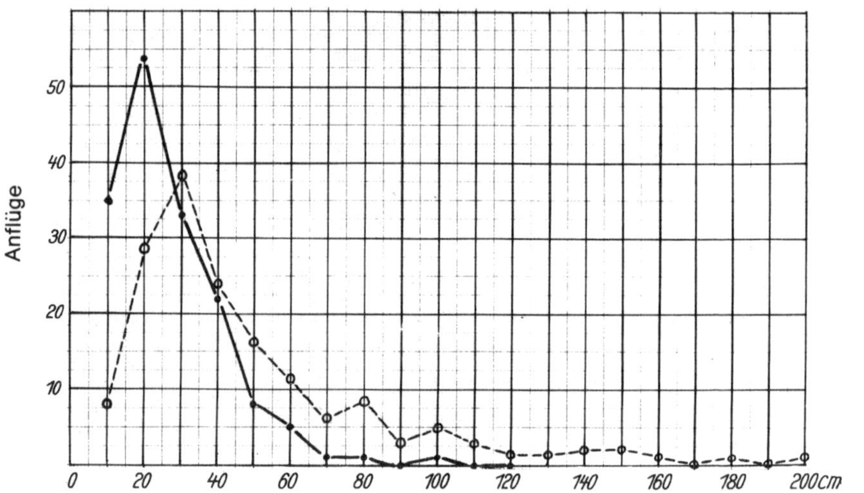

Abb. 92. Die Häufigkeitsverteilung der Anflugsentfernungen bei langsamer Annäherung einer Kreisscheibe von 8 cm Durchmesser (gestrichelte Linie) und einer von 2 cm Durchmesser (ausgezogene Linie).

der Gipfel der kleineren Scheibe wirklich ziemlich weit links liegt. Wir dürfen also tatsächlich extrapolierend annehmen, daß auch auf die 2-cm-Scheibe noch eine Anzahl Anflüge aus weniger als 10 cm erfolgen sollten.

Eine zweite Möglichkeit, die Annahme einer Identität der Merkmale Größe und Entfernung zu prüfen, bot der Vergleich zweier verschieden großer Modelle, die dem Männchen unter gleichem Winkel erschienen. Zwei Versuche dieser Art sind in Abb. 93 wiedergegeben. Im ersten (ge-

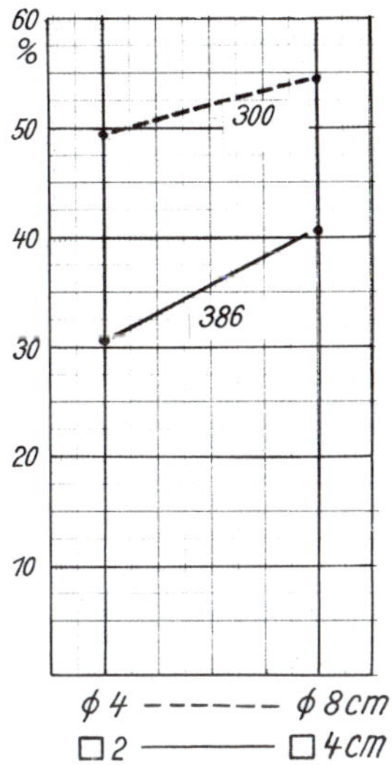

Abb. 93. Der auslösende Wert zweier ungleich großer Attrappen, die unter demselben Winkel gesehen werden. Weitere Erklärung im Text.

brochene Linie) wurde eine Kreisscheibe von 8 cm Durchmesser in 100 cm Entfernung angeboten und eine von 4 cm in 50 cm Entfernung. Im zweiten Versuch zeigten wir zwei Quadrate, eins mit 2 cm Seitenlänge und eines mit 4 cm Seitenlänge, in 30 bzw. 60 cm. Obwohl in beiden Versuchen sorgfältig darauf geachtet wurde, daß das Verhältnis der Entfernungen etwas größer war als 2:1, die nähere Scheibe dem Tier also größer erscheinen müßte, erhält das größere Modell trotzdem etwas mehr Anflüge.

Dieses Ergebnis paßt nicht zu den bisherigen. Aufgrund der Abb. 84 würde man ja erwarten, daß gerade die kleinere Attrappe die wirksamere sein sollte, denn je kleiner eine Attrappe, desto größer (in relativem

Sinne) die durchschnittliche Anflugsentfernung. Und wir haben gesehen, daß, wenn alle übrigen Faktoren gleichbleiben, der größere Anflugsabstand auf höheren auslösenden Wert hinweist. Die Versuche sind aber nicht ganz vergleichbar, weil dort mit veränderlicher (sich verringernder), hier dagegen mit gleichbleibender Entfernung gearbeitet wurde.

Die angeführten Versuche genügen jedoch sehr wohl zu dem sicheren Schluß, daß »Größe« und »Entfernung« verschiedene Merkmale sind; d. h. die Wahrnehmung der Entfernung beruht nicht einfach auf der Größe des Sehbildes, auf der Anzahl der beteiligten Ommen. Umgekehrt kann die Größe eines Gegenstandes unabhängig von der Entfernung beurteilt werden.

»Reaktion« und »Reflexbewegung«. Obwohl wir noch sehr weit davon entfernt sind, die Wirkung der Merkmale Größe, Entfernung und Bewegungsweise physiologisch beschreiben zu können, wagen wir schon jetzt einige Schlußfolgerungen.

1. Bei Betrachtung der rezeptorischen Seite des Prozesses ist es klar, daß die Reizsituation, die das Anfliegen auslöst, als *Gestalt* perzipiert wird, weil *Verhältnisse* eine Rolle spielen und nicht einfach Reizmengen bzw. -intensitäten. Wie es z. B. die Betrachtung der Form ergab, kam es auch bei gleichbleibender Gesamtoberfläche auf das *Verhältnis* von Länge und Breite an.

2. Andererseits haben wir auch Beweise für den summativen Charakter des Schemas gesehen. Denn wie verschieden, im qualitativen Sinne, die einzelnen »Merkmale« auch sind, sie können sich gegenseitig vertreten. Ein Zuwenig an Farbe kann durch ein Mehr an »Bewegung« oder »Entfernung« ausgeglichen werden usw. Diese Tatsache beweist, daß die von den verschiedenen Merkmalen hervorgerufenen Erregungen alle sozusagen in dasselbe Faß fließen, ehe sie die Effektoren beeinflussen. Nicht ein Faktor hat eine besondere Verbindung mit einem Teil des effektorischen Apparates, etwa mit einer Muskelgruppe oder gar einem einzigen Muskel, sondern alle Faktoren (Merkmale) müssen mit einer zentralen Station gekoppelt sein, welche die Bewegung als Ganzes ablaufen läßt. In diesem sammelnden Faß wird Ungleichartiges in Gleichartiges, Summierbares umgesetzt, mit anderen Worten, es muß also ein sammelndes und wieder aussendendes Zentrum zwischen Rezeptor und Effektor eingeschaltet sein.

Der Unterschied zwischen beiden Vorstellungen ist in Abb. 94 symbolisch wiedergegeben. In A besteht der nervöse Apparat aus einer Anzahl

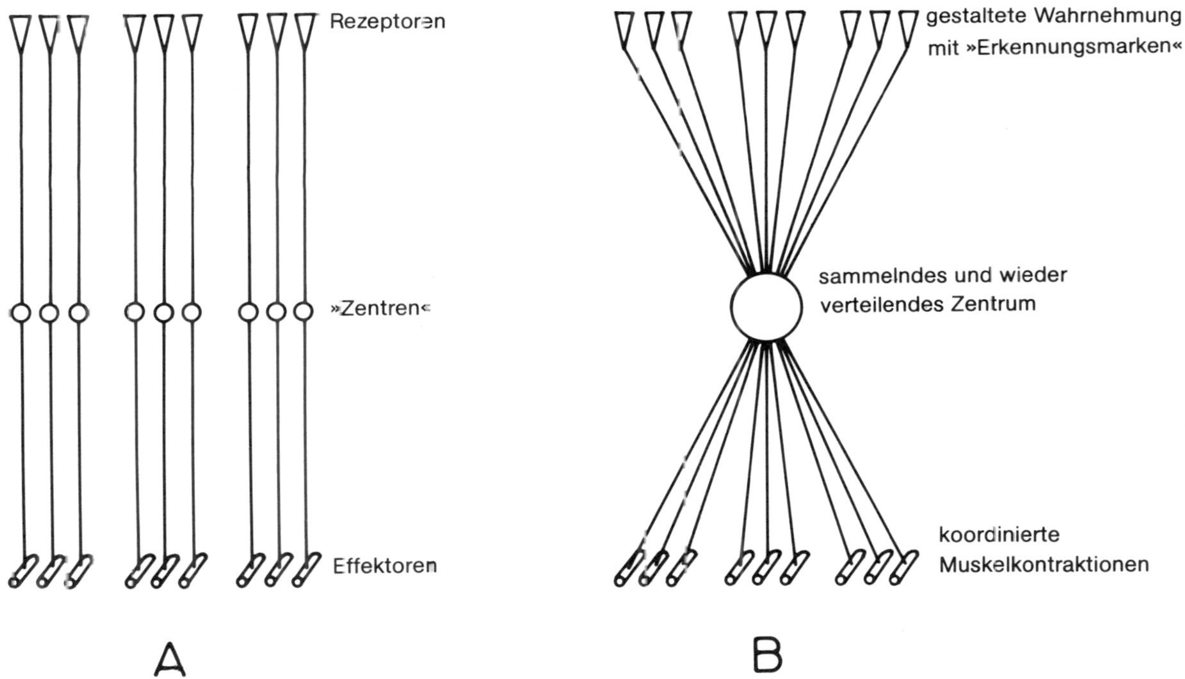

Abb. 94. Symbolische Darstellung eines Bündels von einfachen Reflexen (A) und einer »Reaktion« (B). Die Zentren werden durch Kreise dargestellt.

paralleler Bahnen, in B verlaufen die Bahnen nicht parallel und isoliert, sondern es ist ein übergeordnetes, sammelndes Zentrum eingeschaltet.

3. Betrachten wir jetzt noch die Bewegungsweise. Sie besteht aus den rhythmischen Flügelbewegungen, der Fortbewegung nebst steuernden Bewegungen; denn der Anflug ist ja gerichtet. Über das Schema der Taxiskomponente sagen unsere Versuche nichts; sie betreffen nur die auslösende Reizsituation. Aber schon allein der Wechsel zwischen Auf- und Abschlag und die Gleichschaltung beider Seiten lassen einen recht komplizierten Orientierungsvorgang vermuten.

Diese Überlegungen beleuchten den Unterschied zwischen Reaktionen, wie sie hier beschrieben sind, und einfachen Reflexen. Die Schwierigkeit, zu entscheiden, inwieweit es sich dabei tatsächlich um grundsätzlich verschiedene Abläufe handelt, ergibt sich aus den Arbeitsmethoden: Der Physiologe untersucht im Labor möglichst einfache Beziehungen, der Verhaltensforscher analysiert vielfältige Antworten auf vielfältige Reizsituationen. Wahrscheinlich ist selbst in verhältnismäßig einfachen Fällen die Bezeichnung Reflex nicht recht am Platze; z. B. enthält der wohlbekannte »Wischreflex« des Frosches ganz sicher eine Richtungskomponente, und selbst davon abgesehen, ist er eine Bewegungsfolge. Der Balzanflug des Samtfalters ist ganz gewiß weder als ein einfacher Reflex noch als ein Bündel von Reflexen aufzufassen, wie es Doflein (7) in seiner Ameisenlöwenarbeit und Szymanski (21) bei der Analyse der Paarung der Weinbergschnecke getan haben. Wenn man die Bewegungsweisen dieser Tiere ebenso eingehend untersuchte wie die Samtfalterbalz, würde man vermutlich ähnlich verwickelte Beziehungen finden. Es hat deshalb wenig Sinn, Reaktionen als Reflexbewegungen zu deuten. Eine derartige Erweiterung des Reflexbegriffes würde ihn wenigstens für die Zwecke der Verhaltensforschung ganz unbrauchbar machen.

Die Funktion des Duftfeldes. Ein besonders auffälliges sekundäres Geschlechtsmerkmal bei *Eumenis semele* ist, außer dem Vorherrschen des Gelbs beim Weibchen, vor allem der Besitz eines Feldes von dunklen Schuppen auf der Vorderflügeloberseite des Männchens. Dieses dunkle Feld, zusammen mit der bräunlichen Schleierung des gelben Feldes, verleiht der Oberseite des Männchens die eigentümliche schmutzigbraune Farbe. Schon bei schwacher Vergrößerung erkennt man hier besondere Strukturen. Zwischen den normalen breiten und flachen Schuppen, wie man sie überall auf den Flügeln findet, stehen zahlreiche sehr schmale

Schuppen, die an ihrem distalen Ende ein fein verzweigtes Büschelchen tragen (Abb. 95). Ähnliche Strukturen trifft man bei verwandten Arten. Die Abb. 96 und 97 geben die dunklen Felder mit ihren Schuppen von *Epinephele jurtina, E. tithonus* und *Pararge megera* wieder.

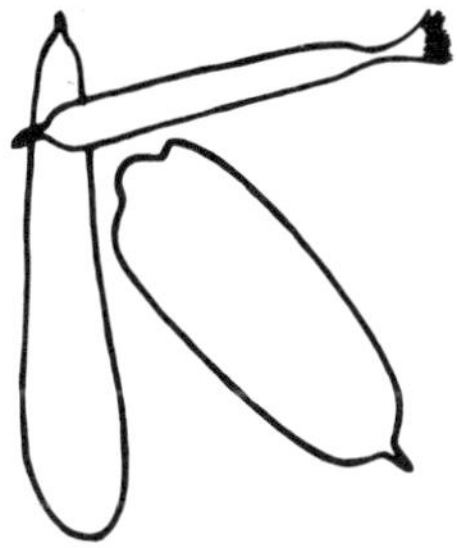

Abb. 95. Zwei gewöhnliche Schuppen und eine Duftschuppe von *Eumenis semele*.

Fritz Müller (19) sprach als erster die Vermutung aus, daß solche pinselförmigen Schuppen Duftschuppen seien; bei manchen brasilianischen Schmetterlingen stellte er nämlich fest, daß besonders die mit »Haarpinseln« bekleideten Stellen einen spezifischen Duft abgeben. Aurivillius (1) glaubte, daß diese Duftschuppen nur bei den Männchen vorkämen und nannte sie deshalb »Androconia«.

Ihr Bau scheint sie zum Verdunsten eines Duftstoffes besonders geeignet zu machen; die Verzweigung am äußeren Ende vergrößert die zur Verdunstung verfügbare Oberfläche sehr stark; für einige Arten ist auch bekannt, daß die Duftstoffe von Drüsenzellen geliefert werden, die bei den Einpflanzungsstellen der Schuppen im Flügel liegen (Freiling 9). Auch bei *Eumenis semele* fanden wir an der Basis der Duftschuppen Zellen, die den von Freiling bei *Apodaea lineata* gefundenen Drüsenzellen ähneln; eine Untersuchung dieser Gebilde war im Gange, ist aber niemals abgeschlossen worden.

Beweise für die überaus naheliegende sexualbiologische Bedeutung der Duftschuppen liegen erst recht wenige vor. Zwar gibt es viele Beobachtungen, die eine solche Annahme wahrscheinlich machen; bewiesen ist sie nur in recht wenigen Fällen. Nach den Untersuchungen von Deegener (5) geben die Männchen von *Hepialus hecta* L. während eines besonderen Balzfluges ihren Duft ab und locken hiermit wahrscheinlich die Weibchen

Abb. 96. Dorsalansichten der Männchen (oben) und Weibchen von *Epinephele jurtina* (links), *E. tithonus* (Mitte) und *Parage megera* (rechts). Das rechte Duftfeld der Männchen ist schwarz umrandet.

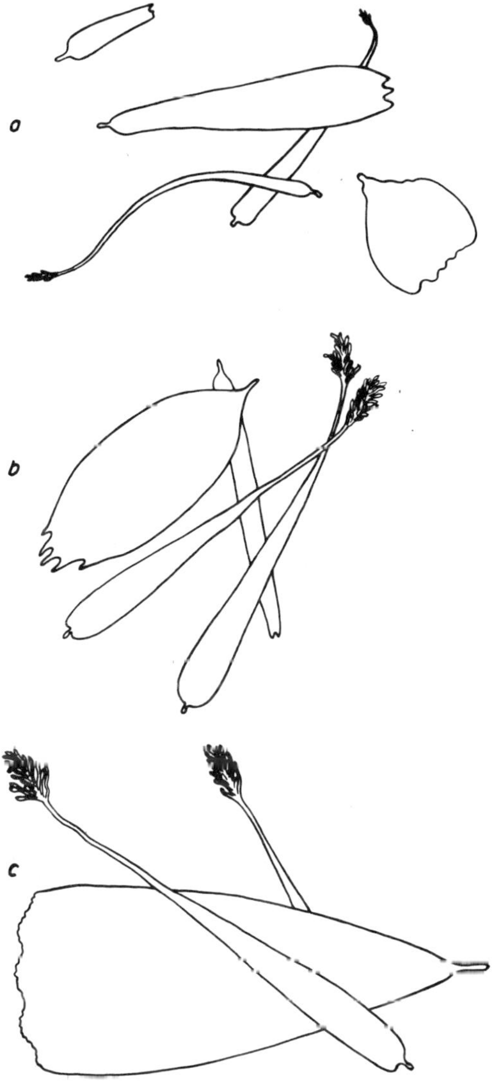

Abb. 97. Duftschuppen und gewöhnliche Schuppen von a) *Epinephele jurtina*, b) *E. tithonus*, c) *Pararge megera*.

an. Bei anderen Arten üben die Weibchen eine chemische Lockwirkung aus; DICKINS (6) bewies die Lockwirkung der weiblichen Duftschuppen bei *Ephestia kühniella* Zeller und ihren Verwandten *E. elutella* Hb., *E. cautella* Hb. und *Plodia interpunctella* Hb.

Allerdings wußte schon FRITZ MÜLLER, daß die Funktion der Androkonien nicht immer eine Fernanlockung sein konnte, denn bei manchen Arten, deren Männchen im Besitz von Androkonien sind, suchen die Männchen die Weibchen zur Paarung auf und nicht, wie man es nach der Fernwirkungshypothese erwarten sollte, umgekehrt.

So ist es auch bei *Eumenis,* und der weitere Verlauf der Balz läßt vermuten, daß den Androkonien eine Reizfunktion bei der Balz zukommt. Das Fächern, d. h. das Auf- und Zuklappen der Flügelvorderränder, während die restlichen Teile fest geschlossen bleiben, verursacht ein abwechselndes Ein- und Ausströmen der Luft. Bei jedem Zuklappen der männlichen Flügel muß das Weibchen von einem Luftstoß getroffen werden, der von den vordersten Vorderflügelhälften, also von den Duftfeldern ausgeht, und ebenso, wenigstens anfangs, beim Flügeltrillern. Bei der Verbeugung wird die Beteiligung des Duftfeldes noch viel deutlicher: es werden eine oder beide Antennen des Weibchens zwischen den Duftfeldern eingeklemmt. Die Antennen tragen zweifellos die Geruchsorgane. Noch nicht abgeschlossene Untersuchungen über den Bau der Fühlersensillen bei *semele* zeigen, daß hierfür in Betracht kommende Gebilde besonders auf den Endflächen der Fühlerkolben stehen. Versuche über die Lokalisation des Geruchssinnes sind noch im Gange. Diese bei so vielen Insekten schon geklärte Frage ist bis jetzt unseres Wissens bei Rhopaloceren nur für eine Art beantwortet worden: Nach KNOLL (15) fallen die Reaktionen von *Charaxes jasius* L. auf Duftstoffe nach Amputation der Fühlerendkolben aus.

Das *semele*-Weibchen hält nun bei der Verbeugung des Männchens die Fühler derart nach außen gebogen, daß deren Kolbenendflächen ungefähr parallel zur Flügeloberfläche liegen. Das Fächern und die Verbeugung des Männchens sowie das Querstellen der Fühlerkolben des Weibchens sind also sämtlich Bewegungen, die denkbar gut zu einer Duftwirkung dieses Feldes passen.

Daß gerade das bei der Verbeugung erfolgende Zuklappen der Flügel das Weibchen besonders stark reizt, sieht man daraus, daß so oft ein nicht ganz williges Weibchen, das dem Fächern und Trommeln des Männchens nicht ausweicht und auch beim Anfang der Verbeugung noch ruhig stehenbleibt, gerade im Augenblick des Zupressens heftig mit den Flügeln klappt und davonläuft oder gar wegfliegt. Oft fällt also gerade in diesem Augenblick die Entscheidung des Weibchens, was anzeigt, daß das Zuklappen das Weibchen stark reizt.

Die Annahme, daß das Androkonienfeld mithelfe, das Weibchen paarungsbereit zu machen, ließ sich in folgender Weise prüfen.

Versuche im Flugkäfig. Diese Versuche fanden hauptsächlich im Juli statt, weil dann noch jungfräuliche Weibchen in genügender Zahl zu haben waren. An schönen, sonnigen Tagen fingen wir vormittags möglichst viele Weibchen und die doppelte Zahl von Männchen. Um die Tagesmitte beim Flugkäfig angelangt, behandelten wir die Hälfte der Männchen in folgender Weise: die Androkonienfelder wurden mit einem feinen, trockenen Pinsel sorgfältig kahlgepinselt. Dann bedeckten wir den nunmehr kahlen Teil des Flügels mit einer dünnen Schicht alkoholischer Schellacklösung. Wenn sie gut getrocknet war, malten wir dem Tier auf beide Hinterflügelunterseiten mit einer Suspension von Aluminiumstaub in alkoholischem Schellack eine Nummer auf und ließen es im Flugkäfig frei. Diese Männchen seien »Lack-Männchen« genannt.

Die zweite Gruppe, die »Kontroll-Männchen«, wurde in genau derselben Weise behandelt, nur lackierten wir hier nicht das Duftfeld, sondern einen unmittelbar angrenzenden Teil der Vorderflügeloberseite.

Wenn auch diese Männchen im Käfig waren, ließen wir die Weibchen hinein, und dann konnte die Beobachtung beginnen.

Weil es uns trotz vielfacher Bemühungen nicht gelang, die Tiere im Flugkäfig tagelang wirklich ganz munterzuhalten, ließen wir an jedem Versuchstag die alten Tiere frei und ersetzten sie durch neue, was übrigens für die Weibchen sowieso nötig war, da wir immer mit möglichst vielen jungfräulichen Weibchen arbeiten mußten. Da ferner die Balz sich hauptsächlich während der Nachmittagsstunden abspielte, standen uns täglich nur wenige Stunden zur Verfügung. Weil schließlich die Begattungen nur bei sonnigem, windstillem Wetter erfolgten, eigneten sich, da der Sommer in Holland kühl und windig ist, überhaupt nur wenige Tage für unsere Versuche. Deshalb gelang es uns nicht, größere Beobachtungszahlen zu erhalten.

Bevor wir aus unseren Beobachtungen etwas schließen konnten, mußten wir ermitteln, ob der Paarungsdrang der Männchen nicht durch die Operation des Duftfeldes gelitten hätte. Wir haben uns nicht die Mühe gemacht, das irgendwie in Zahlen auszudrücken, weil uns bald klar wurde, daß, wenn überhaupt ein Unterschied zwischen beiden Gruppen bestand, eher die Lack-Männchen im Vorteil waren. Denn gerade unter diesen gab es einige, welche die Weibchen fortwährend belästigten; wie vorgreifend bemerkt sei, vermutlich deshalb, weil auch die paarungslustigsten Lack-Männchen von den Weibchen meistens nicht angenommen wurden und deshalb unbefriedigt blieben, während die Kontroll-Männchen meistens bald zum Ziele kamen. Wenn unsere Beobachtungen also durch Unterschiede der Paarungsbereitschaft getrübt worden sind, dann doch nur in einem unserer Ausgangshypothese entgegengesetzten Sinne.

Im ersten Sommer, als die Kontroll-Männchen lackierte Hinterflügel hatten, kam insgesamt 9mal ein Kontroll-Männchen zur Begattung und 5mal ein Lack-Männchen. Im nächsten Sommer, als wir den Kontroll-Männchen einen Teil des Vorderflügels lackierten, waren es 7- bzw. 6mal.

Diese Zahlen sind kaum als eine Bestätigung unserer Annahme zu betrachten. Trotzdem hatten diese Versuche uns überzeugt, daß sie richtig war, weil mehrere Begattungen der Lack-Männchen regelwidrig zustande kamen. Einmal sahen wir nämlich, wie an einem Weibchen, das von einem Kontroll-Männchen angebalzt wurde, plötzlich ein Lack-Männchen zum Ziele kam, das sich im letzten Augenblick der Balz auf das Weibchen stürzte. Diese und ähnliche Unregelmäßigkeiten begaben sich immer in den oberen Ecken des Flugkäfigs, wo oft viele Falter ganz unnatürlich dicht beisammen waren. Hier wurde ein balzendes Paar sehr oft gestört. Falls Duftreize eine Rolle spielten, müßte auch gerade in solchen Knäueln der Unterschied zwischen Lack-Männchen und Kontroll-Männchen ausgeglichen werden.

Es sah also aus, als ob die Begattungsaussichten der Lack-Männchen durch die Anwesenheit der Kontroll-Männchen begünstigt wurden. Um dies zu prüfen und zugleich eine zweckmäßigere Versuchsanordnung herzustellen, benutzten wir im dritten Sommer zwei Flugkäfige. Auch jetzt war die Gruppe der Lack-Männchen bei jedem Versuch gleich stark wie die der Kontroll-Männchen; die gefangenen Weibchen wurden ebenfalls in zwei gleich große Gruppen eingeteilt. Die eine Gruppe wurde mit den Lack-Männchen in den einen Käfig gelassen, die andere Gruppe mit den Kontroll-Männchen in den zweiten. Am einen Tag enthielt der eine Käfig die Lack-Männchen, am anderen Tag der andere.

Das Ergebnis war jetzt 9 zu 2 zugunsten der Kontroll-Männchen. Das macht für alle 3 Jahre zusammen also 25 Begattungen durch Kontroll-

Männchen und 13 durch Lack-Männchen. In diesen dreizehn Begattungen der Lack-Männchen sind aber die regelwidrigen Begattungen mit einbegriffen, weil wir deren Zahl nicht genau angeben können.

Die wenn auch wenigen Versuche beweisen zur Genüge, daß das Androkonienfeld des Männchens tatsächlich ein wichtiges Reizmittel ist, das Weibchen zur Begattung gefügig zu machen. Die männliche Balz dient anscheinend dazu, das Weibchen geruchlich so zu beeinflussen, daß es Abwehrbewegungen unterläßt, vielmehr sich ruhig verhält und die Flügel hebt.

Daß die Reizung tatsächlich geruchlich und nicht optisch erfolgt, darauf deutet, wie schon bemerkt, an erster Stelle die Form der Balz hin. Bei visueller Balz werden ja immer (nicht nur bei Schmetterlingen, sondern bei allen Augentieren, die über eine Balz verfügen) bunte Flächen so zur Schau gestellt, daß sie dem Gegenspieler sichtbar sind. Weiter weist die Beteiligung der Antennen des Weibchens auf geruchliche Reizung. Überzeugend ist auch, daß einer von uns 1941 sah, wie ein für andere Zwecke geblendetes Weibchen im Freien von einem Männchen begattet wurde. Es ließ sich dabei nicht einfach zur Begattung zwingen, sondern hob nach der Verbeugung des Männchens auch die Flügel. Schließlich fällt es jedem schwer, an optische Reizung zu glauben, der gesehen hat, wie stark das Aussehen der Männchen durch die großen glitzernden Aluminiumziffern verändert wird. Ein mit »30« markiertes Männchen z. B. ist visuell kaum mehr als *Eumenis* zu erkennen; trotzdem gelang einem solchen (Kontroll-)-Männchen die Begattung.

Zusammenfassung

Der Hauptteil der Arbeit befaßt sich mit einer Analyse der Balz von *Eumenis semele* (L.). Die erste Reaktion des Männchens auf ein vorüberfliegendes Weibchen hat ein sehr merkmalarmes auslösendes Schema. Untersucht wurde die Wirksamkeit von Farbe, Form, Größe, Entfernung und Bewegungsweise.

Die *Farbe* des Weibchens ist nur von Bedeutung in dem Sinne, daß das dunkelste Weibchen(-Modell) am intensivsten beflogen wird. Schwarz und Rot haben einen höheren auslösenden Wert als die natürliche Farbe; sie sind »überoptimal«. Daß *semele* nicht einfach farbenblind ist, beweist das Verhalten beim Blütenbesuch, wobei gelbe und blaue Blumen aufgrund ihrer Farbqualitäten bevorzugt werden.

Die *Form* des Weibchens ist von sehr geringer Bedeutung: Falterform, Kreis und Rechteck werden ungefähr gleich häufig beflogen. Oberflächengleiche Rechtecke mit verschiedenem Länge-Breite-Verhältnis haben nicht alle denselben auslösenden Wert; es sind hier also *Beziehungen* und nicht einfach Reiz*mengen* wirksam.

Eine Attrappe von natürlicher *Größe* ist wirksamer als kleinere Attrappen, bleibt aber hinter größeren bedeutend zurück. Auch in dieser Hinsicht gibt es also »überoptimale« Attrappen.

Alle Attrappen sind um so wirksamer, je *näher* sie sind. Dies beruht nicht nur auf der Größe des gesehenen Bildes, sondern auch auf einem noch nicht weiter analysierten räumlichen Unterscheidungsvermögen.

Die *Bewegungsweise* ist ein sehr wichtiges Merkmal: eine glatt bewegte Attrappe ist viel weniger wirksam als eine »tanzende« oder eine, die durch fortwährendes Drehen abwechselnd breit und schmal erscheint.

Die *Koordination* dieser »Merkmale« ist *rein summativ,* das heißt, das Fehlen eines jeden Merkmals kann durch beliebige andere Merkmale kompensiert werden. Es muß also zwischen Rezeptor und Effektor eine sammelnde Station eingeschaltet sein, welche die ungleichartigen Erregungen, wie die Merkmale sie hervorrufen, in gleichartige, summierbare Erregung umsetzt und als Ganzes wieder aussendet. Durch die Wirksamkeit dieser sammelnden Station sowie durch die Gestalt-Eigenschaften der rezeptorischen und der Bewegungsprozesse unterscheidet sich die untersuchte Reaktion von einer einfachen Reflexbewegung.

Es wurde weiter durch Ausschaltungsversuche die Funktion des Duftfeldes auf dem männlichen Vorderflügel untersucht. Es sendet Geruchsreize aus, durch die das balzende Männchen sein Weibchen zur Begattung bereitmacht. Die Bewegungsformen der männlichen Flügel und die der weiblichen Fühler während der Balz dienen dazu, den männlichen Reizduft dem weiblichen Geruchsorgan so intensiv wie möglich rechtzeitig zuzuführen. Ausschaltversuche beweisen die Richtigkeit der Deutung.

Ein vergleichendes Studium verwandter Arten, bei denen ähnliche Duftfelder in wechselnder Anordnung vorkommen, steht noch aus.

1 AURIVILLIUS, CH. (1880): Über sekundäre Geschlechtscharaktere nordischer Tagfalter. Bib. Svenska Vet. Akad. Handl. 5 (zitiert nach DEEGENER).

2 BALDUS, K. (1926): Experimentelle Untersuchungen über die Entfernungslokalisation von Libellen. Z. vergl. Physiol. 3, 473–513.

3 BUDDENBROCK, W. VON (1929): Einige Bemerkungen zum augenblicklichen Stand der Frage nach dem Farbensinn der Tiere. Zool. Anz. 84, 189–201.

4 – (1937): Grundriß der vergl. Physiologie, 2. Aufl. 1. Bd. Berlin.

5 DEEGENER, P. (1902): Das Duftorgan von *Hepialus hectus* L. Z. wiss. Zool. 71, 276–296.

6 DICKINS, G. R. (1930): The scent-glands of certain Phycitidae (Lepidoptera). Trans. Roy. Entomol. Soc. London 85, 331–362.

7 DOFLEIN, FR. (1916): Der Ameisenlöwe. Jena.

8 ECKSTEIN, K. (1913): Die Schmetterlinge Deutschlands. Stuttgart.

9 FREILING, H. H. (1909): Duftorgane der weiblichen Schmetterlinge usw. Z. wiss. Zool. 92, 210–291.

10 FROHAWK, F. W. (1914): The Natural History of British Butterflies. London.

11 HEIMANS, E., u. J. P. THIJSSE (1913): Hei en Dennen. Amsterdam.

12 HOMANN, H. (1924): Zum Problem der Ocellenfunktion bei den Insekten. Z. vergl. Physiol. 1, 541–578.

13 ILSE, D. (1928): Über den Farbensinn der Tagfalter. Z. vergl. Physiol. 8, 658–692.

14 KOEHLER, O., u. A. ZAGARUS (1937): Beiträge zum Brutverhalten des Halsbandregenpfeifers (*Charadrius h. hiaticula* L.). Beitr. Fortpflanzungsbiol. Vögel 13, 1–9.

15 KNOLL, FR. (1926): Insekten und Blumen. Wien.

16 LORENZ, K. (1927): Beobachtungen an Dohlen. J. f. Ornithol. 75, 511–519.

17 LOTMAR, R. (1933): Neue Untersuchungen über den Farbensinn der Bienen, mit besonderer Berücksichtigung des Ultravioletts. Z. vergl. Physiol. 19, 673–724.

18 MINNICH, D. E. (1922): The chemical sense of the tarsi of the Red Admiral butterfly. J. Exp. Zool. 35, 57–82.

19 MÜLLER, FR. (1877): Über Haarpinsel, Filzflecke und ähnliche Gebilde auf den Flügeln männlicher Schmetterlinge. Jenaische Z. Naturwiss. 11, 99–115.

20 SCHLIEPER, C. (1926): Der Farbensinn von *Hippolyte,* zugleich ein Beitrag zum Bewegungssehen der Krebse. Verh. D. Zool. Ges. 31, 188–193.

21 SZIMANSKY, J. S. (1913): Ein Versuch, die für das Liebesspiel charakteristischen Körperbewegungen bei der Weinbergschnecke künstlich hervorzurufen. Arch. ges. Physiol. 149, 471–482.

22 TINBERGEN, N. (1941): Ethologische Beobachtungen am Samtfalter, *Satyrus semele* (Vorl. Mitt.). Journal f. Ornithol. Erg.-Bd. III (Festschrift für O. HEINROTH), S. 132–144.

23 WEIS, I. (1930): Versuche über die Geschmacksrezeption durch die Tarsen des Admirals, *Pyrameis atalanta* L., Z. vergl. Physiol. 12, 206–248.

(Aus dem Zoologischen Institut der Universität Oxford, England)

6 Das Wegtragen der Eischalen als Schutzverhalten von Lachmöwen (*Larus ridibundus* L.)

(1961)

I. Einleitung

Viele Vögel schaffen, nachdem die Jungen geschlüpft sind, die Eischalen fort. Sie werden ins Nest eingebaut oder plattgedrückt, zerbröckelt und verschluckt oder, häufiger, im Schnabel ein Stück weit fortgetragen und fallengelassen. C. und D. NETHERSOLE-THOMPSON betonen in ihrer sorgfältigen Zusammenfassung alles dessen, was über das Beseitigen der Eischalen bekannt ist, die Verschiedenheit dieses Verhaltens von Art zu Art und sogar innerhalb der Arten. Da überdies die ganze Handlung meist nur ein paar Sekunden dauert, ein- oder zweimal für jedes Ei, ist es begreiflich, daß man darüber nicht allzuviel weiß. Jedenfalls scheinen das Vorhandensein oder Fehlen der Reaktion sowie die Form der Ausführung für Arten oder Verwandtschaftsgruppen kennzeichnend zu sein. Enten und Gänse oder Hühnervögel kümmern sich offenbar nicht oder kaum um die Schalen, manche Greifvögel beknabbern sie oder essen sie auf. Schnepfen sind nach NETHERSOLE-THOMPSON »außerordentlich nachlässig«, während Säbelschnäbler, *Recurvirostra avosetta* L., überall in der Kolonie damit aufzuräumen pflegen (MAKKINK 9). Weil das Wegtragen der Eischalen so weit verbreitet ist, und zwar obwohl die Jungen gerade dann, unmittelbar nach dem Schlüpfen, Schutz und Wärme dringend brauchen, muß dieses Verhalten einen beträchtlichen Überlebenswert haben.

Lachmöwen beseitigen die Schalen während der ersten Stunden nach dem Schlüpfen (Abb. 98); nur ausnahmsweise findet man noch eine bei den schon trockenen Jungen. In zehn Fällen konnten wir die Zeit zwischen Schlupf und Wegtragen bestimmen: 1', 1', 15', 55', 60', 105', 109', 192', 206', 225'. Immer räumt der Elternvogel auf, der gerade auf dem Nest sitzt, anscheinend niemals der andere, selbst wenn er dicht dabei-

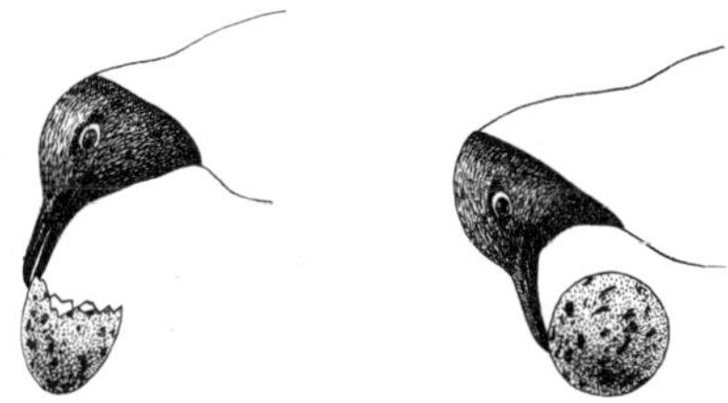

Abb. 98. Die ersten Ansätze zum Wegtragen einer Eischale (links) und zum Einrollen eines Eies bei der Lachmöwe, *Larus ridibundus*.

steht. Bei der Brutablösung greift entweder der Abgelöste zu oder, häufiger, der Ablösende. Meistens ist es aber die sitzende Möwe, die auf die Schale hinsieht, den Hals danach ausstreckt, sie mit dem Schnabel ergreift, daran knabbert und manchmal ein paar Stückchen verschluckt, bis sie endlich aufsteht und mit den Eiresten im Schnabel davongeht oder -fliegt. Dann läßt sie diese irgendwo, einige Zentimeter bis etwa 100 Meter weit vom Nest entfernt fallen. Einzelne kamen sogar im großen Bogen wieder zurück, immer noch mit der Schale im Schnabel, ließen sie aufs Nest fallen oder trugen sie nun endgültig fort. Man bringt sie nicht an einen bestimmten Ort, sondern fliegt höchstens vorzugsweise gegen den Wind oder in eine Aufwindsäule, wo man nicht so leicht von anderen Möwen belästigt wird. Doch fast immer landet die Schale ein gutes Stück außerhalb des eigenen Reviers, ausnahmsweise wohl auch im Nest des Nachbarn, der sie dann wie seine eigene behandelt und seinerseits fortträgt.

II. Fragestellung

Im Verlauf unserer Arbeiten über die Lebensweise und das Verhalten der Möwen begann uns diese Angelegenheit immer stärker zu beschäftigen: (1) Da beim Schlüpfen nur eine kleine Kappe am stumpfen Pol abgehoben wird, unterscheidet sich die leere Schale gar nicht allzusehr von einem Ei, wird aber völlig anders behandelt, denn Eier werden niemals weggetragen. An welchen Reizen erkennen die Möwen die Schale? Attrappenversuche müßten hierüber Auskunft geben. (2) Worin besteht der Überlebenswert der Reaktion? (a) Könnten die Bruchkanten die Jungen verletzen? Auf diese Gefahr, die Geflügelzüchtern wohlbekannt sei, verweist NE-

THERSOLE-THOMPSON (12). (b) Wäre es möglich, daß die leere Schale, über ein anderes Ei gestülpt, das daraus schlüpfende Küken behindert? (c) Könnte sie das Brutverhalten stören? (d) Sind vielleicht die zurückbleibenden Eihäute und Stoffwechselreste ein günstiger Nährboden für Schimmelpilze und Bakterien? (e) Oder sollten etwa leere Schalen in der Nähe des Nestes Raubfeinde aufmerksam machen und dadurch die Brut gefährden?

Auf einige dieser Fragen ließ sich schon in früheren Untersuchungen unserer Mitarbeiter Antwort finden:

(a) C. BEER (3) beobachtete, daß Lachmöwen auch die verschiedensten anderen Dinge wegtragen, die sie in ihren Nestern finden. Wenn man die Probestücke in Abb. 99 betrachtet, dann scheint die treffendste Beschreibung zu sein: »alles, was einem Ei oder einem Küken oder Nestmaterial oder Futter nicht gleicht«, kurz gesagt: »jeder unbekannte Gegenstand«, und wahrscheinlich darf er nicht gar zu groß sein. Da der Vogel mit so verschiedenen Dingen gleich umgeht, scheinen nur sehr wenige Schlüsselreize dieses Verhalten auszulösen, und vielleicht ist es gar nicht nur auf Eischalen gemünzt.

(b) Um festzustellen, wann die Bereitschaft zum Wegtragen aufkommt und wieder verschwindet, gab C. BEER (3) zahlreichen Möwen lange Zeit täglich einmal eine Standardattrappe, nämlich die außen wie ein Ei bemalte Hälfte eines Tischtennisballes (Abb. 99) ins Nest. Diese Attrappe wirkte nahezu ebensogut wie eine natürliche Schale, und von drei Wochen vor der Eiablage bis drei Wochen nach dem Schlüpfen wurde sie beseitigt. In dieser Hinsicht gleicht die Reaktion anderen Brutverhaltensweisen wie Eirollen und Sitzen, die sich ebenfalls schon vor der Zeit der Eiablage allmählich entwickeln (BEER 3). Da die Eier stark gefährdet sind (s. unten) und sorgfältig gehütet werden, kann man hieraus schließen, daß das Wegtragen während der ganzen Brutzeit von Bedeutung ist und nicht nur in den wenigen Tagen des Schlüpfens.

(c) Andererseits tragen Dreizehenmöwen, *Rissa tridactyla* L., niemals Eischalen weg (E. CULLEN 4). Diese bleiben einfach im Nest oder auf der Felskante liegen, bis sie einmal herunterfallen. Meistens geschieht das zwar binnen wenigen Tagen, aber manchmal dauert es wochenlang und jedenfalls viel länger als jemals bei einem Lachmöwennest. Auch die Brandseeschwalbe, *Sterna sandvicensis* Lath., läßt die Eischalen liegen (J. M. CULLEN 5).

Demnach scheinen weder Verletzungen noch Infektionen noch Behin-

Abb. 99. Verschiedene Gegenstände, die bei Lachmöwen das Wegtragen (oben) oder Brüten (unten) auslösen.

derungen beim Brüten vorzukommen – sonst könnte die Dreizehenmöwe, mehr Nesthocker als alle übrigen Möwen, auf diese Maßnahme nicht verzichten. Die wichtigste Aufgabe scheint zu sein, die schutzfarbige Brut nicht zu verraten; denn weder die Dreizehenmöwe noch die Brandseeschwalbe sind in gleichem Maße wie andere Seeschwalben und Möwen auf Tarnung angewiesen.

Solche Beobachtungen führten unweigerlich zur Untersuchung der Funktion dieser Verhaltensweise und der sie auslösenden Schlüsselreize. Wir wollen mit der Frage nach dem Arterhaltungswert beginnen.

III. Der Eischalentransport im Dienste der Arterhaltung

Die Vermutung, das Beseitigen der Schalen diene dem Verbergen der Brut, setzt voraus, daß deren Tarnfarben sie tatsächlich schützen, was allgemein angenommen wird, aber, soviel wir wissen, niemals genau untersucht worden ist.

Wir sammelten deshalb zunächst einmal Beweise aller Art für Plünderungen in der Kolonie, meist qualitative Beobachtungen, aus denen jedoch überzeugend hervorgeht, daß es während der ganzen Brutzeit bedeutende Verluste gibt.

Im Frühjahr verschwinden sehr viele Eier. Planmäßige Zählungen haben wir nicht durchgeführt. Es zeigte sich aber, daß Rabenkrähen hierfür in der Ravenglass-Kolonie kaum verantwortlich sind; denn sooft wir sie kommen sahen, wichen sie bald dem Massenangriff der Lachmöwen aus, keine landete am Brutplatz. Wenn sie dagegen nur von einer, zwei oder höchstens drei Möwen angegriffen wurden, wie es bei unseren Versuchen häufig vorkam, machte ihnen das nicht viel aus. Nester am Rande der Kolonie und außerhalb, wo wir regelmäßig einige Dutzend Gelege finden, die zugrunde gehen, dürften darum oft den Krähen zum Opfer fallen.

Mitten in der Kolonie brüteten drei Paar Silbermöwen, *Larus argentatus* Pont., die gewohnheitsmäßig Eier und später Küken stahlen. Die Lachmöwen suchten es zwar zu verhindern, doch gelang ihnen das nur zum Teil. Hunderte von Malen sahen wir nicht-brütende Silber- und Heringsmöwen, *Larus fuscus* L., darunter viele Jugendliche, dicht am Brutplatz vorbei, darüberhin und über die Versuchsplätze fliegen, doch nur einmal nahm eine von ihnen ein Ei; sonst kümmerten sie sich überhaupt nicht darum.

Manchmal bestehlen sich aber die Lachmöwen untereinander. Bei unseren Versuchen ließen sie die ganzen Eier unversehrt (wenige Ausnahmen sind in den Tabellen erwähnt), aßen aber die auf, die andere Räuber zerbrochen hatten. Später im Jahr fanden einige von ihnen Geschmack an neugeborenen Küken.

Füchse, *Vulpes vulpes* L., besuchten regelmäßig die Kolonie, töteten anfangs sehr viele Alte und später zahlreiche halb oder ganz erwachsene Junge. Sie kamen auch während des Brütens, ohne daß wir über den Schaden sichere Angaben machen könnten. Jedesmal waren die Möwen sehr aufgeregt, aber nie griffen sie den Fuchs so wütend an wie Silbermöwen und Krähen. Sie sammelten sich über ihm in einer dichten Schar, schrieen Alarm und stießen ab und zu auf ihn nieder.

Wiesel, *Mustela erminea* L., und Igel, *Erinaceus europaeus,* richteten wahrscheinlich manches Unheil an. Auch über ihnen ballte sich der Möwenschwarm, was sie aber kaum zu stören schien. In mehreren tausend Stunden, die wir und unsere Mitbeobachter, Dr. C. Beer und Dr. G. Manley, im Versteck in der Möwenkolonie verbrachten, bekamen wir nicht einmal zu sehen, wie der Fuchs, das Wiesel oder der Igel ein Ei nahm; immer blieben sie im Gestrüpp verborgen. Zwar konnten wir dort, wo sie über Sandflächen gelaufen waren, viel aus ihren Spuren lesen. Wenn aber die Nester in den Bewuchs eingebettet sind, ist mit dieser Methode nichts auszurichten.

Erstaunlicherweise ließen die Wanderfalken, *Falco peregrinus* L., die sich mehrfach bei oder über der Kolonie zeigten, die Lachmöwen in Ruhe, obwohl sie immer wieder Watvögel und Brieftauben jagten. Trotzdem gerieten die Möwen bei ihrem Anblick in Aufruhr

Um von der Nestverteidigung der Möwen unabhängig zu sein, verteilten wir einzelne Eier in etwa 20 m Abstand voneinander in zwei weiten Tälern abseits der Kolonie. Der Boden war mit Gräsern, Seggen und anderen nicht mehr als 10 cm hohen Pflanzen dicht bewachsen. Jedes Ei lag in einer flachen Mulde ungefähr in der Größe eines Lachmöwennestes. Je zwei Sorten Eier waren abwechselnd ausgelegt und tauschten in aufeinanderfolgenden Versuchen die Plätze. Obwohl die Räuber, vor allem Krähen, sich sehr rasch an diese Fütterung gewöhnten, schienen sie sich die Stelle, wo sie ein Ei gefunden hatten, nicht zu merken, und selbst wenn sie das täten, würde eine solche Ortsdressur die Wahlgenauigkeit eher verringern als verstärken. Wir dachten, es würde Tage dauern, bis jemand die Eier entdeckte, und hielten während der ersten Versuche nicht ständig

Wache. Aber schon wenige Stunden, nachdem wir sie ausgelegt hatten, fehlten Eier. Daraufhin bauten wir unser Versteck an einem strategischen Punkt auf, von dem es möglich war, das ganze Tal zu überblicken, und blieben dort, bis ungefähr die Hälfte der Eier gefunden war. Dann beendeten wir die Sitzung.

1. Versuch. Die Kolonie ist geschützt. Deshalb wollten wir die Lachmöwen schonen und machten unsere ersten Versuche mit Hühnereiern, von denen wir die Hälfte mattweiß, die übrigen ähnlich wie Möweneier bemalten. Für Menschenaugen sahen sie diesen nicht gerade zum Verwechseln gleich, schienen aber doch recht gut getarnt. Wie sich bald herausstellte, hatten wir den Scharfblick der Räuber unterschätzt; denn ihnen fiel es sehr leicht, die künstlich getarnten Eier zu finden. Während neun Sitzungen von 20 min bis 7 ½ Std. Dauer holten sich Rabenkrähen und Silbermöwen ihren Anteil von insgesamt 104 Eiern, wie es in Tab. 12 dargestellt ist[1].

Tabelle 12. *Anzahlen künstlich getarnter und weißer Hühnereier, die erbeutet bzw. nicht erbeutet wurden*

	getarnt		weiß	
	erbeutet	nicht erbeutet	erbeutet	nicht erbeutet
Rabenkrähen	16		18	
Silbermöwen	0		1 (+ 3)	
	16	36	19 (+ 3)	33 (– 3)

Anzahl der Darbietungen: 2 × 52. Der Unterschied zwischen »getarnt« und »weiß« ist nicht signifikant.

Es wunderte uns, wie mühelos besonders die Rabenkrähen auch unsere getarnten Eier fanden. Jedes der beiden Versuchsgebiete wurde alle paar Stunden von je einem Paar Krähen besichtigt, wahrscheinlich immer denselben. Sie flogen etwa 6 m über dem Boden und blickten nach unten. Dann verhielten sie plötzlich und landeten nahe bei einem Ei mit unzweifelhaften Anzeichen, daß sie es schon vorher gesehen hatten, auch die getarnten meistens schon aus mehr als 10 m Abstand. Oft entging ihnen auf

1 Wenn nicht anders vermerkt, sind die p-Werte in den Tabellen nach dem χ^2-Test errechnet.

ihrem Flugwege nicht ein einziges Ei gleich welcher Farbe. Sie trugen es dann unverletzt im Schnabel fort, um es anderswo zu verzehren, oder öffneten es gleich und aßen davon oder, wenn sie gesättigt waren, vergruben sie es in einiger Entfernung vom Fundort.

Von den zahlreichen Silber- und Heringsmöwen, die hier wohnten und zum Teil täglich unser Versuchsgebiet überflogen, nahmen nur die drei Silbermöwenpaare aus der Kolonie von den Eiern Notiz. Sie waren nicht so scharfsichtig wie die Krähen (vgl. Tab. 12 und 13) und obendrein auffallend scheu. Wir hatten im ersten Versuch bei drei voneinander unabhängigen Gelegenheiten deutlich den Eindruck, daß eine Silbermöwe ein weißes Ei bemerkte, aber nicht wagte, dort zu landen (hierauf bezieht sich die eingeklammerte 3 in Tab. 12). Sobald aber die Krähen das Gelände abzusuchen begannen, kamen die Möwen herbei und griffen sie an. Oft attackierten beide Parteien sich gegenseitig und stießen minutenlang die einen auf die anderen herab, bis schließlich doch einer sich bei dem Fund niederließ. Meistens hatten die Möwen den Vorrang, aber oft genug blieben die Krähen gänzlich ungestört.

Unsere Tarnbemalung taugte offensichtlich überhaupt nichts. Sie unterschied sich von den natürlichen Eiern in vier Eigenschaften: (1) die Grundfarbe, die für unser Auge recht gut zu dem bräunlichen Untergrund paßte, war etwas anders als die der meisten Möweneier. (2) Die aufgemalten dunkelgrauen Flecken waren einheitlicher in der Größe, gleichmäßiger verteilt und (3) alle gleich getönt; außerdem sind (4) Hühnereier viel größer als Lachmöweneier und wohl schon deshalb auffälliger.

2. Versuch. Folglich verwendeten wir nun doch Lachmöweneier und verglichen ihre natürliche Färbung mit mattweißem Anstrich in derselben Anordnung wie zuvor. Die Ergebnisse der 12 Sitzungen von 20 min bis 4 Std. Dauer mit insgesamt 137 ausgelegten Eiern sind in Tab. 13 wiedergegeben.

3. Versuch. Um einen Eindruck davon zu gewinnen, welche Rolle die Größe und die Art der Tarnbemalung spielen, boten wir ebenso wie die Hühnereier künstlich getarnte Lachmöweneier neben weiß bemalten. Tab. 14 enthält die Ergebnisse dieses Versuchs mit fünf Sitzungen von 1 bis 3 Std. und 48 Eiern.

Hieraus, besonders aus dem 2. Versuch folgern wir, daß Lachmöweneier in ihrer natürlichen Farbe durch Feinde weniger gefährdet sind, als

Tabelle 13. *Anzahlen natürlicher und weiß bemalter Lachmöweneier, die erbeutet bzw. nicht erbeutet wurden*

	natürlich		weiß	
	erbeutet	nicht erbeutet	erbeutet	nicht erbeutet
Rabenkrähen	8		14	
Silbermöwen	1		19	
Lachmöwen	2		7	
unbekannt	2		3	
	13	55	43	26

Anzahl der Darbietungen: 68 + 69. Der Unterschied zwischen »natürlich« und »weiß« ist auf dem 0,1 %-Niveau signifikant.

Tabelle 14. *Anzahlen künstlich getarnter und weiß bemalter Lachmöweneier, die erbeutet bzw. nicht erbeutet wurden*

	getarnt		weiß	
	erbeutet	nicht erbeutet	erbeutet	nicht erbeutet
Rabenkrähen	4		5	
Silbermöwen	4		8	
Lachmöwen	1		1	
	9	15	14	10

Anzahl der Darbietungen: 24 + 24. Der Unterschied zwischen »getarnt« und »weiß« ist nicht signifikant ($20\,\% < p < 30\,\%$).

wenn sie weiß wären, d. h., die Tarnung bewährt sich. Der Unterschied zwischen den Ergebnissen der Versuche 1 und 3 einerseits und 2 auf der anderen Seite besagt, daß die Räuber genauer hinsahen, als wir erwartet hatten, und daß verschiedene Einzelheiten der Tarnzeichnung wie Grundfarbe, Muster und Tönung der Flecken, vielleicht sogar die Oberflächenstruktur eine genauere Untersuchung verdienen. Wir hoffen, sie später durchzuführen; denn es war eine freudige Überraschung, zu sehen, daß man hiermit in großem Umfang experimentieren kann. Im Augenblick begnügen wir uns mit der Feststellung, daß Nesträuber weiße Lachmöweneier leichter finden als natürliche.

4. Versuch. Wir können uns jetzt der Frage zuwenden, ob eine leere Schade dicht bei einem Ei oder Küken diese gefährdet oder nicht. Aus naheliegenden Gründen bevorzugten wir Eier für die im wesentlichen wie die vorigen durchgeführten Versuche. Wir legten Lachmöweneier aus, zu gleichen Teilen mit oder ohne Eischale daneben, wobei wir auch jetzt Ortsdressuren vermieden. Die Schalen, aus denen im Jahr vorher Junge ausgeschlüpft waren, hatten wir im Schatten getrocknet und in verschlossenen Büchsen aufbewahrt. Es lag immer eine in etwa 5 cm Abstand von einem Ei, für das eine nestähnliche Mulde geformt war. Wir beobachteten die Plünderer fünfmal, 45 min bis 4 1/2 Std. lang, mit 60 Eiern (Tab. 15).

Tabelle 15. *Anzahlen von Lachmöweneiern mit oder ohne leere Eischale, die erbeutet bzw. nicht erbeutet wurden. Die Eier waren nicht versteckt*

	mit Eischale		ohne Eischale	
	erbeutet	nicht erbeutet	erbeutet	nicht erbeutet
Rabenkrähen	6		7	
Silbermöwen	9		7	
	15	15	14	16

Anzahl der Darbietungen: 30 + 30. Der Unterschied zwischen »mit Eischale« und »ohne Eischale« ist nicht signifikant.

Die Ergebnisse schienen uns nicht ganz schlüssig, weil die Anordnung in zweifacher Hinsicht von den natürlichen Verhältnissen abwich. (1) Obwohl ein Nest, in dem gerade ein Küken ausgeschlüpft ist, noch ungeschlüpfte Eier enthalten kann, sind ebensooft, wenn nicht häufiger, Junge darin. Sie haben eine unauffälligere Form als Eier und fangen außerdem schon sehr bald an, sich bei Alarmrufen der Eltern zu drücken, so daß sie wenigstens zum Teil zwischen Pflanzen verborgen sind. Eier könnten deshalb leichter zu finden sein als Küken. (2) Sowohl Silbermöwen wie Krähen werden im Bereich der Kolonie von Lachmöwen heftig angegriffen, so daß sie, wie man an ihren Kopfwendungen und Ausweichmanövern sieht, stark abgelenkt sind und weder Zeit noch Ruhe haben, nach Belieben zu suchen. Wenn man sich aber, wie meistens in den Versuchen, gemächlich umtun kann, ist die Aussicht, versteckte Beute zu finden, viel größer. Augenscheinlich hatten wir es den Räubern zu leicht gemacht, obgleich auch in der Kolonie die Nester manchmal schon von weitem sichtbar sind.

5. Versuch. Wir beschlossen also, den Versuch mit leicht verdeckten Eiern zu wiederholen. Es genügten zwei oder drei Halme trockenen Strandhafers über jedem Ei, und schon glich das Bild sehr viel mehr dem eines sich drückenden Kükens. Die meisten dieser Versuche fanden ohne unsere Gegenwart statt; denn wir wußten ja nun, welche Nesträuber kommen würden, und wer dies im einzelnen war, das berührte unsere Hauptfrage nicht. Wir legten achtmal, für 2 Std. 40 min bis 4 Std. 40 min, insgesamt 120 Eier aus, davon 60 mit einer leeren Schale 5 cm daneben (Tab. 16).

Tabelle 16. *Anzahlen von Lachmöweneiern mit oder ohne leere Schale, die erbeutet bzw. nicht erbeutet wurden. Die Eier waren etwas versteckt*

mit Eischale		ohne Eischale	
erbeutet	nicht erbeutet	erbeutet	nicht erbeutet
39	21	13	47

Anzahl der Darbietungen: 60 + 60. Unterschied zwischen »mit Eischale« und »ohne Eischale«: $p < 0,1\ \%$.

Hieraus kann man nur schließen, daß eine in der Nähe liegende Schale Rabenkrähen und Silbermöwen das Auffinden versteckter Beute erleichtert und daß es sicherer ist, wenn man sie wegträgt.

6. Versuch. In einer Reihe von Vorversuchen beschäftigten wir uns mit der Frage, ob Rabenkrähen nach ersten Erfolgen rasch lernen könnten, dicht bei einer leeren Schale ein volles Ei zu erwarten, und ob ihnen nach Mißerfolgen die Schalen gleichgültig würden. Am 21. April 1960, nachdem die Krähen, die unser Tal besuchten, mit weißen und getarnten Eiern schon Erfahrung hatten, auch beim Verzehren gelernt haben konnten, daß offene Schalen Futter bedeuten, machten wir die erste Probe: Im westlichen Teil des Tales, wo wir früher beim Auslegen ganzer Eier niemals Krähen hatten landen sehen, wurden Eischalen verteilt. Beim ersten Anflug ließen sie sich dicht dabei nieder, pickten danach und suchten die Umgebung ab. Nach wenigen Minuten flogen sie fort, und wir sammelten die Schalen ein. Ein paar Stunden später legten wir sie noch einmal aus, jetzt über das ganze Tal verstreut. Als die Krähen wiederkamen, drehten sie eine Runde über diesem Gebiet, betrachteten wie gewöhnlich den Boden, landeten aber nicht. Am folgenden Morgen verteilten wir in demselben Gelände Eier und leere Schalen, die wie üblich 5 cm daneben lagen. Jetzt landeten die Krähen und verspeisten mehrere Eier. Einige Stunden danach wurden abermals nur Schalen im Tal verteilt. Die Krähen kamen, landeten bei einigen und suchten. Tags darauf gab es morgens ebenfalls leere Schalen, diesmal im östlichen Teil, und die Krähen landeten nicht. Sobald sie fortgeflogen waren, legten wir zu jeder Schale in 5 cm Abstand ein Ei. Beim nächsten Besuch kamen die Krähen herab und aßen mehrere Eier. Leere Schalen, die wir am gleichen Tage im Westteil ausgelegt hatten, veranlaßten sie jedoch nicht zum Landen. Das ging so weiter bis zum 30. April. Endgültiges läßt sich danach noch nicht sagen, doch vieles spricht dafür, daß schon einmalige Enttäuschung durch Schalen ohne Eier den Krähen genügt, um sie beim nächsten Mal zu meiden, daß aber Zugabe von Eiern sie gleich wieder interessant macht. Außerdem schien es uns, daß die Krähen dort nicht mehr suchten, wo mehrmals nur leere Schalen gelegen hatten, daß sie also die Erfahrung »bloß Schalen« mit ihrer Ortskenntnis verknüpften. Der Verlauf dieser Versuche ist in Tab. 17 wiedergegeben.

Tabelle 17. *Protokoll der Lernversuche. Erklärung im Text.*
ES + = erbeutete Eier bei leeren Schalen; ES – = nicht erbeutete Eier bei leeren Schalen; S + = nur leere Schalen, die Krähen landen und suchen; S – = nur leere Schalen, die Krähen landen nicht

östlicher Teil					S–	ES+		ES+			
ganzes Tal		S–	ES+	S+							S–
westlicher Teil	S+						S–		S–	S–	
Datum (April)	21	21	22	22	23	23	23	24	24	25	25
östlicher Teil	ES+	ES+			ES–	ES–	ES+		ES+		
ganzes Tal										S+	
westlicher Teil			S–	S–				S–			S+
Datum (April)	25	26	26	27	27	28	28	28	29	29	30

7. Versuch. Als nächstes untersuchten wir, was die Entfernung zwischen Ei und Schale ausmacht, und zwar in großen Zahlen, jedoch ohne unmittelbare Beobachtung. In demselben Tal, das Silbermöwen und Krähen regelmäßig besuchten, legten wir halb verdeckte Möweneier aus, je ein Drittel mit 15 bzw. 100 bzw. 200 cm Abstand zur leeren Schale. Die Ergebnisse von 15 Versuchen mit insgesamt 450 Eiern zeigt Tab. 18.

Aus jeder Gruppe mögen einige Eier unabhängig von der Nachbarschaft der Schale gefunden worden sein, und das erklärt wohl auch, warum die Vögel selbst bei 200 cm Abstand so viele Eier entdeckten. Trotzdem ist zu erkennen, daß die verräterische Wirkung der leeren Schalen mit wachsender Entfernung abnimmt.

Tabelle 18. *Anzahlen erbeuteter bzw. nicht erbeuteter Eier mit einer leeren Eischale in 15, 100 oder 200 cm Entfernung*

15 cm		100 cm		200 cm	
erbeutet	nicht erbeutet	erbeutet	nicht erbeutet	erbeutet	nicht erbeutet
63	87	48	102	32	118

Anzahl der Darbietungen: 3 × 150. Der Unterschied zwischen 15 cm und 200 cm ist signifikant auf dem 0,1 %-Niveau. Signifikanz des Gesamtergebnisses: $p < 1\,\%$.

Tabelle 19. *Anzahlen erbeuteter bzw. nicht erbeuteter Eier mit einer leeren Eischale in 15 oder 200 cm Entfernung*

15 cm		200 cm	
erbeutet	nicht erbeutet	erbeutet	nicht erbeutet
13	17	4	26

Anzahl der Darbietungen: 2 × 30. Der Unterschied zwischen 15 cm und 200 cm ist auf dem 2,5 %-Niveau signifikant.

Drei weitere Proben mit 60 Eiern und 15 bzw. 200 cm weit entfernten Schalen brachten ähnliche Ergebnisse (Tab. 19).

Einen Vorversuch, der allen hier beschriebenen vorausging, will ich noch kurz erwähnen: Wir verteilten 50 Hühnereier mit, wie wir damals glaubten, guter Tarnbemalung und legten zu jedem in 15 cm Abstand eine Schalenattrappe. Es waren Metallzylinder, aus Streifen von 2 × 10 cm gerollt, wie wir sie später im 11., 17. und 18. Versuch benutzten. Die Hälfte von ihnen war innen und außen wie die Eier, d. h. nach unseren Begriffen schutzfarbig, die andere Hälfte weiß bemalt. Da wir die Ankunft der Nesträuber nicht so bald erwarteten, glaubten wir, ein Kontrollgang am Tage müsse genügen. Doch schon beim ersten, rund 24 Std. nach dem Auslegen der Eier, waren alle 50 verschwunden. Erst glaubten wir, es müsse eine ganze Schar von Räubern, vielleicht ein Silbermöwenschwarm das Tal durchstöbert haben. Stattdessen war es, wie wir später sahen, hauptsächlich ein Paar Rabenkrähen, und dazu kamen ein oder zwei, zuweilen auch drei Silbermöwenpaare. Während der kommenden Wochen gruben die Krähen immer wieder einmal Eier aus, die sie an jenem ersten Tage versteckt haben mußten.

Dieser Fehlschlag zwang uns, vorerst die Wirksamkeit unserer Tarnbemalung (1.–3. Versuch) und der natürlichen Farben (4.–7. Versuch) zu prüfen. Als wir das durchgeführt hatten, war es Zeit, mit den Versuchen über die Auslösung des Wegtragens bei den Lachmöwen selbst zu beginnen. So mußten weitere Experimente zur Wirkung der Eifarben auf Feinde unterbleiben. Da aber die Methode nun schon ausgearbeitet ist, hoffen wir, später darauf zurückzukommen.

Aus diesem Teil der Untersuchung können wir schließen, daß Lachmöweneier durch Nesträuber bedroht sind, daß sie, in Versuchen außerhalb der Kolonie, vor Rabenkrähen und Silbermöwen besser geschützt sind, als wenn sie weiß wären, daß eine leere Eischale in ihrer Nähe die Brut gefährdet und daß sich diese Gefahr mit wachsendem Abstand verringert. Es wird gut sein, diese Beziehungen noch gründlicher zu analysieren. Doch schon jetzt ist an dem arterhaltenden Wert des Eischalentransportes als Schutz vor Feinden kaum zu zweifeln. Ob diese Verhaltensweise außerdem etwa noch anderen Zwecken dient, das läßt sich hiernach nicht entscheiden.

IV. Welche Reize lösen das Wegtragen aus?

Wie wir schon hörten (Beer 3), veranlassen die verschiedensten Dinge die Möwen, sie vom Nest zu entfernen. Wir fragten uns, ob sie wohl alle gleich stark wirken, und prüften dies mit vielerlei Attrappen an Hunderten von Nestern. Es lag jeweils eine bei jedem Nest. In Zeitabständen, die innerhalb der Versuche einheitlich, doch je nach dem Reizwert der verwendeten Attrappen verschieden waren, kontrollierten wir, ob sie beseitigt worden waren oder nicht. Die Nester waren mit numerierten Stäben markiert und wurden, wenn nicht anders vermerkt, nur je einmal benutzt. Die Reihenfolge der Darbietungen war vorbestimmt, wie es das Schema

	a	b	c	d	e	f	g	h
A	1	8	2	7	3	6	4	5
B	2	1	3	8	4	7	5	6
C	3	2	4	1	5	8	6	7
D	4	3	5	2	6	1	7	8
E	5	4	6	3	7	2	8	1
F	6	5	7	4	8	3	1	2
G	7	6	8	5	1	4	2	3
H	8	7	1	6	2	5	3	4

Abb. 100. Wechselschema für die Reihenfolge von Versuchen, in denen 8 Gruppen von Nestern (A–H) in 8 aufeinanderfolgenden Darbietungen (a–h) 8 Attrappen (1–8) geboten wurden.

(Abb. 100) angibt: Wir teilten die Nester in soviel gleich große Gruppen auf, wie wir Attrappen anzubieten hatten. Jede Sorte befand sich nur einmal bei jedem Nest, wobei für jede Gruppe festlag, welche an erster, zweiter, dritter usw. Stelle an die Reihe kam. Obwohl kein Nest in einer Versuchsreihe zweimal dieselbe Attrappe erhielt, schien es doch denkbar, daß bei wiederholten Darbietungen die Reaktionsbereitschaft nachließ. Der Verdacht bestätigte sich (vgl. Abschnitt V). Im Verlauf einer Folge machte sich diese Wirkung allerdings so wenig bemerkbar, daß wir sie vernachlässigen durften. Wenn wir aber an derselben Vogelgruppe mehrere nacheinander durchführten, verringerte sich von einer Reihe zur nächsten die Antwortbereitschaft der Möwen.

Die Attrappen wurden alle in gleicher Weise und möglichst gleichmäßig ausgerichtet auf den Nestrand gelegt, ungefähr 12 cm vom Mittelpunkt der Mulde; denn im Durchschnitt von 80 Nestern, die wir ausgemessen hatten, betrug der äußere Durchmesser 27, der innere 13 cm. Öfters sahen wir den Vögeln von einem nahen Versteck aus zu. Daher wissen wir, daß beide, Männchen und Weibchen, das Wegtragen besorgen und daß unsere Schalenattrappen nicht vom Winde fortbewegt wurden. Selbst heftiger Sturm verwehte auch die leichtesten Gebilde nicht, wenn sie ein wenig im Genist verankert waren. Trotzdem machten wir auch aus anderen Gründen bei solchem Wetter möglichst keine Versuche. Kleine Veränderungen der Lage waren nicht immer ganz sicher zu deuten, weil die Vögel auch einmal zufällig die Attrappe angestoßen haben konnten. Doch das beeinträchtigte die Ergebnisse nicht. Jede Verlagerung mehr als 2 $^1/_2$ cm vom Nest zählte als »weggetragen«.

Da beide Eltern beteiligt sind und die Zeiten der Ablösung sehr stark wechseln, war es, wenigstens bei Massenversuchen, unmöglich, zu verfolgen, was jeder einzelne Vogel tat. Diese Ungenauigkeit spielt zwar wahrscheinlich keine große Rolle, doch sollten wir sie bei der Betrachtung der Ergebnisse im Auge behalten.

Da es uns hauptsächlich darauf ankam, festzustellen, ob die sogenannte Tarnzeichnung die Eier wirklich für Feinde weniger auffällig macht, untersuchten wir als erstes die Wirkung verschiedener Farben.

Als Attrappen dienten Rechtecke aus Metallfolie, die in der Mitte rechtwinklig geknickt waren. 1959 waren sie 2,5 × 5 cm groß; 1960, als wir einige mit zylinderförmigen Ringen vom Durchmesser eines Lachmöweneies verglichen, waren sie entweder aus denselben Streifen wie die Ringe gefertigt oder halb so groß: kleine Winkel maßen also 2×5, große

Winkel 2×10 cm. Wenn Farben verglichen wurden, waren selbstverständlich alle Winkel gleich groß. Wir verwendeten 1959 Bergermaster-Magicote(matt)-Farben, ferner Rowny Fixed Powder, mit Wasser angerührt, und, für andere Attrappen, Du-Lite-Farbemulsion. Alle lieferten eine gleichmäßig matte Oberfläche. Die im sichtbaren Spektrum reflektierten Farben prüften wir mit einem Keufel-und-Esses-Kolorimeter, Typ E. Die Reflektionskurven sind in Abb. 101–104 dargestellt. Um die Ergebnisse richtig zu beurteilen, sollte man, strenggenommen, die spektrale Empfindlichkeit des Lachmöwenauges kennen. Untersuchungen an dieser Art liegen jedoch nicht vor. Aber bei allen Vögeln, die man bisher daraufhin

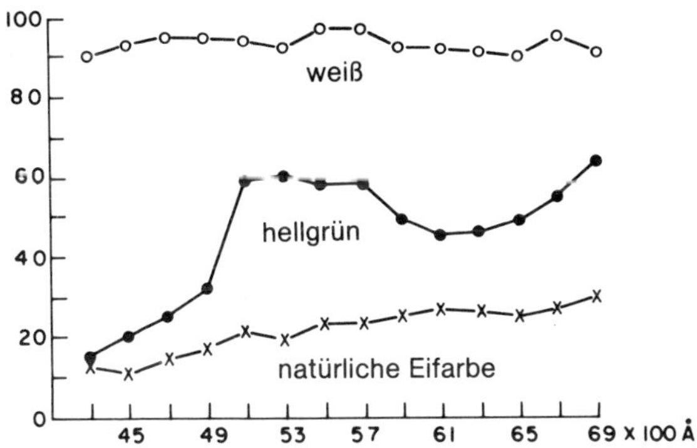

Abb. 101. Reflektionskurven von weiß, hellgrün und natürlicher Eifarbe.

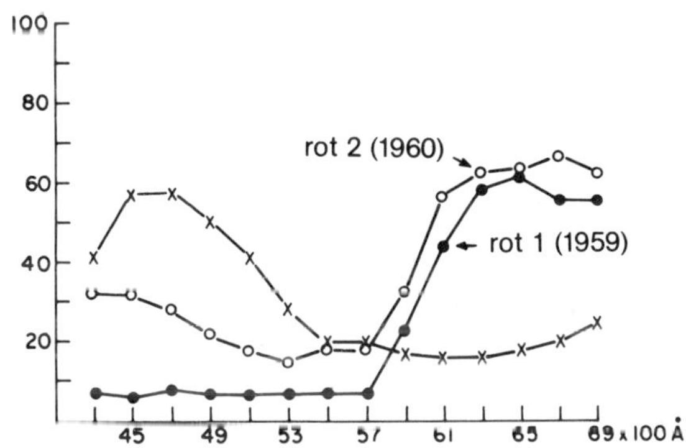

Abb. 102. Reflektionskurven von blau, rot 1959 und rot 1960.

untersucht hat, entsprachen die Leistungen ziemlich genau denen des Menschen. Tagvögel sind anscheinend etwas weniger blauempfindlich, Eulen sind weniger rotempfindlich als wir. Doch soviel wir wissen, sieht kein Vogel Infrarot oder Ultraviolett. Eine neuere Übersicht gibt SCHWARTZKOPFF (12). Für viele Arten ist Farbunterscheidung nachgewiesen. WEIDMANN (24), der die Bettelreaktion junger Lachmöwen analysierte, erhielt dabei Werte, aus denen ihre Farbentüchtigkeit eindeutig abzulesen ist. Darum nehmen wir an, daß reflektierte Farben, die uns ähnlich erscheinen, auch für Lachmöwen ähnlich sind, und finden diese Annahme in unseren Versuchen bestätigt.

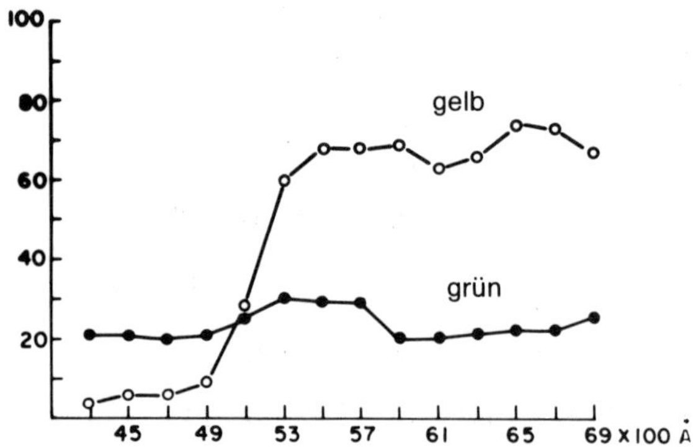

Abb. 103. Reflektionskurven von gelb und grün.

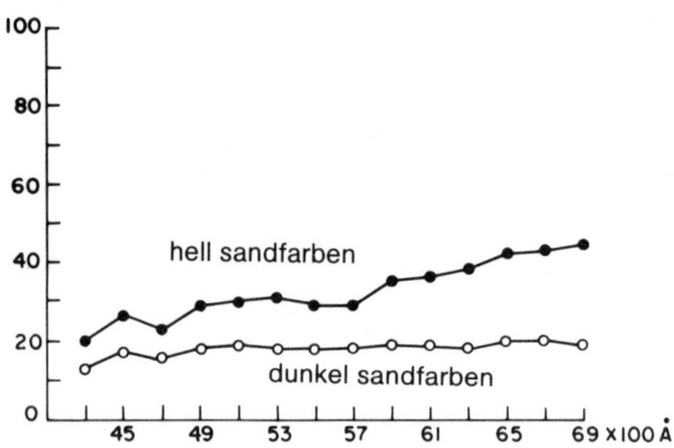

Abb. 104. Reflektionskurven von hell sandfarben und dunkel sandfarben.

8. Versuch. 1959 verwendeten wir die folgenden Farben: »glänzend« (blankes Metall), weiß, rot, schwarz, »schalenähnlich« (innen weiß, außen grün mit dunkelgrauen Tupfen), grün, »eiähnlich« (innen und außen grün mit dunkelgrauen Tupfen) und »gestreift« (innen und außen grün mit unregelmäßigen dunkelgrauen Streifen). Für glänzend entschieden wir uns, weil das Metall normalerweise grau aussieht, viel dunkler als weiß, doch, wenn es in der Sonne aufblitzt, noch heller ist als dieses. Wenn der Vogel auf dem Nest sitzt oder sich nahebei zu schaffen macht, sieht er es meistens grau, viel seltener blinkend, so daß wir aus den Reaktionen zu erkennen hofften, wann der entscheidende Reiz gesetzt wird. Wenn nämlich, wie wir glaubten (und bestätigten), weiß hohe Werte erzielen würde, dann müßte glänzend ihm nachstehen, falls der ruhig sitzende Vogel gereizt werden muß, der dann ja meistens nur grau sieht. Sollte es aber stark auslösend wirken, so wäre daraus zu entnehmen, daß es das kurze Aufblitzen ist, worauf der Vogel anspricht. Weiß fällt Menschenaugen besonders auf, und außerdem haben die Eischalen am Rande, wo Schalenstückchen von den Eihäuten abgesprengt sind, oft weiße Flecken, vor allem, wenn sie etwas angetrocknet sind. Das Innere der Schale ist selten weiß und größtenteils beschattet. Nach roten Gegenständen im Nest pikken manche Möwen (TINBERGEN 19) häufiger als nach andersfarbigen Dingen. Schwarz nahmen wir ursprünglich, um festzustellen, ob weiß als weiß oder durch den Kontrast zur Umgebung wirkt; aber selbst das Tiefschwarz der Attrappen verschmolz mit den Schatten auf dem Nestrand, und sobald sich im Wind oder durch die Bewegungen des Vogels ein oder zwei Halme darüber geschoben hatten, war es kaum noch zu sehen. Wir wählten ein Salbeiblättern ähnliches Graugrün, das von den Standardfarben dem Grundton wenigstens mancher Möweneier am nächsten kam. Bekanntlich sind Möwen- und Seeschwalbeneier in ihren Farben recht veränderlich. Weil außerdem Silbermöwen und in einigen Vorversuchen auch Lachmöwen bereitwillig Eier in den verschiedensten Farben eingerollt und bebrütet hatten, waren wir überzeugt, daß unser Grün der natürlichen Grundfarbe ähnlich genug war, um es als solche zu gebrauchen. – Wie sich später herausstellen sollte, war dies ein Irrtum. Wir führten diesen Versuch an 96 Nestern durch, 3mal an derselben Gruppe. Die Ergebnisse enthält Tab. 20[1].

1 In allen Tabellen sind aufeinanderfolgende Versuchsreihen an denselben Vögeln mit römischen Ziffern I, II, III, solche an verschiedenen Vögeln mit großen Buchstaben A, B, C usw. bezeichnet.

Tabelle 20. *Anzahlen verschiedenfarbiger kleiner Winkel (8. Versuch), die in drei aufeinanderfolgenden Versuchsreihen mit vorbestimmtem Wechsel weggetragen oder nicht weggetragen wurden*

	I	II	III	Summe	
	getragen	getragen	getragen	getragen	nicht getragen
glänzend	38	34	21	93	195
weiß	44	25	20	89	199
schalenähnlich	38	25	18	81	207
rot	32	23	16	71	217
schwarz	25	24	14	63	225
eiähnlich	27	19	12	58	230
gestreift	28	13	13	54	234
grün	23	14	8	45	243

Anzahl der Darbietungen: 3 × 8 × 96. Die Signifikanz der Unterschiede wird im Text besprochen.

Im Man-Whitney-Test (Siegel 14) ergaben sich folgende p-Werte: schalenähnlich-rot 15 %, glänzend-rot 20 %, weiß-rot 11 %, schalenähnlich-schwarz 8 %, weiß-schwarz 4 %, weiß-eiähnlich 1 %, gestreift-grün 23 %, schwarz-grün 3 %.

Glänzend, weiß und schalenähnlich lösten mehr Antworten aus als rot und schwarz, diese beiden mehr als eiähnlich, gestreift und grün. Der Auslösewert schien deshalb abhängig zu sein von dem Helligkeitskontrast zwischen Attrappe und Hintergrund, und zwar allein hiervon und nicht unmittelbar von der Farbe. Da es beim Eirollen auf die Färbung wenig ankommt, der Grundton nicht bei allen Eiern übereinstimmt und, wie wir glaubten, unser Grün ihm gleichwertig war, hielten wir diesen Schluß für berechtigt. Die Mittelstellung von rot und schwarz schien ebenfalls dafür zu sprechen, denn rot war weniger hell als weiß (Abb. 101 und 102) und schwarz für unser Auge überraschend unauffällig. Später (Versuche 11, 12 und 13) erwies sich dies als ein Fehlschuß. Doch ehe wir darauf eingehen, wollen wir untersuchen, ob der Kontrast zwischen weißen und dunkleren Teilen der Eischale selbst etwas zu bedeuten hat.

9. Versuch. Da die Möwen auf schalenähnlich nicht anders reagierten als auf weiß oder glänzend, schienen Helligkeitsunterschiede zwischen Teilen der Attrappe belanglos zu sein. Trotzdem prüften wir diese Möglichkeit mit Winkeln, deren einer Schenkel innen und außen weiß, während der andere auf beiden Seiten farbig war. Das hatte obendrein den Vor-

Tabelle 21. *Anzahlen verschiedenfarbiger kleiner Winkel (9. Versuch), die in drei aufeinanderfolgenden Versuchsreihen mit vorbestimmtem Wechsel weggetragen oder nicht weggetragen wurden*

	I	II	III	Summe	
	getragen	getragen	getragen	getragen	nicht getragen
glänzend/weiß	41	32	30	103	137
rot/weiß	34	30	22	86	154
weiß/weiß	33	30	19	82	158
schalenähnlich/weiß	34	26	19	79	161
grün/weiß	32	29	13	74	166

Anzahl der Darbietungen: 3 × 5 × 80. Die Signifikanz der Unterschiede wird im Text besprochen.

teil, daß die Vögel beide Farben gleichzeitig sehen konnten, statt wie bisher die Innenseite ganz weiß, die äußere ganz im Muster der Eier. Wir verwendeten weiß/weiß, glänzend/weiß, schalenähnlich/weiß, grün/weiß und rot/weiß. Der Versuch wurde an 80 Nestern je dreimal durchgeführt. Die Ergebnisse zeigt Tab. 21.

Der Man-Whitney-Test erbrachte folgende Werte: glänzend/weiß-schalenähnlich/weiß $2{,}5\,\% < p < 5\,\%$, glänzend/weiß-grün/weiß $1\,\% < p < 2{,}5\,\%$, glänzend/weiß-weiß/weiß $p > 5\,\%$, rot/weiß-grün/weiß $p > 5\,\%$.

Da in Tab. 20 glänzend wirksamer war als schalenähnlich und rot wirksamer als grün, bestätigen die Befunde in Tab. 21 die Annahme, daß es auf Kontraste innerhalb der Attrappe nicht ankommt. Der Erfolg von schalenähnlich im 8. Versuch muß darum allein auf die weiße Innenseite zurückzuführen sein.

10. Versuch. Noch vor dem zuletzt beschriebenen Experiment hatten wir 80 Vögel mit Attrappen in denselben Farben getestet. Sie waren jedoch nicht auf beiden Seiten eines Schenkels, sondern auf der Innenseite des einen und auf der Außenseite des anderen gleich bemalt, so daß wieder beide Farben gleichzeitig sichtbar waren, nämlich rot/weiß, grün/weiß, glänzend/weiß und schalenähnlich/weiß. Die Werte, die wir hier nicht im einzelnen wiedergeben, entsprechen etwa den vorigen, nur glänzend/weiß liegt etwas höher. Da glänzend in allen drei Versuchen am erfolgreichsten war, ist dies wohl ein nicht anfechtbares Ergebnis. Der wirksame Reiz ist sichtlich das helle Blinken, das der Vogel nur für einen kurzen Augenblick aufleuchten sieht, wenn das Sonnenlicht gerade unmittelbar reflektiert wird. Das ist nur ein winziger Bruchteil der Zeit, während der die Attrappe sichtbar ist, und kann sich für jeden Vogel in einer ganz anderen Stellung ereignen. Offenbar genügt tatsächlich ein ganz rasch vorübergehender Reiz, um das Wegtragen der Eischale auszulösen.

11. Versuch. Den ersten Hinweis darauf, daß unsere Deutung teilweise unzutreffend war, erhielten wir jetzt, als wir eigentlich Formmerkmale untersuchen wollten. Wir hatten gefunden (s. unten 16. Versuch), daß weiße Winkel viel weniger wirksam waren als natürliche Schalen, und die halbierten Pingpongbälle BEERS hielten dazwischen ungefähr die Mitte. Es kam vielleicht auf die Rundung an, und so fertigten wir zylinderförmige Ringe aus Metallstreifen von 2 × 10 cm, deren Enden sich jedoch nicht berührten, sondern etwa 1 cm weit auseinanderklafften. Nach der Brutzeit von 1959 hatten wir das Grün unserer Attrappen sorgfältiger mit natürlichen Eifarben verglichen und festgestellt, daß es selbst von ausgesprochen grünlichen Eiern ziemlich stark abwich. Darum mischten wir 1960 eine neue Farbe, die nach unserem Ermessen dem Grundton der meisten Eier genau gleich war und im Farbatlas von VILLABOLOS und VILLABOLOS (22) der Nummer OOY,11,4° entsprach. Wir nennen sie »Sand«. Statt Möwen- benutzten wir jetzt Hühnereischalen, denen das »Hütchen« abgeschlagen war, außen sandfarben angemalt und innen unverändert weiß, sowie kleine innen und außen sandfarbene Ringe, kleine weiße Ringe und weiße Winkel. Tab. 22 zeigt die Ergebnisse an zwei Gruppen von je 80 Nestern, von denen die eine (A) zweimal, die andere (B) einmal an die Reihe kam.

Auf die Bedeutung der Form gehen wir hier zunächst nicht ein, sondern

Tabelle 22. *Anzahlen von vier Attrappen (11. Versuch), die in drei Versuchen an zwei Vogelgruppen weggetragen oder nicht weggetragen wurden*

	A_I	A_{II}	B	Summe getragen	Summe nicht getragen
Hühnereischale, außen sandfarben	59	45	53	157	83
ganz weißer Ring	36	30	44	110	130
ganz sandfarbener Ring	49	22	37	108	132
weißer Winkel	31	19	28	78	162

Anzahl der Darbietungen: 3 × 4 × 80. Unterschied zwischen Hühnereischale und Ringen: $p < 0{,}1\,\%$. Unterschied zwischen sandfarbenem Ring und Winkel: $p < 1\,\%$.

betrachten die Werte für weiße und sandfarbene Ringe, die nicht signifikant verschieden, ja sogar nahezu gleich sind. Wenn aber die Sandfarbe dem natürlichen Grundton nicht besser entsprach als grün, dann mußte, im Vergleich zu den vorigen Versuchen, etwas nicht stimmen. Allem Anschein nach reagierten die Vögel doch nicht nur auf weiß, sondern auch auf die besondere Farbe der Eier.

12. Versuch. Deshalb verglichen wir nun sandfarben und grün, beides auf Winkeln an 120 Nestern (Tab. 23).

Tabelle 23. *Anzahlen verschiedenfarbiger kleiner Winkel (12. Versuch), die in einem Versuch weggetragen oder nicht weggetragen wurden*

	getragen	nicht getragen
sandfarbene Winkel	52	68
grüne Winkel	29	91

Anzahl der Darbietungen: 2 × 120.

Es war ein schlagender Beweis: Grün blieb weit hinter sandfarben zurück ($p < 0{,}5\,\%$) – und gleich meldeten sich neue Fragen: (1) Wie schneidet sandfarben gegen andere Farben ab? Wirkt es aufgrund seiner Ähnlichkeit mit natürlichen Eiern ebensogut wie weiß? Und (2) warum hatte das Grün so geringen Erfolg, im 8. Versuch sogar weniger als rot und schwarz? Wir meinten: weil es unauffällig ist; aber das galt ja für sandfarben erst recht. Nur ein neues und besser durchdachtes Experiment konnte hier weiterhelfen.

13. Versuch. Die Eier sind gefleckt, und der Gesamteindruck ist dunkler als der Grundton. Wir stellten darum zwei Schattierungen her, die eine im Grundton, die andere etwas dunkler durch Beimischung von schwarz, so daß sie, auf Abstand gesehen, dem Gesamteindruck des gefleckten Eies gleichkam. Wir hatten einen ansehnlichen Vorrat der Grundfarbe angerührt. Durch ein Mißgeschick wurde aber das meiste verschüttet, und obgleich es dieselben Zutaten waren, wich die neue Mischung etwas von der vorigen ab. Wahrscheinlich beeinflußte das die Ergebnisse nicht, doch sicherheitshalber wird »neu« oder »alt« eigens erwähnt. Außer hell und dunkel sandfarben gab es: gelb, weiß, ein leuchtendes gelbliches Hellgrün, das bisherige Graugrün, blau und rot 1960, alles auf kleinen Winkeln von 2 × 5 cm. Die Reflektionskurven dieser Farben sind in Abb. 101–104, die Ergebnisse eines Versuchs mit allen Farben an 240 Nestern in Tab. 24, die eines anderen mit vier dieser Farben an 80 Nestern in Tab. 25 dargestellt.

Tabelle 24. *Anzahlen verschiedenfarbiger kleiner Winkel (13. Versuch), die in einem Versuch weggetragen oder nicht weggetragen wurden*

	%	getragen	nicht getragen
dunkel sandfarben	38	92	148
weiß	34,5	85	155
hell sandfarben	31,5	77	163
gelb	30	73	167
blau	25	62	178
rot	23,5	57	183
grün	18,5	45	195
hellgrün	8	19	221

Anzahl der Darbietungen: 8 × 240.

Tabelle 25. *Anzahlen verschiedenfarbiger kleiner Winkel (13. Versuch), die in einem Versuch weggetragen oder nicht weggetragen wurden*

	getragen	nicht getragen
dunkel sandfarben	35	45
weiß	35	45
gelb	28	52
blau	22	58

Anzahl der Darbietungen: 4 × 80.

Der Man-Whitney-Test ergab folgende p-Werte: dunkelsandfarben-hellsandfarben 5 %, weiß-gelb 35 %, dunkelsandfarben-gelb 1 % $< p <$ 5 %, gelb-blau 5 %.

Aus den Ergebnissen beider Jahre können wir schließen: Winkel beliebiger Farbe, auch wenn sie noch so grell und unnatürlich sind, werden in gewissem Ausmaß transportiert. Am besten wirken sandfarben und weiß. Weil »Sand« auf dem Nestrand, der hauptsächlich aus dürren Halmen besteht, weitaus am unauffälligsten ist, weil dunkelsandfarben öfter weggetragen wird als hellsandfarben, aber das leuchtende Hellgrün nur sehr selten, kann die helle Sandfarbe nicht wegen ihrer Helligkeit bevorzugt werden, sondern das muß an eben dieser Farbe selber liegen. Anders ausgedrückt, die Vögel sprechen also doch auf Wellenlängen an. Unter den hellen Farben, die mittlere Werte erzielen, steht gelb an der Spitze, zweifellos deshalb, weil unsere Sandfarbe einen beträchtlichen Anteil eben dieses Gelbs enthielt. Rot und blau stehen ebenfalls in der Mitte, grün und besonders hellgrün bleiben weit dahinter zurück.

Die Antwortbereitschaft der Möwen scheint demnach sehr gut zu den normalen Anforderungen zu passen. Am wirksamsten sind die Farben natürlicher Eischalen, sandähnlich und weiß. Am schwächsten reagieren die Vögel auf Grün, die Farbe der Pflanzen – und es wäre nicht nur überflüssig, sondern ganz entschieden schädlich, wenn sie sich damit aufhalten wollten, alle die Blätter, die um das Nest herum wachsen, wegzutragen.

14. Versuch. Diesmal gab es statt Winkeln kleine Ringe in vier Farbkombinationen: innen und außen (neu) sandfarben, innen und außen weiß, außen (neu) sandfarben und innen weiß sowie glänzendes Metall. Mit den drei ersten wollten wir noch einmal prüfen, ob der Kontrast auf der Attrappe selbst eine Wirkung hat, und die vierte fügten wir hinzu in der Hoffnung, einen »übernormalen Reiz« zu finden (TINBERGEN 16). Tab. 26 zeigt die Befunde an 80 Nestern.

Tabelle 26. *Anzahlen von viererlei Attrappen (14. Versuch), die in einem Versuch weggetragen oder nicht weggetragen wurden*

	getragen	nicht getragen
sandfarbener Ring	37	43
weißer Ring	39	41
sandfarben/weißer Ring	42	38
glänzender Ring	40	40

Anzahl der Darbietungen: 4 × 80. Die Unterschiede sind nicht signifikant.

Wiederum spielt der Kontrast auf der Attrappe offenbar keine Rolle (Versuche 8, 9 und 10). Die glänzenden Ringe wirken, obwohl sie teilweise heller sind als weiß, nicht besser als dieses. Neu sandfarben und weiß erzielen annähernd gleiche Werte.

15. Versuch. Hier wurde, auf Winkeln, die alte ein wenig dunklere Sandfarbe mit weiß verglichen. In zwei aufeinanderfolgenden Versuchen mit je 80 Nestern war weiß überlegen (Tab. 27), und zwar stärker als im 13.

Tabelle 27. *Anzahlen verschiedenfarbiger kleiner Winkel (15. Versuch), die in zwei aufeinanderfolgenden Versuchen weggetragen oder nicht weggetragen wurden*

	I	II	Summe	
	getragen	getragen	getragen	nicht getragen
weißer Winkel	36	36	72	88
sandfarbener Winkel	25	18	43	117

Anzahl der Darbietungen: 2 × 2 × 80. Unterschied auf dem 5 %-Niveau singnifikant.

und 14. Versuch. Warum, wissen wir nicht; allerdings sind auch die Zahlen nur klein.

16. Versuch. In beiden Jahren überprüften wir die Brauchbarkeit der Attrappen durch Vergleiche mit natürlichen Schalen. Diesmal, 1959, waren es halbe Tischtennisbälle, grün mit grauen Tupfen ungefähr in demselben Muster wie die eiähnlichen und schalenähnlichen Winkel im 8. Versuch; denn von den Tücken der Reaktion auf Farben, die wir schon besprochen haben, wußten wir damals noch nichts. Außerdem verwendeten wir kleine weiße Winkel von 2,5 × 5 cm sowie 2 × 4,5 cm große Rechtecke aus Papier von matt bräunlichgelber Farbe. Die Versuche wurden an 160 Nestern durchgeführt (Tab. 28). Danach waren weiße Winkel zwar wirksamer als flache gelbliche Papiere, jedoch den halben Pingpongbällen (obwohl diese durch ihre Farbe benachteiligt waren) deutlich unterlegen, und die Ballhälften ihrerseits den natürlichen Schalen, was jedoch wenigstens zum Teil durch das Grün bedingt sein konnte.

Tabelle 28. *Anzahlen von vier Attrappen (16. Versuch), die in einem Versuch weggetragen oder nicht weggetragen wurden*

	getragen	nicht getragen
natürliche Eischale	155	5
halber Pingpongball	120	40
weißer Winkel	91	69
Rechteck aus Pappe	53	107

Anzahl der Darbietungen: 4 × 160. Alle Unterschiede sind auf dem 0,1 %-Niveau signifikant.

17. Versuch. Hühnereischalen, die am stumpfen Pol gekappt und darum nur wenig größer waren als Möweneischalen, doch ähnlich in der Form, wurden entweder ganz weiß oder nur innen weiß und außen (alt) sandfarben bemalt; dazu kamen Möweneischalen und kleine weiße Ringe. Im Gegensatz zu allen übrigen Versuchen wurde diesmal jeder Gruppe aus je 40 Nestern dieselbe Attrappe viermal nacheinander geboten (vgl. Abschnitt V).

Tabelle 29. *Anzahlen von viererlei Attrappen (17. Versuch), die in vier aufeinanderfolgenden Versuchen weggetragen oder nicht weggetragen wurden. Kein vorbestimmter Wechsel. Jedes Nest erhält jedesmal dieselbe Attrappe*

					Summe	
	I	II	III	IV	getragen	nicht getragen
weiße Hühnereischale	34	29	28	32	123	37
sandfarbene Hühnereischale	35	34	34	33	136	24
natürliche Möweneischale	36	35	35	33	139	21
weißer Ring	29	28	22	28	107	53

Anzahl der Darbietungen: 4 × 4 × 40.

Wie aus Tab. 29 hervorgeht, sind sandfarbene Hühnereischalen und Möweneischalen in ihrer Wirkung nicht eindeutig verschieden, wohl aber weiße Hühnereischalen denen der Möwen auf dem 5%-Niveau signifikant unterlegen. Der Unterschied zwischen weißen Ringen und weißen Hühnereischalen war beinahe (p wenig über 5 %), der zwischen weißen Ringen und Möweneischalen sehr gut gesichert ($p < 0{,}1$ %). Beide Versuche zeigen, daß sandfarbene Hühnereischalen es mit echten Möweneischalen aufnehmen können, daß weiße Schalen besser wirken als weiße Ringe und Schalen wesentlich besser als Winkel. Wie schon gesagt, sind auch Ringe (11. Versuch) und halbe Pingpongbälle (16. Versuch) Winkeln überlegen, und obgleich die Farbe der Papiere von unserer Sandfarbe etwas abwich, ist kaum zu bezweifeln, daß flache Rechtecke noch schwächer wirken als Winkel.

Als nächstes war zu fragen, ob der Größenunterschied zwischen den Winkeln und den aus doppelt so großen Streifen gebogenen Ringen für ihre verschiedenen Auslösewerte verantwortlich sein konnte.

18. Versuch. Sämtliche Attrappen waren rundum (neu) sandfarben bemalt: kleine Ringe aus Streifen von 2 × 10 cm (Gewicht 10 g), große Ringe aus Aluminiumstreifen von 4 × 20 cm (16 g), kleine Winkel aus Streifen von 2 × 5 cm und große Winkel aus denselben Streifen wie die kleinen Ringe. Jede der drei Vogelgruppen von 80 (A) bzw. 80 (B) bzw. 160 Nestern (C) durchlief die ganze vorbestimmte Folge der möglichen wechselnden Darbietungen. Die Ergebnisse zeigt Tab. 30.

Tabelle 30. *Anzahlen von viererlei Attrappen (18. Versuch), die in drei Vogelgruppen (A, B, C) weggetragen oder nicht weggetragen wurden*

	A	B	C	Summe getragen	Summe nicht getragen
großer Ring	34	30	56	120	200
kleiner Ring	38	40	74	152	167
großer Winkel	34	20	47	101	219
kleiner Winkel	31	24	52	107	212

Anzahl der Darbietungen: 4 × 3 × 320 (–2).

Wie erwartet, wurden die kleinen Ringe häufiger weggetragen als kleine Winkel ($p<0,1$ ‰), kleine Ringe häufiger als große Ringe ($p<2,5$ ‰) und signifikant häufiger als große Winkel ($p<0,1$ ‰); doch gab es keinen statistisch sicheren Unterschied zwischen den beiden Winkelgrößen.

Daß die großen Ringe so selten weggetragen wurden, kam uns unerwartet; denn aus früheren Versuchen wußten wir (Tinbergen 16, 19, Baerends 2), daß beim Eirollen die Möwen auf übergroße Eier sogar besser ansprechen als auf normale. Da wir aber auch wußten, daß das Verhalten zu so großen Eiern teils Rollen, teils Meiden ist (weshalb die Versuchsvögel es oft nicht wagen, gleich wieder zu ihren Nestern hinzugehen), vermuteten wir, die Reaktion auf große Ringe könne ähnlich ambivalent und der Unterschied in der Häufigkeit des Wegtragens großer und kleiner Ringe hierdurch zu erklären sein.

Von zehn Möwen, die wir daraufhin vom Versteck aus beobachteten, erhielten sechs zuerst kleine, danach große Ringe, einer umgekehrt zuerst den großen und dann den kleinen, die drei übrigen schließlich erst kleine, dann große und danach noch einmal kleine. Ihre Angstäußerungen, wie verzögerte Rückkehr zum Nest, Alarmrufe, langer Hals, mehrfaches Zurückweichen beim Anmarsch, wurden grob eingeteilt in: keine Anzeichen von Furcht und vier Stufen (1–4) schwachen bis stärksten Meideverhaltens. Jeder Versuch dauerte so lange, bis der Vogel wieder auf den Eiern saß. In Tab. 31 sind die Ergebnisse dieser – wie wir wohl wissen – flüchtigen Prüfung zusammengefaßt.

Tabelle 31. *Angstäußerungen von 10 Vögeln beim Anblick eines großen oder eines kleinen Ringes auf dem Nestrand*

Vogel	kleiner Ring	großer Ring	kleiner Ring
1	0	0	
2	0	0	
3	1	1	
4	1	4	
5		3	1
6	2	3	
7	0	3	0
8	0	0	
9	0	4	0
10	0	4	0

In 6 Fällen löste der große Ring eine höhere Angststufe aus als der kleine, niemals umgekehrt.

Tatsächlich wurden die großen Ringe deshalb seltener weggetragen, weil sie den Möwen unheimlich waren. Dieser Befund machte uns zum erstenmal aufmerksam auf etwas, das sich im Verlauf der Arbeit immer deutlicher abzeichnete: Was wir da untersuchten, war nicht allein das Ansprechen eines Auslösemechanismus für den Eischalentransport, sondern vielmehr dessen Zusammenspiel mit einer ganzen Reihe anderer Reaktionen. Das heißt, wenn er nicht zugleich Furcht erregte, könnte der große Ring das Wegtragen durchaus ebensogut auslösen wie der kleine oder sogar noch stärker; anders ausgedrückt, unsere Daten bezeugen die »resultierende Wegtragebereitschaft«.

19. Versuch (1959). Es ging um die Frage, wie die Möwen Eischalen von Nestmaterial unterscheiden. Den unmittelbaren Anstoß dazu gab Beers Beobachtung, daß manche Dinge, die sie wegbringen, solchen, die sie als Genist verwenden, sehr ähnlich sind und daß sie manchmal sogar denselben Gegenstand zum Nest hinschaffen und dann wieder beseitigen. Außerdem fanden wir manche unserer kleinen Winkel in einer Lage auf dem

Nestrand wieder, die nur dadurch zu erklären war, daß der Vogel sich bemüht hatte, sie einzubauen. Wie ein Vergleich ergab, wurden hierfür längliche Dinge bevorzugt. Wir schnitten nun aus Pappe Vierecke gleicher Oberfläche, die sich nur in den Proportionen unterschieden: 3 × 3 cm (1), 2 × 4,5 cm (2), 1 × 9 cm (3), 0,5 × 18 cm (4). Alle waren, der hellen Sandfarbe ähnlich, bräunlichgelb bemalt. Wir sahen zu oder kontrollierten am Ende eines Versuchs, ob der Wind die Attrappe verschoben oder mitgenommen hatte. Doch selbst bei Windstärke 8 wurden die Blättchen nicht weggeblasen. Das konnte jedoch leicht geschehen, wenn ein Vogel die Attrappe aufnahm und fallen ließ. Darum wählten wir vorsichtshalber nur Tage, an denen die Windstärke nicht über 5 anstieg.

Wir boten die Attrappen in vorbestimmter Folge zwei Gruppen von Vögeln: an 40 Nestern viermal nacheinander (Gruppe A), an weiteren 40 Nestern dreimal nacheinander (Gruppe B). Die Darbietungen wurden mehrmals wiederholt, weil diese Attrappen nur wenig Antworten erhielten, was wahrscheinlich daran lag, daß ihnen besondere Formmerkmale fehlten (vgl. Tab. 28). Die Ergebnisse enthält Tab. 32.

Tabelle 32. *Anzahlen von viererlei Attrappen (19. Versuch), die in sieben Versuchen an zwei Vogelgruppen weggetragen oder nicht weggetragen wurden*

	A_I	A_{II}	A_{III}	A_{IV}	B_I	B_{II}	B_{III}	getragen	nicht getragen
1 (3 × 3 cm)	11	5	11	7	14	7	11	66	214
2 (2 × 4,5 cm)	8	5	10	8	15	5	7	58	222
3 (1 × 9 cm)	15	11	12	12	14	9	9	82	198
4 (0,5 × 18 cm)	12	9	12	7	10	10	6	66	214

Anzahl der Darbietungen: 4 × 7 × 40.

Die Attrappen 1, 2 und 4 erbrachten keine nennenswerten Unterschiede, doch 3 wurde eindeutig häufiger weggetragen als 2 ($p < 2,5\,^0/_0$). Dabei konnte man wahrlich nicht behaupten, daß 3 in seinen Abmessungen einem Ei besonders ähnlich gewesen wäre, eher schon 2 oder 1. Die Lösung ist wahrscheinlich in der folgenden Beobachtung zu suchen: Wenn so ein Pappstreifen nicht weggetragen worden war, dann fanden wir ihn nicht selten im Nest, teilweise von Baumaterial überdeckt. Tab. 33 zeigt, wie oft das vorkam.

Anfangs glaubten wir, die Vögel hätten die Attrappen wohl als Nest-

Tabelle 33. *Anzahlen von Attrappen, die nach dem 19. Versuch im Nest gefunden wurden, im Vergleich zur Anzahl der nicht weggetragenen Attrappen*

1 (3 × 3 cm)	52 von 214 nicht weggetragen	24 %
2 (2 × 4,5 cm)	62 von 228 nicht weggetragen	27 %
3 (1 × 9 cm)	59 von 198 nicht weggetragen	30 %
4 (0,5 × 18 cm)	94 von 206 nicht weggetragen	46 %

Die Unterschiede zwischen 1 und 4 und zwischen 2 und 4 sind auf dem 0,1 %-Niveau, zwischen 3 und 4 auf dem 0,5 %-Niveau signifikant.

material betrachtet und eingebaut. Als wir sie aber vom Versteck aus beobachteten, war die ganze Angelegenheit noch viel verwickelter. Die Attrappe wurde entweder aufgehoben und fallengelassen, was oft wie ein unvollendeter Ansatz zum Wegtragen aussah, und dann geriet sie beim Scharren und Eierwenden zwischen das Genist, oder sie wurde regelrecht eingebaut. Zusätzlich wurden aber manche der Pappstreifen wie Futter behandelt (Tab. 34). Zwar hat nur einmal ein Vogel wirklich einen verschluckt (4), doch waren die Bemühungen in dieser Richtung unverkennbar.

Tabelle 34. *Unmittelbare Beobachtung der Reaktionen auf vier Attrappen im 19. Versuch*

	nicht beachtet	weg-getragen	Schluck-versuch	einge-baut	Anzahl der Beobachtungen
1 (3 × 3 cm)	22	5	0	1	28
2 (2 × 4,5 cm)	16	4	1	2	23
3 (1 × 9 cm)	10	7	2	4	23
4 (0,5 × 18 cm)	8	7	4	5	24

Alle drei Verhaltensweisen, Einbauen, Wegtragen und Verschlucken, fangen mit derselben Bewegung an: man nimmt das Ding in den Schnabel. Mehrmals sahen wir auch bei ein und demselben Vogel nacheinander Schluckversuche, dann ein paar Nestbaubewegungen und schließlich Anstalten zum Abtransportieren, indem er mit der Pappe im Schnabel aufstand, den Hals ausstreckte und sich dann doch wieder setzte. Wir können uns den Ablauf etwa so vorstellen: eine Attrappe wird aufgenommen, weil sie Reize für eine der drei Reaktionen aussendet. Nun hat der Vogel das Ding gepackt, und dieser Reiz kann entweder dieselbe Verhaltensweise weiterlaufen lassen, die der Anblick in Gang setzte, oder in eine der beiden anderen überleiten. Da lange Streifen offenbar besonders zum Verschlucken oder zum Einbauen verführen, könnten sie öfter ergriffen werden, als zu erwarten, wenn es nur um das Wegtragen ginge. Die Attrappe 3 könnte deshalb so gut abgeschnitten haben, weil sie stärker zum Essen und Bauen lockte als 2 und 1, jedoch nicht so ausschließlich, wie es der überlange schmale Streifen 4 tat. Daß 3 zum Einbauen aber doch weniger geeignet war als 4, könnte wiederum das Wegtragen begünstigt haben.

Wie es im einzelnen auch sein mag, die Beobachtungen haben jedenfalls erneut gezeigt, daß die Werte, die wir aus Massenversuchen erhalten, nicht allein den Grad der Wegtragebereitschaft widerspiegeln, sondern vielmehr das Ausmaß, in dem diese andere, ebenfalls angesprochene Bereitschaften überwiegt.

20. Versuch. Wir hatten festgestellt, daß die verräterische Wirkung der Eischalen mit wachsendem Abstand vom Ei rasch abnimmt (7. Versuch). Zum Vergleich prüften wir nun auch die Antwort der Möwen, wenn eine außen sandfarbene Hühnereischale auf dem Nestrand, d. h. etwa 10 cm oder aber 15, 25 bzw. 35 cm vom Mittelpunkt der Nestmulde entfernt lag.

Tabelle 35. *Anzahlen außen sandfarbener Hühnereischalen, die aus verschiedenen Abständen vom Nest weggetragen oder nicht weggetragen wurden (20. Versuch)*

	getragen	nicht getragen
10 cm	64	16
15 cm	54	26
25 cm	27	53
35 cm	11	69

Anzahl der Darbietungen: 4 × 80. Unterschied zwischen 10 und 15 cm nicht signifikant; zwischen 15 und 25 cm bei 0,1 %, zwischen 25 und 35 cm bei 1 % signifikant. Gesamtergebnis: $p < 1\,\%$.

Die Befunde an 80 Nestern (Tab. 35) geben eine sehr klare Antwort. Gleich jenseits vom Nestrand, zwischen 15 und 25 cm, wird das Nachlassen der Reaktion besonders deutlich. Leider wählten wir nicht dieselben Abstände wie bei den Versuchen mit Nesträubern, denn danach sah es so aus, als müsse es sich für Möwen lohnen, auch weiter als 15 cm vom Nest aufzuräumen. Wie wir noch hören werden, ist jedoch hierbei abermals eine andere Notwendigkeit im Spiel, nämlich die Brut zu bedecken.

21. Versuch. Beim Vergleich unserer bisherigen Ergebnisse mit anderen Untersuchungen von Reizsituationen, die eine bestimmte Handlung auslösen (TINBERGEN 18, MAGNUS 8, WEIDMANN 24), wunderten wir uns darüber, daß einerseits so viele verschiedenartige Dinge weggetragen werden, wobei es auf ihre Form, Farbe und Größe nicht allzusehr ankommt, daß aber andererseits Sandfarbe und Weiß eindeutig bevorzugt waren, während grün kaum beachtet wurde. Wir fragten uns, wieviel die Vögel wohl normalerweise hierbei lernen und inwieweit die selektive Antwortbereitschaft unabhängig ist von früherer Erfahrung mit Eiern oder Eischalen. Ein Lernergebnis werden wir weiter unten besprechen: Wer kürzlich eine Eischale beseitigt hat, wird etwas weniger bereit sein, noch eine zweite wegzutragen.

Der jetzt folgende Versuch war ein Glücksspiel, und die Zahlen sind klein, aber das Ergebnis ist doch recht eindrucksvoll.

Wie wir von U. WEIDMANN (23) wußten, kann man Lachmöwen daran hindern zu legen, indem man ihnen, lange bevor das erste Ei fällig ist, fremde Eier ins Nest legt. Wir verteilten schwarze Eier, je eines in etliche Nester schon Anfang April, ein paar Wochen früher, als die meisten Lachmöwen zu legen beginnen. Einige Nester wurden verlassen. Andere waren besetzt, aber statt auf dem schwarzen Ei zu brüten, bauten die Möwen ein neues Nest obendrauf; oder sie fingen selbst an zu legen, kurz nachdem wir ihnen das schwarze Ei untergeschoben hatten. Immerhin nahmen 14 Paare es an, begannen zu brüten und legten infolgedessen nicht selbst. Wir gaben dann jedem zwei weitere schwarze Eier hinzu, damit sie ein volles Gelege hatten, und ließen sie etwa 5 Wochen lang brüten, über die normale Brutzeit von durchschnittlich 24 Tagen (BEER 3, YTREBERG 25) hinaus. Dann boten wir ihnen wie üblich im vorherbestimmten Wechsel schwarze und sandfarbene Winkel. Wir hatten zwar diese beiden Farben nie unmittelbar miteinander verglichen, jedoch im 8. Versuch festgestellt, daß schwarz viel weniger wirksam ist als weiß, glänzend oder schalenähnlich und annähernd gleichwertig mit rot. Trotzdem suchten wir uns 14 Paare mit eigenen Eiern als Kontrollen, um sie gleichzeitig mit denselben Attrappen zu prüfen. Die Ergebnisse von sieben Versuchsreihen, die wir an fünf aufeinanderfolgenden Tagen durchführten, zeigt Tab. 36.

Tabelle 36. *Anzahlen verschiedenfarbiger kleiner Winkel, die weggetragen oder nicht weggetragen wurden, wenn die Möwen auf schwarzen (Versuchstiere) oder normalen (Kontrollen) Eiern gebrütet hatten (21. Versuch)*

	schwarzer Winkel		sandfarbener Winkel	
	getragen	nicht getragen	getragen	nicht getragen
Versuchstiere	12	37	13	36
Kontrollen	3	46	12	37

Anzahl der Darbietungen: 2 × 7 × 14. Unterschied der Werte für schwarze Winkel zwischen Versuchstieren und Kontrollen auf dem 2,5 %-Niveau gesichert.

Hiernach hat das Brüten auf schwarzen Eiern die Reaktion auf schwarze Attrappen verstärkt. Das Alter der Vögel kennen wir nicht. Es ist deshalb möglich, daß sie in früheren Jahren schon auf normalen Eiern gebrütet haben und daß sich bei Unerfahrenen dieser Einfluß noch stärker ausprägen würde. Jedenfalls hatten sie noch niemals schwarze Schalen weggetragen, und ihre Erfahrung mit schwarzen Eiern gehörte zu einer anderen Verhaltensweise, dem Brüten.

Natürlich könnte es auch sein, daß die Möwen gar nichts lernten, sondern die Farbe der Attrappe mit der ihrer Eier verglichen. Wir hoffen, uns im nächsten Sommer dieser Frage annehmen zu können.

22. Versuch. Im 17. Versuch hatten zu unserer Überraschung Möweneischalen und weiße oder sandfarbene Hühnereischalen ungefähr gleiche Werte erbracht; es schien denkbar, daß sie trotzdem nicht alle gleich stark auslösend wirkten, daß aber selbst die vergleichsweise am seltensten transportierten doch so nahe am Optimum waren, daß sie unter Versuchsbedingungen noch fast 100 % ergaben. Eischalen werden, wenn überhaupt, gewöhnlich sofort nach der Rückkehr weggetragen, weshalb es kaum möglich ist, die Versuchszeit zu verkürzen. Weil aber, wie wir sahen, mit größerer Entfernung vom Nest die Wirksamkeit der Schale abnimmt, wollten wir diese Möglichkeit nützen, um einige der besten Attrappen zu vergleichen. 15 cm von der Nestmitte entfernt boten wir natürliche Möweneischalen sowie ganz weiße, ganz (alt) sandfarbene und ganz hellgrüne Hühnereischalen in vorbestimmter Folge einmal an 160 Nestern (Tab. 37).

Die natürlichen Schalen wurden, wie zu erwarten, häufiger beseitigt als

Tabelle 37. *Anzahlen vier verschiedener Sorten von Eischalen, die in einer Versuchsreihe aus 15 cm Abstand vom Nest (22. Versuch) weggetragen oder nicht weggetragen wurden*

	getragen	nicht getragen
natürliche Möweneischale	114	46
weiße Hühnereischale	80	80
sandfarbene Hühnereischale	36	124
hellgrüne Hühnereischale	31	129

Anzahl der Darbietungen: 4 × 160. Unterschiede zwischen natürlich und weiß sowie zwischen weiß und sandfarben signifikant (beide $p < 0,1$ ‰), zwischen sandfarben und hellgrün nicht signifikant.

alle übrigen, die sandfarbenen[1] jedoch nicht öfter als die hellgrünen und wesentlich seltener als die weißen. Weiß war zwar auch in früheren Versuchen der Sandfarbe überlegen, doch meistens nicht in diesem Ausmaß, und von den Winkeln schnitten die sandfarbenen viel besser ab als die hellgrünen. Das ist schwer zu erklären. Da Sandfarbe die Schalen sehr gut tarnt, nehmen wir an, daß sie zwar auf dem Nestrand nicht zu übersehen sind, aber schon ein Stückchen weiter nicht mehr die Aufmerksamkeit des Vogels erregen. Dennoch ist es verwunderlich, daß sich dies schon bei 15 cm Abstand so stark auswirken soll.

V. Zeitliche Veränderungen der Antwortbereitschaft

Wie im II. Abschnitt erwähnt, sind nach C. Beer (3) Lachmöwen während der ganzen Brutzeit bereit, Eischalen wegzutragen, sogar schon lange vor der Ablage des ersten Eies. Wir prüften die Brutpaare zu verschiedenen Zeiten, um möglichst genau zu erfassen, wie diese Bereitschaft sich im Verlauf der Fortpflanzungsperiode ändert. Unsere Folgerungen beruhen allerdings nicht ausschließlich auf dem Vergleich dieser Versuche. Freundlicherweise erlaubte uns Dr. Beer, seine Ergebnisse von 1958 hier zu veröffentlichen. 20 Tage vor der Eiablage beginnend, bis 25 Tage nach dem Schlüpfen bot er an zahlreichen Nestern täglich einmal einen halben Pingpongball, der außen wie ein Möwenei bemalt war. Sechs Stunden später

1 Allerdings waren im 17. Versuch die Hühnereischalen innen weiß und sandfarben nur außen, hier dagegen auf beiden Seiten.

Tabelle 38. *Übersicht der Ergebnisse* C. Beers *mit einer Standardattrappe (halber Tischtennisball), die während der ganzen Brutzeit täglich einmal geboten wurde. E0: Tag der Ablage des ersten Eies, K0: Schlüpftag des ersten Kükens. Die Daten sind für verschieden lange Zeiträume zusammengefaßt. Weitere Erklärung im Text*

	E-20/-10	E-9/-1	E0	E1	E2	E3
weggetragen	174	584	97	88	91	90
nicht getragen	92	210	12	13	12	9
	266	794	109	101	103	99
% getragen	65,4	73,7	89,0	87,1	88,3	91,0
	E4/10	**E11/17**	**E18/25**	**K0/6**	**K7/13**	**K14/25**
weggetragen	437	222	230	187	111	105
nicht getragen	47	22	29	51	80	76
	484	244	259	238	191	181
% getragen	90,3	91,0	88,8	78,5	58,1	58,0

kontrollierte er den Erfolg und sammelte die übrigen Attrappen wieder ein. Das Ergebnis zeigt Tab. 38.

Zu Beginn ist die Anzahl der Paare gering, da jetzt die Vögel ihre Mulde noch leicht verlassen. Deshalb sind die Werte für die ersten 10 Tage (E–20/810) signifikant niedriger als die für die darauffolgenden E–9/–1 ($p < 2{,}5\,\%$). Während der Eiablage steigt die Bereitschaft weiter an (Unterschied zwischen E–9/–1 und E0: $p < 0{,}5\,\%$). Dann bleibt sie im wesentlichen unverändert, bis die Jungen schlüpfen (Unterschied zwischen E 18/25 und K0/6: $p < 0{,}5\,\%$), und sinkt danach wieder ab.

Ob diese Werte eindeutig Schwankungen der Transportbereitschaft wiedergeben, bleibt fraglich, solange wir nicht wissen, welchen Einfluß etwa die wiederholte Darbietung unserer Attrappen ausübt; die Antwortbereitschaft könnte auch deshalb nachlassen, zunehmen, gleichbleiben oder sich bald in der einen, bald in der anderen Richtung verschieben. Obwohl uns planmäßige, über die ganze Brutzeit ausgedehnte Versuche mit denselben Attrappen an immer neuen Vögeln fehlen (und weil das allein die ganze Kolonie beansprucht hätte), haben wir immerhin zwei Gruppen von Daten, die hierüber Aufschluß geben, zunächst über Ermüdung im Verlauf unserer Versuche. In Tab. 39 sind die Antworten auf die jeweils ersten vier Darbietungen in 14 Versuchsreihen mit vorbestimmtem Wechsel dar-

Tabelle 39. *Ergebnisse der jeweils ersten vier Darbietungen (Darb.) in 14 aufeinanderfolgenden Versuchsreihen mit vorbestimmtem Wechsel*

Versuch	Darb. 1	Darb. 2	Darb. 3	Darb. 4	Anzahl der Nester
9–1	43	35	36	28	96
10–1	46	39	33	27	80
X	53	35	38	39	80
11–A	46	45	43	41	80
11–B	39	43	39	41	80
13	93	62	69	68	240
14	35	28	27	30	80
15	44	36	37	41	80
17	99	114	105	101	160
16	71	66	60	64	160
18	134	126	119	126	160
19 C	59	61	60	49	320
19 A	39	36	29	33	320
19 B	34	21	27	32	320
	835	747	722	720	2256

gestellt. Die linke Spalte nennt die Versuche, deren Gesamtergebnisse schon aufgeführt wurden. Es ist zu bedenken, daß hierbei jedes Nest jedesmal eine neue Attrappe bekam, d. h. ein Ding, das zwar nicht in allen, aber doch in manchen Eigenschaften dem vorher Gebotenen gleich war. Soweit also etwa bestimmte Reize die Antwort immer wieder begünstigt hätten (HINDE 7), wäre ein Absinken der Reaktionsbereitschaft hierdurch eher verhindert worden. Die Unterschiede in der Bewertung unserer Attrappen waren aber sehr verschieden groß. Manchmal übertrafen einige die meisten übrigen bei weitem, in anderen Fällen wirkten fast alle ungefähr gleich. Wir können darum nicht mehr aussagen, als daß diese Zahlen möglicherweise, aber nicht unbedingt eine leichte reizspezifische Veränderung der Antwortbereitschaft erkennen lassen und daß sich diese von Versuch zu Versuch anders auswirkt. Man sollte wohl einmal Ermüdung und Neuheit der Attrappe, so wie sie sich durch Unterschiede in den absoluten Werten zu erkennen geben, zueinander in Beziehung setzen. Doch möchten wir damit warten, bis mehr Daten beisammen sind. Im Augenblick genügt es uns, zu wissen, daß wahrscheinlich während des Ablaufs verschiedener Versuche die Antwortbereitschaft ein klein wenig abnimmt.

Zweitens haben wir ganze Versuchsreihen mit vorbestimmtem Wechsel ein- oder mehrmals an denselben Vögeln durchgeführt, so daß wir aus die-

Tabelle 40. *Anzahlen positiver Reaktionen aus sieben aufeinanderfolgenden Versuchsreihen mit vorbestimmtem Wechsel, worin denselben Vögeln dieselben Attrappen geboten wurden*

Versuch	I	II	III	IV	Anzahl der Darbietungen	Attrappen
8	255	177 ||	122		2304	verschiedenfarbige Winkel
9	174	147	103		1200	verschiedenfarbige Winkel
11	175 ||	116			640	Eischalen, Ringe, Winkel
15	61	54			320	verschiedenfarbige Winkel
17	134	126	119	126	640	Eischalen und Ring
19 A	46	25 ||	45	34	640	Rechtecke aus Pappe
19 B	53	31 ||	33		480	Rechtecke aus Pappe

Zwei senkrechte Striche bedeuten eine Pause von 8–10 Tagen; alle übrigen Wiederholungen folgen unmittelbar aufeinander.

sen Ergebnissen ableiten können, was wiederholte Darbietung genau derselben Attrappen ausmacht. Tab. 40 gibt an, wie viele Modelle in jeder der Versuchsreihen an sieben Vogelgruppen insgesamt weggetragen wurden.

Aus dieser Darstellung geht überzeugend hervor, daß mehrfaches Anbieten derselben Attrappe die Zahl der Antworten verringert. In manchen Fällen wirkt das selbst über 8–10 Tage Pause noch nach, während einmal, bei den schwach wirksamen Rechtecken aus Pappe, die Wegtragebereitschaft sich in dieser Zwischenzeit erholt hat. Es ist gewiß auch kein Zufall, daß im 17. Versuch die Werte für stark auslösende Gegenstände, hauptsächlich Eischalen, nach dem ersten Mal nur ganz geringfügig absinken und während der folgenden Darbietungen fast unverändert bleiben.

Soweit es die wenigen Zahlen zulassen, muß man schließen, daß Wiederholungen mit derselben Attrappe ein leichtes Nachlassen der Reaktionsbereitschaft zur Folge haben. Dies kommt in den Untersuchungen Beers wahrscheinlich deshalb weniger zum Ausdruck, weil seine Versuchszeit 6 Stunden währte, viel länger als unsere mit einer halben bis zu vier Stunden, und weil seine Standardattrappe recht hochwertig war.

Weitere Daten zu dieser Frage enthält Tab. 41: Mehrmals bekamen verschiedene Gruppen von Vögeln zu verschiedenen Zeiten der Fortpflanzungsperiode dieselben Attrappen, so daß diese Zahlen deren Wert zu bestimmter Zeit unabhängig von etwaiger Ermüdung wiedergeben. In der rechten Spalte ist die Versuchsdauer eingetragen, und nur gleich lange Darbietungen (innerhalb der waagerechten Reihen) kann man vergleichen;

Tabelle 41. *Werte aus Versuchen mit gleichen Attrappen, die zu verschiedenen Zeiten verschiedenen Vögeln geboten wurden. Weitere Erklärungen im Text*

28. 4.–2. 5.	5. 5.	2.–7. 5.	6. 5.	7.–10. 5.	10.–11. 5.	11.–13. 5.	14.–17. 5.	17.–18. 5.	19. 5.	21.–23. 5.	Attrappen
	1 61 % n = 80		2 46 % n = 80						46 % n = 80		sandfarbene Winkel 30 min
					1 45 % n = 160		2 35 % n = 240			29 % n = 120	weiße Winkel 120 min
2 48 % n = 96						41 % n = 80		1 57 % n = 160			weiße Winkel 240 min
		2 48 % n = 160		1 54 % n = 160							Rechtecke aus Pappe 240 min

sie sind nach dem Datum (oberste Reihe) geordnet. Im ganzen ist das Verhalten der Koloniebewohner verhältnismäßig gut synchronisiert. Die meisten legen zwischen dem 12. April und Anfang Mai mit einem Gipfel in der letzten Woche des April (BEER 3). Es gibt aber auch Spätbrüter und solche, die nachlegen, weil ihre erste Brut verlorenging, und dadurch wird der Zeitplan etwas verwischt. Trotzdem kann man im allgemeinen damit rechnen, daß zu bestimmter Zeit angesetzte Versuche bestimmte Altersgruppen der Eier erfassen. In jeder waagerechten Reihe der Tab. 41 ist der höchste Wert mit 1, der nächstniedere mit 2 bezeichnet. In den zwei oberen Reihen steht 1 vor 2, d. h. zu einem früheren Zeitpunkt, in den beiden folgenden umgekehrt 2 vor 1. Was auch für Schwankungen der Antwortbereitschaft sich in den Querreihen abzeichnen mögen, mit dem Alter der Eier haben sie anscheinend nichts zu tun, und insoweit stimmen diese Befunde mit denen BEERS überein.

Die Bereitschaft, Eischalen zu beseitigen, bleibt demnach höchstwahrscheinlich während der ganzen Brutzeit mehr oder weniger auf gleicher Höhe. Sie steigt vielleicht mit der Zeit ein klein wenig an, was möglicherweise in BEERS Ergebnissen durch irgendwelche geringfügige Abschwächungen gerade ausgeglichen wurde. Möglich ist auch, daß die Reaktionsbereitschaft nur während der allerersten Wiederholungen nachläßt und danach, wenig erniedrigt, gleich bleibt. Wenn das zutrifft, dann würden die von BEER gefundenen Werte bedeuten, daß der Anstieg vor der Eiablage normalerweise etwas steiler ist, als daraus hervorgeht, und daß das Gleichbleiben nach diesem Zeitpunkt der Wirklichkeit entspricht.

VI. Warum wird die Antwort verzögert?

Was für einen starken Druck Nesträuber darauf ausüben, daß die Eischalen nicht beim Nest liegenbleiben, haben die Krähen und Silbermöwen in unseren Versuchen (Abschnitt III) bewiesen. Wir beobachteten es zwar nur in dieser einen Kolonie (die aber einen großen Teil der englischen Brutvögel umfaßt), doch Krähen sind fast allgegenwärtig und wohlgeübte Eierräuber. Man sollte deshalb erwarten, daß die Lachmöwen sich mit dem Aufräumen beeilen. Doch das ist nicht üblich. Weil aber das Beseitigen der Eischalen bei Vögeln so weit verbreitet, also gewiß eine stammesgeschichtlich alte Verhaltensweise ist, können wir uns kaum denken, daß die Art nicht imstande gewesen sein sollte, größere Pünktlichkeit zu entwickeln. Es sieht vielmehr so aus, als stünde dem ein anderer Selektionsdruck entgegen – als sei es irgendwie riskant, so rasch zu handeln. Die Gefahr, ein noch nicht ganz ausgeschlüpftes Junges mit wegzutragen, wäre für Möwen und andere Arten dieselbe. Nach allerdings nur wenigen Erfahrungen mit Sandregenpfeifern und Austernfischern warten diese aber durchaus nicht so lange, und zwar obwohl ihre Jungen nur ein paar Stunden im Nest verweilen, so daß man glauben könnte, der Eischalentransport sei hier viel weniger wichtig. Während der zwei Jahre 1959 und 1960 fand sich allmählich eine Erklärung. Immer waren Lachmöwen da, die sich bevorzugt von schlüpfenden oder noch feuchten Küken ernährten. Wenn auch nicht alle Koloniebewohner Kannibalen sind, ist doch diese Form des Nahrungserwerbs recht häufig, besonders am Ende der Brutzeit. Oft genug wurde gerade zu dieser Zeit unser Bemühen, die Entwicklung während der ersten Stunden zu verfolgen, plötzlich zunichte, weil solch ein Kükendieb dazwischenfuhr. Wir haben es nicht regelmäßig aufgeschrieben, aber 20mal ist es – vorsichtig geschätzt – mindestens vorgekommen, daß ein eben ausgekrochenes Küken dicht vor unserem Versteck aus dem Nest weggeschnappt wurde, während trockene Junge, die nur wenige Stunden älter und ebensogut oder leichter zu haben waren, unbehelligt blieben. Und von den feuchten Küken verschwanden unbemerkt noch sehr viel mehr. Nur dreimal sahen wir eine Lachmöwe ein trockenes, aber auch noch keinen Tag altes Junges verschlingen. Sie brauchte dazu etwa 10 Minuten, während ein feuchtes in wenigen Sekunden verschluckt ist, oft sogar im Fluge. Zweifellos sind die Küken vor Übergriffen der Nachbarn (nicht der Silbermöwen) nahezu sicher, sobald ihr Daunenpelzchen luftig und trocken ist.

Man muß sehen, wie sich die Eltern gebärden, wenn das Schlüpfen im Gange ist und so ein Dieb umherstrolcht. Sie kennen seine Absicht, sind ungewöhnlich feindselig, wenn er in ihre Nähe kommt, und ganz unwillig, das Nest zu verlassen. Scheucht aber doch ein anderer Feind oder ein Mensch sie auf, so greift der Räuber in Sekundenschnelle zu. Wir hatten den Eindruck, daß diese Möwen viele Nester im Auge behielten und wußten, wo Junge schlüpften. Einmal waren wir Zeuge, wie ein noch feuchtes Küken in den paar Augenblicken verschwand, als der Altvogel die Eischale wegtrug.

Wir halten es darum für berechtigt, die Verzögerung der Reaktion auf die kannibalischen Neigungen mancher Koloniemitglieder zurückzuführen.

VII. Erörterung

Das Wegtragen einer Eischale dauert wenige Sekunden. Es begibt sich normalerweise dreimal im Jahr. Eine ganz simple Angelegenheit, könnte man meinen, ein Vogel wie eine Hausfrau, die kein Stäubchen liegen sehen kann. Doch wie sich nun herausgestellt hat, ist diese Verhaltensweise allen Bedürfnissen gut angepaßt und leistet ihren Beitrag zur Arterhaltung. Darüber hinaus hat diese Untersuchung uns auch an allgemeinere ökologische und phylogenetische Fragen herangeführt. Manche Anregungen zu der folgenden Diskussion verdanken wir den Arbeiten von E. und J. M. Cullen (4, 5).

Revier. Ein Revier dient mehreren Zwecken (Tinbergen 20). Die Bindung an einen bestimmten Ort unterstützt die Paarbildung, das Heimfinden zum Nestplatz und, für die Küken, das Kennenlernen günstiger Verstecke. Die Feindseligkeiten zwischen benachbarten Revierbesitzern verhüten Einmischungen während der Paarbildung und, da sie den Abstand zwischen den Paaren und deren Nestern vergrößern, wenigstens bis zu Graden den Massenmord durch Nesträuber (vgl. auch Tinbergen 18). Die hier beschriebenen Ergebnisse bezeugen, wie uns scheint, eine weitere bisher unerkannte Funktion des Reviers: Es verringert die Wahrscheinlichkeit, daß sich die Nachbarn in der Kolonie an fremder Brut vergreifen. Wir trennen solche Plünderungen von denen Artfremder aus folgenden Gründen: Nach L. Tinbergen (15) halten manche räuberische Vögel sich mehr oder weniger lange an ein Suchbild. Irgendwie richten sie ihre Aufmerksamkeit auf eine ganz bestimmte Art von Beute und sprechen derweil auf andere weniger an. Wie lange dieser Zustand beschränkter Antwortbereitschaft anhält, das ist offenbar zum Teil abhängig von der Dichte der Beutetiere. Eine Reihe von Erfolgen in kurzer Zeit scheint die Spezialisierung zu verstärken oder mindestens aufrechtzuerhalten. Mißerfolge scheinen die Aufmerksamkeit wieder auf anderes auszudehnen. Dieser Eigenschaft ihrer Feinde, die weit verbreitet sein mag, müssen die Beutetiere Rechnung tragen, indem sie sich verteilen; denn je größer der Abstand, desto länger muß man sie suchen.

Anders ist es bei Lachmöwen untereinander. Jede einzelne Möwe lernt während der ausgedehnten Revierstreitigkeiten zu Anfang der Brutzeit, den Bereich ihrer Nachbarn zu meiden. Auf den Abstand zwischen den Nestern, die Dichte der Brütenden kommt es hierbei nicht an, sondern auf die unsichtbaren Schranken, die zwischen ihnen aufgestellt sind. Natürlich unterbindet die Kenntnis der Grenzen nicht jegliche Übergriffe, doch sind sie auf seltene kurze Gelegenheiten beschränkt (z. B. wenn ein Mensch oder ein Fuchs die ganze Kolonie aufstört), und dadurch wird augenscheinlich die Räuberei zwischen Artgenossen beträchtlich verringert.

Die Regelung der Wohndichte. Der Massenangriff der Lachmöwen verwehrt es wenigstens einem Feind, in die Kolonie einzudringen: der Rabenkrähe. Hierfür ist das Zusammenrücken vorteilhaft; denn wie wir sahen, machen bis zu drei angreifende Lachmöwen den Krähen nichts aus. Andererseits sind auch das Abstandhalten und die aus Kämpfen wohlbekannten Grenzen sichtlich von Nutzen. Die tatsächliche Dichte innerhalb der Kolonie ergibt sich also aus einem Kompromiß zumindest zwischen diesen beiden widerstreitenden Notwendigkeiten. Wie E. und J. M. Cullen zeigten (4, 5), können Untersuchungen der Feindabwehr verschiedener Arten dazu verhelfen, den Anpassungswert zwischenartlicher Unterschiede in der Siedlungsdichte der Brütenden zu erkennen.

Zeitliche Gleichschaltung des Brutablaufs. Manches weist darauf hin, daß der Feinddruck für die Synchronisation innerhalb der Kolonie ein entscheidender Faktor ist. Die Zeiten des Erscheinens der flüggen Jungvögel am Strande streuen ungefähr im gleichen Maße wie die der Eiablage, und zwar obwohl es in jedem Jahr eine große Anzahl von Spätbrütern gibt, die entweder erst nach dem Hauptschub angekommen sind oder die, weil sie ihre erste Brut verloren, nachlegen mußten. Nach unseren Beobachtungen werden gegen Ende der Brutzeit besonders viele schlüpfende Küken von Artgenossen gestohlen, und auffällig viele späte Bruten verschwinden. Zweifellos stammen die meisten Nachkommen von Paaren, die früh eingetroffen sind und nicht nachlegen mußten. Wer den Zeitplan nicht einhält, kommt schwer ins Hintertreffen.

Das Feindabwehrsystem als Ganzes. Es scheint jetzt angebracht, alle die Maßnahmen, womit Lachmöwen sich gegen ihre Feinde schützen, soweit sie uns bekannt sind, einmal in ihrem Zusammenhang zu betrachten. Manche beschützen das einzelne Tier – der Kürze halber wollen wir sie »egoistisch« nennen, selbst wenn sie auch anderen zugute kommen; manche dienen dem Schutz der Brut, oft unter Gefahr für den Einzelnen, weshalb sie »altruistisch« heißen sollen. Selbstverständlich beziehen sich diese Bezeichnungen nur auf das Ziel, nicht auf den Antrieb.

Die auffälligste und scheinbar nächstliegende Reaktion ist die Flucht. Doch nimmt selbst diese verschiedene Formen an, je nachdem was für ein Feind kommt und wie alt der Vogel ist. Eine erwachsene Möwe fliegt z. B. vor einem Menschen einfach davon. Nähert sich aber ein Wanderfalke, was wir öfters beobachten konnten, so ballen sich die Möwen zu einem dichten Schwarm, der tief über dem Boden oder dem Wasser sehr schnell im Zickzack hin und her schwenkt. Wenn einzelne Möwen sich vom Schwarm trennen und hastig mit schnellen, scharfen Wendungen fort, oft abwärts fliegen, flüchten diese wahrscheinlich vor einem Wanderfalken, den sie in großer Höhe trafen. Der Alarm der Altvögel veranlaßt die Jungen, sich zu ducken, zunächst auf der Stelle; doch schon nach einem Tag oder gar früher rennen sie ein paar Schrittchen vom Nest weg ins Gestrüpp. Jedes Küken lernt bald ein oder mehrere Versteckplätze kennen, die es immer wieder aufsucht, wodurch es sich rascher in Sicherheit bringt, als wenn es jedesmal neu suchen müßte.

Außerhalb der Brutzeit bevorzugen die Möwen weite offene Flächen, wie sumpfige Wiesen, den Strand oder das Wasser. Hier sehen sie den Feind schon von weitem. Im Schwarm verständigen sie sich, wenn nicht auch noch auf andere Weise, durch den Alarmruf.

Bei der Wahl des Brutplatzes handeln sie altruistisch, und schon hierbei spricht Vorsorge gegen künftige Nesträuber mit. Im Dünengelände vermeiden sie, auf blankem Sand zu brüten, selbst wenn die Männchen dort vorübergehend Paarbildungsreviere gründen. Sowie sie einig sind, wählen die Paare Nestplätze im Bewuchs. Lachmöwen, die an Gewässern im Binnenland brüten, entscheiden sich meistens für Inseln, auf denen sich viele ansiedeln können, oder aber für einzelne Bülten mit Raum für ein einziges Nest. Ihre Vorliebe für Inseln kann ihnen in der Gezeitenzone bei Hochfluten gefährlich werden (TINBERGEN 17).

Für die Sicherheit der Brut sorgen weitere Verhaltensweisen, die den Eltern selbst nichts nützen oder sie sogar gefährden. Durch ein Widerspiel von Angriff und Flucht und hieraus abgeleitete Drohgebärden (TINBERGEN 21, MANLEY 11) verteilen sich die Paare so, daß der Abstand zwischen den Nestern vor Artgenossen und Artfremden einen gewissen Schutz gewährt. Im Gegensatz zu Enten, Brachvögeln, mehreren anderen Watvögeln oder Fasanen, die unscheinbare Weibchen haben, verlassen Möwen ihre tarnfarbige Brut beim ersten Anzeichen von Gefahr.

Die Eier werden in den oberen Abschnitten des Eileiters mit ihren Schutzfarben versehen.

Die Altvögel versuchen, Nesträuber zu vertreiben, wobei ihre Angriffslust und Beharrlichkeit der Bedrohung sowohl für sie selbst wie für die Brut offensichtlich gut angepaßt sind. Sobald das erste Ei gelegt ist, bleibt stets ein Elternteil im Revier und bewacht es. Das Wegtragen der Eischalen dient, wie wir sahen, ebenfalls dem Schutz vor Feinden, und zweifellos auch die Tarntracht der Küken.

Alles ist vielfach verwoben und den Erfordernissen wunderbar angepaßt, obwohl diese zum Teil einander geradezu widersprechen. Hieraus ergeben sich Kompromisse verschiedener Art. Was der Brut hilft, kann den Eltern schaden, die sich, um einen Feind zu vertreiben, selbst in Gefahr bringen müssen. So tötet der Fuchs viele erwachsene Möwen am Brutplatz. Wir haben es niemals gesehen, aber die Spuren im Sande sind nicht zu mißdeuten. Oft bringt er mehr Vögel um, als er verzehren kann. Manche sind »Ei-gebundene« Weibchen (MANLEY 10). Doch 1960, als wir 32 von Füchsen getötete Lachmöwen daraufhin untersuchten, waren 21 Männchen. Sehr oft sind diesen Möwen die Schwänze ausgerissen und/oder die Beine gebrochen, vermutlich weil der Fuchs sie im Hochsprung ergreift, wenn sie auf ihn herunterstoßen. Die Auslese muß also wohl dafür sorgen, daß ein gedeihliches Mittelmaß zwischen Angriffs- und Fluchtbereitschaft sich einspielt.

Wenn im Frühjahr die Möwen, nachdem sie monatelang ganz offenes Gelände bewohnten, den Brutplatz zu besiedeln beginnen, der für sie, wie eben beschrieben, Gefahren birgt, wird der Konflikt zwischen egoistischem und altruistischem Verhalten höchst augenfällig. Sie schalten nicht sogleich um, sondern es braucht einige Zeit, bis sie ihre Angst verlieren, und wenn sie nach langem Zögern schließlich seßhaft geworden sind, wandelt es sie plötzlich an, daß sie in wilder Panik die Kolonie verlassen. Erst nach und nach hören die Schreckfluchten auf (vgl. auch TINBERGEN 19 und CULLEN 6). Am Ende der Brutzeit fliegen die Altvögel abends fort, um am Strande zu schlafen, und überlassen ihre Jungen auf Gedeih und Verderb den nächtlichen Räubern.

Konflikte gibt es auch zwischen zwei altruistischen Formen der Verteidigung, deren jede ihre Vorzüge hat. Das Dichtbeisammensein, das die gemeinsame Abwehr der Krähen ermöglicht, und das Abstandhalten mit anderen Vorteilen für die Brut werden gegeneinander ausgewogen.

Schließlich kann man nicht jedem Feind auf gleiche Weise am besten trotzen. Wenn die Möwen bei Störungen auf ihren Nestern sitzenblieben, sollten weder Silbermöwen noch Krähen der Nachkommenschaft etwas anhaben können. Doch dann wären die Eltern dem Fuchs ausgeliefert. Im Hinblick auf Silbermöwen und Krähen wäre es günstig, die Eischalen so schnell wie möglich fortzuschaffen; doch wegen der diebischen Nachbarn ist es besser, zu warten, bis das Aufstehen verhältnismäßig ungefährlich ist – wiederum ein, diesmal zeitlicher, Kompromiß.

Wir haben zunächst nur zeigen können, daß der Eischalentransport eine Schutzmaßnahme unter vielen ist, und gewiß bedürfen auch unsere Schlußfolgerungen weiterer Bestätigung. Eine genauere Untersuchung des Feindabwehrsystems dieser und anderer Arten, des ganzen Gefüges aus vielen einzelnen Gliedern, die wechselweise ineinandergreifen und so die für das Überleben beste Lösung sichern, scheint vielversprechend; wir würden deutlicher sehen, wie sich die Arten, auf vielerlei Weise von der Auslese gelenkt, zu immer größerer Mannigfaltigkeit entwickeln.

VIII. Zusammenfassung

Bald nach dem Schlüpfen des Jungen tragen Lachmöwen die Eischale fort. Wir versuchten zu klären, wozu dieses Verhalten dient und durch welche Reize es ausgelöst wird. Rabenkrähen und Silbermöwen finden weiße Eier leichter als natürliche Möweneier, die durch ihre kryptische Färbung verhältnismäßig gut geschützt sind. Legt man in 15 cm Abstand eine leere Schale daneben, so sind sie viel stärker gefährdet. Diese verräterische Wirkung der Schale verringert sich rasch mit wachsender Entfernung vom Ei. Der Eischalentransport trägt demnach dazu bei, die Brut vor Nesträubern zu schützen.

Nach C. Beer (3) beseitigen die Möwen vielerlei Dinge vom Nest. Wie ausgedehnte Versuche mit Attrappen verschiedener Form, Farbe, Größe und Entfernung vom Nest ergaben, werden alle Farben angenommen. Sandfarbe, der Grundton der Eier, und weiß wirken weitaus am besten. Grün löst nur sehr wenige Antworten aus. Eischalen sind zylindrischen Ringen gleicher Farbe und diese winkelförmigen Attrappen überlegen. Auf die Größe kommt es nicht sehr an; übergroße Ringe erregen Furcht, die dem Wegtragen entgegenwirkt. Es werden noch mehr Hinweise darauf erwähnt, daß die aus Massenversuchen gewonnenen Werte kein genaues Maß der Wegtragebereitschaft selber sind, sondern eher für den Erfolg, mit dem sie sich gegen andere Bestrebungen durchsetzt. Der Auslösewert der Schalen bzw. Attrappen sinkt mit wachsendem Abstand vom Nest.

Im ganzen paßt das Verhalten gut zu seiner Hauptaufgabe, der Beseitigung speziell der leeren Schale. Da aber ziemlich häufig auch ganz andersartige Dinge befördert werden, dient es offenbar dazu, alles zu entfernen, was den Nestplatz auffälliger machen könnte.

In einem Vorversuch sprachen Möwen, die auf schwarzen Eiern gebrütet hatten, besser auf schwarze Schalenattrappen an als die Kontrollen.

Im Vergleich zu nicht in Kolonien brütenden Watvögeln wie Sandregenpfeifer und Austernfischer setzt bei Lachmöwen die Reaktion verzögert ein, was verhindert, daß auf das Räubern feuchter Küken spezialisierte Artgenossen allzu leicht Beute machen – eine bisher unbekannte Funktion des Reviers.

Das ganze Feindabwehrsystem der Lachmöwen ist vielfältig zusammengesetzt. Die Sicherheit des Einzelnen erfordert andere Vorkehrungen als die der Brut. Die verschiedenen Schutzmaßnahmen für das Gelege und die Jungen können einander entgegenstehen, und was vor einer Art von Räubern größte Sicherheit gewähren würde, bedeutet anderweitig erhöhte Gefahr. Solche Konflikte haben zu den verschiedensten Kompromißlösungen geführt.

Literatur

1 BAERENDS, G. P. (1957): The ethological concept »Releasing Mechanism« illustrated by a study of the stimuli eliciting egg-retrieving in the Herring Gull. Anatom. Rec. 128, 518–519.

2 – (1959): The ethological analysis of incubation behaviour. Ibis 101, 357–368.

3 BEER, C. (1960): Incubation and nest-building by the Black-headed Gull, D. phil. thesis, Oxford; subsequently published; siehe BEER, C. (1961), Behaviour, 18, 62–106; (1963) Behaviour, 21, 13–77; (1963) Behaviour, 26, 189–214.

4 CULLEN, E. (1957): Adaptations in the Kittiwake to cliff-nesting. Ibis, 99, 275–302.

5 CULLEN, J. M. (1960): Some adaptations in the nesting behaviour of terns. Proc. 12th Internat. Ornithol. Congr. Helsinki 1958.

6 – (1956): A study of the behaviour of the Arctic Tern, *Sterna paradisea*. D. phil. thesis, Oxford.

7 HINDE, R. A. (1954): Factors governing the changes in strength of a partially inborn response, as shown by the mobbing behaviour of the Chaffinch (*Fringilla coelebs*): II. The Waning of the response. Proc. Royal Soc. B. 142, 331–358.

8 MAGNUS, D. (1958): Experimentelle Untersuchungen zur Bionomie und Ethologie des Kaisermantels *Argynnis paphia* L. (Lep. Nymph.). 1, Z. Tierpsychol. 15, 397–426.

9 Makkink, G. F. (1936): An attempt at an ethogram of the European Avocet (*Recurvirostra avosetta* L.). Ardea 25, 1–62.
10 Manley, G. H. (1957): Unconscious Black-headed Gulls. Bird Study 4, 171–172.
11 – (1960): The agonistic behaviour of the Black-headed Gull. D. phil. thesis, Oxford.
12 Nethersole Thompson, C., und D. Nethersole Thompson (1942): Egg-shell disposal by birds. British Birds 35, 162–169, 190–200, 214–224, 241–250.
13 Schwartzkopff, J. (1960): Physiologie der höheren Sinne bei Säugern und Vögeln. Journ. f. Ornithol. 101, 61–92.
14 Siegel, S. (1956): Nonparametric Statistics for the Behavioral Sciences, New York.
15 Tinbergen, L. (1960): The natural control of insects in pine woods: I. Factors influencing the intensity of predation by songbirds. Arch. néerl. Zool. 13, 265–336.
16 Tinbergen, N. (1951): The Study of Instinct, Oxford. (Instinktlehre. 5. Aufl., Berlin 1972).
17 – (1952): When instinct fails. Country Life, Feb. 15, 412–414.
18 – (1952): On the significance of territory in the Herring Gull. Ibis 94, 158–159.
19 – (1953): The Herring Gull's World, London. (Die Welt der Silbermöwe. Göttingen 1958).
20 – (1956): On the functions of territory in gulls. Ibis 98, 408–411.
21 – (1959): Comparative studies of the behaviour of gulls (Laridae); a progress Report. *Behaviour* 15, 1–70.
22 Villabolos, C., und J. Villabolos (1947): Colour Atlas, Buenos Aires.
23 Weidmann, U. (1956): Observations and experiments on egg-laying in the Black-headed Gull (*Larus ridibundus* L.), Brit. Journ. Anim. Behav. 4, 150–162.
24 Weidmann, R., und U. Weidmann (1958): An analysis of the stimulus situation releasing food-begging in the black-headed gull. Anim. Behav. 6, 114.
25 Ytreberg, N. J. (1956): Contribution to the breeding biology of the Black-headed Gull (*Larus ridibundus* L.) in Norway. Nytt Magas. Zool. 4, 5–106.

(Aus dem Zoologischen Institut der Universität Oxford, England)

7 Der Einfluß von Farben und von Erfahrung auf den Eischalentransport der Lachmöwen[1]

(1962)

Einleitung

Bald nachdem ein Junges geschlüpft ist, tragen Lachmöweneltern die Eischale fort. Was diese Verhaltensweise der Art nützt und durch welche Reize sie ausgelöst wird, das untersuchten wir (TINBERGEN et al. 4) mit folgenden Ergebnissen: Einzeln in den Dünen verteilte Eier sind, wenn in 10 cm Abstand eine leere Schale dabeiliegt, durch Rabenkrähen (*Corvus corone*) und Silbermöwen (*Larus argentatus*) stärker gefährdet als allein. Folglich dürfte das Beseitigen der Eischalen dem Schutz vor Nesträubern dienen.

Das Wegtragen kann während der ganzen Brutzeit ausgelöst werden durch Dinge, die im Nest oder auf dem Nestrand liegen und nicht so aussehen wie ein Ei, ein Küken oder Nestmaterial (TINBERGEN et al. 4); doch ist die natürliche Schale am wirksamsten. Wie planmäßig durchgeführte Attrappenversuche ergaben, wird dieses Verhalten durch Farbe, Form, Größe und Entfernung der Schale vom Nest beeinflußt. Die scheinbar nebensächliche Handlung, für die der Vogel normalerweise nicht mehr Zeit aufwendet als 20 sec im Jahr, leistet offensichtlich ihren Beitrag zum Überleben der Brut als ein Bestandteil des gesamten vielfältigen und gut angepaßten Feindabwehrsystems.

In einem Vorversuch sprachen Lachmöwen, die daran gehindert worden waren zu legen und auf schwarzen Eiern gebrütet hatten, auf schwarze Schalenattrappen stärker an als die auf eigenen Eiern brütenden Kon-

1 Wir danken Sir William Pennington Ramsden, Bt, und dem Cumberland County Council für die Erlaubnis, in der Möwenkolonie von Ravenglass arbeiten zu dürfen, der Nuffield Foundation und der Nature Conservancy für Unterstützung. M. Paillette möchte dem British Council und der Zoologischen Gesellschaft in London für Beihilfe danken.

trollen, die den natürlichen Grundton der Eier, d. h. sandfarbene Attrappen wählten. Diesen Versuch wollten wir mit einer größeren Anzahl Möwen sowie mit grünen Eiern wiederholen und prüfen, ob die Verstärkung der Reaktion auf einem Lernvorgang beruht oder ob die Vögel jeweils die Farbe der Attrappe mit der ihrer Eier im Nest vergleichen. Außerdem sollten dieselben Vögel zeigen, ob solche Erfahrung sich auch auf das Eirollen auswirkt.

Methode

Am 18. April 1961, als erst wenige Möwen angefangen hatten zu legen, verteilten wir in 120 ausgewählte leere Mulden je ein Gipsei. 60 Nester erhielten ein schwarzes und 60 ein graugrünes Ei (die Reflektionskurven der Attrappenfarben und der natürlichen Eifarben sind in Abb. 101, 103 und 104 dargestellt). Möwenpaaren, die das Kunstei angenommen hatten, gaben wir am nächsten Tage ein zweites, am übernächsten ein drittes. Einige wurden vergrämt, und wir legten das verschmähte Ei in ein anderes leeres Nest. Da sich das öfters wiederholte, begannen die Möwen zu verschiedenen Zeiten zu brüten. Nach dem 9. Mai belegten wir keine neuen Nester mehr. Von da an, bis zum 12. Mai, an dem die Versuche anfingen, wurden einige weitere Nester verlassen, aber diese Eier nicht verlegt, weshalb es dann etwas weniger waren als 60, nämlich 56 Nester mit schwarzen und 53 Nester mit grünen Eiern.
Manche Paare kamen, weil sie schon auf Attrappen saßen, nicht zum Legen (Weidmann 5), hatten also 1961 keine eigenen Eier; es waren 15 Paare mit schwarzen und 20 mit grünen Eiern. Von allen Nestern mit schwarzen Eiern wurden 43, von denen mit grünen Eiern 32 verlassen, augenscheinlich weil die grünen leichter annehmbar sind als schwarze. Den 41 (= 56 – 15) Paaren mit schwarzen Eiern, die sich am Legen nicht hindern ließen, nahmen wir jedes eigene Ei so bald wie möglich weg, ebenso den 33 (= 53 – 20) mit grünen. Beide Versuchsgruppen bestanden daher teilweise aus Vögeln, die in diesem Jahr keine, teilweise aus solchen, die kurze Erfahrung mit eigenen Eiern hatten. Bis die Versuche begannen, saßen die »Schwarzbrüter« durchschnittlich 16,2, die »Grünbrüter« 17,6 Tage auf ihren Eiern. Die normale Brutdauer beträgt rund 24 Tage (Beer 2, Ytreberg 6).

Von den Kontrollvögeln mit eigenen Eiern wußten wir nicht, wann sie angefangen hatten zu legen. Doch die Eiablage in der Kolonie gipfelt um den 25. April, und so müssen auch diese im Mittel etwa ebensolange gebrütet haben wie die beiden anderen Gruppen.

In den Versuchen boten wir an jedem Nest drei verschiedenfarbige Schalenattrappen einzeln je zweimal, so daß jedes Paar sechsmal getestet wurde. Wir verwendeten rundgebogene dünne Metallstreifen von 2 × 10 cm, die »kleinen Ringe« früherer Versuche mit ungefähr gleichem Durchmesser wie echte Eier. Sie waren ebenso wie die Eiattrappen grün oder schwarz bemalt oder sandfarben wie der natürliche Grundton. Die Reihenfolge der Darbietungen ist in Tab. 42 angegeben. Eine Stunde, nachdem wir je eine Attrappe auf dem Rand jedes Nestes ausgelegt hatten, prüften wir, ob sie weggetragen worden waren oder nicht.

Tabelle 42. *Reihenfolge der Versuche (1–6) mit Eischalenattrappen in drei Farben, die den drei Untergruppen (A, B, C) von je 60 Nestern je zweimal geboten wurden*

	1	2	3	4	5	6
A	grün	sand	schwarz	sand	grün	schwarz
B	schwarz	grün	sand	grün	schwarz	sand
C	sand	schwarz	grün	schwarz	sand	grün

Dieses Verfahren hatte einige Mängel; denn (1) mußten wir die Vögel jedesmal stören, und einige haben wahrscheinlich deshalb ihre Nester verlassen. Selbst am Ende der ganzen Versuchszeit fanden wir nämlich in einigen unserer Nester frischgelegte Eier, welche nur von fremden Möwen stammen konnten, die den Platz der abgewanderten Besitzer eingenommen hatten. (2) fanden wir beim Kontrollieren öfters Ringe im Nest. Wie wir aus unmittelbarer Beobachtung wissen, können sie auf verschiedene Weise dorthin gelangen. Manchmal nimmt ein Vogel den Ring auf, trägt ihn aber dann doch nicht fort, sondern läßt ihn fallen, so daß er ins Nest rollt; wahrscheinlich eine zweckentsprechende, aber unvollständige Handlung. Oder die Möwe rollt den Ring ein wie ein Ei, das aus dem Nest geraten ist. Oder sie befördert etwas zufällig hinein, wenn sie die Eier wendet, sich zum Brüten zurechtsetzt oder erschrocken davonfliegt. Da wir zwischen diesen Möglichkeiten nicht unterscheiden konnten, galten als »weggetragen« nur solche Attrappen, die wirklich beseitigt worden waren. Eier waren »eingerollt«, wenn wir sie im Nest wiederfanden. Daß diese kleinen Ungenauigkeiten sich in den drei Versuchsgruppen unterschiedlich verteilten, ist nicht anzunehmen. Um sie auszuschließen, hätten wir die Nester jedesmal vom Versteck aus beobachten müssen, damit aber soviel Zeit verloren, daß es unmöglich gewesen wäre, statistisch auswertbare Zahlen zusammenzubringen. (3) brüten beide Geschlechter, und wer gerade an der Reihe war, während der Versuch lief, das wissen wir nicht. Aber durch die Vielzahl der Nester wurden mögliche Unterschiede sicher ebenfalls ausgeglichen.

Ergebnisse

Die Ergebnisse dieser ersten Versuchsreihe zeigt Tab. 43.
Nach dem Mann-Whitney-U-Test (Siegel 3) sind die Werte für sandfarben und schwarz zwischen Normalbrütern (Nn)[1] und Schwarzbrütern (Ss) auf dem 1 %-Niveau signifikant verschieden, ebenso zwischen Normalbrütern (Nn) und Grünbrütern (Gg) für sandfarben und grün bei 0,1 % sowie zwischen Schwarzbrütern (Ss) und Grünbrütern (Gg) für schwarz und grün bei 2 %.

Das heißt, jede Gruppe beförderte mehr Attrappen in der Farbe der eigenen Eier als die anderen Gruppen und auch mehr als von den beiden anderen Farben. Drei Vorgänge könnten dies möglich machen: Entweder

Tabelle 43. *Anzahlen sandfarbener, schwarzer und grüner Ringe, die von drei Gruppen brütender Lachmöwen fortgetragen wurden*

	Attrappe	getragen	geboten	% getragen
Normalbrüter (Nn)	sand	71	120	59.0
	schwarz	50	120	41.5
	grün	34	120	28.5
Schwarzbrüter (Ss)	sand	42	112	37.5
	schwarz	51	112	45.5
	grün	42	112	37.5
Grünbrüter (Gg)	sand	41	106	38.5
	schwarz	40	106	38.0
	grün	52	106	49.0

1 Die Abkürzungen Ss, Gg usw. kennzeichnen den Vogel im Augenblick des Versuchs: der erste große Buchstabe betrifft die Farbe der Eier, auf denen die Möwe schon vorher brütete, der zweite die Farbe der Eier, die sie nur in der Versuchssituation im Nest liegen sieht.

haben die Möwen die Farbe ihrer »eigenen« Eier kennengelernt und diese Erfahrung vom Brüten auf das Beseitigen übertragen, oder sie vergleichen die Farbe der Schalen mit der Farbe der Eier im Nest und bevorzugen die passende; schließlich könnte auch beides zusammenkommen. Wir wiederholten darum die Versuche, jedoch insofern verändert, als jetzt, nur während der Darbietung der Schalenattrappe, andersfarbige Eier im Nest lagen als die, auf denen wir sie brüten ließen. Weil das Vertauschen der Eier zusätzlich zum Auslegen der Schalen die Vögel lange störte, führten wir diese Versuche nur an den Schwarz- und Grünbrütern durch (Tab. 44).

Tabelle 44. *Anzahlen schwarzer und grüner Ringe, die von »Schwarzbrütern« und »Grünbrütern« weggetragen wurden, während sie Eier der »falschen« Farbe im Nest hatten*

	Attrappe	getragen	geboten	% getragen
Schwarzbrüter	schwarz	42	110	38.0
grüne Eier (Sg)	grün	37	111	33.5
Grünbrüter	grün	29	95	30.5
schwarze Eier (Gs)	schwarz	38	95	40.0

Die Werte für schwarz und grün sind zwischen diesen beiden Gruppen auf dem 2 %-Niveau signifikant verschieden. Dagegen sind die Unterschiede zwischen Sg und Gg mit $p = 8{,}6\ \%$ sowie zwischen Gs und Ss mit $p > 8\ \%$ nicht gesichert.

Wenn also der Vogel, während er sich anschickt, die Attrappe wegzutragen, Eier der »falschen« Farbe im Nest sieht, beeinträchtigt das seine Vorliebe für die vom Brüten her gewohnte Farbe nicht. Demnach trifft unsere erste Annahme zu, daß er die Erfahrungen, die er während des Brütens mit schwarzen, grünen oder sandfarbigen Eiern gemacht hat, auf eine andere Verhaltensweise überträgt. Ebenso wie bei unbeeinflußten Vögeln ist die Reaktion nicht ausschließlich auf eine Farbe, auch nicht auf eine bestimmte Form oder Größe beschränkt (TINBERGEN et al. 4).

Wie Erfahrung das Eirollen beeinflußt. Gleich anschließend an jeden Eischalenversuch legten wir denselben Vögeln ein natürliches, ein schwarzes oder grünes Ei an den Rand des Nestes, 15 cm vom Mittelpunkt der Mulde entfernt, und wo es nötig war, schütteten wir etwas Sand auf, so daß eine ebene Rollfläche entstand. Das Ei hatte immer dieselbe Farbe wie die unmittelbar vorher gebotene Schalenattrappe. 30 min später sahen wir nach und zählten die Eier, die im Nest lagen, als eingerollt.

Auch diese in Tab. 45 aufgeführten Ergebnisse lassen deutlich erkennen, daß sich die Auswahl zugunsten der Eier bekannter Farbe verschiebt, wenn auch in geringerem Maße, als es beim Wegtragen der Fall ist. Die Werte für natürlich und grün sind zwischen Nn und Gg auf dem 1 %-Niveau signifikant verschieden, ebenso für schwarz und grün zwischen Ss und Gg bei 2 % und für natürlich und schwarz zwischen Nn und Ss bei 4 %.

Tabelle 45. *Anzahlen natürlicher, schwarzer und grüner Eier, die von drei Gruppen brütender Lachmöwen eingerollt wurden*

	Attrappe	eingerollt	geboten	% eingerollt
Normalbrüter (Nn)	natürlich	89	120	74.0
	schwarz	48	120	40.0
	grün	39	120	32.5
Schwarzbrüter (Ss)	natürlich	80	112	71.5
	schwarz	61	112	54.5
	grün	51	112	45.5
Grünbrüter (Gg)	natürlich	74	106	70.0
	schwarz	31	106	29.0
	grün	66	106	62.5

Trotz der kürzeren Versuchszeit blieben beim Eirollen die Zahlen für schwarze und grüne Attrappen in derselben Größenordnung wie beim Schalentransport, während die Sandfarbe hierbei höhere Werte erzielte und sogar Schwarz- und Grünbrüter die natürliche Eifarbe bevorzugten. Die nächstliegende Erklärung wäre, daß echte Eier, im Gegensatz zu den künstlichen, noch andere Reize senden wie etwa das Fleckenmuster oder die Oberflächenstruktur der Schale. Flecken beeinflussen nachweislich das Eirollen, wenigstens bei Silbermöwen (Baerends 1), doch scheinen Lachmöwen beim Schalentransport sie nicht zu beachten (Tinbergen et al. 4).

Wiederum prüften wir, ob die veränderten Farbenwahlen wirklich auf Erfahrung beruhten. Wie bei den Eischalenversuchen gaben wir den Schwarz- und Grünbrütern für die kurze Zeit der Darbietung einer Attrappe Eier der falschen Farbe ins Nest. Tab. 46 zeigt die Ergebnisse.

Zwischen diesen beiden Gruppen (Sg und Gs) sind diesmal die Werte für schwarz und grün nicht signifikant verschieden (p = · 56 %), auch die zwischen Gs und Ss nicht (p = · 24 %), wohl aber zwischen Sg und Gg (p = 5 %). Die Vorzugswahlen von grün oder schwarz haben sich dem-

Tabelle 46. *Anzahlen schwarzer und grüner Eier, die von »Schwarzbrütern« und »Grünbrütern« eingerollt wurden, während sie Eier der »falschen« Farbe im Nest hatten*

	Attrappe	eingerollt	geboten	% eingerollt
Schwarzbrüter	schwarz	79	107	74.0
grüne Eier (Sg)	grün	76	112	68.0
Grünbrüter	schwarz	67	95	70.5
schwarze Eier (Gs)	grün	72	96	75.0

nach, im Vergleich zum vorigen Versuch (Tab. 45), weitgehend, wenn auch nicht vollständig ausgeglichen. Das könnte bedeuten, daß die Vögel doch die außen liegende Attrappe mit den falschen Eiern im Nest vergleichen. Aber die Wegtrage- und Eirollversuche dauerten zusammen $1^1/_2$ Std., und zwar sechsmal, so daß die Möwen insgesamt 9 Stunden lang mit der falschen Farbe zu tun hatten. Deshalb ist es auch möglich, sogar wahrscheinlicher, daß die erlernte Bindung an grüne oder schwarze Eier sich inzwischen gelockert hatte. Erlernt war sie sicher. Das zeigen die verschiedenen Antworten der Gruppen Sg und Gg. Wir können zwar nicht erklären, warum nicht beide Gruppen gleichmäßig betroffen sind. Es ist aber hierfür gewiß von Bedeutung, daß die Grünbrüter stark auf grün ansprechen, die Schwarzbrüter jedoch auf schwarz nicht viel mehr als auf grün (vgl. Tab. 45); denn grüne Eier stehen, wie Baerends (1) an Silbermöwen nachwies, hoch im Kurs. Andererseits muß aber die geringe Auslösewirkung von Grün beim Eischalentransport (Tinbergen et al. 4), im Gegensatz zum Eirollen, von arterhaltendem Wert sein; denn sie verhindert, daß der Vogel grüne Blätter aus der Umgebung seines Nestes forträgt. Beim Eirollen steht der Bevorzugung grüner Eier nichts entgegen.

Es hat sich gezeigt, daß eine Möwe, die ein paar Wochen lang auf fremdartig gefärbten Eiern gebrütet hat, sowohl beim Eirollen wie beim Wegtragen der Schale sich nach den dabei gewonnenen Eindrücken richtet, ein erstaunliches Ergebnis, wenn man bedenkt, daß sie diese Erfahrungen nur dann macht, wenn sie sich zum Brüten auf die Eier setzt oder sie wendet, und daß sie das Erlernte auf die ganz andere Verhaltensweise des Schalentransports überträgt.

Doch sicher wäre es abwegig, hieraus zu schließen, daß eine Möwe normalerweise die Kenntnis der »richtigen« Farbe erwirbt. Wenn man unbeeinflußten Vögeln mehrere verschiedene Farben bietet (Tinbergen et al. 4), wird nicht nur sehr häufig die Sandfarbe gewählt, der Grundton

Attrappen → / ↓ im Nest	sandf.	schwarz	grün	nat.	schwarz	grün
nat.	59%	41.5	28.5	74	40	32.5
schwarz	37.5	38 45.5	33.5 37.5	71.5	74 54.5	68 45.5
grün	38.5	30.5 38	40 49	70	70.5 29	75 62.5

Abb. 105. In dieser Übersicht sind die Ergebnisse aus den vier Tabellen in Prozenten wiedergegeben. Die höchsten Werte in jeder Säule sind unterstrichen. Die kleineren Ziffern oben rechts in 8 Fächern beziehen sich auf die in Tab. 44 und 46 dargestellten Versuche, in denen die Nester Eier der »falschen« Farbe enthielten.

selbstgelegter Eier, sondern auch weiß, obwohl die Möwen dieses während des Brütens nicht kennenlernen; außerdem entscheiden sie sich nur sehr selten für grün. Um abzuschätzen, welche Rolle die Erfahrung hierbei spielt, ist es auch wichtig zu wissen, daß drei junge Möwen, noch im Jugendkleid, denen wir ein Ei und bei anderer Gelegenheit eine Eischale auf den Rand ihres ersten, noch leeren Nestes legten, sie ganz normal eingerollt bzw. weggetragen haben. Nach ihren Farbvorlieben wurden sie nicht befragt, doch hoffen wir, diese Untersuchungen künftig in größerem Umfang weiterzuführen.

Unsere bisherige Schlußfolgerung lautet: Man kann die Farbenwahlen beim Eirollen und beim Wegtragen der Schalen beeinflussen, indem man die Möwen zwingt, auf abartig gefärbten Eiern zu brüten. Diese Erfahrung verstärkt ihre Reaktionen auf die Farbe der adoptierten Eier.

Zusammenfassung. Wir versuchten, den Auslösewert verschiedener Farben für den Eischalentransport dadurch zu verändern, daß wir Möwen auf unnatürlich gefärbten Eiern brüten ließen. Auch die Auswirkungen dieser Behandlung auf die Farbenwahl beim Eirollen wurden geprüft.

Von drei Gruppen zu je 60 Nestern bekam die eine grüne, die andere schwarze Kunsteier untergelegt; die dritte behielt ihre eigenen Eier. Nach etwa 17tägiger Brutzeit wurde das Verhalten zu sandfarbenen, schwarzen und grünen Eischalenattrappen sowie das Einrollen schwarzer, grüner und echter Möweneier geprüft.

In beiden Versuchsreihen sprachen die Vögel verstärkt auf Attrappen in der Farbe ihrer adoptierten Eier an.

Diese Wirkung blieb auch dann erhalten, wenn nur während des Versuchs Eier von anderer Farbe als die bebrüteten in der Nestmulde lagen. Demnach richtet sich der Vogel nach seiner Erfahrung und nicht nach der Ähnlichkeit der Attrappen mit den Eiern, die er im Augenblick des Handelns im Nest sieht (Abb. 105).

Drei Möwen im Jugendkleid zeigten das jeweils passende normale Verhalten, wenn sie ein Ei bzw. eine leere Schale auf dem Rand ihres ersten, noch leeren Nestes fanden. Sie rollten es ein bzw. trugen sie weg. Folglich werden diese Reaktionen nicht ganz und gar erworben.

Wie die Versuche zeigen, lassen sich die Farbenwahlen zu beiden Verhaltensweisen durch Erfahrung verändern, doch weder die hohen Werte für weiß noch die niederen für grün beim Eischalentransport unbeeinflußter Möwen können erfahrungsabhängig sein.

Literatur

1 Baerends, G. P. (1957): The ethological concept »Releasing Mechanism« illustrated by a study of the stimuli eliciting egg-retrieving in the Herring Gull. Anatom. Record 128, 518–519.

2 Beer, C. G. (1961): Incubation and nest building behaviour of Black-headed Gulls: I. Incubation behaviour in the incubation period. Behaviour 18, 62–107.

3 Siegel, S. (1956): Non-parametric Statistics for the Behavioral Sciences. New York.

4 Tinbergen, N., G. J. Broekhuysen, F. Feekes, J. C. W. Houghton, H. Kruuk und E. Szulc (1962): Egg shell removal by the Black-headed Gull, *Larus r. ridibundus* L.; a behaviour component of camouflage. Behaviour 19, 74–117.

5 Weidmann, U. (1956): Observations and experiments on egg-laying in the Black-headed Gull (*Larus ridibundus* L.). Brit. J. Animal Behav. 4, 150–161.

6 Ytreberg, N. (1956): Contribution to the breeding biology of the Black-headed Gull (*Larus ridibundus*) in Norway. Nytt Mag. f. Zoologi 4, 5–106.

(Aus dem Zoologischen Institut der Universität Oxford, England)

8 Wie unterscheiden Lachmöwen Eischalen von Eiern?[1]

(1962)

Lachmöwen (*Larus ribidundus*) tragen, bald nachdem ein Junges geschlüpft ist, die Eischale fort. Die Untersuchung des Überlebenswertes dieser Verhaltensweise und der sie auslösenden Reize (TINBERGEN et al. 2) erbrachte folgende Ergebnisse: Einzeln in den Dünen ausgelegte Eier werden von Rabenkrähen (*Corvus corone)* und von Silbermöwen (*L. argentatus*), wenn in 10 cm Abstand eine leere Schale danebenliegt, leichter gefunden als allein. Der Eischalentransport hilft demnach, die Gefährdung durch Nesträuber zu verringern. Er kann während der ganzen Brutzeit durch mancherlei Gegenstände im Nest oder auf dem Nestrand ausgelöst werden, die einem Ei oder einem Küken oder Nestmaterial nicht ähnlich sind; am stärksten auslösend wirkt die natürliche Schale. Die Einflüsse der Farbe, Form, Größe und Entfernung der Schale vom Nest wurden mit Attrappen eingehend untersucht.

Aus den Ergebnissen ist zu folgern, daß diese scheinbar nebensächliche Handlung, die den Vogel normalerweise nicht länger als 20 sec jährlich beschäftigt, zur Sicherheit der Brut beiträgt und daß sie deren verschiedenen, teils widersprüchlichen Bedürfnissen gut angepaßt ist.

Zwar konnten wir in dieser ersten Untersuchung die Reizsituation, die das Wegtragen auslöst, noch nicht vollständig analysieren. Sicher aber unterscheiden die Vögel Eischalen von Nestmaterial an mindestens vier Merkmalen: Die Eischale ist dreidimensional, rund, nicht länglich wie Baustoff und zum Teil weiß.

Diese Arbeit gilt der Frage, wie Möwen die Eischalen von Eiern unter-

1 Wir danken Sir William Pennington Ramsden, Bt, und dem Cumberland County Council für die Erlaubnis, in der Möwenkolonie von Ravenglass arbeiten zu dürfen, der Nuffield Foundation und der Nature Conservancy für Unterstützung. M. Paillette möchte dem British Council und der Zoologischen Gesellschaft in London für Beihilfe danken. R. A. Stamm verdankt der Janggen-Pöhn-Stiftung ein Stipendium.

scheiden; denn Verwechslungen wären gefährlich für die Brut, und wir haben tatsächlich niemals gesehen, daß eine Möwe ihr Ei oder ihr Junges weggetragen hätte.

Obgleich ein unversehrtes Ei und die Schale, die das schlüpfende Küken zurückläßt, vieles gemeinsam haben, setzen sie gänzlich verschiedene Handlungsfolgen in Gang. Ein Ei wird bebrütet und von Zeit zu Zeit gewendet. Ist eines auf den Nestrand oder sogar darüber hinaus geraten, so rollt die Möwe es meistens ein. Entweder setzt sie sich zuerst hin, oder sie bleibt stehen und berührt dann wohl vorsichtig mit der Unterseite ihres Schnabels das Ei, von oben oder an der ihr abgewandten Seite. Das kann in Eirollen übergehen, indem der Vogel sich darüberbeugt und das Ei an sich heranzieht (Abb. 98), wobei er es durch Ausgleichsbewegungen des Schnabels am Wegrollen hindert.

Eine Eischale dagegen, die im oder nahe beim Nest liegt, wird mit dem Schnabel an der Bruchkante gefaßt (Abb. 98). Dann läuft oder fliegt der Vogel damit fort. Oft beknabbert er sie zunächst ein Weilchen. Gelegentlich fällt sie ihm dabei hin, und er hebt sie wieder auf. Manch einer stochert in der Schale und pickt die Rückstände heraus, bis er sie schließlich fortbringt.

Alle übrigen Umstände blieben in unseren Versuchen gleich. Nur die Dinge, auf die es ankam: Eier und Eischalen, waren verschieden, und zwar in folgenden Eigenschaften:

	Ei	Eischale
(1)	glatter eiförmiger Umriß	unterbrochener, teilweise zackiger Umriß
(2)	rundum geschlossen, ohne Öffnung	mit Öffnung und hohl
(3)	kein dünner Rand	dünner Rand vorhanden
(4)	schwer (etwa 37 g)	leicht, etwa 2 g
(5)	sandfarben mit Flecken, kein weiß	innen und am Rande weiß
(6)	ganz und gar eifarbig	nur teilweise eifarbig

Alle außer (4) sind sichtbare Merkmale. Da beide Verhaltensweisen durch Sehreize ausgelöst werden – die Vögel fassen den Gegenstand schon auf Abstand ins Auge, von der Windrichtung unabhängig, und sie reagieren auf den Anblick ähnlicher Attrappen –, spielt das Gewicht hierbei keine Rolle, möglicherweise aber dann, wenn der Vogel damit in Berührung kommt.

Methode

Wir bearbeiteten diese Fragen im Sommer 1961 in der Lachmöwenkolonie bei Ravenglass, Cumberland. Von den verschiedenen Attrappen, die später beschrieben werden, legten wir jeweils eine auf den Rand eines Nestes mit zwei oder drei Eiern und beobachteten danach den Vogel aus einem ungefähr 25 m entfernten Versteck. Jeder bekam jede Attrappe je einmal. Die Reihenfolge der Darbietungen war vorherbestimmt und für verschiedene Nester möglichst verschieden. Jede dauerte 15 Minuten oder kürzer, wenn der Vogel schon vor Ablauf dieser Zeit fertig weggetragen oder eingerollt hatte. Danach gab der Beobachter, vom Vogel unbemerkt, dem draußen wartenden Helfer ein Zeichen, der nun so schnell wie möglich die nächste Attrappe an dieselbe Stelle legte wie die vorige. Daß er den Vogel dabei aufscheuchte, war nicht zu vermeiden.

Im allgemeinen konnten wir die Ehepartner unterscheiden, d. h. bekannte Vögel einzeln prüfen. Doch wann die Ablösung kam, das wußten wir nicht, und dadurch wurden einige Versuchsreihen beendet, ehe wir dem abgelösten Vogel sämtliche Attrappen vorgeführt hatten. Deshalb ist die Anzahl der Darbietungen geringfügig verschieden.

Wir nennen die registrierten Verhaltensweisen wie folgt:

Beschnäbeln: Berühren der Attrappenoberfläche mit dem (meist geschlossenen) Schnabel; dies geht gewöhnlich dem Eirollen voraus.

Eiroll-Intention: Der Vogel beugt seinen Hals über die Attrappe und berührt sie auf der Gegenseite, ohne sie zu bewegen.

Eirollen: Heranziehen in Richtung des Nestes, mit oder ohne Erfolg.

Aufheben der Attrappe und Fallenlassen, ohne sie wegzutragen.

Beknabbern des Attrappenrandes.

Wegtrage-Intention: Die Attrappe wird fest gepackt, oft auch ein Stückchen verschoben.

Wegtragen: Der Vogel nimmt die Attrappe auf, geht oder fliegt fort und läßt sie in einiger Entfernung fallen.

Stochern: Der Vogel pickt in die Höhlung, wobei er manchmal Rückstände verzehrt.

Keine Reaktion: Die Attrappe wird höchstens betrachtet.

Ergebnisse

1. Versuch. In diesem Vorversuch buchten wir nur das Endresultat, eingerollt oder weggetragen; denn zunächst wollten wir wissen, ob es überhaupt möglich war, mit nur wenigen Vögeln klare Ergebnisse zu erzielen. Wir verwendeten leere Eier mit glattrandigen Öffnungen verschiedener Größe, die wir aus bestimmten Gründen am spitzen Pol anbrachten, nicht wie das schlüpfende Küken am stumpfen. Die Eier waren etwa gleich groß, und als Maß für die Größe der Öffnung galt der (ohne die Krümmung gemessene) Abstand von ihrem Rand zum stumpfen Pol. Er betrug bei der Attrappe »kleines Loch« 51 mm, bei »mittleres Loch« 45 und bei »großes Loch« 36 mm. Aus der echten Schale, deren Öffnung dem großen Loch ziemlich gleichkam, war im Jahr zuvor ein Junges ausgeschlüpft. Jede Attrappe wurde 12 Möwen angeboten (Tab. 47).

Tabelle 47. *Anzahlen leerer Eier mit verschieden großen Öffnungen (b d) und echter Eischalen (h), die eingerollt oder weggetragen oder nicht beachtet wurden*

	eingerollt	weggetragen	keine Reaktion	Anzahl der Darbietungen
(b) kleines Loch	9	1	2	12
(c) mittleres Loch	9	1	2	12
(d) großes Loch	4	6	2	12
(h) echte Schale	0	9	3	12

Die Signifikanz der Unterschiede errechneten wir nach dem Fisher Exakt-Wahrscheinlichkeitstest[1]. Sie waren für »kleines« und »mittleres« Loch gegen »großes« Loch mit $p < 5\,\%$ gesichert. So kamen wir zu drei Folgerungen: 1. Die echte Schale wird nicht eingerollt, obwohl das in anderen Versuchen bisweilen vorkam (vgl. z. B. Tab. 48); falls der Vogel überhaupt darauf anspricht, trägt er sie fort. (2) Damit er sie wenigstens manchmal fortträgt, muß das Loch ziemlich groß sein, und (3) wird die echte Schale öfter weggetragen und seltener eingerollt als selbst ein »großes Loch«.

Doch was veranlaßt den Vogel, so zu handeln? Die Größe, der Hohlkörper, der Randumfang, die Ausdehnung der sandfarbenen Oberfläche oder sonst etwas? Und worin besteht der Unterschied zwischen »echter

1 Die hier verwendeten statistischen Prüfungsverfahren sind dem Buch von Siegel (1) entnommen.

Schale« und »großem Loch«, im gezackten oder glatten Rand, in mehr oder weniger weiß?

2. *Versuch.* Als nächstes boten wir anderen Möwen vier neue Attrappen und beobachteten ihr Verhalten im einzelnen. Es gab ein »leeres Ei« mit kaum sichtbaren Löchern vom Ausblasen an beiden Enden; die »gefüllte Schale«, die bis zum Rand mit Gips ausgegossen, also nicht hohl war und keinen dünnen Rand hatte, wohl aber einen unterbrochenen, teilweise gezackten Umriß; ferner die »beschwerte Schale« mit einem Bleiklümpchen innen am stumpfen Pol, das weiß übermalt war und ebenso schwer wie ein unversehrtes Möwenei (d. h. schwerer als die gefüllte Schale), und schließlich die echte Schale. Die Ergebnisse sind in Tab. 48 zusammengefaßt.

Tabelle 48. *Das Verhalten der Möwen (vgl. S. 332) zu leeren Eiern und ausgefüllten, beschwerten oder echten Eischalen. Manche Vögel zeigten mehrere Reaktionen, weshalb die Summen der einzelnen Säulen größer sind als die Anzahl der Darbietungen*

	Einrollen[1]	Wegtragen[1]	Aufheben[2]	Beschnäbeln	Beknabbern	Stochern	keine Reaktion	Anzahl der Darbietungen
leeres Ei	24	0	0	10	0	0	0	26
gefüllte Schale	20	0	0	13	7	42	3	27
beschwerte Schale	4	5	7	1	21	12	1	25
echte Schale	5	13	2	4	16	3	3	27

1 Einschließlich Intentionsbewegungen zum Einrollen bzw. Wegtragen.
2 Unklare Reaktionen.

Leere Eier wurden stets ebenso eingerollt wie normale. Zwischen »leeres Ei« und »gefüllte Schale« ergab sich in der Häufigkeit der Reaktionen kein gesicherter Unterschied, doch war die Latenz, die Zeit zwischen Wahrnehmung der Attrappe und Beginn der Handlung, für die gefüllte Schale signifikant größer als für ein leeres Ei (p = 0,4 %)[1].

Manche Vögel behandelten dasselbe Modell teils, als wenn sie es einrol-

1 Alle folgenden p-Werte in dieser Arbeit wurden nach dem Zeichen-Test errechnet.

len, teils als wenn sie es wegtragen wollten. Für die statistische Auswertung wählten wir deshalb diejenigen aus, die eine bestimmte Handlung an einigen der Attrappen ausführten, aber an anderen nicht, und verglichen die Anzahl jeder dieser Reaktionen bezüglich der verschiedenen Attrappen.

15 Möwen reagierten mit Eirollen und Intentionsbewegungen dazu auf das leere Ei, jedoch auf keine der anderen Attrappen; keine einzige machte es umgekehrt, und 8 verhielten sich im wesentlichen ebenso wie die 15.

13 Vögel sprachen mit Eirollen oder Eiroll-Intentionen auf die gefüllte Schale an, doch weder auf die beschwerte noch auf die echte, einer tat das Gegenteil, und bei 12 lösten alle drei Attrappen eine dieser beiden Reaktionen aus.

Wenn das Ding nur einen dünnen Rand hat oder hohl ist, wird es nicht so leicht eingerollt, und zwar unabhängig von seinem Gewicht. Der im Vergleich zum Ei veränderte Umriß der Schale wirkt sich auf diese Werte nicht aus, wohl aber, wie schon gesagt, auf die Latenzzeit.

10 Möwen zeigten Eirollen oder die entsprechenden Intentionen sowohl beim leeren Ei wie bei der gefüllten Schale, nicht jedoch bei anderen Attrappen. Keine handelte entgegengesetzt, 7 unterschieden diese beiden Gruppen gar nicht und 3 nur zum Teil. Auch diese Befunde sind gesichert ($p = 0{,}1\,\%$).

Ähnlich war es mit dem Beschnäbeln, das 11 Möwen am leeren Ei, jedoch nicht an der beschwerten und nicht an der echten Schale ausführten. Vier machten es umgekehrt, 10 ähnlich wie die vorigen ($p = 5{,}9\,\%$). 13 beschnäbelten die gefüllte Schale, jedoch weder die beschwerte noch die echte. 4 taten das Gegenteil, 8 unterschieden sie nicht ($p = 2{,}5\,\%$). 21 berührten entweder die gefüllte Schale oder das leere Ei mit dem Schnabel, jedoch weder die beschwerte noch die echte, umgekehrt handelten 4, und bei 3 Möwen war keine klare Unterscheidung erkennbar ($p < 0{,}1\,\%$).

Weitere Angaben über den Unterschied zwischen einer echten und einer beschwerten Eischale enthält Tab. 49. Die erste Reihe besagt, daß die echte Schale viel häufiger weggetragen, die zweite, daß die beschwerte Schale oft nur angehoben und dann fallengelassen wird. Die 4. und 5. Reihe zeigen, daß die Möwen die beschwerte Schale häufig nur beknabbern oder darin stochern.

Zum Einrollen schienen diese Attrappen nicht zu verlocken, doch lösten beide Vorstufen des Wegtragens aus oder die ganze Handlungsfolge. Sie besteht aus zwei Teilen, Beknabbern und Transportieren, und wenn die

Tabelle 49. *Anzahlen der Vögel, die jede der links genannten Reaktionen an echten Schalen ausführten, aber nicht an beschwerten (+), oder es umgekehrt (−) oder keinen Unterschied machten (0). (Die p-Werte sind nach dem Zeichen-Test errechnet)*

	+	−	0	Signifikanz
Wegtragen	7	0	5	p = 0,8 %
Aufheben[1]	0	5	2	p = 3,1 %
Einrollen	2	0	3	keine
Beknabbern	1	15	4	p = < 0,1 %
Stochern	0	10	2	p = 0,1 %

1 Einschließlich Intentionsbewegungen zum Wegtragen.

Schale schwer ist, bleibt diese Folge auf halbem Wege stecken. Daß hierfür tatsächlich das Gewicht den Ausschlag gibt, zeigt der nächste Versuch.

3. Versuch. Wir wollten nun vier Hypothesen prüfen, die wir aufgestellt hatten, als die Ergebnisse des vorigen Versuchs sich abzuzeichnen begannen. Es kam uns nämlich so vor, als wenn bei der echten Schale hauptsächlich der dünne Rand das Wegtragen auslöste und nicht der Hohlraum. Deshalb klebten wir ein flaches 2 x 1,5 cm großes Stückchen Schale an ein leeres Ei. Dieses »Ei mit Flansch« (Abb. 106) wurde so hingelegt, daß der Flansch nach oben stand, mit der Längsachse zum Mittelpunkt des Nestes. Auf diese Weise bot sich dem Vogel eine dünne Kante, aber keine Höhlung.

Da aber das Hohlsein doch eine Rolle spielen konnte und auch noch ein Vergleichsgegenstand zu der beschwerten Schale erwünscht schien, stopften wir eine natürliche Schale mit Watte aus, so daß sie der mit Gips gefüllten sehr ähnlich sah; doch ließ die Wattefüllung den Rand frei (Abb. 106).

Auch die Beschaffenheit des Randes mochte von Bedeutung sein, weshalb wir Eier mit möglichst gleichgroßen Öffnungen, 40 mm vom stumpfen Pol, entweder mit einem glatten oder mit einem gezackten Rand um das Loch herum versahen.

Schließlich konnte auch das Weiß der natürlichen Schale mitsprechen. Der glatte Rand von Attrappen mit einem Loch in 40 mm Abstand vom stumpfen Pol wurde darum mit weißen Dreiecken so bemalt, daß er wie gezackt aussah.

Mit der echten Schale als Kontrolle hatten wir nunmehr sechs Attrap-

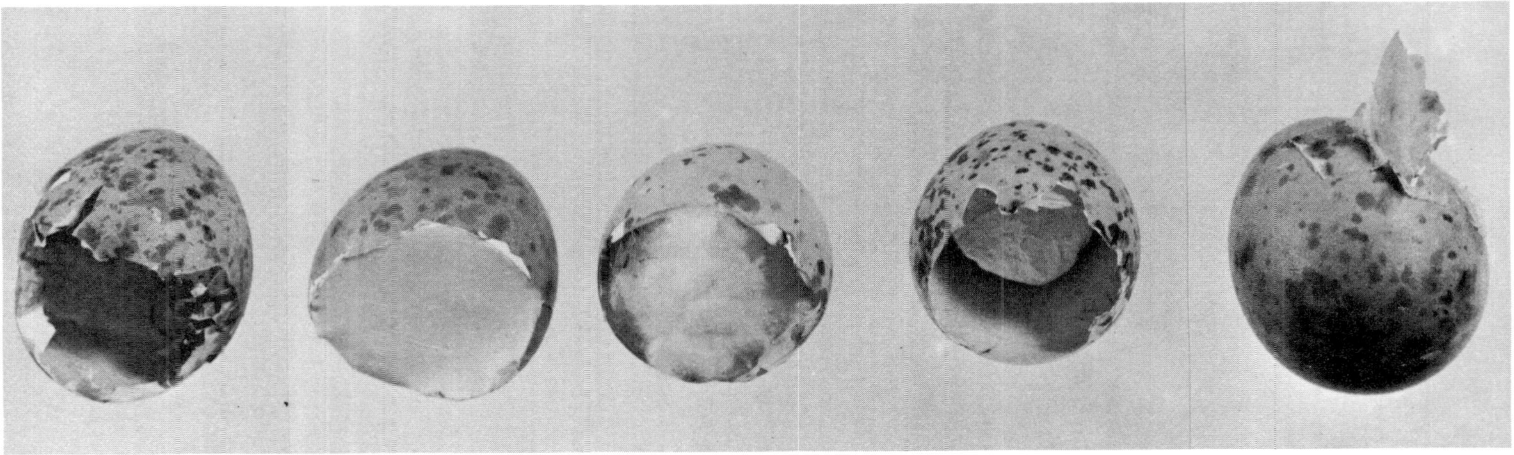

Abb. 106. Von links nach rechts: normale Eischale; Eischalen mit Gipsfüllung, Wattefüllung oder einem Klümpchen Blei; Ei mit angeklebtem Schalenstück (Flansch).

Tabelle 50. *Anzahlen der Vögel, die an den links genannten Attrappen die obenstehenden Reaktionen ausführten. Die beiden ersten Säulen enthalten die zuletzt ausgeführten Handlungen ohne Rücksicht auf unvollständige Bewegungen, die ihnen vorausgegangen sind*

	Einrollen[1]	Wegtragen[1]	Beschnäbeln	Beknabbern	Stochern	keine Reaktion	Anzahl der Darbietungen
Ei mit Flansch	6	12	4	12	0	1	19
Wattefüllung	6	13	5	13	0	1	20
echte Schale	1	14	6	11	5	2	20
glatter Rand	15	2	5	5	2	1	18
gezackter Rand	9	9	7	6	1	0	19
bemalter Rand	12	8	12	4	5	0	21

1 Einschließlich Intentionsbewegungen zum Einrollen bzw. Wegtragen.

pen, von denen jede 18–21 mal vorgeführt wurde – nicht alle genau gleich oft, weil manchmal eine Reihe durch die Ablösung beim Brüten vorzeitig beendet wurde. Die Ergebnisse zeigt Tab. 50.

Obwohl die Werte für Eirollen und die zugehörigen Intentionsbewegungen bei »Ei mit Flansch« und »Wattefüllung« etwas höher liegen als bei der echten Schale, sind die Unterschiede nicht signifikant. Flansch und Watte haben wir nicht in einer Reihe mit dem leeren Ei und der gefüllten Schale (Tab. 48) getestet, aber keine dieser beiden letztgenannten Attrappen wurde auch nur ein einziges Mal weggetragen. Jeder Vogel, der überhaupt darauf ansprach, rollte sie ein. Das heißt, die Möwen betrachteten das leere Ei und die gefüllte Schale als Eier, das Ei mit Flansch und die Schale mit Wattefüllung jedoch als Eischalen. Möglich ist auch, daß sie innerhalb dieser Gruppen die einzelnen Attrappen wenigstens etwas unterschieden. Das wichtigste Merkmal, das die Möwen zum Wegtragen veranlaßt, muß jedenfalls sowohl am Ei mit Flansch wie an der wattegefüllten Schale zu finden sein und den übrigen Attrappen fehlen. Also ist es der dünne Rand. Weder die Höhlung noch der unterbrochene Umriß noch beides zusammen (wie es die gefüllte Schale vortäuscht) genügen, um das Wegtragen auszulösen, wenngleich, wie schon gesagt, der Vogel das leere Ei früher einrollt als die gefüllte Schale.

Daß die Schale mit Watte im Vergleich zur bleibeschwerten soviel öfter weggetragen wird (Tab. 48), zeigt deutlich, daß es hierbei auf das Gewicht ankommt und nicht auf etwas, das man im Schaleninneren sieht.

Wenn wir nun noch die feinere Beschaffenheit des Schalenrandes ins Auge fassen, die Werte in den drei letzten Reihen der Tab. 50, dann finden wir auch dort keine gesicherten Unterschiede. Bei so klaren und einfachen Gegensätzen lohnt es sich aber, sämtliche Antworten der Vögel bei allen Prüfungen aus den Protokollen herauszuziehen und nicht nur, wie in Tab. 50, zusammenzufassen, ob diese oder jene Handlung irgendwann vorkam oder nicht. Viele Vögel zeigten während einer Darbietung mehr als eine Reaktion, sogar Ansätze sowohl zum Einrollen wie zum Beseitigen. Wenn wir jedesmal alle diese Antworten zählen, können wir danach für jeden Versuch einen Index bestimmen, der das Verhältnis zwischen der Anzahl der Eirollbewegungen und der Anzahl der Wegtragebewegungen wiedergibt – einen »Eiroll-über-Wegtrage-Index«.

Vergleicht man diese Indices für die verschiedenen Attrappen, so ist in 10 Fällen der für den glatten Rand höher als der für den gezackten. 6mal sind sie für diese beiden Attrappen gleich, und ein Vogel hat einen höheren Index für »gezackt« als für »glatt« ($p = 0{,}6\,\%$). Der gezackte Rand verlockt demnach stärker zum Wegtragen als der glatte, dieser dagegen mehr zum Eirollen.

Derselbe Index war in 8 Fällen für den glatten Rand höher als für den bemalten, in weiteren 8 war er für beide gleich, und ein Vogel entschied sich umgekehrt. Diese Unterschiede sind signifikant ($p = 2\,\%$).

Hieraus ist zu schließen, daß ein gezackter oder ein durch Bemalung scheinbar gezackter Rand das Wegtragen verstärkt, aber das Einrollen mindert.

Zusammenfassung und Folgerungen

Im Sommer 1961 untersuchten wir bei Ravenglass, Cumberland, die Frage, wie Lachmöwen (*Larus ridibundus*) Eischalen von Eiern unterscheiden. Beide lösen ganz verschiedene Handlungsfolgen aus: Eier werden eingerollt und bebrütet, Schalen mit dem Schnabel aufgehoben und fortgetragen. Wir kamen zu folgenden Ergebnissen:

Die Eischale hat, im Gegensatz zum unversehrten Ei, einen dünnen Rand, der gezackt ist und an manchen Stellen weiß. Der »Entschluß«, sie wegzutragen, fällt schon, bevor der Vogel ihr Gewicht gespürt hat.

Weder der unterbrochene Umriß noch die Höhlung laden zum Wegtragen ein, doch scheinen beide das Einrollen zu hemmen.

Der Eischalentransport ist eine Handlungsfolge: Sehreize lösen das Beknabbern aus, wobei das Gewicht geprüft wird. Wenn die Attrappe nicht viel schwerer ist als eine leere Schale, wird sie fortgetragen. Wenn sie annähernd ebensoviel wiegt wie ein Ei oder ein Küken, dann reißt die Handlungskette ab. Auf diese Weise werden die Eltern verhindert, mit der Schale ein Junges wegzutragen. Ob es noch andere Sicherungen dagegen gibt, ist unbekannt.

Die meisten Bewohner dieser Kolonie dürften dort schon in früheren Jahren gebrütet haben. Wieweit die hier untersuchten Verhaltensweisen angeboren und wieweit sie erlernt sind, können wir deshalb nicht entscheiden. Drei Einjährige aber, die noch nie ein Ei gelegt hatten, rollten im Versuch das Ei ein und trugen die Schale weg, genau wie es die Erfahrenen tun.

Literatur

1 SIEGEL, S. (1956): Non-parametric Statistics for the Behavioural Sciences. New York.

2 TINBERGEN, N., G. J. BROEKHUYSEN, F. FEEKES, J. C. W. HOUGHTON, H. KRUUK und E. SZULC (1962): Egg shell removal by the Black-headed Gull, *Larus ridibundus* L.: a behaviour component of camouflage. Behaviour 19, 74–117.

3 TINBERGEN, N., H. KRUUK und M. PAILLETTE (1962): Egg shell removal by the Black-headed Gull, *Larus ridibundus* L.: II. The effects of experience on the response to colour. Bird Study 9, 123–131.

(Aus dem Zoologischen Institut der Universität Oxford, England)

9 Von den Vorratskammern des Rotfuchses (*Vulpes vulpes* L.)[1]

(1965)

Herrn Professor Dr. OTTO KOEHLER zum 75. Geburtstag gewidmet

Während unserer in den letzten Jahren durchgeführten Untersuchungen zur Ethologie und Biologie der Lachmöwe (*Larus ridibundus* L.) wurde uns allmählich klar, daß (wenigstens in der auf Sanddünen nistenden Brutkolonie bei Ravenglass in Cumberland) der Fuchs ein wichtiger Raubfeind der Möwen ist. Schon 1959 fiel es meinem Freund Dr. GER BROEKHUYSEN (Kapstadt) und mir auf, wie viele flügge und halbflügge Jungmöwen in und nahe bei der Kolonie tot umherlagen. Sie hatten oft schwere Bißwunden, und frische Fuchsspuren führten von Opfer zu Opfer. Wir wurden uns bald bewußt, daß die verhältnismäßig kahle Dünenlandschaft eine einzigartige Gelegenheit bot, durch systematisches Lesen der von den Füchsen hinterlassenen Spuren näheres über ihre nächtlichen Raubzüge zu erfahren. Diese Gelegenheit wurde in den Jahren 1961, 1962 und 1963 intensiv ausgenutzt (KRUUK 1). Meine eigenen Beobachtungen, obwohl immer von langen Pausen unterbrochen, erstrecken sich über einen längeren Gesamtzeitraum, und besonders 1963 und 1964 habe ich Neues erfahren, das die Beobachtungen KRUUKs ergänzen kann.

Anfänglich galt unser Interesse hauptsächlich der Lachmöwe und ihrer Verteidigung gegen den Fuchs und andere Raubfeinde, darüber hinaus aber fesselte uns in zunehmendem Maße das Verhalten des Fuchses selbst.

Obwohl besonders KRUUK, daneben auch I. J. PATTERSON und ich, die Füchse öfters direkt haben beobachten können, beruhen die meisten der hier mitgeteilten Tatsachen auf unserer Deutung der Spuren. Die beigege-

1 Ein Teil dieser Beobachtungen und der Orientierungsversuch wurden zusammen mit Dr. MONIKA IMPEKOVEN (Basel) und Dr. DIERK FRANCK (Hamburg) angestellt. Weiter verdanke ich M. NORTON-GRIFFITHS einige wertvolle Daten des Orientierungsversuches.

Abb. 107. Spuren eines wohlorientierten Fuchses auf dem Wege zu den Möwendünen.

benen Abbildungen[1] mögen einen Eindruck von der Verläßlichkeit dieser alten Methode geben. Bei der Deutung der Spuren waren uns die Arbeiten von TEMBROCK (3) und besonders von MURIE (2) sehr nützlich.

Zur Beobachtung und zur Dokumentierung waren die frühen Morgenstunden am besten, besonders nach ruhigen, trockenen Nächten. Tau oder leichter Rauhreif auf trockenem Sand schafften die günstigsten Bedingungen. Es ist erstaunlich, wieviel man sieht, wenn man bei niedrigem Sonnenstand gegen das Licht beobachtet bzw. fotografiert.

In den vier Jahren 1960 bis 1964, als im Februar sechs der sieben auf der etwa dreimal einen Kilometer messenden Halbinsel ansässigen Füchse getötet wurden, nahmen die Füchse allmählich an Zahl zu: 1962 wurden die Möwenbrutstätten regelmäßig von vier erwachsenen Füchsen und gelegentlich auch von einem fünften besucht, und wir zählten zwölf Jungfüchse (KRUUK 1, S. 37).

Kotanalysen ergaben, daß die Füchse im Winter hauptsächlich von Kaninchen, daneben aber auch von kleineren Nagetieren und Vögeln lebten. Mit der Ankunft der Möwen auf den Brutstätten stellten wenigstens einige Füchse sich in steigendem Maße auf Möwen und ihre Bruten um. Ab Mitte März verbrachten die Möwen anfangs nur die ersten, bald mehr Morgenstunden in den Dünen; den Rest des Tages widmeten sie sich der Nahrungssuche auf den Feldern und am Flußufer, nachts zogen sie sich auf die weiten Strandflächen zurück. Jedes Jahr gab es die ersten Opfer an diesen nächtlichen Ruheplätzen; die Füchse hatten dort aber nur in außergewöhnlich dunklen Nächten Erfolg. Einige dieser Möwen wurden sicher gefressen oder auch zu den Bauten verschleppt; die Mehrzahl aber blieb liegen. Sobald die Möwen zu legen und zu brüten anfingen und immer mehr Nester nachts betreut wurden, stellten sich die Füchse auf die Brutstätten selber um. Hier töteten sie nachts Brutvögel auf den Nestern (und zwar nicht nur in dunklen Nächten) und fraßen viele Eier, obwohl sie auch noch regelmäßig Kaninchen erbeuteten. Später fielen ihnen die Jungvögel massenhaft zum Opfer. Auch in dieser Periode, die bis zum Abzug der Möwen im Juli dauerte, wurden sehr viele der getöteten Vögel und viele der erbeuteten Eier nicht gefressen. Insgesamt fanden KRUUK und seine Helfer in drei Jahren nicht weniger als 1449 von Füchsen getötete, aber dann verlassene erwachsene Möwen. Die Anzahl der erbeuteten Eier

1 Von den 41 Fotografien der Originalarbeit können hier nur wenige wiedergegeben werden.

und getöteten Jungmöwen war nicht festzustellen, muß aber in die Tausende gegangen sein.

Kruuk fand, daß die Lachmöwen zwar über sehr wirksame Verteidigungsmaßnahmen gegen die meisten ihrer Raubfeinde verfügen, gegen den Fuchs jedoch nahezu wehrlos sind. Das ist wahrscheinlich folgendermaßen zu erklären: Ich bin zwar davon überzeugt (ohne daß ich es mit Versuchen am Fuchs belegen kann), daß das durch ihr Reviersystem bedingte zerstreute Nisten der Möwen sie indirekt schützt, aber es scheint mir klar, daß die Dünen für Lachmöwen kein optimaler Nistbiotop sind. Vieles weist darauf hin, daß die Lachmöwe, wie übrigens viele andere »Maskenmöwen«, keine Küstenform, sondern mehr auf Süßwasserseen im Inland zu Hause ist. Durch Trockenlegen dieses Biotops ist die Art aber zunehmend vertrieben worden. Obwohl der Fuchs ein guter Schwimmer ist, scheint er doch nicht gerne ins Wasser zu gehen und wird wahrscheinlich, auch wenn er hinwatet oder -schwimmt, daran gehindert, Möwen oder ihre Bruten massenhaft zu vernichten. Im typischen Süßwasserbiotop dürfte er ihnen deshalb viel weniger gefährlich sein. Weiter dürfte der Mensch durch seine Kulturmaßnahmen (Pflügen usw.) den Lachmöwen Gelegenheit geboten haben, sich stellenweise stark zu vermehren und die heutigen großen Kolonien zu entwickeln. Letztens ist ein so dichter Fuchsbestand, wie wir ihn in den letzten Jahren in Ravenglass beobachtet haben, zweifellos abnorm und wohl dadurch entstanden, daß die Füchse nicht von Menschen verfolgt wurden – seit langem und fast überall in Europa hat ja der Mensch in dieser Beziehung die Rolle des Wolfes und großer Raubvögel übernommen. Es ist eine Ironie, daß wir, die wir uns vorgestellt hatten, Lachmöwen in ihrem natürlichen Biotop zu beobachten, jetzt zugeben müssen, daß Ravenglass jedenfalls in diesen zwei Hinsichten nicht gerade »natürlich« genannt werden kann.

Das maßlose Morden erscheint sinnlos (in einer einzigen, für die Füchse besonders günstigen Nacht im Mai 1962 fanden wir 230 frisch getötete erwachsene Möwen in der Brutkolonie). Ich glaube jedoch nicht, daß es das ist. Erstens kommt dieses Massentöten nur unter sehr seltenen, und zwar sehr bestimmten Bedingungen vor, z. B. im Hühnerstall und in der, wie wir jetzt wissen, ebenfalls unnatürlichen Situation dieser Dünenkolonien. Es könnte sehr wohl sein, daß ein Jäger vom Fuchs-Typ nur dann Aussicht auf Erfolg hat (und zwar sogar in kritischen Nächten), wenn er einen unverwüstlichen Drang hat, »to kill on sight«, zu töten, sobald sich eine günstige Gelegenheit bietet. Er kann es sich sozusagen nicht leisten, sein unmittelbares und blitzschnelles Reagieren auf bewegte, erreichbare Beute irgendwann zu drosseln. Zweitens ist das Massenmorden auch deshalb nicht so sinnlos, weil der Fuchs ja einen Teil seiner Beutetiere versteckt. Freilich ist das nur arterhaltend, wenn er seine Vorratskammern wirklich benutzt – wenn es sich also wirklich um *Speichern* handelt. Von solchem Nahrungverstecken und seiner arterhaltenden Bedeutung handelt diese kleine Arbeit.

Der Fuchs versteckt regelmäßig vor allem Eier, gelegentlich aber auch andere Beute. Er gräbt dazu entweder eine kleine Mulde, legt die Beute hinein und fegt dann (wie es ein Hund auch macht) mit der Schnauze schnell Sand oder Pflanzen darüber (alles in wenigen Sekunden); oder aber er schiebt die Beute (vor allem Kaninchen und Möwen, nie Eier) tief in die Vegetation hinein. Dieses Verstecken hat zwei Besonderheiten, die – falls der Fuchs versteckte Beute wirklich später benutzt – deutlich adaptiv wären. Erstens verhindert es, daß die überall gegenwärtigen (und den Füchsen auf ihren Raubzügen manchmal folgenden) Rabenkrähen die Beute finden. Nicht versteckte Beute wird oft schon am frühen Morgen von den Krähen gefressen. Zweitens wird an jeder Stelle immer nur eine Beute versteckt – Füchse sind »scatter-hoarders«. Das ist besonders beim Eierraub sehr auffällig: der Fuchs nimmt ein Ei ins Maul, trägt es fünf bis zehn Meter weit weg, vergräbt es, geht dann zum Nest zurück, nimmt das nächste Ei und gräbt es in etwa gleicher Entfernung ein, jedoch in einer anderen Richtung, kehrt noch einmal zum Nest zurück, begräbt das nächste Ei wieder an anderer Stelle usw. Die Eier eines Geleges liegen also immer weit verstreut. Auf die Bedeutung dieser Verteilung komme ich noch zurück.

In den ersten Jahren gelang es uns trotz vielfältiger und vorsichtiger Kontrolle der gefundenen Vorratskammern kein einziges Mal festzustellen, daß ein Fuchs die Beute später wieder ausgrub. Das konnte natürlich einer unumgänglichen methodischen Schwierigkeit zuzuschreiben sein: wir konnten ja nur von uns aufgefundene und daher möglicherweise mit unserem Duft behaftete Verstecke kontrollieren, und es war sehr wohl möglich, daß unsere gelegentlichen Besuche die Füchse gerade von diesen Vorratskammern fernhielten. Sehr wahrscheinlich war das allerdings nicht, denn die Füchse waren auffällig wenig scheu. Sie ließen sich z. B. nicht einmal zeitweise aus der Kolonie vertreiben, auch wenn wir die ganze Nacht absichtlich lärmend dort umhergingen: auch verschleppten sie gelegentlich kurz vorher von uns berührte Möwenkadaver, kamen öfters bis

a

b

Abb. 108 a) Ein frisches Eiversteck. Die Abdrücke der Füße, Schnauze und Schnurrhaare des Fuchses sind deutlich zu sehen. b) Hier hat der Fuchs Ende Juli ein vermutlich im Mai vergrabenes Lachmöwenei ausgegraben und gefressen. Der Pfeil deutet auf die Eischalen.

auf 50 Meter an unser Lager und gruben manchmal unseren Lager-Abfall aus.

Im Jahre 1963 wurde mir jedoch klar, daß wir die Vorratskammern länger als vorher nachprüfen sollten. Bis dahin hatten wir unsere Beobachtungen immer abgebrochen, wenn (etwa Mitte Juli) die Lachmöwen mitsamt ihren Jungen die Gegend verließen. 1963 kehrte ich aber Ende Juli wieder nach Ravenglass zurück. Tägliche Kontrollen der Kolonieteile, wo wir im Frühjahr viele versteckte Eier gefunden hatten, ergaben zu meiner Überraschung, daß die Füchse diese Gebiete auch jetzt noch regelmäßig besuchten und die inzwischen etwa zwei Monate alten Eier wieder ausgruben! Ich fand insgesamt 30 ausgegrabene, an Ort und Stelle gefressene Eier, und zwar 27 Lachmöweneier und drei Eier des Mittelsägers (*Mergus serrator* L.), einer Art, die auch in den Dünen brütet und sehr unter Füchsen zu leiden hat. Ich fand die frisch ausgegrabenen Eier nur in der letzten Juliwoche; danach besuchten die Füchse diese Kolonieteile nicht mehr besonders oft, sondern wanderten überall auf der Halbinsel umher und konzentrierten sich mehr auf Kaninchen und andere Beute. Wahrscheinlich waren um diese Zeit die versteckten Eier aufgebraucht: zwischen der Abreise der Möwen, um den 10. Juli, und meiner Ankunft waren ja beinahe zwei Wochen verstrichen, und ich hielt es für wahrscheinlich, daß die Füchse gerade dann ihre Vorratskammern aufzusuchen beginnen, wenn durch das plötzliche Ausfallen der Möwen die Nahrung knapp wird. Die bei meiner Ankunft noch sichtbaren, obwohl schon halb verwehten Spuren wiesen auch darauf hin, daß ich das Ende dieser Periode getroffen hatte.

Jedenfalls glaube ich aus diesen Beobachtungen schließen zu müssen, daß das Futterverstecken der Füchse tatsächlich einen arterhaltenden Wert hat, und auch, daß es in mehr Einzelheiten an diese Funktion angepaßt ist, als ich vorher erkannt hatte; denn nicht nur das Verstecken selber ist günstig, sondern auch der Zeitpunkt des Wiederfindens: die Füchse gruben versteckte Beute erst wieder aus, wenn es für sie von Vorteil war. Wie leicht hätte man nicht auf Grund unserer ersten Beobachtungen im Mai und Juni – die doch an sich mit großer Sorgfalt und intensiv ausgeführt wurden – schließen können, daß das Nahrungverstecken sinnlos sei! Es ist nicht überflüssig, dies zu betonen; denn solche negativen Aussagen (die kritisch anmuten, in Wirklichkeit aber gerade unkritisch sind) schleichen sich in Erörterungen über arterhaltende Funktionen ganz besonders leicht ein.

Genaue Betrachtungen der Fuchsspuren ergaben noch etwas Überraschendes: Es war uns schon längst klar, daß die Füchse ihr Jagdgebiet bis in Einzelheiten kannten. Sie folgten z. B. zwischen Wohn- und Jagdgebiet immer bestimmten Wegen. Oft fanden wir richtige Straßen am Strande entlang (s. Kruuk 1, Tafel 5); von hier aus benutzten sie ganz bestimmte »Pässe« in die Dünen, und oft liefen ihre Spuren über weite Sandstrecken schnurgerade zu den Möwenbrutstätten. Dann und wann wurden sie zwar durch Düfte abgelenkt und streiften z. B. zehn Meter quer zu ihrer Hauptrichtung gegen den Wind, um einen Kadaver aus dem Sand auszugraben, »schnürten« dann aber wieder in ihrer ursprünglichen Richtung weiter. Verschiedene Füchse (manchmal konnten wir bestimmte Individuen an Eigentümlichkeiten ihrer Spuren erkennen) hatten ihre eigenen bevorzugten Jagdgebiete und bekämpften andere, die sie dort trafen. Wenn so ein Fuchs sich in fremde Jagdgründe begab, benahm er sich anders als im eigenen Gebiet: statt über den offenen Sand geradeaus zu laufen, blieb er mehr oder weniger in Deckung und bewegte sich zögernd in unregelmäßigen Bahnen.

Es überraschte mich denn auch nicht, als ich 1963 fand, daß die Fuchsspuren immer noch schnurgerade zu den Kolonieteilen liefen, wo die Eier versteckt waren. Dort angekommen, hatte sich ihr Aussehen aber auffällig verändert. Die Spuren liefen kreuz und quer über den Sand, und die einzelnen Fußabdrücke standen sehr dicht beisammen, was bewies, daß die Füchse ganz langsam umhergewandert waren. Weiter liefen die Spuren von einer Wegmarke zur nächsten, und bei jeder Wegmarke hatte der Fuchs angehalten. Ich grub an mehr als 50 Stellen, wo ein Fuchs bei einer Wegmarke angehalten (und wohl geschnuppert) hatte, ohne an einer einzigen dieser Stellen ein vergrabenes Ei zu finden. An allen 30 Stellen aber, wo der Fuchs gegraben hatte, fand ich Eischalen! Hieraus geht klar hervor, wie er sich beim Wiederauffinden orientiert. Er erinnert sich *nicht* der individuellen Verstecke. Er erinnert sich nur ungefähr daran, in welchem Bereich er Eier versteckt hat. Beim Wiederauffinden orientiert er sich zuerst visuell genauso wie beim Verstecken selber: er geht zu bestimmten Wegmarken. Hier riecht er wohl, ob unter dem Sand ein Ei versteckt ist oder nicht. In diesem Zusammenhang ist von Bedeutung, daß die wieder ausgegrabenen Eier nie mehr als 5 cm dick mit Sand bedeckt gewesen waren (tiefer verwehte Eier gehen wohl verloren). Aus manchen Spuren konnte ich auch ablesen, von wie weit ein Fuchs so ein Ei aufspüren konnte. Manchmal fand ich nämlich Stellen, wo der Fuchs selber nicht oder selten Eier begraben hatte, etwa in der Mitte einer wegmarkenfreien, kahlen

Sandfläche (wo es lediglich immer wechselnde Rippelmarken gab), wo aber ein auf gerader Bahn dahinschnürender Fuchs plötzlich angehalten hatte, quer zu seiner Richtung, und zwar gegen den Wind gegangen war und dann ein Ei ausgegraben hatte. Diese Querstrecke war meistens nicht mehr als 50 cm, einmal aber 3 m lang (das war ein stark beschädigtes Mittelsägerei).

Wie plausibel meine Deutung mir auch schien, so meinte ich doch, es könnte sich lohnen, unsere mühsam erworbene lokale Erfahrung weiter auszubeuten und in einem Versuch zu zeigen, daß der Fuchs auch Eier direkt aufzufinden vermag, die er nicht selbst begraben hat, an die er sich deshalb auch nicht erinnern *kann.* Daher schlug ich unseren Gästen, Dr. MONIKA IMPEKOVEN aus Basel und Dr. DIERK FRANCK aus Hamburg, vor, im Mai 1964 eine Anzahl Eier zu vergraben, und zwar ähnlich wie es der Fuchs selber tut, und an Stellen, an denen die Füchse zwar auf dem Wege vom und zum Jagdgebiet vorüberkamen, wo sie aber selbst nie oder kaum je Eier vergruben. Am 12. Mai 1964 legten wir daher im kahlen Dünengelände, je 10 Meter voneinander entfernt, 100 frische Hühnereier aus. Halbwegs zwischen diesen Eiern gruben wir in genau gleicher Weise ebenso viele Mulden und deckten sie wieder zu, jedoch ohne sie mit einem Ei zu versehen. Jede dieser 200 Stellen wurde in etwa 2 Meter Entfernung mit einem numerierten Holzstäbchen markiert.

Diese »Eilinie« kontrollierten wir nun vom 13. Mai bis zum 28. August, als der letzte von uns Ravenglass verlassen mußte, regelmäßig, und zwar täglich frühmorgens (außer an einigen wenigen sehr windigen oder regnerischen Tagen, wenn Spuren sowieso nicht erhalten blieben).

Wir machten diesen Versuch leider unter sehr ungünstigen Umständen. Erstens hatte, wie gesagt, der Jagdaufseher im Februar 1964 einen energischen Versuch gemacht, den Fuchsbestand auf ein für die Möwenkolonie erträgliches Maß zu verringern. Leider war er zu erfolgreich gewesen und hatte alle Füchse bis auf einen getötet. Dieser siebente, ein starker, großer Fuchs, blieb zwar in der Gegend, besuchte aber die Möwenbrutstätten nicht öfter als etwa einmal in der Woche. Außerdem tötete er wenig Möwen, und wir fanden insgesamt nur etwa 25 von ihm selbst vergrabene Eier. Dagegen war er ein großer Kaninchenjäger, und obwohl Kaninchen im März nur spärlich vorhanden waren, vermehrten sie sich im Laufe des Jahres 1964 stark. Schließlich wurde der Sand in diesem Frühjahr von ungewöhnlich häufigen Stürmen stark verweht, so daß ein Teil unserer Eier danach zu tief lag.

Trotzdem haben dieser und ein anderer, sporadisch erscheinender Fuchs im Laufe des Sommers – am 15. Juni, 30. Juni (zwei Eier), 15. Juli, 16. Juli (zwei Eier), und 21. August (zwei Eier) – insgesamt acht Eier ausgegraben. Für keine der »leeren« Vorratskammern hat je ein Fuchs Interesse gehabt.

Die Zahl ist natürlich gering, aber die Eier waren ja absichtlich nicht im Jagdgebiet selber vergraben. Außerdem können wir noch etwa ein Dutzend Fälle anführen, in denen ein Fuchs entweder Eier aus einem wahrscheinlich von einem anderen angelegten Versteck oder von anderen Füchsen begrabene Kaninchen und sonstige Tiere ausgegraben hat. Einmal trafen wir die Spuren beider Füchse und sahen, wie der ursprüngliche Eigentümer, einen Tag nachdem der Räuber sein Kaninchen ausgegraben und 30 Meter weiter wieder versteckt hatte, zu seinem jetzt leeren Versteck zurückgekommen war. Ein anderes Mal fand ich Ende Juli ein frisch verstecktes, aber altes und stinkendes Mittelsägerei. Als ich die Spuren zurückverfolgte, kam ich nach 600 Metern an eine Stelle, wo der Fuchs in der typischen, schon beschriebenen Weise gegen den Wind gewandert war, bis er das Ei fand (Eier ausgraben, dann weit verschleppen und an anderer Stelle wieder eingraben ist nach unserer Erfahrung vor allem für solche Füchse bezeichnend, die sich ins Jagdgebiet eines anderen gewagt haben. So hatte auch der kleine Fuchs vom 16. Juli, der unsere »Eilinie« nur zweimal besuchte, beide Eier nicht an Ort und Stelle gefressen, sondern verschleppt – eins haben wir wegen ungünstiger Umstände nicht wiedergefunden, das zweite fanden wir nach mühsamem Schritt-für-Schritt-Verfolgen der Spur an anderer Stelle wieder eingegraben). Für geruchliche Orientierung sprechen schließlich auch die schon beschriebenen Fälle, in denen ein Fuchs von Flugsand bedeckte Kadaver fand. Ich glaube also sagen zu dürfen, daß diese gelegentlichen Beobachtungen zusammen mit unserem Versuch meine Deutung über die Orientierung des Fuchses bestätigen.

Die täglichen, frühmorgendlichen Kontrollen der »Eilinie« lieferten uns noch ein hochinteressantes Nebenergebnis: 12mal hat ein Igel eins unserer Eier ausgegraben. Aus manchen Spuren war deutlich zu lesen, daß auch der Igel die vergrabenen Eier riechen kann, daß er sie aber nur findet, wenn er zufällig in die Nähe kommt, und daß er ein etwa 3 cm dick mit Sand bedecktes Ei aus höchstens 50 cm Entfernung bemerkt. Wir kannten den Igel natürlich nur zu gut als Räuber von Lachmöweneiern (Kruuk l.c.), haben aber nie ein Anzeichen dafür gefunden, daß er selbst Eier versteckt,

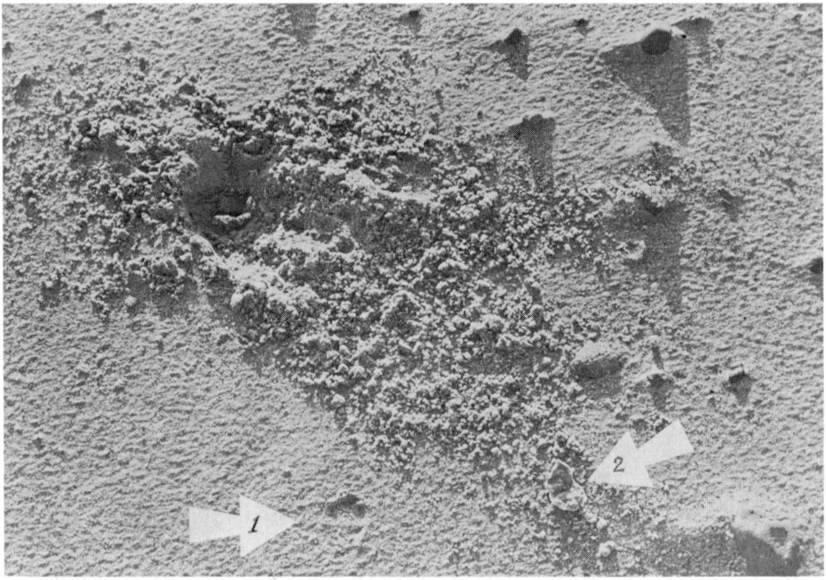

a

Abb. 109 a) Ein Fuchs hat eines unserer Eier ausgegraben. Pfeil 1 deutet auf einen Fußabdruck, Pfeil 2 auf einen Schalenrest. b) Spuren eines Igels, der suchend um das Eiversteck kreiste, ehe er es plünderte. Der Pfeil zeigt die leere Eischale.

und wußten bisher nicht, daß er die Vorratskammern des Fuchses plündert.

Es scheint mir, daß diese »Diebstähle« durch Igel (und vielleicht auch das gegenseitige Vorrat-Stehlen der Füchse) für die Frage bedeutsam sind, ob das zerstreute Anlegen der Eiverstecke arterhaltenden Wert hat. Das Problem ist nicht einfach. Einerseits wissen wir, daß ein Igel, der drei Eier (z. B. im Möwennest) beisammen findet, sie oft alle frißt. Kruuk fand, daß Igel, denen nur Eier geboten wurden, im Durchschnitt 5,3 Eier je Nacht fraßen und im Durchschnitt eines mehr vernichteten. Wenn der Fuchs also alle Eier eines Geleges an derselben Stelle oder auch sehr nahe beisammen vergrübe, wären alle verloren, falls ein Igel das Versteck einmal fän-

b

de. Andererseits aber gäbe es dann dreimal weniger Verstecke; also wäre die Aussicht, von einem Igel aufgespürt zu werden, für jedes Versteck (in Anbetracht der kurzen »Entdeckungsdistanz« des Igels) dreimal so klein. Wir haben tatsächlich nie erlebt, daß ein Igel zwei benachbarte Eier unserer Eilinie in derselben Nacht gefunden hätte, obwohl es zweimal vorkam, daß zwei einige hundert Meter voneinander entfernte Verstecke von je einem Igel geöffnet worden waren.

Vor- und Nachteile des Zerstreuens dürften sich also die Waage halten. Genau ist das nicht zu sagen, solange wir nicht sicher wissen, von wie weit ein Igel drei zusammen versteckte Eier entdeckt, wie beharrlich und wie spezifisch er nach dem ersten Fund weiter nach Eiern sucht, wann Fuchs und Igel Eiverstecke zu öffnen beginnen, in welchem Tempo beide vorgehen usw. Wir können aber m. E. sagen, daß sogar, wenn die Eiverluste in beiden Arten von Verstecken im Durchschnitt gleich groß wären (oder gar wenn sie in Einzelverstecken im Durchschnitt *größer* wären), die Wahrscheinlichkeit für gelegentliche sehr hohe, dem Fuchs wirklich schadende

Verluste bei Einzelverstecken geringer ist als bei Dreierverstecken. Allgemein gesagt: auf je weniger Verstecke eine bestimmte Gesamtzahl von Eiern verteilt ist, desto größer ist die Chance, daß gelegentlich alle Eier gefunden werden und eine für den Fuchs kritische Lage eintritt. Nur weil bei vielen kleinen weit verteilten Vorräten die *Schwankungen* der jährlichen Verluste weniger extrem sind als bei größeren Ansammlungen, wird durch Verteilung die Aussicht auf einen gefährlichen Verlust verringert.

Zusammenfassung

Die von Kruuk begonnenen Beobachtungen über das Jagdverhalten des Fuchses in den Dünen bei Ravenglass (Kruuk 1) wurden 1963 und 1964 fortgesetzt, wobei wir besonders das Verstecken der Beute untersuchten. Während wir 1960, 1961, 1962 und 1963 kaum Andeutungen dafür fanden, daß Füchse ihre Vorratskammern später benutzen, entdeckten wir im Juli 1963, daß sie das doch tun, und zwar ganz systematisch, aber erst nach Abzug der Möwen, also sobald die Nahrung knapper wird.

Die Spuren wiesen darauf hin, daß die Füchse sich nicht jeder einzelnen Vorratskammer erinnern, sondern sich dahin begeben, wo sie im Mai und Juni viele Eier vergraben haben, und daß sie sich hier wie schon beim Eingraben orientieren, indem sie von Wegmarke zu Wegmarke gehen und riechen, ob sich ein Ei im Sande befindet. Aufgesparte Beute wird also in einfacher Weise wiedergefunden, sobald der Fuchs sie braucht. Nicht vergrabene Beute wird meistens bald von Krähen gefressen oder von Fliegen mit Eiern belegt; außerdem bleiben vergrabene Kadaver und Eier lange genießbar. Wir fanden auch Hinweise darauf, daß sich die Füchse gegenseitig bestehlen, und zwar können sie vergrabene oder eingesandete Vögel und Kaninchen etwa 10 Meter weit gegen den Wind, Eier maximal 3 Meter weit riechen.

Um zu untersuchen, ob Füchse wirklich auch vergrabene Beute finden, die sie nicht selbst versteckt haben, an die sie sich unmöglich erinnern können, legten Dr. Monika Impekoven, Dr. Dierk Franck und der Verfasser am 12. Mai 1964 hundert nahezu frische Hühnereier in einer sich durch das Gelände schlängelnden »Eilinie« aus. Der Abstand von einem Ei zum nächsten betrug etwa 10 Meter; jedes Ei wurde in eine Mulde gelegt und etwa 3 cm hoch mit Sand bedeckt. Jeweils zwischen diesen künstlichen Vorratskammern legten wir 100 »Trugkammern« an, die genauso behandelt wurden wie die echten, aber kein Ei enthielten. Diese »Eilinie«, die absichtlich solche Geländeteile vermied, wo die Füchse selbst gewöhnlich Eier versteckten, wurde beinahe täglich frühmorgens von uns kontrolliert.

Obwohl nur ein Fuchs mehr oder weniger regelmäßig (im Durchschnitt einmal wöchentlich) unsere Eilinie kreuzte, ein anderer nur wenige Male überhaupt in die Nähe kam und obwohl verschiedene Eier hoch vom Sand verweht wurden, haben beide Füchse zusammen vom 16. Juni bis Ende August acht Eier ausgegraben. Keins der Scheinverstecke wurde besucht. Dies bestätigte unsere Vermutung über die geruchliche Orientierung der Füchse.

In derselben Zeit wurden außerdem zwölf unserer Eier von Igeln ausgegraben und teilweise gefressen. Die Spuren zeigten deutlich, daß die Igel diese Eier aus höchstens 50 cm Entfernung aufspüren konnten. Hatten sie einmal ein Ei gerochen, dann suchten sie auf höchstens einem Quadratmeter umher und gruben schließlich genau an der richtigen Stelle. Kein einziges Mal fand ein Igel zwei benachbarte Eier unserer Linie. Das deutet darauf hin, daß »Scatter Hoarding« zwar wahrscheinlich nicht den Gesamtprozentsatz der Eiverluste durch Räuber herabsetzt, aber doch zur Folge hat, daß Verluste vieler oder aller versteckten Eier eines Gebietes seltener vorkommen.

Unsere Beobachtungen zeigen, daß das Beuteverstecken des Fuchses in folgenden Hinsichten arterhaltenden Wert hat: es hält die Beute kühl; es verbirgt sie vor Krähen und Fliegen; die Vorratskammern werden gerade dann benutzt, wenn der Fuchs ihrer bedarf; und das verstreute Anlegen der Vorratskammern verringert die Gefahr gelegentlicher Totalverluste.

Literatur

1 Kruuk, H. (1964): Predators and anti-predator behaviour of the Black-headed Gull (*Larus ridibundus* L.). Behaviour, Supplement 11, 1–130.

2 Murie, A. (1936): Following fox trails. Misc. Publ. Un. Mich. Mus. Zool. 32.

3 Tembrock, G. (1957): Zur Ethologie des Rotfuchses (*V. vulpes* L.) unter besonderer Berücksichtigung der Fortpflanzung. Der Zool. Garten (N. F.) 23, 289–532.

(Aus dem Zoologischen Institut der Universität Oxford, England)

10 Abstandhalten als Schutz vor Feinden
(1967)

Diese Untersuchung geht von der Hypothese aus, daß gewisse Raubfeinde einen Druck auf ihre Beutetiere ausüben, sich weit zu verteilen, selbst wenn sie gut getarnt sind; genauer gesagt, in Abständen voneinander zu leben, die viel größer sind als die Entfernung, aus der ein Räuber sie sogleich entdeckt. Diese Vorstellung erwuchs mir teils aus eigenen Arbeiten, teils aus denen meiner Mitarbeiter (DE RUITER 9, TINBERGEN 12, 13, 14, 15, TINBERGEN et al. 16, PATTERSON 8) sowie aus einigen Angaben in der Literatur. Sie baut auf verschiedenartigen Befunden auf, die alle noch unvollständig, sogar nur erste Ansätze sind, aber insgesamt doch genügend Hinweise geben, um die vorliegende Untersuchung zu begründen.

Natürlich weiß man längst, daß Tarntrachten, d. h. Farbmuster, welche Tieren, die mit den Augen suchen, das Auffinden der Beute erschweren, nur dann ihren Zweck erfüllen, wenn durch das Verhalten des Trägers die Tracht zu voller Geltung kommt. Allgemein anerkannte und wenigstens teilweise experimentell geprüfte Möglichkeiten sind: 1. Unbeweglichkeit, zumindest am Tage (DE RUITER 9), 2. Aufsuchen des Hintergrundes, zu dem die eigenen Farben passen (KETTLEWELL 4, 5), und 3. Einnehmen der Haltung, die beste Tarnung gewährt (COTT 1, DE RUITER 10). Eine weitere Möglichkeit ist, wie wir vermuten, das Abstandhalten im oben erläuterten Sinne. Folgende Tatsachen lassen darauf schließen:

1. Schutzfarbige Tiere sind zwar nicht gänzlich unauffindbar, aber selbst scharf sehende Räuber bemerken sie meistens nur aus der Nähe. Diesen Eindruck haben jedenfalls alle, die im Freiland oder in Laborversuchen solche Beutefänge beobachtet haben. Genaue Messungen fehlen.

2. Die meisten getarnten Tiere leben verstreut – wiederum eine Erfahrungstatsache ohne genaue Daten, die wohl auch in vielen Fällen schwer zu gewinnen wären. Der Abstand, auf den ein Feind solch eine Beute unmittelbar erkennt, unterscheidet sich jedoch auffällig von den Abständen zwischen Einzeltieren einer Population von Schutztrachtenträgern, so daß

der erfahrene Beobachter hier einen bisher unbekannten Selektionsdruck wittert, der eine bestimmte Verteilung begünstigt.

3. Viele Tierarten haben Mechanismen entwickelt, die das Abstandhalten sichern. Dabei geht es jedoch keineswegs immer um den Schutz vor Feinden; es ist zweifellos ebenso wichtig, so viel Raum um sich zu haben, daß man dort genügend Futter findet (Lack 7) oder ungestört brüten kann. Auf die getarnten Tiere scheint aber keiner der bekannten Vorteile zu passen. Daher kommt man, per exclusionem, zu dem Verdacht, daß da noch ein anderer Auslesevorgang mitwirken muß.

4. Dieser Verdacht verstärkt sich, wenn man überlegt, auf wie mannigfache Weise die einzelnen Arten dieses Ziel erreichen. Manche Schwärmerweibchen z. B., deren Raupen getarnt sind, fliegen während der Eiablage zwischen je zwei aufeinanderfolgenden Eiern eine beträchtliche Strecke (Tinbergen 15). Birkenspanner dagegen legen alle ihre Eier beisammen ab. Doch nach dem Schlüpfen werden die Larven vom Winde vertragen, ehe sie sich zu den wohlbekannten stöckchenähnlichen Spannerraupen entwickeln (Kettlewell mündl. Mitt.). Wenn so verschiedene Wege zu demselben Ziele führen, deutet das auf konvergente Anpassungen.

5. Das Jagdverhalten einiger Tiere scheint Aufschlüsse zu geben. Vor allem Vögel suchen, nachdem sie etwas gefunden haben, eifrig die nähere Umgebung ab. Zusätzlich zu dieser örtlich begrenzten Suche (aerea-restricted searching) stellen sie sich wahrscheinlich auch auf die Art der Beute ein, die sie zuerst gefunden haben; sie jagen nach dem, was ihnen als Suchbild (searching image) vorschwebt. Zu dieser Deutung kam L. Tinbergen, weil die Einbuße, die eine wachsende Insektenbevölkerung durch Meisen erleidet, bei verhältnismäßig geringer Dichte unter der Zufallserwartung bleibt, jedoch über diese Erwartung ansteigt, wenn die Insekten sich stärker vermehren. Obwohl wir vermuten, daß beides, örtlich begrenztes Suchen und Suchbildjagd, meistens zusammentrifft, müßte schon allein das Suchen auf beschränktem Raum dazu führen, daß der tatsächliche Erkennungsabstand (effective detection distance) größer würde als der unmittelbare Erkennungsabstand (direct detection distance), und dadurch das Abstandhalten der Beuteart fördern. Käme dann noch ein Suchbild hinzu, so würde das die Auslese auf weitere Verteilung noch verstärken.

Aufgrund dieser Überlegungen wollten wir untersuchen, ob die Verluste, die eine Population schutzfarbiger Beutetiere zu tragen hat, wenn sie in größerer oder geringerer Dichte einem durch einen ersten Fund aufmerksam gemachten Raubfeind ausgesetzt wird, erwartungsgemäß schwanken. Es ist ein erster Schritt in dieser Richtung. Weitere Versuche von H. J. Croze, über die er beim Internationalen Ethologenkongreß 1965 in Zürich kurz berichtet hat, sind im Gange (2).

Methode

Wir hofften herauszufinden, ob gleichartige Beutestücke, nachdem eines gefunden wurde, bei dichter Verteilung stärker geschädigt werden als bei weiter; mit anderen Worten, ob Feinde unter gewissen Umständen die Beutetiere dafür »bestrafen« können, daß sie dicht beisammen sind. Außerdem wollten wir wissen, ob der Jäger geradeswegs von einem Fund zum nächsten steuert oder ob er, wenn die Beute weiter verstreut ist, zunächst ungerichtet sucht. Denn hierdurch würde der Unterschied zwischen dem unmittelbaren und dem tatsächlichen Erkennungsabstand anschaulich sichtbar werden.

Wir arbeiteten mit wilden Rabenkrähen (*Corvus corone* L.). Diese hatten sich in früheren Versuchen über die Wirksamkeit der Tarnung von Lachmöweneiern schon als äußerst scharfsichtige Räuber bewährt, und zwar gleichfalls in den Tälern der Dünenhalbinsel bei Ravenglass, Cumberland.

Als Beute verwendeten wir Hühnereier, die wir in einem Standardmuster bemalten, ähnlich den Eiern von Lachmöwen und vielen anderen bodenbrütenden Watvögeln, Seeschwalben und Möwen. Manches deutet daraufhin, daß Unregelmäßigkeit des Fleckenmusters in Größe, Form, Anordnung und Tönung der einzelnen Flecken für den Schutzerfolg wichtig ist und daß ein oder zwei Halme, die man lose darüberlegt, das Ei noch unauffälliger machen. Wir malten darum unsere Eier sehr sorgfältig an, so natürlich und so einheitlich wie möglich. Um sie noch besser zu verbergen, gruben wir sie ungefähr zur Hälfte ein und überdeckten jedes mit ein paar Halmen. Sie waren dann tatsächlich kaum zu sehen und entgingen, wie unsere Ergebnisse zeigen, auch häufig den Krähen.

In Abwesenheit der Vögel verteilten wir die Eier an Stellen, die mit Moos und Flechten, mit anderen niederen Pflanzen, hier und dort auch mit einem Büschel Strandhafer bewachsen waren. Dann zogen wir uns etwa 150 m weit in ein Versteck zurück und warteten auf die Ankunft der Krähen. Für jeden Versuch legten wir zwei Gruppen von je 9 Eiern aus, immer 3 × 3 in einem Quadrat mit gleichen Abständen zwischen den Eiern. Die Eiabstände innerhalb der beiden Gruppen betrugen anfangs 50 bzw.

800 cm; in späteren Versuchen war der Unterschied geringer. Bei größter Dichte war das Suchfeld 1 qm groß, bei weitester Verteilung 256 qm. Stets war eines der Eier nicht eingegraben und zur Hälfte unbemalt, so daß es im Gegensatz zu allen übrigen auffiel (Abb. 110). Dieses Musterei lockte die Krähen zu den Versuchsplätzen hin. In die Auswertung wurde es jedoch nicht einbezogen; sie betrifft immer nur die 8 getarnten Eier jeder Gruppe. Die beiden Versuchsfelder waren mindestens 30 m voneinander entfernt. Das genügte, um zu verhindern, daß die Krähen von einem

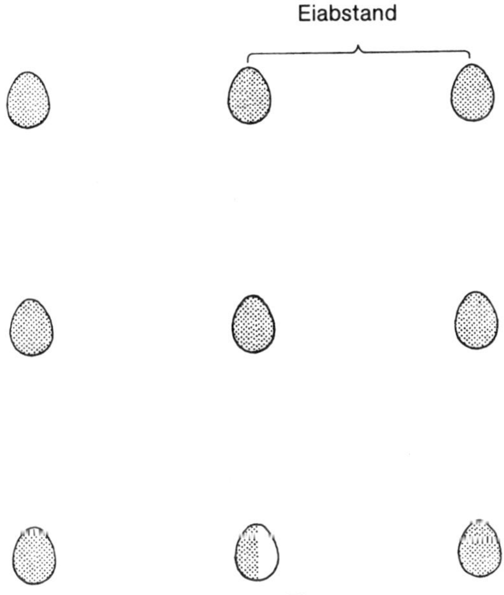

Abb. 110. Anordnung von 8 getarnten Eiern und dem Musterei (Mitte unten) in einem Versuchsfeld.

zum anderen überwechselten; denn gewöhnlich kamen sie herbeigeflogen, suchten dann aber innerhalb des Feldes zu Fuß. Danach flogen sie wieder auf und mußten nach dem Musterei des anderen Feldes neu Ausschau halten. In 24 Versuchen, in denen die Vögel ungestört blieben, verließen sie das erste Feld 20mal fliegend; 4mal wanderte einer zum nächsten. Doch immer war aus ihrem Verhalten, das anfänglich nicht auf das zweite Musterei gerichtet war, eindeutig abzulesen, daß sie dieses erst entdeckten, nachdem sie den vorigen Fundplatz verlassen hatten.

In weiteren 5 von 8 Versuchen flogen die Krähen nach einer Störung ab, ohne irgendeines der Eier im zweiten Feld zu beachten. Fast immer wurden dieselben zwei Gruppen zweimal geboten und dabei die beiden Verteilungen ausgetauscht, so daß die Eier am selben Ort zuerst dicht (D), danach verstreut (V) lagen, und umgekehrt. Zwischen solchen Versuchspaaren wechselte die Anordnung in einem insgesamt 5000 qm großen Gebiet.

Sobald die Krähen herausgefunden hatten, daß hier Futter zu erwarten war, kamen sie mehrmals am Tage. Wir brauchten nur selten länger als zwei Stunden auf sie zu warten. Gewöhnlich flogen sie 5–10 m über dem Boden, den sie betrachteten, stoppten plötzlich und landeten dicht vor einem Ei, an das sie zu Fuß herangingen. Von 66 Funden, über die wir verläßliche Aufzeichnungen haben, war nur 6mal nicht das Musterei das erste, das sie entdeckten. Mit ihm beginnt also üblicherweise das Suchen. Die Felder verschiedener Dichte hatten gleiche Chancen: In 25 ungestörten Versuchen wurden die V-Eier 12mal, die D-Eier 7mal zuerst und 6mal beide Gruppen gleichzeitig von je einer Krähe gefunden. Das erste Ei aßen sie im allgemeinen gleich auf und suchten danach am Boden weiter, glücklicherweise auch dann, wenn sie sich mit ein bis zwei Eiern schon sattgegessen hatten. Die übrigen trugen sie fliegend fort und vergruben sie[1] in 30–300 m Entfernung. Nachdem sie das rasch erledigt hatten, kamen sie wieder und fuhren fort zu stöbern.

Meistens kamen die Krähen paarweise an. Manchmal jagte nur das Männchen, und das Weibchen folgte ihm, manchmal jagte jeder für sich; aber stets bemerkten sie es, wenn der andere ein Musterei entdeckte. Nach ihrem Aussehen und Benehmen war es bei allen Versuchen im Großen Tal (Tab. 51) dasselbe Paar. Im Flechtental kam ein zweites, dem sich zuweilen noch andere Paare zugesellten (und es störten). Gewöhnlich besuchten sie ein Feld nach dem anderen. Manchmal war der eine hier, der andere dort, und gelegentlich, vor allem bei Störungen, flogen sie fort, ohne das zweite Feld aufzusuchen.

Wir beendeten die Versuche jeweils 10 Minuten, nachdem die Krähen aufgegeben hatten, d. h. außer Sichtweite geflogen waren oder sich am Bo-

1 Viele dieser vergrabenen Eier holten sie sich nach einigen Tagen oder sogar Wochen wieder. Einmal sahen wir eine Krähe nach 4 Tagen gezielt zu ihrem Versteck hinfliegen, das wir allerdings ausgeräumt hatten.

Tabelle 51

Versuchsreihe	Datum	Ort	Vögel	Eiabstand in m		Anzahl gefundener Eier		Anzahl Versuche	Signifikanz des Unterschiedes
1	9.–11. 3.	Großes Tal	Paar A	0,5	8	24	5	3	$p < 0.001$
2	12.–16. 3.	Großes Tal	Paar A	1	4	48	44	6	$p > 0.1$
3	17.–18. 3.	Großes Tal	Paar A	4	8	16	16	2	
4	21.–29. 3.	Flechtental	Paar B	0,5	8	23	9	3	$p < 0.001$
5	21. 3.–2. 4.	Flechtental	mehrere Paare	0,5	8	27	14	4 + 4[1]	$0.1 < p < 0.2$
6	4.–10. 4.	Großes Tal	Paar A	2	8	52	25	7	$p < 0.001$
7	4.–12. 4.	Flechtental	Paar B	2	8	30	6	6	$p < 0.001$ (χ^2-Test, einseitig)

1 Es wurde jeweils nur ein Feld besucht.

den oder in der Luft weit außerhalb des 5000 qm großen Geländes befanden. Wenn nichts dazwischenkam, entfernten sie sich fast immer erst nach einer Weile erfolglosen Suchens.

Danach sammelten wir alle Eier wieder ein mit Ausnahme der von den Krähen vergrabenen. Denn unser Augenmerk war auf die Versuchsfelder gerichtet, und deshalb kannten wir oft die Versteckplätze nicht. Wir machten nie mehr als zwei Versuche an einem Tage, die mindestens zwei Stunden auseinander lagen, und buchten folgende Daten: (a) Die Anzahl der in jedem besuchten Feld erbeuteten Eier; (b) wie lange der Vogel braucht, wenn er mit einem Ei fertig ist, bis er das nächste findet; (c) wie lange er nach dem letzten Ei weitersucht, ehe er das Feld verläßt; und (d) die Dauer seines ganzen Aufenthaltes in einem Feld. Wir achteten auch darauf, wann das ziellose Umherwandern der Krähen in gerichteten Anmarsch überging, um den unmittelbaren Erkennungsabstand wenigstens ungefähr zu ermitteln; doch das war sehr schwierig.

Ergebnisse

(a) *Anzahl der gefundenen Eier.* In Tab. 51 sind die Ergebnisse von 7 Versuchsreihen zusammengefaßt. Nur an der 5. Reihe waren mehr als ein Paar beteiligt. Sie enthält die Werte aus 8 Versuchen, in denen dieses Paar das erste Feld besucht und verlassen hatte, als die Ankunft eines zweiten den Fortgang störte; es waren 4 V- und 4 D-Felder. In den Reihen 1 und 4 (50 gegen 800 cm) wurden im D-Feld signifikant mehr Eier entdeckt als im V-Feld. Der Unterschied ist beträchtlich: Von 48 dicht verteilten Eiern wurden bis auf eines alle gefunden, während von 48 weit verstreuten 34 unentdeckt blieben. In Reihe 5 (ebenfalls 50 gegen 800 cm) sind diese Unterschiede zwar auch erkennbar, jedoch nicht signifikant. In Reihe 2 bei 100 bzw. 400 cm waren die Ergebnisse für D und V nicht statistisch sicher verschieden.

Wie die 6. und 7. Reihe zeigen, sind 200 cm voneinander entfernte D-Eier stärker gefährdet als V-Eier bei 800 cm Entfernung. In Reihe 3 (400 gegen 800 cm) nahmen die Krähen sämtliche Eier, V und D; offenbar waren sie jetzt, am Ende von 10 Versuchstagen ohne Unterbrechung, außerordentlich gut geübt.

Demnach bedeutete unter den hier gegebenen Bedingungen das Dichtbeisammensein einen – manchmal sehr erheblichen Nachteil – für die Beute.

Tabelle 52

Versuchsreihe	Eiabstand in m D	Eiabstand in m V	Anzahl Versuche	Mittlere Suchzeit für ein Ei D	Mittlere Suchzeit für ein Ei V	Signifikanz des Unterschiedes
1	0,5	8	3	nicht gestoppt		
2	1	4	6	44“	1‘30“	$p < 0.01$
3	4	8	2	1‘06“	1‘51“	
4 + 5	0,5	8	3 + 4	1‘08“	2‘15“	$p < 0.032$
6	2	8	7	56“	2‘26“	$p < 0.001$
7	2	8	6	3‘10“	3‘33“	$p < 0.1$

(Mann-Whitney-Test, einseitig)

(b) *Suchzeit für ein Ei.* Die mittlere Zeit, die ein Vogel braucht, um nach einem gegessenen oder versteckten Ei das nächste zu finden, ist in Tab. 52 wiedergegeben. In der ersten Versuchsreihe sind unsere Aufzeichnungen spärlich, doch alle übrigen lassen erkennen, daß es länger dauerte, ein V-Ei zu finden als ein D-Ei. In den Reihen 3, 4 + 5 und 6 sind die Unterschiede auf dem 1 %-Niveau, darunter oder dicht darüber signifikant, was besagt, daß die Erfolgsrate pro Zeiteinheit für dicht verteilte Eier tatsächlich höher lag als für verstreute.

(c) *Suchzeit nach dem letzten Ei* (Tab. 53). In allen außer einer der hierfür ausgewerteten Reihen suchten die Krähen im V-Feld länger als im D-Feld, bis sie es verließen. In Reihe 4 + 5 ist dieser Unterschied bei etwa 4 % signifikant. In Reihe 7 suchten sie umgekehrt bei D länger als bei V, jedoch

Tabelle 53

Versuchsreihe	Eiabstand in m D	Eiabstand in m V	Anzahl Versuche	Suchzeit nach dem letzten Ei D	Suchzeit nach dem letzten Ei V	Signifikanz des Unterschiedes
1	0,5	8	3	nicht gestoppt		
2	1	4	6	3‘10“	3‘20“	$p > 0.1$
3	4	8	2	2‘15“	4‘15“	
4 + 5	0,5	8	3 + 4	1‘47“	4‘17“	$p < 0.038$
6	2	8	7	3‘26“	4‘	$p > 0.1$
7	2	8	6	2‘35“	1‘20“	$p > 0.1$

(Wilcoxon-Test, zweiseitig)

Tabelle 54

Versuchs-reihe	Eiabstand in m D	V	Anzahl Versuche	Dauer des Aufenthaltes D	V	Signifikanz des Unterschiedes
1	0,5	8	3	16'	11'	$p > 0.1$
2	1	4	6	9'	14'10"	$p < 0.05$
3	4	8	2	12'	20'	
4 + 5	0,5	8	3 + 4	8'38"	13'56"	$p > 0.1$
6	2	8	7	10'34"	13'30"	$p > 0.1$
7	2	8	6	14'15"	10'55"	$p > 0.1$

(Wilcoxon-Test, zweiseitig Mann-Whitney-Test, zweiseitig)

nicht signifikant verschieden. Wie diese Ergebnisse zeigen, sind die niedrigeren Werte für die V-Eier nicht darauf zurückzuführen, daß die Vögel in den V-Feldern weniger ausdauernd suchten.

(d) *Die gesamte in einem Feld verbrachte Zeit.* Tab. 54 zeigt den gesamten Zeitaufwand. Obwohl beide Felder immer gleich lange zugänglich waren, hielten sich die Krähen verschieden lange darin auf. In allen Versuchsreihen bis auf zwei war der Einsatz in V-Gruppen größer als in D-Gruppen. In Reihe 2 ist dieser Unterschied auf dem 5 %-Niveau signifikant, in 4 + 5 nahe daran. In den Reihen 1 und 7 hielten die Vögel sich länger in der D-Gruppe auf.

Im ganzen geht aus den Werten (Tab. 52–54) hervor, daß die V-Eier nicht deshalb geringere Verluste erlitten (Tab. 51), weil die Räuber sich dort weniger angestrengt hätten, sondern sie bemühten sich sogar mehr.

Vielleicht war unsere Ausgangshypothese zu einfach. Bestätigt ist, daß dicht liegende Eier stärker gefährdet sind als weit verteilte. Daß aber die Krähen in den V-Gebieten mehr Ausdauer zeigen, läßt auf Erfahrungsbildung schließen. Sie wissen, wo längeres Suchen sich lohnen könnte. Deshalb ist es wohl auch kein Zufall, daß sie in den ersten Versuchen (Reihe 1) im D-Feld sogar länger blieben als im V-Feld; denn allem Anschein nach lernen sie bei wiederholten Beutezügen die Dichte abzuschätzen. Freilich könnte das durch unsere Versuchsanordnung bedingt und deshalb kein normaler Vorgang sein.

Erörterung

Bei der Aussage darüber, was unsere Experimente belegen und was nicht, ist etwas Vorsicht geboten. Es muß einen Selektionsdruck der Art geben, wie unsere Hypothese ihn fordert. Es ist jedoch ungewiß, wie er sich unter natürlichen Umständen auswirkt.

1. Zweifellos war unter den Versuchsbedingungen verhältnismäßig dicht siedelnde Beute stärker gefährdet als weniger dicht verteilte. Aus dem Verhalten der Krähen schließen wir, daß sie die Eier, die sie nicht nahmen, wirklich nicht fanden, obwohl sie danach suchten. Sie gingen in und dicht bei den Feldern selbst bei nur 50 cm Eiabstand meist ziellos umher, bis sie plötzlich ein paar Schritte in gerader Richtung machten und dann ein Ei aufnahmen; oder sie flogen weg, weil keines mehr da war. Es gelang uns nicht, die Länge der gerichteten Wege zu messen. Offensichtlich beträgt aber der unmittelbare Erkennungsabstand rund 50 cm und ist oft noch kürzer.

Außerdem suchten die Krähen so lange, bis sie ein Ei gefunden hatten, sei es 400 oder sogar 800 cm von dem vorigen entfernt. Der Bereich, in dem sie den Eiern gefährlich werden können, oder der tatsächliche Erkennungsabstand ist also wesentlich größer als der unmittelbare Erkennungsabstand. Ferner ist das Suchen, wie erwartet, räumlich begrenzt. Wenn die Vögel es aufgeben, fliegen sie fast ausnahmslos zu anderen Futterplätzen, die mindestens 500 m entfernt sind. Hierbei ist zu beachten: Die Tatsache, daß die Krähen die dichter ausgelegten Eier stärker schädigten als die weiter verteilten, und unsere Deutung, in welcher Weise das Verhalten der Vögel dazu führte, sind zweierlei Dinge, die man gesondert betrachten muß.

Örtlich begrenztes Suchen nach einer Beuteart kann unserer Meinung nach dazu führen, daß die Auslese größere Abstände zwischen den Einzeltieren begünstigt, als es der unmittelbare Erkennungsabstand der Räuber erfordert. Ob die Krähen nicht nur ortsgebunden, sondern auch nach bestimmter Beute suchten, das bleibt einstweilen eine offene Frage. Doch spricht manches dafür, z. B. daß sie während des Aufenthaltes im Versuchsfeld ein totes Kaninchen nicht beachteten, das sie sich unter anderen Umständen einverleibt hätten.

2. Wenn wir darüber nachdenken, ob dieser Selektionsdruck auch auf natürliche Populationen einwirkt, begeben wir uns auf noch weniger sicheren Boden. Dann nämlich müssen wir fragen, ob (falls etwa der das

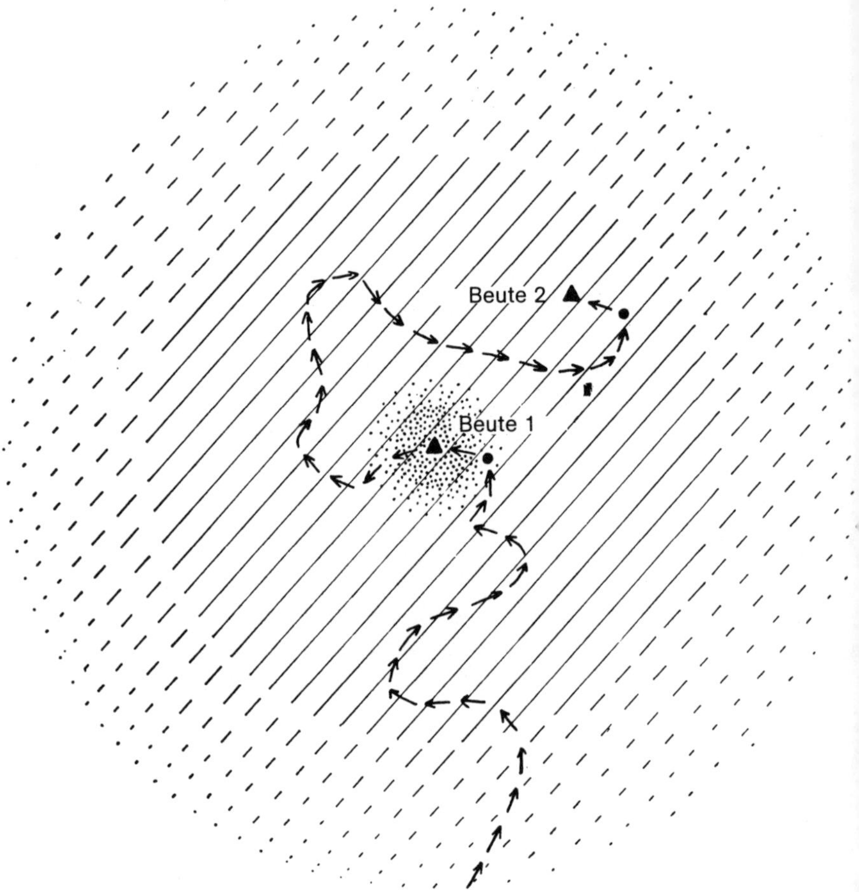

Abb. 111. Schematische Darstellung des Jagdverhaltens einer Rabenkrähe und des daraus folgenden Risikos für ein Beutetier in nächster Nachbarschaft eines anderen. Die Pfeile bezeichnen den Suchweg der Krähe, Dreiecke die Beutestücke und Kreise die Stelle, von der aus der Vogel diese entdeckt. Der Radius der punktierten Fläche entspricht dem unmittelbaren Erkennungsabstand, dessen Veränderlichkeit durch lockere Punktierung am Rande dieser Fläche angedeutet ist. Wenn der Feind die erste Beute gefunden hat, erhöht sich die Gefahr für jedes weitere Beutetier innerhalb des gestreiften Gebietes, das er nun, örtlich begrenzt, durchsucht, bis er mehr findet oder aufgibt. Je nach dem Weg, den der Räuber einschlägt, ist auch der tatsächliche Erkennungsabstand veränderlich, jedoch fast ausnahmslos größer als der unmittelbare Erkennungsabstand.

Abstandhalten sichernde Mechanismus versagte) eine größere Dichte als die, die wir normalerweise vorfinden, höhere Verluste durch Feinde verursachen würde, ehe andere Gefahren (wie Hunger oder Mangel an Brutplätzen) sich auswirken könnten, und wenn das so wäre, ob diese höheren Verluste sich daraus ergäben, daß der Räuber im Bereich seines tatsächlichen Erkennungsabstandes mehr Beutetiere entdeckt.

Gewiß gibt es in der Natur zahlreiche Mechanismen, die dafür sorgen, daß auch in einem günstigen Lebensraum Einzeltiere oder Bruten nicht zu dicht beisammen leben. Welche es sind, das ist von Art zu Art verschieden (vgl. HINDE 3 u. a.). Für Singvögel z. B. ist bei Überbevölkerung wahrscheinlich Hunger die größte Gefahr, während manche Meeresvögel durch fehlende Nistmöglichkeiten stärker bedroht sind als durch Nahrungsmangel. Selbst innerhalb einer Art können die kritischen Faktoren je nach den Umständen wechseln, und es ist deshalb durchaus möglich, daß der in unseren Versuchen nachgewiesene Feinddruck sich in natürlichen Populationen selten oder nie so auswirken würde. Hier ist es berechtigt auszusondern, was nicht in Frage kommt: Soweit wir sehen, ist keiner der bisher bekannten kritischen Faktoren als Hauptursache dafür verantwortlich zu machen, daß tarnfarbige Tiere so weit verstreut leben, wie sie es tun, und darum könnte der entscheidende Einfluß tatsächlich durch solchen Feinddruck ausgeübt werden.

3. Da es für jedes Tier einen Schutz vor Feinden bedeuten muß, wenn es nicht zu dicht mit seinesgleichen zusammenlebt, erhebt sich die Frage, ob es denn wirklich in besonderem Maße für die Getarnten gilt. Wenn alle übrigen Umstände gleich wären und kein anderer Selektionsdruck dagegenwirkte, müßten ungetarnte oder gar auffällige Tiere (zwischen denen es alle erdenklichen Übergänge gibt) sogar noch mehr gezwungen sein, sich zu verteilen. Die Auslese ist jedoch überall am Werke, und auffälligere Tiere, die meistens auch mehr Möglichkeiten haben, sich zu verteidigen, können es sich leisten, enger zusammenzuleben als getarnte, um so z. B. Futterquellen besser zu nutzen. Darauf kam es uns aber hier weniger an als vielmehr auf die Frage, ob man einen Auslesevorgang nachweisen kann, der den Unterschied verständlich macht zwischen dem kurzen unmittelbaren Erkennungsabstand und den nachweislich viel größeren Abständen zwischen den einzelnen Tieren, der wahrscheinlich bei zahlreichen kryptischen Arten zu finden ist. Ob es dergleichen auch bei ungetarnten Tieren gibt, bleibt offen; jedenfalls dürfte es dort nicht allzu bedeutungsvoll sein.

4. Was wir bisher erörtert haben: ob es vorteilhaft ist, Abstand zu halten, also die einfache Frage nach dem Überlebenswert, das muß sorgfältig unterschieden werden von der stammesgeschichtlichen Frage, an welchem Punkt die Auslese angreift, die solch einen Mechanismus schafft oder festigt. Diese Erwägung ergibt sich aus der Tatsache, daß bei manchen Arten die Individuen sich selbst voneinander entfernen oder die Eltern ihre Jungen abseits von denen anderer Eltern derselben Art unterbringen und daß bei anderen Arten die Eltern dafür Sorge tragen, schon ihre Jungen zu vereinzeln. Zur ersten Gruppe gehören die Birkenspannerraupen und viele bodenbrütende Vögel mit schutzfarbiger Brut, zur zweiten die Schwärmer, die ihre Eier einzeln verteilen (S. 357). Unsere Versuche passen nur zur ersten Gruppe, denn sie weichen in etwas Wichtigem von den natürlichen Gegebenheiten ab: Die Mustereier waren so auffällig, daß man sie schon von weitem sah und folglich die D-Felder ebenso leicht gefunden wurden wie die V-Felder. Wenn aber kein Lockmittel daliegt und wenn, wie wir wissen, der unmittelbare Erkennungsabstand kurz ist, dann muß der Räuber in einem bestimmten Gebiet bei dicht siedelnden Beutetieren länger brauchen, das erste zu finden, als bei einer verstreuten Population gleicher Größe. Dieser Vorteil für die D-Gruppe könnte den Nachteil, der sich in unseren Versuchen abzeichnete, sehr wohl aufwiegen oder wenigstens verringern. Aus praktischen Gründen, weil ohne die Mustereier wohl kaum eine wildlebende Krähe zu unseren Versuchsplätzen gekommen wäre, mußten wir diesen Gesichtspunkt vernachlässigen und können deswegen nicht entscheiden, ob verstreute Populationen insgesamt weniger gefährdet sind als dichte. Das heißt, wir können aufgrund unserer Ergebnisse damit rechnen, daß Individuen, die selber Abstand halten, oder Eltern, die ihre Nachkommen von den Nachkommen anderer Eltern absondern, von der Auslese begünstigt werden. Wir wissen aber nicht, ob Eltern, die ihre Kinder einzeln verteilen, erfolgreicher sind, als wenn sie das unterlassen würden. Um diese Frage zu beantworten, wären Versuche ohne weit sichtbare Lockmittel erforderlich.

5. Grundsätzlich könnte man mit Experimenten wie diesen feststellen, welche Dichte für eine bestimmte Beuteart in einem bestimmten Lebensraum im Hinblick auf eine bestimmte Art von Feinden »kritisch« wäre, also bei welcher Verteilung das Finden eines Beutetieres seine nächsten Nachbarn nicht in Gefahr bringen würde, ebenfalls entdeckt zu werden. Möglicherweise war sogar der Eiabstand von 800 cm dafür noch zu gering, denn in den meisten Versuchen wurden mehr als ein V-Ei gefunden.

Aber selbst wenn wir durch weitere Versuche und andere Verteilungen die kritische Dichte ermittelt hätten, dürften wir diesen Wert nicht ohne weiteres auf natürliche Populationen übertragen, da zweifellos auch die kritische Dichte sich verändert, z. B. mit der Wirksamkeit der Tarnung, mit der Beschaffenheit des Lebensraumes, mit der Ausdauer und Leistungsfähigkeit des Räubers, die ihrerseits z. B. von der Größe und Genießbarkeit der Beute abhängen könnte.

Außerdem gibt es weitere Gründe, weshalb natürliche Populationen nicht die kritische Dichte einhalten, wie wir sie definierten. Die verfügbaren Nahrungsquellen können es notwendig machen, sich noch mehr zu verteilen, als es der Feinde wegen erforderlich wäre, und das ist sicher für viele Arten ein entscheidender Faktor. Andererseits brüten Lachmöwen, deren Eier durch Tarnfärbung geschützt sind (TINBERGEN et al. 16), trotzdem dicht beisammen, weil auf diese Weise die Eltern ihre Brut gegen manche Feinde besser verteidigen können (KRUUK 6, PATTERSON 8). Die übliche Dichte in einer Lachmöwenkolonie beruht sicher auf einem Kompromiß zumindest zwischen diesen beiden Auslesevorgängen. Höchstwahrscheinlich fände man unsere Überlegungen bei sehr vielen Arten bestätigt, und das sogar gewiß bei solchen Tieren, die Warntrachten tragen und trotzdem in Scharen beisammensitzen.

Zusammenfassung

In dieser Arbeit wird versucht, einen Selektionsdruck nachzuweisen, der dafür verantwortlich sein könnte, daß (wie hinlänglich erwiesen scheint) gut getarnte Tiere von ihren Artgenossen einen größeren Abstand einhalten als den, der sogar Vögeln genügt, die Beute zu entdecken. Schützend bemalte Hühnereier wurden in Gruppen verschiedener Dichte ausgelegt. Jede von ihnen enthielt ein immer gleichartiges Musterei, das nur zur Hälfte wie die anderen bemalt und besser sichtbar hingelegt war, um wildlebende Rabenkrähen anzulocken. Obwohl die Krähen in den »verstreuten« Gruppen länger suchten als in den »dichten«, erlitten diese viel höhere Verluste. Wir schließen daraus, daß es sogar für gut getarnte Arten vorteilhaft ist, wenn die Einzeltiere weiter voneinander entfernt leben als im unmittelbaren Erkennungsabstand ihrer Feinde. Die Ergebnisse sagen jedoch nichts darüber aus, ob eine dichte Population insgesamt stärker ge fährdet ist als eine weniger dichte. Weitere Versuche zu dieser und anderen Fragen sind im Gange.

Die absoluten Werte der Verlustraten in den Versuchen lassen sich nicht auf natürliche Verhältnisse übertragen, weil dort die Bevölkerungsdichte auch von anderen Faktoren abhängig ist.

Literatur

1 Cott, H. (1940): Adaptive Coloration in Animals. London.
2 Croze, H. J. (1970): Searching Image in Carrion Crows. Z. Tierpsychol. Suppl 5.
3 Hinde, R. A. (1956): Papers on territory. Ibis 98.
4 Kettlewell, H. B. D. (1955): Selection experiments on industrial melanism in the Lepidoptera. Heredity 9, 323–342.
5 – (1956): Further selection experiments on industrial melanism in the Lepidoptera. Heredity 10, 287–301.
6 Kruuk, H. (1964): Predators and Anti-predator Behaviour of the Black-headed Gull (*Larus ridibundus* L.). Behaviour Suppl. 11.
7 Lack, D. (1955): The Natural Regulation of Animal Numbers. Oxford.
8 Patterson, I. J. (1965): Timing and spacing of broods in the Black-headed Gull (*Larus ridibundus* L.). Ibis 107, 433–460.
9 Ruiter, L. de (1952): Some experiments on the camouflage of stick caterpillars. Behaviour 4, 222–232.
10 – (1955): Countershading in caterpillars. Arch. néerl. Zool. 11, 1–57.
11 Tinbergen, L. (1960): The natural control of insects in pinewoods. Arch. néerl. Zool. 13, 259–379.
12 Tinbergen, N. (1953): Social Behaviour in Animals. London. (Tiere untereinander. 3. Aufl. Berlin 1975).
13 – (1956): On the functions of territory in Gulls. Ibis 98, 401–411.
14 – (1957): The functions of territory. Bird Study 4, 14–27.
15 – (1965): Behaviour and Natural Selection, in: J. A. Moore (ed): Ideas in Modern Biology. New York, 521–542.
16 – G. J. Broekhuysen, F. Feekes, J. C. W. Houghton, K. Kruuk und E. Szulc (1962): Egg Shell Removal by the Black-headed Gull *Larus ridibundus* L. Behaviour 19, 74–118.

Nachweis der Originalveröffentlichungen

Teil I

1 N. Tinbergen (1959): Comparative studies of the behaviour of gulls (Laridae): a progress report. Behaviour 15, 1–70.

Teil II

2 N. Tinbergen (1932): Über die Orientierung des Bienenwolfes (*Philanthus triangulum* Fabr.). Z. vergl. Physiol. 16, 305–334.

3 N. Tinbergen (1935): Über die Orientierung des Bienenwolfes (*Philanthus triangulum* Fabr.). II. Die Bienenjagd. Z. vergl. Physiol. 21, 699–716.

4 N. Tinbergen und W. Kruyt (1938): Über die Orientierung des Bienenwolfes (*Philanthus triangulum* Fabr.) III. Die Bevorzugung bestimmter Wegmarken. Z. vergl. Physiol. 25, 292–334.

5 N. Tinbergen, B. J. D. Meeuse, L. K. Boerema und W. Varossieau (1942): Die Balz des Samtfalters, *Eumenis semele* L. Z. Tierpsychol. 5, 182–226.

6 N. Tinbergen, G . J. Broekhuysen, F. Feekes, J. C. W. Houghton, H. Kruuk und E. Szulc (1963): Egg shell removal by the Black-headed Gull, *Larus ridibundus* L. A behaviour component of camouflage. Behaviour 19, 74–117.

7 N. Tinbergen, H. Kruuk und M. Paillette (1962): Egg shell removal by the Black-headed Gull (*Larus r. ridibundus* L.) II. The effects of experience on the reponse to colour. Bird Study 9, 123–131.

8 N. Tinbergen, H. Kruuk, M. Paillette und R. Stamm (1962): How do Black-headed Gulls distinguish between eggs and egg-shells? British Birds 55, 120–129.

9 N. Tinbergen (1965): Von den Vorratskammern des Rotfuchses (*Vulpes vulpes* L.). Z. Tierpsychol. 22, 119–149.

10 N. Tinbergen, M. Impekoven und D. Franck (1967): An experiment on spacing-out as a defense against predation. Behaviour 28, 307–321.